KUHMINSA

한 발 앞서나가는 출판사, 구민사
독자분들도 구민사와 함께 한 발 앞서나가길 바랍니다.

구민사 출간도서 中 수험서 분야

- 용접
- 자동차
- 조경/산림
- 품질경영
- 산업안전
- 전기
- 건축토목
- 실내건축

- 기술사
- 기계
- 금속
- 환경
- 보일러
- 가스
- 공조냉동
- 위험물

전문가를 위한 첫걸음, 구민사는 그 이상을 봅니다!

전국 도서판매처

  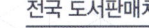     

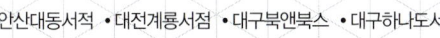

자격증 시험 접수부터 자격증 수령까지!

전문가를 위한 첫걸음, 구민사는 그 이상을 봅니다!

상시시험 12종목
굴착기운전기능사, 지게차운전기능사, 미용사(일반), 미용사(피부), 미용사(네일)
미용사(메이크업), 조리기능사(양식, 일식, 중식, 한식), 제과·제빵기능사

필기 합격 확인
큐넷(www.q-net.or.kr)
사이트에서 확인

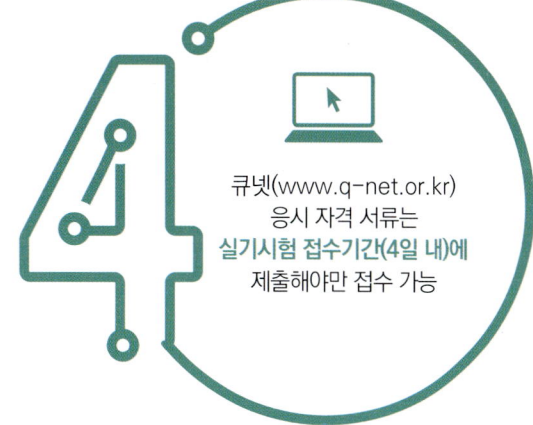

실기 원서 접수
큐넷(www.q-net.or.kr)
응시 자격 서류는
실기시험 접수기간(4일 내)에
제출해야만 접수 가능

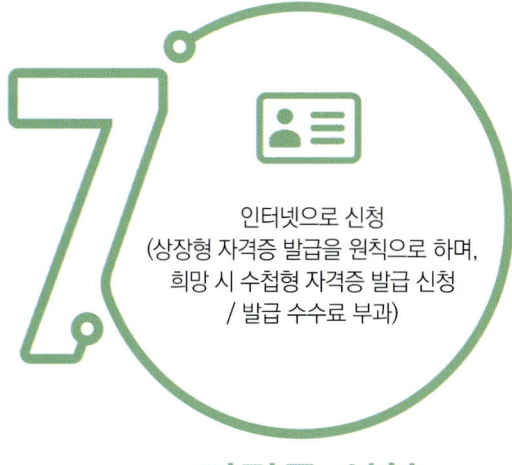

자격증 신청
인터넷으로 신청
(상장형 자격증 발급을 원칙으로 하며,
희망 시 수첩형 자격증 발급 신청
/ 발급 수수료 부과)

자격증 수령
인터넷으로 발급(출력)
(수첩형 자격증 등기 수령 시
등기 비용 발생)

머리말

최근 국가 발전을 위한 주요 정책의 일환으로 건물에너지 효율화에 관한 고도의 기술이 요구되는 이때에 건물의 냉·난방에 필수자격인 공조냉동기계기능사·산업기사가 절실히 요구되고 있는 실정이다.

이에 본서는 시대의 상황에 발맞추어 전문적인 공조냉동기계기능사·산업기사의 배출을 위한 정보를 철저히 파악하고, 국가기능검정에 출제될 문제를 철저히 분석하였다. 수험생 여러분이 짧은 시간 내에 쉽게 자격증을 취득할 수 있도록 각 장을 정리하였으며, 스스로 독학을 할 수 있게끔 이해식의 방법으로 문제를 정리하여 수록하였다.

내용 중 오탈자, 오류 등 미비한 점이 있을 시 지적해 주시면 해당 내용을 수정·보완할 것을 약속한다.

끝으로 이 책의 출판을 위해 적극적으로 후원해 주신 도서출판 구민사 조규백 대표님과 직원 여러분께 깊은 감사를 드린다.

저자 올림

에너지 길잡이(에너지 공조 냉동기능사) 카페
http://cafe.daum.net/cafejjangoh/DK7Z

자격증 만들기 카페
https://cafe.naver.com/makels

이 책의 구성 및 특징

01 체계적인 핵심 이론 요약

PART 01에서는 냉동기계 분야에서 출제될 수 있는 필답 내용을 수록하였습니다.
PART 02에서는 공기조화 분야에서 출제될 수 있는 필답 내용을 수록하였습니다.
PART 03에서는 배관 일반 분야에서 출제될 수 있는 필답 내용을 수록하였습니다.
PART 04에서는 동관 작업 방법을 상세히 수록하였습니다.
PART 05에서는 전기 제어회로 관련 기초 이론과 도면을 수록하였습니다.
PART 06에서는 공조냉동기계기능사 실기 출제예상문제를 수록하였습니다.
PART 07에서는 공조냉동기계기능사산업기사 필답 과년도 출제문제를 수록하였습니다.

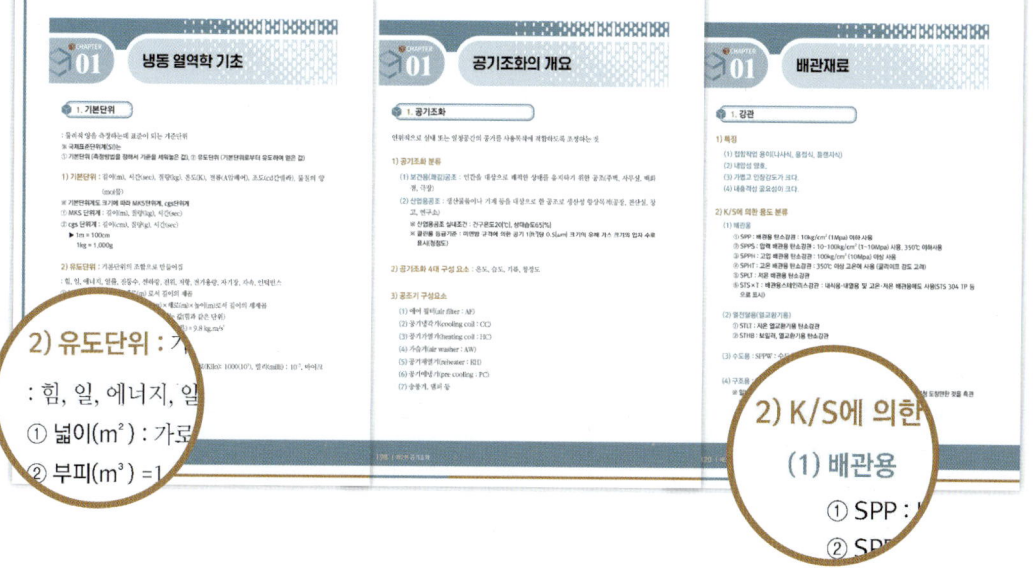

이 책의 구성 및 특징

PART 04 동관작업

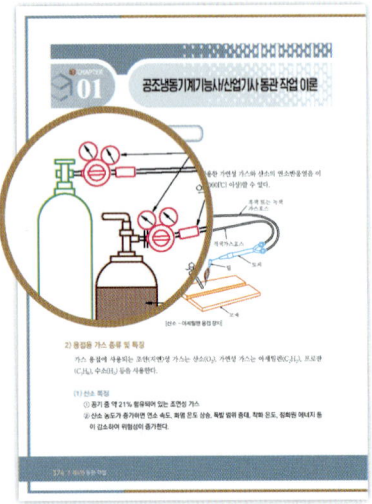

PART 05 전기 제어회로

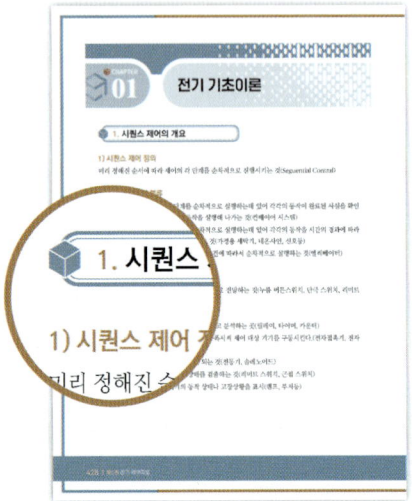

PART 06 기능사/산업기사 출제예상문제

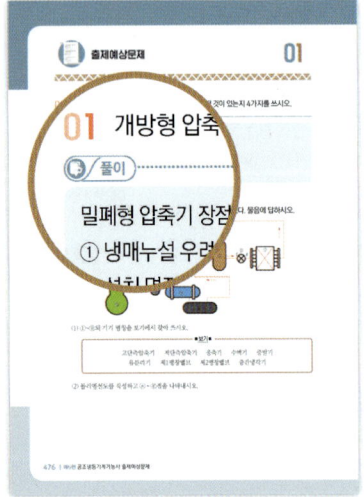

PART 07 각 파트별 필답 예상문제

02 작업형 실기 사진 수록

작업 유형에 대한 이해도를 높이기 위해 풀컬러 그림과 작업사진을 수록하여 실기 시험에 대비하도록 구성하였습니다.

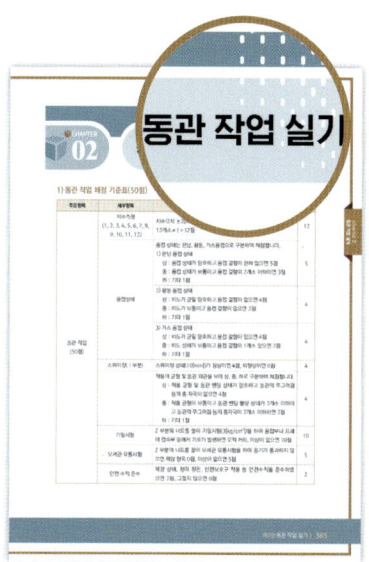
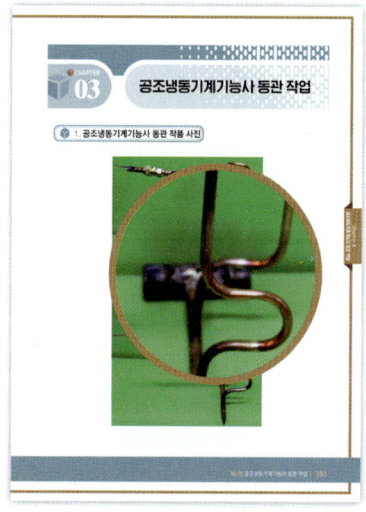

이 책의 구성 및 특징

03 기능사/산업기사 필답 예상문제 수록

기능사 실기와 산업기사 실기 필답 예상문제를 수록하였습니다. 각 문제마다 상세한 해설 및 참고내용이 수록되어 있으며 실기 시험을 대비하기 위해 실제 출제 문제 유형에 가장 가깝게 구성하였습니다.

기능사
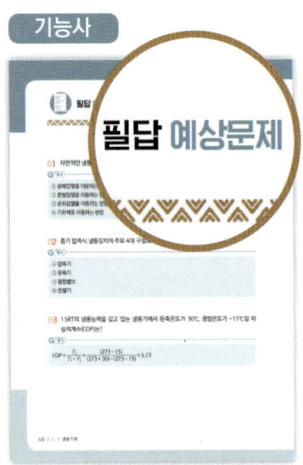

산업기사
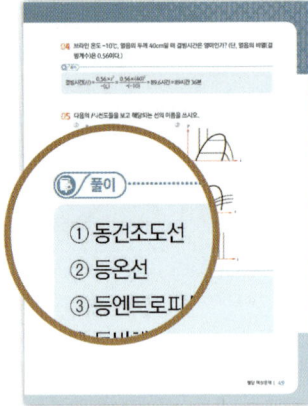

04 기능사/산업기사 실기 출제예상문제 수록

기능사 실기와 산업기사 실기 시험 최신 출제예상문제를 5회 수록하였습니다. 각 문제마다 상세한 해설 및 참고내용이 수록되어 있으며 실기 시험을 대비하기 위해 실제 출제 문제 유형에 가장 가깝게 구성하였습니다.

기능사

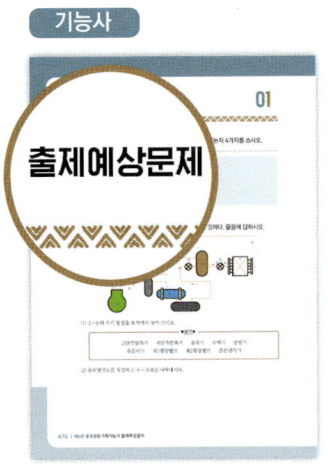

산업기사

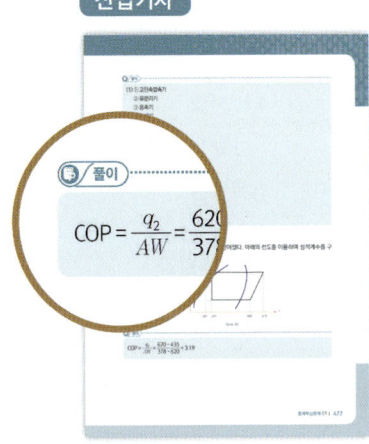

Contents

📦 PART 01 · 냉동기계

CHAPTER 01	냉동 열역학 기초	4
	1. 기본단위	4
	2. 온도	7
	3. 압력	7
	4. 열량	9
	5. 열역학의 법칙	11
	6. 밀도, 비중량, 비체적, 비중	12
	7. 엔탈피, 엔트로피	13
	8. 가스의 압축	13
	9. 가스 기초 지식	14
	10. 증기	17
	11. 전열	18
	* 필답 예상문제	22

CHAPTER 02	냉동일반	32
	1. 냉동	32
	2. 냉동 방법	32
	3. 냉동 사이클 및 선도	38
	4. 2단압축과 2원냉동	46
	* 필답 예상문제	48

CHAPTER 03	냉매	58
	1. 냉매정의	58
	2. 냉매의 구비조건	58
	3. 냉매의 종류	59
	4. 냉매의 성질과 특성	62
	5. 냉동장치 현상	68
	6. 냉매누설검사	69
	7. 냉동기 윤활유 구비조건	70
	* 필답 예상문제	71

CHAPTER 04	압축기	81
	1. 압축기	81
	* 필답 예상문제	91

CHAPTER 05	응축기	108
	1. 응축기	108
	* 필답 예상문제	116

CHAPTER 06	팽창밸브	123
	1. 팽창밸브	123
	* 필답 예상문제	130

CHAPTER 07	증발기	137
	1. 냉매상태에 따른 분류	137
	2. 용도에 의한 분류	140
	* 필답 예상문제	147

CHAPTER 08	부속기기	157
	1. 부속기기	157
	* 필답 예상문제	168

CHAPTER 09	운전·점검·용접	182
	1. 냉동장치 운전 및 시험	182
	* 필답 예상문제	188

PART 02 · 공기조화

CHAPTER 01 | 공기조화의 개요   **198**
     1. 공기조화   198

CHAPTER 02 | 습공기의 상태   **201**
     1. 공기선도   201

CHAPTER 03 | 공기조화 부하   **205**
     1. 냉방부하   205
     2. 난방부하 계산   208

CHAPTER 04 | 공기조화 방식   **210**
     1. 공기조화 방식   210
     2. 공기조화 방식 특징   211

CHAPTER 05 | 공기조화 기기   **218**
     1. 공기조화 장치   218
     2. 공기조화 설비 구성순서   218
     3. 공조기 구성요소   218
     4. 냉각 및 가열 코일   219

CHAPTER 06 | 덕트 및 부속기기   **226**
     1. 덕트   226
     2. 덕트부속기기   228

CHAPTER 07 | 취출구(흡입구) 및 환기   **230**
     1. 취출구(흡입구)   230
     2. 환기   233
     * 필답 예상문제   235

CHAPTER 08 | 보일러 및 난방설비   **269**
     1. 기초물리   269
     2. 보일러   270
     3. 보일러 부속장치   272
     4. 보일러 열정산   277
     5. 방열기   279
     6. 팽창탱크   281
     7. 난방설비   282
     8. 난방 방식의 분류   283
     9. 온풍난방   285
     10. 보일러사고 원인   286
     11. 수압 시험   288
     * 필답 예상문제   289

CHAPTER 09 | 공조 전기 및 자동제어 일반   **300**
     1. 전기 일반(용어)   300
     2. 전기 법칙   301
     3. 전기 기계 기구   302
     4. 교류회로   304
     5. 자동제어   305
     6. 논리회로   307
     * 필답 예상문제   309

Contents

📦 PART 03 • 배관일반

CHAPTER 01 | 배관재료 — 320
1. 강관 — 320
2. 동관 — 324
3. 연관 — 326
4. 주철관 — 327
5. 폴리에틸렌관 — 328
6. 경질염화비닐관(P.V.C관) — 328
7. 폴리부틸렌관 — 328

CHAPTER 02 | 배관공작 — 329
1. 배관공작용 공구/기계 — 329
2. 관벤딩용 기계 — 330
3. 동관용 공구 — 331
4. 연관용 공구 — 332
5. 주철관용 공구 — 333
6. 나사절삭과 관길이 산출 — 333
7. 배관 지지쇠 — 335
8. 패킹 — 336
9. 방청도료 — 337
10. 보온재 — 337

CHAPTER 03 | 배관 제도 및 도시법 — 339
1. 배관도 종류 — 339
2. 치수기입법 — 340
3. 높이표시 — 340
4. 유체의 표시 — 341

CHAPTER 04 | 난방배관 시공 — 343
1. 증기난방 배관 시공 — 343
2. 온수난방 배관 시공 — 345
3. 방열기 — 346
4. 방열량 계산 — 348
5. 팽창탱크 — 348

* 필답 예상문제 — 350

📦 PART 04 • 동관작업

CHAPTER 01 | 공조냉동기계기능사/산업기사 동관 작업 이론 — 374
1. 가스 용접 기초 — 374
2. 가스 용접 준비 — 380
3. 가스 용접 불꽃 조절하기 — 382
4. 동관 플레어 이음하기 — 383

CHAPTER 02 | 동관 작업 실기 — 385

CHAPTER 03 | 공조냉동기계기능사 동관 작업 — 391
1. 공조냉동기계기능사 동관 작품 사진 — 391
2. 출제 도면 형태 1 — 392
3. 동관 작업순서 — 393
4. 출제 도면 형태 2 — 399
5. 동관 작업 순서 — 400

CHAPTER 04 | 공조냉동기계산업기사 동관 작업 — 406
1. 동관 작업 실기 방법 — 406
2. 공조냉동기계산업기사 동관 작품 사진 — 410
3. 산업기사 출제 도면 형태 1 — 411
4. 동관 작업 순서 — 412
5. 산업기사 출제 도면 형태 2 — 418
6. 동관 작업 순서 — 419

PART 05 · 전기 제어회로

CHAPTER 01 | 전기 기초이론   428
- 1. 시퀀스 제어의 개요   428
- 2. 시퀀스 기초   430
- 3. 시퀀스 제어기기   434

CHAPTER 02 | 기능사 제어회로 도면   446
- 1. 제어회로 도면 1   446
- 2. 제어회로 도면 2   448
- 3. 제어회로 도면 3   450
- 4. 제어회로 도면 4   452
- 5. 제어회로 도면 5   454
- 6. 제어회로 도면 6   456
- 7. 제어회로 도면 7   458
- 8. 제어회로 도면 8   460

CHAPTER 03 | 산업기사 제어회로 도면   462
- 1. 제어회로 도면 1   462
- 2. 제어회로 도면 2   464
- 3. 제어회로 도면 3   466
- 4. 제어회로 도면 4   468
- 5. 제어회로 도면 5   470
- 6. 제어회로 도면 6   472

PART 06 · 공조냉동기계기능사·산업기사 실기 출제예상문제

- 출제예상문제 01   476
- 출제예상문제 02   481
- 출제예상문제 03   487
- 출제예상문제 04   492
- 출제예상문제 05   497
- 출제예상문제(냉동) 06   503
- 출제예상문제(공조) 07   523
- 출제예상문제(배관) 08   527
- 출제예상문제(전기) 09   539

PART 07 · 공조냉동기계기능사·산업기사 필답 과년도 출제문제

- 23년 공조냉동기계기능사 필답문제 01   562
- 23년 공조냉동기계기능사 필답문제 02   569
- 23년 공조냉동기계산업기사 필답문제 03   576
- 23년 공조냉동기계산업기사 필답문제 04   584
- 24년 공조냉동기계기능사 필답문제 01   592
- 24년 공조냉동기계기능사 필답문제 02   600
- 24년 공조냉동기계기능사 필답문제 03   607
- 24년 공조 냉동기계산업기사 필답문제 03   615
- 24년 공조 냉동기계산업기사 필답문제 04   627

출제기준 – 공조냉동기계기능사 실기

직무분야	기계	중직무분야	기계장비설비·설치	자격종목	공조냉동기계기능사	적용기간	2025.1.1~ 2029.12.31
직무내용	산업현장, 건축물의 실내 환경을 최적으로 조성하고, 냉동냉장설비 및 기타공작물을 주어진 조건으로 유지하기 위해 공조냉동기계 설비를 설치, 조작 및 유지보수하는 직무이다.							
수행준거	1. 제작된 냉동장치나 냉방장치유니트 등을 현장여건에 맞게 배관을 구성하고 제어장치 등을 설치할 수 있다. 2. 보일러설비, 증기설비, 난방설비, 급탕설비 등 기타 가열장치를 설치할 수 있다. 3. 공조장치를 제작도면에 따라 제작하고 설치장소에 반입하여 설계도서와 현장여건에 적합하게 설치할 수 있다. 4. 설계도서와 현장여건에 적합하게 냉온수, 냉각수, 증기배관 등을 설치할 수 있다. 5. 설계도서와 현장여건에 적합하게 덕트를 제작하고 설치할 수 있다. 6. 설계도서와 현장여건에 적합하게 급수, 배수, 통기설비 등을 설치할 수 있다. 7. 냉동공조설비의 유지보수를 위하여 필요한 소모품, 공구 및 측정기기 등의 자재를 필요한 시점에 공급할 수 있도록 계획을 세워 구매하고 관리할 수 있다.							
실기검정방법	복합형				시험시간	3시간 정도 (작업형 2시간 정도, 필답형 1시간 정도)		

실기과목명	주요항목
공조냉동기계 실무	1. 냉동설비설치
	2. 보일러설비설치
	3. 공조장치제작설치
	4. 공조배관설치
	5. 덕트설비설치
	6. 급배수설비 설치
	7. 자재관리

출제기준 – 공조냉동기계산업기사 실기

직무분야	기계	중직무분야	기계장비설비·설치	자격종목	공조냉동기계산업기사	적용기간	2025.1.1~2029.12.31
직무내용	산업현장, 건축물의 실내 환경을 최적으로 조성하고, 냉동냉장설비 및 기타공작물을 주어진 조건으로 유지하기 위해 기술기초이론 지식과 숙련기능을 바탕으로 공조냉동, 유틸리티 등 필요한 설비를 설계, 시공 및 유지관리하는 직무이다.							
수행준거	1. 공조프로세스를 정확히 작도할 수 있으며 작도된 프로세스를 분석하고 타당성을 검토할 수 있다. 2. 냉동공조설비설치에 따른 설계도서를 파악하여 공종별로 재료량과 공수를 산출하여 재료비와 인건비, 경비 등을 계산하여 공사비를 산정할 수 있다. 3. 공조설비의 기능을 최적의 상태로 운영하기 위해 공기조화기 및 부속장치의 기능을 확인하고 조치하는 운영할 수 있다. 4. 공조설비의 기능을 최적의 상태로 유지하기 위해 공기조화기 및 부속장치를 점검 관리할 수 있다. 5. 냉동기, 냉각탑 및 부속장치를 효율적으로 운영 관리할 수 있다. 6. 보일러, 급탕탱크 및 부속장치를 효율적으로 운영 관리할 수 있다. 7. 구조체의 열전달, 실내외 온·습도 조건 등을 고려하여 취득열량 및 손실열량을 계산할 수 있다. 8. 냉동사이클 분석이란 냉매의 종류에 따른 사이클의 특성을 파악하여 냉동능력을 계산하고 분석할 수 있다.							
실기검정방법	복합형				시험시간	4시간 정도 (작업형 2시간 30분 정도, 필답형 1시간 30분 정도)		

실기과목명	주요항목
공조냉동기계 실무	1. 공조프로세스 분석
	2. 설비적산
	3. 공조설비운영 관리
	4. 공조설비점검 관리
	5. 냉동설비운영
	6. 보일러설비 운영
	7. 냉난방 부하계산
	8. 냉동사이클 분석

공조냉동기계기능사 실기 시험정보

• **취득방법**
① 시행처 : 한국산업인력공단
② 시험과목
　　- 필기 : 공조냉동, 자동제어 및 안전관리
　　- 실기 : 공조냉동기계 실무
④ 검정방법
　　- 필기 : 객관식 4지 택일형 60문항(60분)
　　- 실기 : 복합형[동관작업(1시간55분, 50점), 필답형(1시간[총 10문제], 50점)
⑤ 합격기준
　　- 필기·실기 : 100점을 만점으로 하여 60점 이상

• **시험수수료**
필기 14,500원 | 실기 77,100원

공조냉동기계산업기사 실기 시험정보

• **취득방법**
① 시행처 : 한국산업인력공단
② 관련학과 : 전문대학 및 대학의 냉동공조공학, 기계공학, 산업설비 등 관련 학과
③ 시험과목
　　- 필기 : 1. 공기조화설비 2. 냉동냉장설비 3. 공조냉동설치운영
　　- 실기 : 공조냉동기계 실무
④ 검정방법
　　- 필기 : 객관식 4지 택일형, 과목당 20문항(과목당 30분)
　　- 실기 : 복합형(동관작업 2시간35분_40점, 필답형 1시간30분[총12문제]_60점)
⑤ 합격기준
　　- 필기 : 100점을 만점으로 하여 과목당 40점 이상, 전과목 평균 60점 이상
　　- 실기 : 100점을 만점으로 하여 60점 이상

• **시험수수료**
필기 19,400원 | 실기 83,900원

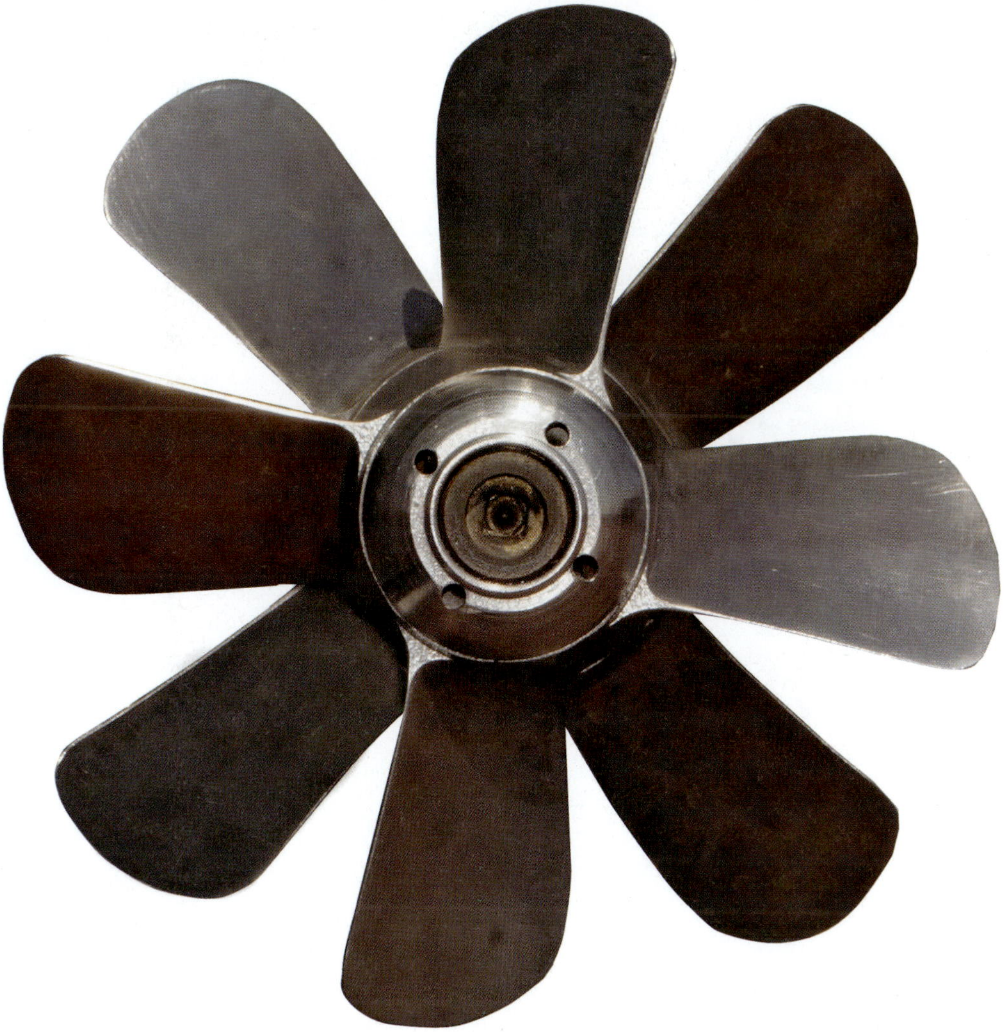

공조냉동기계 기능사 · 산업기사

실기

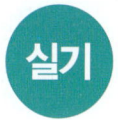

안동칠 · 장영오 · 오기성

구민사

공조냉동 기계 기능사 산업기사 실기 이론

PART 01 냉동기계

이 장에서는 냉동기계 분야에서 출제될 수 있는 필답 내용을 수록하였습니다.

CHAPTER 01	냉동 열역학 기초
CHAPTER 02	냉동일반
CHAPTER 03	냉매
CHAPTER 04	압축기
CHAPTER 05	응축기
CHAPTER 06	팽창밸브
CHAPTER 07	증발기
CHAPTER 08	부속기기
CHAPTER 09	운전 · 점검 · 용접

PART 01

냉동기계

냉동 열역학 기초

 1. 기본단위

: 물리적 양을 측정하는데 표준이 되는 기준단위
※ 국제표준단위계(SI)는
① 기본단위 (측정방법을 정해서 기준을 세워놓은 값), ② 유도단위 (기본단위로부터 유도하여 얻은 값)

1) 기본단위 : 길이(m), 시간(sec), 질량(kg), 온도(K), 전류(A암페어), 조도(cd칸델라), 물질의 양 (mol몰)

※ 기본단위계도 크기에 따라 MKS단위계, cgs단위계
① MKS 단위계 : 길이(m), 질량(kg), 시간(sec)
② cgs 단위계 : 길이(cm), 질량(g), 시간(sec)
▶ 1m = 100cm
　1kg = 1,000g

2) 유도단위 : 기본단위의 조합으로 만들어짐

: 힘, 일, 에너지, 일률, 진동수, 전하량, 전위, 저항, 전기용량, 자기장, 자속, 인덕턴스
① 넓이(m^2) : 가로(m)×세로(m) 로서 길이의 제곱
② 부피(m^3) =1,000 ℓ (리터) : 가로(m)×세로(m)×높이(m)로서 길이의 세제곱
③ 무게(kgf) : 무게는 중력에 의해 형성되는 값(힘과 같은 단위)
　　　　단위 : 1kgf = 1kg중 = 9.8N(뉴튼) = 9.8 kg.m/s^2

3) 크기접두사

: 기가(Giga):10억(10^9), 메가(Mega):100만(10^6), 킬로(Kilo): 1000(10^3), 밀리(milli) : 10^{-3}, 마이크로(micro) : 10^{-6}, 나노(nano) : 10^{-9}을 나타냄

4) 단위환산

(1) 열.일(에너지)

J	kgf.m	kw.h	kcal	Btu
1	0.10197	2.77×10^{-7}	0.000238	0.000948
90807	1	2.72×10^{-6}	0.00234	0.00929
3600×10^3	367100	1	860	3413
4186	426.9	0.001163	1	3.968
1055	107.6	0.000293	0.252	1

※ 1J = 1N.m, (KJ=KN.m)=1w.s ,1kgf.m=9.8J ,1w.h=3600w.s
1[cal] = 4.18[J] , 1[kcal] = 4.18 [kJ]

(2) 압력

kgf/cm²	bar	Pa	atm	mH₂o	mHg	lbf/in²
1	0.980665	0.9806×10^7	0.9678	10	0.7356	14.22
1.0197	1	1×10^5	0.9869	10.197	0.7501	14.5
0.10197×10^{-4}	1×10^{-5}	1	0.98×10^{-5}	1.1097×10^{-4}	7.501×10^{-6}	1.450×10^{-4}
1.0332	1.01325	1.01325×10^5	1	10.33	0.760	14.7
0.1	0.09806	9.8×10^3	0.09678	1	0.07355	1.422
1.3595	1.3332	1.3332×10^5	1.3158	13.6	1	19.34
0.07031	0.06895	6.895×10^3	0.06805	0.7031	0.05171	1

※ 1Pa =1N/m², 1KPa = 1KN/m², 1bar=1×10^5Pa

(3) 동력(일률)

kw	kgf.m/s	PS	HP	kcal/s
1	101.97	1.3596	1.3405	0.2389
9.807×10^{-3}	1	1.33×10^{-2}	1.315×10^{-2}	2.343×10^{-3}
0.7355	75	1	0.9859	0.1757
0.746	76	1.0143	1	0.1782
4.186	426.9	5.69	5.61	1

※ 1W = 1J/s (1Kw = 1KJ/s=1KN.m/s) ,1Kw = 3,600KJ/h

(4) 비열

kJ/(kg.k)	kcal/(kg.℃)
1	2.388×10^{-4}
4.186×10^3	1

※ 1cal=4.186J

(5) 열전도율

kcal/m.h.℃	Btu/ft.h.℉	w/(m.k)
1	0.672	1.163
1.488	1	1.731
0.86	0.577	1

※ w/(m.k)=SI 단위

(6) 열전도계수

kcal/m².h.℃	Btu/ft².h.℉	J/m².h.℃	W/(m².k)
1	0.2048	4187	1.163
4.882	1	2.044×10^4	5.678
2.389×10^{-4}	4.893×10^{-5}	1	2.778×10^{-4}
0.8598	0.1761	3599	1

※ W/(m².k)=SI 단위

(7) 온도 : K(절대온도),℃, W/m²K =W/m²℃(ΔK=Δ℃로 같은 개념으로 볼 것)

(8) 질량 : Kg ,힘(무게, 중량) : N , 밀도 : Kg/m³ (공기밀도 : 1.29Kg/m³),
   비중량 : N/m³ (물비중량 : 9800N/m³)

(9) 냉동톤 : 1RT = 3.86Kw = 13890.83 [kJ/h] 7) 부피: 1m³ = 1000 ℓ

5) 각종 단위 환산

① 물비열 : 1kcal/kg°C×4.18KJ/kcal = 4.18KJ/kg.k
② 공기비열 : 0.24kcal/kg°C×4.18KJ/kcal = 1.008KJ/kg.k (1.01KJ/kg.k)
③ 얼음비열 : 0.5kcal/kg°C×4.18KJ/kcal = 2.09KJ/kg.k (2.1KJ/kg.k)
④ 100℃ 물의 증발잠열 : 539kcal/kg×4.18KJ/kcal = 2253.02KJ/kg (2256KJ/kg)
⑤ 0℃ 포화수 증발잠열 : 597.5kcal/kg×4.18KJ/kcal = 2497.55KJ/kg (2501KJ/kg)
⑥ 융해(응고)잠열 : 79.68kcal/kg×4.18KJ/kcal = 333.1KJ/kg (335KJ/kg)
⑦ 물 1 kg = 1 ℓ

2. 온도 (temperature)

1) 섭씨 온도[°C](Centigrade)

표준 대기압(1.0332[kg/cm²]·760[mmHg])하에서 순수한 물의 빙점을 0, 끓는점을 100으로 하여 100 등분한 1눈금

2) 화씨 온도[°F](Fahrenheit)

표준 대기압하에서 물의 빙점을 32, 끓는점을 212로 하여 180 등분한 1 눈금

3) 각 온도 환산

[°K] : 섭씨 절대온도(Kelvin)   [°K] = 273 + [°C],
[°R] : 화씨 절대온도(Rankin)   [°R] = 459.7 + [°F]
0[°C] : 273[°K] ,0[°K] : − 273[°C]

① $[°C] = \frac{5}{9}([°F] - 32)$, ② $[°F] = \frac{9}{5}[°C] + 32$, ③ $[°K] = 273 + [°C]$, ④ $[°R] = 459.7 + [°F]$

$$\therefore 1[°K] = \frac{1}{1.8}[°R] \qquad \therefore 1[°R] = 1.8[°K]$$

3. 압력(pressure) : 단위면적당 작용하는 힘 [SI 단위 : Pa]

단위 : [kg/cm²], [mH₂O], [mmHg], [N/m²](=1Pascal)), [dyne/cm²],[bar], Torr(0.001359kg/cm²)

1) 표준 대기압[atm] : 위도 45° 해저면에서 0[°C]의 수은주 760[mmHg]에 상당하는 압력

$$P = rh = 13,595\,[\text{kg/m}^3] \times 0.76\,[\text{m}] = 10332\,[\text{kg/m}^2] = 1.0332\,[\text{kg/cm}^2]$$

$$\therefore 1\,[\text{atm}] = 760\,[\text{mmHg}] = 1.0332\,[\text{kg/cm}^2\text{a}] = 10.332\,[\text{mH}_2\text{O}]$$
$$= 10332\,[\text{mmH}_2\text{O}] = 30\,[\text{inHg}] = 14.7\,[\text{Lb/in}^2] = 1.013\,[\text{bar}]$$
$$= 101.325\,[\text{N/m}^2] = 101.325\text{Pa}$$

※ 1Pa=N/m²   ▶ 0.1MPa=101.325KPa=101325Pa

2) 공학기압(ata)

$1\,[at] = 1\,[kg/cm^2] = 735.5\,[mmHg] = 10\,[mH_2O] = 14.2\,[PSI]$

3) 절대 압력[kg/cm²a] : 완전 진공을 기준으로한 압력 (absolute) (진공도 100[%])

※ 절대압력 = 대기압 + 게이지압력($kg/cm^2 \cdot g$) = 1.0332 + [$kg/cm^2 \cdot g$])
  = 대기압 - 진공 게이지 압력

4) 게이지 압력(atg) : 대기압을 0으로한 게이지가 측정한 압력 (진공도 0[%])

※ 게이지 압력 = 절대압력 - 대기압력

5) 진공압력(atv)

: 대기압보다 압력이 낮은 압력(대기압 - 절대압력) : 단위는 [cmHgV], [inHg 진공]

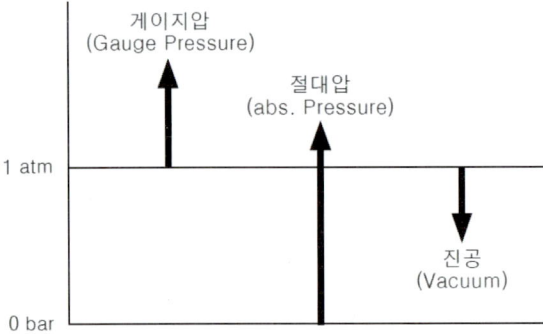

6) 압력계의 종류

① **고압압력계** : 표준 대기압 이상의 압력을 측정하는 것으로 일반적으로 압력계라 함
② **복합(연성)압력계** : 표표준 대기압 이상(고압)의 압력과 이하의 압력(진공)을 측정할 수 있는 것으로 진공압력은 적색의 수치(수은주)로 표시
③ **진공압력계** : 표준 대기압 이하의 압력을 측정하는 것으로 일반적으로 진공계라 함
④ **매니폴더 게이지** : 복합 얍력계와 고압 압력계 2개가 같이 붙어 있는 것으로 냉동장치에서 냉매를 충전하거나 배출할 때 서비스밸브에 연결시켜 사용.

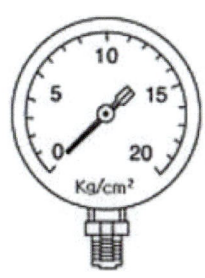 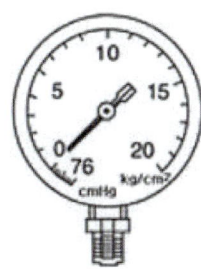 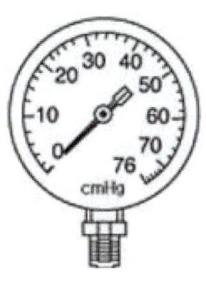 

① 고압(일반)압력계　② 복합(연성)압력계　③ 진공압력계　④ 매니폴더게이지

4. 열량 (heat quantity)

1) 열량표시

① 1[kcal] : 물 1[kg]의 온도를 1[°C] 올리는데 필요한 열량
② 1[B.T.U] : 물 1[lb]의 온도를 1[°F] 올리는데 필요한 열량
③ 1[C.H.U] : 물 1[lb]의 온도를 1[°C] 올리는데 필요한 열량

※ 열량단위 비교

[kcal]	[B.T.U]	[C.H.U]	[KJ]
1	3.968	2.205	4.18(4.2)
0.252	1	0.556	1.06
0.4536	1.8	1	1.89
0.238	0.9478	0.526	1

▶ 1Cal = 4.2J ∴ 1J =0.24Cal

2) 열용량과 비열

① **열용량** : 어떤 물질의 온도를 1[°C] 만큼 올리는데 필요한 열량, : 열용량 = 질량×비열, 단위[kJ/°C]

② **비열** : 어떤 물질 1[kg]의 온도를 1[°C] 올리는데 필요한 열량 [단위] : [kJ/kg°K]

※ 물 비열 : 4.18[kJ/kg°K], 공기비열 : 0.24kcal/kg°C×4.18KJ/kcal
　= 1.008[kJ/kg°K] (1.01[kJ/kg°K]), 얼음비열 : 0.5kcal/kg°C ×4.18KJ/kcal
　= 2.09[kJ/kg°K](2.1[kJ/kg°K])

㉮ 정압비열 (C_p) : 압력을 일정히 하고 가열할 때의 비열
㉯ 정적비열(C_v) : 체적을 일정히 하고 가열할 때의 비열
㉰ 비열비(C_p/C_v) : 정압비열과 정적비열의 비
▶ 값이 항상 1보다 크다. ($C_p > C_v$)

3) 일(work) : [단위] : [kg·m] = 1[kg]의 물체를 1[m] 이동, [ft·lb] ▶ kg·m = 9.8J

4) 동력(power) : 일의 양을 시간으로 나눈 값즉 단위 시간당의 일량

[단위] : [kg·m/s], [ft·lb/s], [kW], [HP](Horse Power),[PS](Pferde Starke)
① 1[HP] = 76[kg·m/s] = 0.746[KW](영국마력) = 641[kcal/h]
② 1[PS] = 75[kg·m/s] = 0.736[KW](미터마력) = 632[kcal/h]
③ 1[kW] = 102[kg·m/s] = 3,600[kJ/h] = 1[kJ/s]

5) 열량과 동력의 관계

$$1[kWh] = 102[kgm/s] \times \frac{4.18}{427}[kcal/kgm] = 0.999 약 1[KJ/s] = 860[kcal/h]$$

※ 1[kW] = 102[kg·m/s] = 860[kcal/h] = 1.36[PS] = 1[KJ/s]

$$1[PS] = 75[kgm/s] \times \frac{4.18}{427}[kJ/kgm] = 0.734[KJ/s] = 632[kcal/h]$$

※ 1[PS] = 75[kg·m/s] = 632[kcal/h] = 0.7355[kW] = 735.5[W] = 542.5[ft·lb/s]

$$1[HP] = 76[kgm/s] \times \frac{4.18}{427}[kJ/kgm] = 0.744[KJ/s] = 641[kcal/h]$$

※ 1[HP] = 76[kg·m/s] = 641[kcal/h] = 0.7461[kW] = 746.1[W] = 550[ft·lb/s]

▶ 1[Joule] : 1[N]의 힘으로 1[m] 움직이는데 필요한 일의 양
▶ 1[N] : 1[kg]의 물체를 매초 1[m] 가속시키는 데 필요한 힘의 크기
▶ 1[dye] : 1[g]의 물체를 매초 1[cm] 이동하는데 필요한 힘의 크기
▶ 1[Watt] : 1[Ω]의 저항에 1[A]가 흘러서 소비되는 전류 ∴ 1[N] = 105[dye], 1[J] = 1[W/sec]

6) 물질의 3태 : 기체, 액체, 고체상태의 상태변화

① 융해 : 고체 → 액체
② 응고 : 액체 → 고체
③ 증발 : 액체 → 기체
④ 응축 : 기체 → 액체
⑤ 승화 : 고체 → 기체

7) 현열(감열)과 잠열

① 현열(sensible heat) : 상태 변화없이 온도변화만 일으키는 데 필요한 열

※ $Q_s = G \cdot C \cdot \Delta t$

Q_s : 현열량[kJ], G : 물질의 중량[kg], C : 물질의 비열[kJ/kg°C], Δt : 온도차[°C]

② 잠열(latent heat) : 온도변화없이 상태변화만 일으키는데 필요한 열

※ $Q_L = Gr$ Q_L : 잠열량[kJ], G : 물질의 질량[kg], r : 물질의 잠열[kJ/kg]

▶ 얼음의 융해잠열 : 79.68kcal/kg × 4.18KJ/kcal = 333.1KJ/kg (약335KJ/kg)
▶ 물의 증발잠열 : 539kcal/kg × 4.18KJ/kcal = 2253.02KJ/kg (약2256KJ/kg)

예) 0[°C]의 얼음 10[kg]을 100[°C]의 증기로 만들 때 열량

해설) ① 0[°C] 얼음 → 0[°C] 물 : $Q_L = G \times r = 10 \times 333.1 = 3331[kJ]$
② 0[°C] 물 → 100[°C] 물 : $Q_S = G \times C \times \Delta t = 10 \times 4.186 \times 100 = 4186[kJ]$
③ 1000[°C] 물 → 100[°C]증기 : $Q_L = G \times r = 10 \times 2253.02 = 22530.2[kJ]$

∴ ① + ② + ③ = 30047.2[kJ]

5. 열역학의 법칙

1) 열역학 제0법칙(열평형의 법칙) : 온도차가 있는 물체가 고온은 저온으로, 저온은 고온으로 열평형을 이루는 법칙(온도측정의 기초를 이루는 중요한 개념)

$$℃ = \frac{GC\Delta t + G'\cdot C'\cdot \Delta t'}{GC + G'\cdot C'}$$ G : 질량(kg), C : 비열(kJ/kg·°C), Δt : 온도차(°C)

2) 열역학 제1법칙(에너지보존의 법칙) : 열은 일로, 일은 열로 상호 쉽게 교환시킬 수 있는 법칙

Q ↔ W, Q ↔ AW, W ↔ JQ 여기서
w : 일[kg·m], Q : 열량[kJ], J : 열의 일당량 : 102.15[kg·m/kJ] = 427 [kg·m/kcal]
A : 일의 열당량 : 0.0098 [kJ/kg·m] = 1/427 [kcal/kg·m]

3) 열역학 제2법칙(에너지흐름의 법칙)

: 일은 쉽게 열로 바뀌나 열은 쉽게 일로 바뀔 수 없다는 법칙(에너지 변환의 방향성을 표시한 것)

① **크라우시우스법칙** : 열은 그 자신만으로는 저온물체에서 고온물체로 이동할 수 없다.
② **켈빈의 법칙** : 제2종 영구기관 제작 불가능의 법칙
  ※ 제2종 영구기관 : 에너지를 공급받아 100% 효율의 일을 할 수 있는 기관은 실제 존재하지 않는다.(열손실 발생)

4) 열역학 제3법칙 : 어떤 계를 절대온도 0도(-273.15℃) 이하에 이르게 할 수 없다는 법칙(분자운동이 정지하므로)

6. 밀도, 비중량, 비체적, 비중

1) 밀도(ρ 로오) : 단위체적당 질량, 단위 : [kg/m³], [g/ℓ]

$$\rho = \frac{m(질량)}{V(체적)}, \quad 기체밀도 = \frac{분자량}{22.4} \quad \therefore 물의 밀도$$

$\rho w = 1,000 \, [kg/m^3] = 102 [kg \cdot s^2/m^4]$ $102[kg \cdot s^2/m^4] = [1,000 Kg/m^3]/[9.8 m/s^2]$

2) 비체적(Δv) : 단위중량당 체적 (밀도의 역수), 단위 : [kg/m³]

$$\Delta v = \frac{체적}{중량} \, [m^3/kg] = \frac{1}{r} \quad 기체의 \ 비체적 = \frac{22.4}{분자량}$$

3) 비중량(γ 감마) : 단위체적당 유체의 중량[kg/m³]

$$r = \frac{중량}{체적} = \frac{G}{V} = \frac{1}{\Delta v}$$

▶ 물은 4[℃]때 기준으로 물 비중량
  $1[g/cm^3] = 1[kg/ℓ] = 1,000[kg/m^3] = 1[ton/m^3]$

4) 비중 : 물 4[℃]의 무게 1로 보고 비교한 어떤 물질의 중량

(기준 물질의 밀도에 대한 측정물질의 밀도의비) 물 비중 1, 수은비중 13.6(수은비중량 13,595[kg/m³])

7. 엔탈피, 엔트로피(enthalphy, entropy)

1) 엔탈피[kJ/kg] : 물질이 가지는 총 에너지 열량. H = u + APV

H : 엔탈피[kJ/kg], u : 내부 에너지[kJ/kg], A : 일의 열당량[kJ/kg·m],

P : 압력[kg/cm^2], V : 비체적[m^3/kg]

※ 표준 상태의 증기 엔탈피 = 2674.85[kJ/kg] = 639[kcal/kg] = [100(현열) + 539(잠열)]

2) 엔트로피[kJ/kg°K] : 가열할 때 총열량을 절대온도로 나눈 값. $ds = \dfrac{dQ}{T}$

ds : 엔트로피[kJ/kg°K], dQ : 변화된 총열량[kJ/kg], T : 절대온도[°K]
※ 열출입이 없는 단열변화시 엔트로피 변화는 없다

8. 가스의 압축

1) 등온압축 : 압축 전후에 있어 온도를 일정하게 하는 압축. $PV = P_1V_2$ ∴ $\dfrac{P^1}{P} = \dfrac{V}{V^1}$
 (압축 후 온도상승, 소요일량, 압력상승이 가장 작음)

2) 단열압축 : 실린더를 완전히 단열하여 열이 외부로 방출되지 않게 하는 압축.
 $PV^K = P_1V_1^K$, $K = C_P/C_V$
 (압축 후 온도상승, 소요일량, 압력상승이 가장 큼)

3) 폴리트로픽 압축 : 실제적인 압축 방식
 (등온과 단열의 중간 형태로 열량, 온도상승, 압력상승도 중간)
 $PV^n = P_1V_1^n$, $1 < n < K$ 여기서, C_P : 정압비열, C_V : 정적비열, K : 비열비,
  $n = k$(단열변화), $n = 1$(등온변화), $n = 0$(정압변화), $n = \infty$(정적변화)

9. 가스 기초 지식

1) 원자/분자

(1) **원자** : 물질을 구성하는 가장 작은 입자 예) 원자량 : $^{12}_{6}C$(탄소) : 원자량 12, 원소번호 6

(2) **분자** : 2개 이상의 원자가 모여서 형성된 순물질 예) 분자량 : C_3H_8 (44)

　　(단, 비활성기체 He, Ne, Ar, Kr, Xe, Rn은 1원자 분자).

　　▶ 공기의 평균 분자량＝공기성분 중 N_2 : 78[%], O_2 : 21[%], Ar : 1[%]일 때
　　　＝(28×0.78)＋(32×0.21)＋(40×0.01)＝29[g]

가스 분자량

가스명	분자량
H_2(수소)	2
CH_4(메탄)	16
CO(일산화탄소)	28
C_2H_4(에틸렌)	28
C_2H_2(아세틸렌)	26
C_3H_8(프로판)	44
C_4H_{10}(부탄)	58
NH_3(암모니아)	17

2) 기체법칙

(1) **아보가드로 법칙** : 온도와 압력이 일정하면, 모든 기체는 같은 부피속에 같은 수의 분자가 들어 있다. 또한 표준상태(0[°C], 1[atm])에서 모든 기체의 1[mol]의 부피는 22.4[*l*]이고, 22.4[*l*] 속에 6.02×10^{23}개의 분자가 존재한다. 기체밀도를 이용해서 분자량을 구할 수 있는 법칙

(2) **돌턴의 분압법칙** : 기체 혼합물의 전압은 각 성분 기체의 분압의 합과 같다.

$$분압 = 전압 \times \frac{성분\ 기체\ 몰수}{전몰수} = 전압 \times \frac{성분\ 기체\ 부피}{전부피}$$

예) 10[atm]의 공기 중에 질소와 산소의 분압은? 공기 중에 질소와 산소의 부피비는 4 : 1이므로
N_2 분압 $= 10 \times \frac{4}{5} = 8[atm]$ O_2 분압 $= 10 \times \frac{1}{5} = 2[atm]$

③ 기체의 확산속도(그레이엄의 확산속도) 법칙 : $\dfrac{U_B}{U_A} = \sqrt{\dfrac{M_A}{M_B}} = \dfrac{t_A}{t_B}$

예) 산소와 수소의 확산 속도비 : $\dfrac{H_2}{O_2} = \sqrt{\dfrac{32}{2}} = \sqrt{\dfrac{16}{1}} = \dfrac{4}{1}$ ∴ 1 : 4

3) 이상기체법칙

(1) 이상기체(완전가스)의 성질
① 기체분자 상호간에 작용하는 인력과 분자의 크기는 무시되며, 분자간의 충돌은 완전탄성체
② 보일-샬의 법칙 만족
③ 아보가드로법칙에 따름
④ 온도에 관계없이 비열비($K = C_p/C_v$) 일정
⑤ 내부 에너지는 부피(체적)에 관계없이 온도에 의해서만 결정. 즉 내부 에너지는 줄(Joule)의 법칙 성립

(2) 이상 기체의 법칙
① **보일의 법칙(Boyle law)** : 일정 온도에서 기체가 차지하는 부피는 압력에 반비례
$$P_1 V_1 = P_2 V_2$$

② **샬의 법칙(Charle's law)** : 일정 압력에서 기체가 차지하는 부피는 절대온도에 비례
$$\dfrac{V_1}{T_1} = \dfrac{V_2}{T_2}$$

③ **보일-샬의 법칙** : 기체의 부피는 압력에 반비례하고, 절대온도에 비례
$$\dfrac{P_1 V_1}{T_1} = \dfrac{P_2 V_2}{T_2}$$

예) 1[atm], 25[℃], 200[m³]의 공기를 300[atm], -100[℃]로 하면 그 부피는 몇 [l]?

$$V_2 = \dfrac{P_1 \cdot V_1 \cdot T_2}{T_1 \cdot P_2} = \dfrac{1 \times 200 \times (273-100)}{(273+25) \times 300} = 0.387[\text{m}^3] = 387[l]$$

(3) 이상 기체의 상태 방정식 : 이상 기체의 상태를 온도, 압력, 부피와의 관계를 나타내는 방정식

① $PV = nRT$, $\left(n = \dfrac{W}{M},\ R = 0.08205 \left[\dfrac{l \cdot \text{atm}}{\text{mol} \cdot °\text{K}}\right]\right)$

n : 몰수 W : 질량[g] M : 분자량, P : 압력[atm] V : 부피[l] T : 절대온도[°K] R : 기체상수

예) 600[l]의 용기에 40[atm], 27[°C]에서 O_2가 충전되어 있다. 몇 [kg]의 O_2가 충전되어 있는지를 계산하라.

$$W = \frac{PVM}{RT} = \frac{40 \times 600 \times 32}{0.082 \times 300} = 31219.5[g] \fallingdotseq 31.22[kg]$$

② $PV = GRT$

P : 압력[kg/m²a], V : 부피[m³], G : 질량[kg], R : 기체상수$\left(\frac{848}{M}[\text{kgm/kmol·°K}]\right)$, T : 절대온도[°K]

예) 수소 2[kg]이 내용적 6000[l]의 용기에 4[kg/cm²g]로 충전되어 있다. 이때 수소의 온도[°C]는 얼마인가?(단, 가스의 상수는 848[kg·m/Kmol·°K]이다.)

$$T = \frac{PV}{GR} = \frac{5.033 \times 10^4 \times 6}{2 \times \frac{848}{2}} = 356.1[°K] \quad \therefore \ 356.1[°K] - 273 = 83[°C]$$

▶ 기체상수 R값 : $PV = nRT$ 에서

1) $R = \dfrac{PV}{nT} = \dfrac{1[\text{atm}] \times 22.4[l]}{1[\text{mol}] \times 273[°K]} = 0.08205\left[\dfrac{l\cdot\text{atm}}{\text{mol·°K}}\right]$

2) $R = \dfrac{PV}{nT} = \dfrac{1.0332 \times 10^4 [\text{kg/m}^2] \times 22.4[\text{m}^3]}{1[\text{kmol}] \times 273[°K]} = 848\left[\dfrac{\text{kg·m}}{\text{kmol·°K}}\right]$

(4) 실제 기체의 상태방정식(반데르 발스 방정식) : 이상 기체의 상태방정식는 $PV = nRT$ 분자의 부피와 분자간의 인력이 무시된 상태에서 성립된 식. 따라서 실제 기체의 상태식은 분자간의 인력과 부피에 대한 보정이 필요함.

① 실제 기체 1[mol] 경우 : $\left(P + \dfrac{a}{V^2}\right)(V - b) = RT$

여기서 $\dfrac{a}{V^2}$: 기체 분자간의 인력, b : 기체 자신이 차지하는 부피

10. 증기

1) **포화** : 어느 일정한 압력하에서 증발 상태에 있을 때를 포화 상태
2) **과냉액** : 일정한 압력하에서 포화 온도 이하로 냉각된 액체
3) **포화액** : 포화 온도 상태에 있는 액을 열로 가하면 온도는 오르지 않고 증발하는 액
4) **포화증기**

   (1) **습포화 증기** : 포화 온도 상태에서 수분을 포함하고 있는 증기(건조도 1 이하)

   (2) **건포화 증기** : 포화 온도 상태에서 수분을 포함하지 않는 증기로 습포화 증기를 계속 가열하여 물방울을 완전히 제거한 증기(건조도가 1)

   ▶ 표준 대기압(0.1[Mpa])에서 100[℃] 건포화 증기 엔탈피 : 2674.85[kJ/kg] = 639[kcal/kg]

   ※ 임계점 : 어느 압력 이상에서 포화액이 증발이 시작됨과 동시에 건포화 증기로 변하며, 포화액선과 건포화 증기선이 만나는 점

   ▶ 증기압력이 상승하면 증발잠열은 감소하여 임계점 상태에서 0이된다.

5) **건조도** : 증기 속에 함유되어 있는 액의 혼용율

   ▶ 어느 증기 1[kg] 안에 건조 증기가 [kg] 있을 때 나머지는 액(1-)[kg]이다. 이때 x를 건조도(건도)

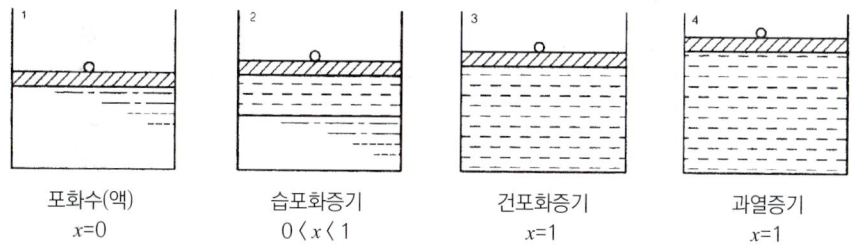

| 포화수(액) | 습포화증기 | 건포화증기 | 과열증기 |
| $x=0$ | $0<x<1$ | $x=1$ | $x=1$ |

㉠ 포화수 엔탈피=압력에 따라 다르다(급수온도)

㉡ 습포화증기 엔탈피=(포화수 엔탈피)+(건조도(증발잠열)×잠열)

※ 팽창변 직후 엔탈피 : $i_x = i_1 + \gamma \cdot x = i_1 + (i_2 - i_1) \cdot x$

㉢ 건포화증기 엔탈피=포화수 엔탈피 + 잠열

㉣ 과열증기 엔탈피=건포화증기 엔탈피 + (증기비열 × 과열도)

6) 과열증기 : 건조포화 증기에 계속 열을 가해 얻은 증기(압력은 일정)

7) 과열도(℃) : 과열증기 온도와 포화증기 온도와의 차(과열증기 온도 - 포화증기 온도)

8) 임계점(Critical point) : 증기의 압력을 올리면 잠열은 감소하는데 어느 압력에 도달하면 잠열이 0이 되어, 액체와 기체의 구별이 없어지는 점을 임계점이라 하며, 이때의 온도를 임계온도(374.15℃), 이때의 압력을 임계압력(225.65kg/cm²)이라 함.

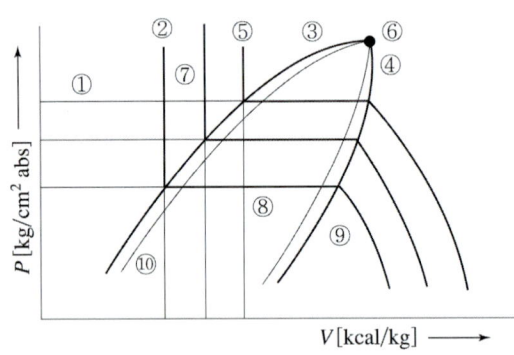

① 등 압력선
② 등 엔탈피선
③ 포화액선
④ 건조포화증기선
⑤ 등온선
⑥ 임계점
⑦ 과냉액구역
⑧ 습증기구역
⑨ 과열증기구역
⑩ 등건조도선

11. 전열

온도가 높은 곳에서 낮은 곳으로 열이 이동하는 것. $Q = \dfrac{\Delta t}{R}$

(Q : 전열량(W 또는 kcal/h), R : 열이동저항(m℃/W 또는 mh℃/kcal), Δt : 온도차(℃))

∴ 전열량은 온도차에 비례, 열저항에 반비례

※ 1W = 1J/s

1) 열전도 : 고체 내에서의 열의 이동(퓨리에의 법칙)

(Q : 이동열량(W 또는 kcal/h), λ : 열전도율(w/m℃ 또는 kcal/mh℃), A : 전열면적(m²), Δt : 온도차(℃), l : 두께(m))

2) 대류 : 열이 액체나 기체의 운동에 의하여 이동하는 것(뜨거운 공기는 위로 상승, 차가운 공기는 밑으로 이동하는 현상)(뉴턴의 냉각법칙)

  (1) **자연대류** : 유체의 밀도 변화에 의하여 일어나는 대류

  (2) **강제대류** : 팬, 펌프 등 기계적 방법으로 행하는 대류

3) 복사 : 열선(자외선)에 의해 고온에 물체에서 저온의 물체로 열이 이동하는 것

※ 스테판-볼츠만(Stafan-Boltzmann)의 법칙

: 흑체 표면에서 방출하는 복사열 에너지 총량은 절대온도의 4제곱에 비례한다는 법칙

$$E = 4.88 \times \varepsilon \left[\left(\frac{T1}{100}\right)^4 - \left(\frac{T2}{100}\right)^4 \right] \ [kcal/m^2h]$$

(4.88 = 스테판볼츠만 정수, T : 흑체표면의 절대온도(℃ + 273), ε=흑도)

※ 스테판-볼츠만(Stafan-Boltzmann)의 법칙 (SI 단위)

$Eb = \sigma, T^4$ 여기서 σ슈테판볼츠만 상수 : 5.67×10^{-8} W/m² K⁴, T는 흑체의 절대 온도

4) 열전달 : 유체와 고체간에 열 이동현상 $Q = \alpha \cdot A \cdot \Delta t$

(Q : 이동 열량(W=J/s=kcal/h), α : 열전달률 (W/(m²·K) = kcal/m²h · ℃), A : 전열면적(m²), Δt : 유체와 고체의 온도차(℃)

5) 열관류율(K)(열통과) (W/m².K=kcal/m²h℃) : 온도가 다른 유체가 고체벽을 사이에 두고 있을 때 고온 유체에서 저온 유체로 열이 이동하는 것

$$Q = \frac{A(t_1 - t_2)}{\frac{1}{\alpha_1} + \frac{d}{\lambda} + \frac{1}{\alpha_2}} \ (W=J/s=kcal/h) = Q = KA \cdot \Delta t$$

(Q : 시간당통과열량(W=J/s=kcal/h), K : 열통과율(W/m²℃=kcal/m²h℃ : 전열계수), A : 전열면적(m²), Δt : 온도차(℃)), a_1 : 고온측 경막계수 , a_2 : 저온측 경막계수[W/m².K=kcal/m²h℃], t_1 : 고온측온도[℃=K], t_2 : 저온측온도[℃=K], d : 두께[m])

$K = \dfrac{1}{R}$ ⎡ K : 열관류율[W/m².K=kcal/m²h℃]
⎣ R : 열저항[m².K=kcal/m²h℃]

$R = \dfrac{1}{\alpha_1} + \dfrac{d}{\lambda} + \dfrac{1}{\alpha_2}$

6) 열흐름에 대한 용어

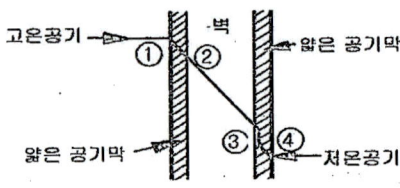

: ① → ② : 열전달, ② → ③ : 열전도, ③ → ④ : 열전달, ① → ④ : 열통과(열관류)

7) 휜 튜브(Finned tube)의 전열

: 냉동장치에서 전열이 일어날 때 전열이 양호하도록 하기 위해 전열이 불량한 측에 설치하여 유효 전열 면적을 증대시켜 전열을 양호하게 한다.

① **로우 휜 튜브(Low Finned tube)** : 관(tube) 내측에 전열이 양호한 유체가 흐르고, 외측에 전열이 불량한 유체가 흐를 때, 관 외측에 휜을 부착하여 전열을 증대시키기 위한 튜브

② **인너 휜 튜브(Inner Finned tube)** : 관(tube) 내측에 전열이 불량한 유체가 흐르고, 외측에 전열이 양호한 유체가 흐를 때, 관 내측에 휜을 부착하여 전열을 증대시키기 위한 튜브

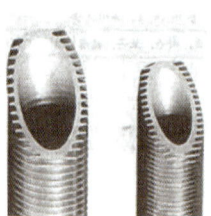

① 로우 휜 튜브 (Low Finned tube)

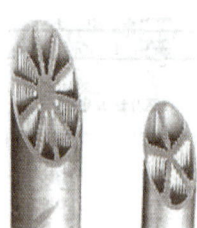

② 인너 휜 튜브 (Inner Finned tube)

8) 단열 및 보온

: 열의 방산이나 흡수를 적게하기 위해 사용되는 것으로 열전도율이 작은 재료를 사용

(1) **단열(방열,보온)재의 구비조건**
  ㉮ 열전도율이 적어 전열이 불량할 것
  ㉯ 흡습 및 흡수성이 적을 것
  ㉰ 내구성, 내식성이 클 것
  ㉱ 불연성 및 난연성일 것
  ㉲ 부식성이 없을 것
  ㉳ 시공이 쉽고, 가격이 쌀 것

(2) **단열(방열,보온)재 종류** : 텍스류, 폼류, 탄화코르크류, 규조토, 유리섬유, 암면, 퍼얼라이트, 실리카 화이버, 세라믹화이버 등

(3) **보온효율** = $\dfrac{Q_0 - Q}{Q_0} \times 100\%$ (Q_0 : 보온전 손실 열량, Q : 보온후 손실열량)

 **필답 예상문제**

01 다음 문장 중 ( )안에 적당한 용어 및 단위, 수치를 〈보기〉에서 찾아 쓰시오.

■보기■

ⓐ 엔탈피 ⓑ 비열
ⓒ 엔트로피 ⓓ 열용량
ⓔ 응축잠열 ⓕ 증발잠연
ⓖ 응고잠열 ⓗ kcal/℃
ⓘ kJ/kg ⓙ kJ/kg · K
ⓚ 2.1kJ/kg · K ⓛ 1.01kJ/kg · K
ⓜ 796800 ⓝ 1089000
ⓞ 1512000

(1) 순수한 물의 비율은 4.18(①)이다. 얼음의 비열은 물의 비열의 약 1/2이다. 즉 얾음의 (②)은 약 (③)이다. 또한 0℃물 1kg을 0℃얼음으로 만드는데는 약 333.1kJ/kg의 열을 제거하지 않으면 안된다. 즉 물의 (④)은 약 333.1(⑤)이다.

(2) 20℃의 물 2500kg을 -9℃까지 응고시키는데는 물에서 모두 (①)kJ의 열을 제거해야 한다.

풀이

(1) ① - ⓙ
② - ⓑ
③ - ⓚ
④ - ⓖ
⑤ - ⓘ
(2) ① - ⓝ

> **참고**
>
> 1. ① 물의 비열 : 4.18kJ/kg · K
>   ② 얼음 비열 : 2.1kJ/kg · K
>   ③ 융해(응고)잠열 : 333.1kJ/kg
> 2. ① 2500×20×4.18kJ/kg = 209000kJ
>   ② 333.1kJ/kg×2500kg = 832750kJ
>   ③ 2500×9×2.1 = 47250kJ
>   ∴ ① + ② + ③ = 1089000kJ

02 ( ) 안에 적당한 값을 넣으시오.

(1) 20℃ = ( )°R

(2) 300°K = ( )°R

(3) 212°F = ( )℃

> **풀이**
>
> (1) $1.8(20 + 273) = 527.4°R$
>
> (2) $300°K × 1.8 = 540°R$
>
> (3) $\dfrac{5}{9}(212 - 32) = 100℃$

03 다음 ( )에 적당한 수치를 〈보기〉에서 골라 쓰시오.

■보기■
- ① 101.325
- ② 1
- ③ 0.1
- ④ 10.332
- ⑤ 14.7
- ⑥ 30
- ⑦ 1.0332
- ⑧ 101325

(1) 760mmHg = ( )mH$_2$O

(2) 1.0332kg/cm^2 · a = ( )kPa

(3) 30jnHg = ( )Lb/in^2

(4) 1Pa = ( )N/m^2

(5) 1.013bar = ( )Mpa

풀이

(1) ④
(2) ①
(3) ⑤
(4) ②
(5) ③

참고

760mmHg = 10.332mH$_2$O = 1.0332kg/cm^2 · a
= 101.325kPa = 0.1MPa = 1.013bar = 30inHg
= 101.325N/m^2 = 101.325Pa

04 다음 (1)~(5)는 상태변화를 나타낸 것이다. 각 상태변화에 따른 잠열을 〈보기〉에서 찾아 쓰시오.

―――■보기■―――
① 증발잠열　　　　② 승화잠열
③ 응축잠열　　　　④ 응고잠열
⑤ 융해잠열

(1) 액체 → 기체 (　)
(2) 고체 → 기체 (　)
(3) 고체 → 액체 (　)
(4) 액체 → 고체 (　)
(5) 기체 → 액체 (　)

풀이

(1) ①
(2) ②
(3) ⑤
(4) ④
(5) ③

참고

* 물질의 3태
기체, 액체, 고체상태의 상태변화
① 융해 : 고체 → 액체
② 응고 : 액체 → 고체
③ 증발 : 액체 → 기체
④ 응축 : 기체 → 액체
⑤ 승화 : 고체 → 기체

05 다음의 각 용어들의 단위를 〈보기〉에서 고르시오.

■보기■

① w/m·°K ② J/kg·°K
③ J ④ w/m²·°K/
⑤ kg/m³ ⑥ kW/h
⑦ m³/kg ⑧ kJ/kg°K
⑨ N/m² ⑩ m°K/J

(1) 일
(2) 냉동능력
(3) 비열
(4) 열전달률
(5) 엔트로피
(6) 비중량
(7) 열전도율
(8) 비체적

풀이

(1) ③
(2) ⑥
(3) ②
(4) ④
(5) ⑧
(6) ⑤
(7) ①
(8) ⑦

참고

(1) 일 : J, N·m, kg·m, w·h
(2) 냉동능력 : kJ/h, J/h, kW/h
(3) 비열 : kJ/kg·K, J/kg·K
(4) 열전달률 : J/m²·h℃, w/m²·K
(5) 엔트로피 : J/kg°K, kJ/kg°K, w/kg°K, kW/kg°K
(6) 비중량 : kg/m³
(7) 열전도율 : w/m·k
(8) 비체적 : m³/kg

06 다음 3종류의 가스압축방식에 대하여 압축방식, 압축일의 대·중·소 및 압축된 가스의 온도의 고·중·저를 각각 다음 표의 해당란에 기입하시오. (단, C_p는 정압비열, C_v는 정적비열이다.)

가스압축 종류	압축중 냉매가시의 압력 P와 비체적 V와의 관계식	압축방식	압축일의 대·중·소	압축가스온도 고·중·저
1	PV^1 = 일정	(①)	소	(④)
2	PV^n = 일정, 단, $\dfrac{C_p}{C_v} > 1$	(②)	중	(⑤)
3	PV^k = 일정, 단, $K = \dfrac{C_p}{C_v}$	(③)	대	(⑥)

🔷 **풀이**

① 등온압축
② 폴리트로픽 압축
③ 단열압축
④ 저
⑤ 중
⑥ 고

07 가스의 비열에 관한 내용 중 ( ) 안에 적당한 용어를 써 넣으시오.

가스의 체적은 일정하게 유지하여 가열한 경우의 비열을 (①)비열이라 하고 압력을 일정하게 유지하고 가열한 경우의 비열은 (②)비열이라 한다. C_v와 C_p는 그 값이 다르고 그 값은 (③)비열이 더 크다. C_p/C_v를 (④)라 한다.

🔷 **풀이**

① 정적
② 정압
③ 정압
④ 비열비(K)

08 아래에서 설명하고 있는 내용이 무엇인지 쓰시오.

가스의 통로가 급격히 좁아지면 가스가 이곳을 통과하면서 압력이 강하하여 온도는 떨어지고 체적은 증가한다. 이와 같이 좁혀진 부분의 압력강하는 팽창밸브의 원리가 된다.

> 풀이

교축작용

09 다음은 무엇을 설명한 것인가?

관 내로 전열이 양호한 유체가 흐르고 관 외측에 전열이 불량한 유체가 흐를때 전열이 불량한 관 외측에 전열면적을 증대시켜 주기 위해 이 핀(Fin)을 부착한다.

> 풀이

로우 핀 튜브(Low Fin tube)

10 단열제의 구비조건이다. 이 중 올바른 사항 3가지를 찾아 그 번호를 쓰시오.

■보기■
① 열전도율이 적어 전열이 불량할 것
② 흡수 및 흡습성이 좋을 것
③ 내구성 및 내식성이 클 것
④ 가연성 및 난연성일 것
⑤ 다공성일 것

> 풀이

①, ③, ⑤

11 열의 이동(전열)방법 3가지를 쓰시오.

> 풀이

① 전도
② 대류
③ 복사(방사, 일사)

12 열전도율이 0.6W/m°K인 단열재가 있다. 단열재의 표면 온도차가 5℃이고 면적이 3m² 일 때 열전도량을 구하시오.(단, 단열재의 두께는 60mm이다.)

풀이

$$Q = \frac{\lambda \cdot F \cdot \triangle t_m}{l} = \frac{0.6 \times 3 \times 5}{0.06} = 150 w/h$$

13 단열재, 보온재, 보냉재의 구분은 무엇으로 하는가?

풀이

안전 사용온도

14 어느 냉동장치의 배관을 단열처리하지 않았을 때의 열손실이 50000kJ/m²이었고 단열 처리한 후 열손실이 20000kJ/m²일 때 단열효율(%)은 얼마인가?

풀이

$$단열효율 = \frac{단열전\ 손실열량 - 단열후\ 손실열량}{단열전\ 손실열량} = \frac{50000 - 20000}{50000} \times 100 = 60\%$$

15 다음의 ( ) 안에 알맞은 용어를 〈보기〉에서 찾아 쓰시오.

■보기■

위치에너지   운동에너지   내부에너지   외부에너지   PVC   AW
u   J·Q   0   1   418

엔탈피는 (①)와 (②)의 합으로 식은 i=(③)+ (④)이며 모든 냉매의 0℃ 포화액의 엔탈피는 (⑤) kJ/kg이다.

풀이

① 내부에너지
② 외부에너지
③ U
④ AW
⑤ 418

16 다음에서 설명하고 있는 내용의 용어와 단위를 〈보기〉에서 찾아 쓰시오.

■보기■
엔트로피   열용량   비열   엔탈피   kJ/℃   KJ/kg°K

(1) 어떤 물질 1kg을 1℃ 올리는데 소요되는 열량
(2) 어떤 물체의 온도를 1℃ 올리는데 필요한 열량

풀이

(1) 비열, kJ/kg°K
(2) 열용량, kJ/℃

17 다음은 엔트로피에 대한 설명이다. ( ) 안에 적당한 용어나 수치를 〈보기〉에서 찾아 쓰시오.

■보기■
절대온도   열량   섭씨온도   0   1   4.18   일정온도

엔트로피는 단위 중량당 물체가 (①)하에서 얻은 (②)을 그때의 (③)으로 나눈 양을 말하며 단위는 kJ/kg°K이다. 그리고 0℃ 포화액의 엔트로피는 (④)이다.

풀이

① 일정온도
② 열량
③ 절대온도
④ 4.18

18 포화 수증기량이 6kg일 때 열량 7524kJ를 제거한다면 응축되는 수징기량(kg)은? (단, 응축잠열은 2257kJ/kg이다.)

풀이

$Q = G \cdot \gamma$ 에서

$G = \dfrac{Q}{\gamma} = \dfrac{7524}{2257} = 3.3 \text{kg}$

19 25℃의 순수한 물 50kg을 10분 동안에 0℃까지 냉각하려 할 때 최저 몇 냉동톤의 냉동기를 써야 하겠는가? (단, 손실은 흡수열량의 25%, 물의 비열은 4.18kJ/kg · ℃, 냉동톤은 한국 냉동톤으로 한다.)

> **풀이**
>
> $$RT = \frac{GC\triangle t}{3.86 \times 3600} = \frac{50 \times 4.18 \times (25-0) \times 60}{3.86 \times 3600 \times 10} \times 1.25 = 2.9RT$$

20 압력계의 지침이 9.80cmHg vac였다면 절대압력은 몇 kPa인가?

> **풀이**
>
> $$P = \frac{76 - 9.8}{76} \times 101.325 kPa = 91.2 kPa$$

CHAPTER 02 냉동일반

 1. 냉동(Refrigeration)

자연계에 존재하는 물체(고체, 액체, 기체)로부터 열을 흡수하여 자연계의 온도(주위의 온도)보다 낮게 유지시켜 주는 조작

(1) 냉동용어 정의

① **냉동(Freezing)** : -15[℃] 정도 이하로 낮추어 물질을 얼리는 조작
② **동결** : 수분이 있는 물질을 상하지 않도록 동결점 이하의 온도까지 얼리는 것
③ **냉각(Cooling)** : 온도를 낮추고자 하는 물체로부터 열을 흡수하여 영상 이상의 온도로 그 물체가 필요로 하는 온도까지 낮추는 조작
④ **냉장(Cooling Storage)** : 물체가 동결하지 않을 정도의 열을 제거하여 저온(3~5℃)상태에서 저장하는 것
⑤ **제빙** : 상온의 물을 -9[℃] 정도의 얼음으로 만드는 것
  ▶ 용빙조 : 제빙장치 중 결빙한 얼음을 제빙관에서 떼어낼 때 관내 얼음 표면을 녹이는 기기
⑥ **저빙** : 상품화된 얼음을 저장하는 것
⑦ **제습** : 공기나 제품의 습기를 제거하는 것
⑧ **공기조화** : 대기의 물리, 화학적 조건(온도, 습도)을 인간의 요구에 알맞게 유지시켜 주는 것 (보건용 공기조화, 산업용 공기조화)
⑨ **냉방** : 주거 공간을 시원하게 유지하는 것

 2. 냉동 방법

1) 자연적 냉동법(일시적 냉동법)

① **고체의 융해잠열을 이용** : 얼음의 융해 잠열(333.1kJ/kg=79.68kcal/kg)을 이용한 방법
② **고체의 승화잠열을 이용** : 드라이아이스(CO_2)의 승화잠열은(-78.5℃)에서 승화시 열을 흡수하는 방법(639.5kJ/kg=153kcal/kg)

③ 액체의 증발잠열을 이용 : 액화 NH_3, 프레온냉매의 증발열을 이용하는 방법
④ 기한제를 이용 : 얼음(2) + 염화나트륨($NaCl$ (1)) → -21℃ 기한제를 이용하는 방법

2) 기계적 냉동법(연속적 냉동법)

(1) **증기 압축식 냉동법** : NH_3, 프레온냉매 등 1차 냉매를 사용하여 압축, 응축, 팽창, 증발하는 4대 구성요소로 이루어진 냉동기를 이용한 방법

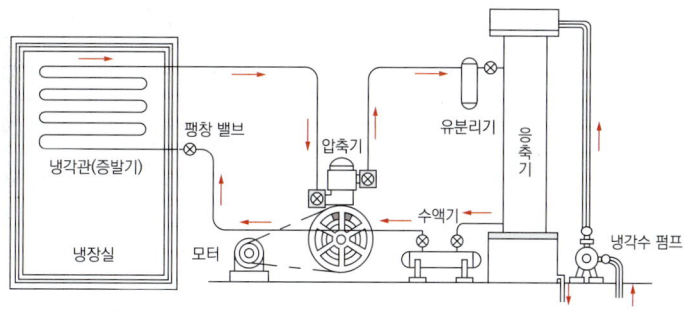

증기 압축 냉동

▶ 증기 압축기 주요 4대 구성요소(기계적인 냉동기)
㉮ 압축기(compressor) : 증발기에서 증발한 저온 저압의 냉매 증기를(증발하면서 흡수한 증발잠열을 제거하여) 응축하기 쉽도록 고온, 고압의 가스로 만드는 기계를 압축기라 함.

※ 종류
㉠ 왕복동식 압축기(reciprocating compressor) ㉡ 회전식 압축기(rotary compressor)
㉢ 터보식 압축기(turbo compressor) ㉣ 스크루식 압축기(screw compressor)

㉯ 응축기(condenssor) : 압축기에서 배출한 고온, 고압의 가스를 외부에서 물이나 공기를 가하여 냉각하며 응축 액화시키는 장치.

※ 종류
㉠ 공랭식 ㉡ 수냉식 ㉢ 증발식

㉰ 팽창 밸브(expansion valve) : 응축기 또는 수액기에서 오는 고온 고압의 액화 냉매를 증발기에서 피냉동 물체에서 쉽게 열을 흡수하도록 좁은 통로를 통과시켜 저압의 상태로 해주는 밸브. 이 밸브를 통과한 냉매는 저온, 저압의 습증기로 된다. 즉, 냉매량을 공급해주는 역할이다.

㉱ 증발기(evaporator) : 팽창 밸브를 거쳐 오는 저온 저압의 습증기는 증발기 내에서 증발하면서 주위로부터 열을 흡수하여 포화증기로 되면서 냉동효과를 달성시키는 장치(증발잠열이 클수록 냉동효과가 크다).

(2) **흡수식 냉동법** : 흡수제와 냉매를 사용한 온도가 낮아진 물을 냉동목적에 사용하는 방법

　※ 흡수식 냉동기 5대 구성요소 : 흡수기 → 발생기(고온재생기) → 응축기 → 팽창밸브 → 증발기(저온재생기)

흡수제와 냉매

흡수제	냉매
H_2O (물)	NH_3 (암모니아)
LiBr(리튬브로마이드)	H_2O (물)

흡수식과 증기압축식 냉동기 구성요소 비교

흡수식	증기 압축식
흡수기	압축기
(발생기)고온재생기	
응축기	응축기
팽창밸브	팽창밸브
증발기(저온재생기)	증발기

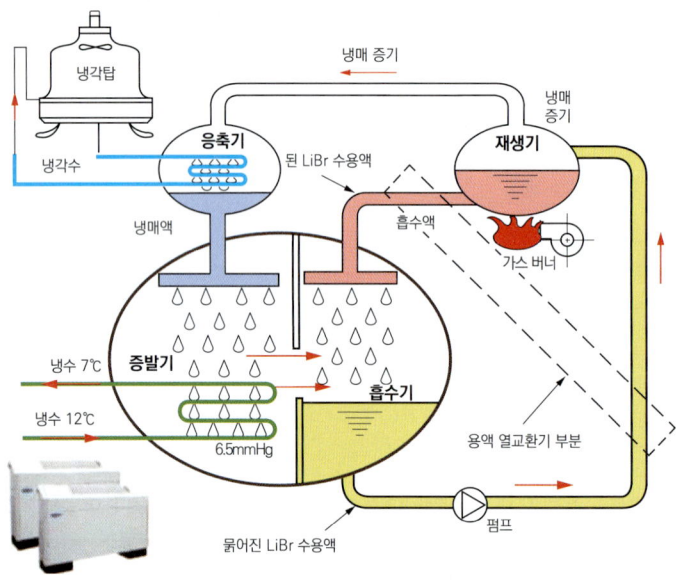

※ 흡수식 냉동기 작동원리
① 발생기(고온재생기) : 희용액(냉매와 흡수제의 혼합)을 가열하기 위해 가스버너를 사용하며 냉매(물: 100℃)와 흡수제(LiBr: 1265℃)의 비등점차를 이용하여 물이 증발하여 응축기로 가고 리튬브로마이드(LiBr)는 흡수기로 보내진다.
② 응축기 : 재생기(발생기)에서 넘어온 냉매증기(물)를 액체의 냉매로 만들기 위해 냉각탑을 이용하고 액상태로 만들어진 액냉매(물)를 증발기로 보낸다.
③ 팽창밸브 및 증발기 : 응축기에서 만들어진 액냉매(물)를 증발기 상부에서 팽창밸브의 원리(교축작용)를 이용한 액냉매를 뿌려주면, 증발기 내부압력이 6.5mmHg의 진공압력 상태에서 액냉매는 쉽게 증발하여 -5℃ 정도의 냉매온도를 얻어 냉동작용에 사용한다.
④ 흡수기 : 증발기에서 증발된 냉매증기는 흡수기에 보내져, 재생기에서 넘어온 흡수제(LiBr)와 혼합되어 희용액(냉매와 흡수제)되고, 이 희용액을 펌프로 재생기에 공급하여 싸이클을 반복한다.
  ※ 압축기 역할을 하는것 : 흡수기, 발생기(고온재생기, 용액펌프)

◆ 가스버너기능 : 발생기(재생기)를 가열하여 냉매와 흡수제를 분리.
◆ 흡수식 냉동기 장,단점

※ 장점
① 과부하시 사고 위험성 적다.   ② 구동원이 펌프로 소음, 진동이 적다.
③ 저렴한 연료로 운전경비가 경제적이다.   ④ 사고발생 우려가 적다.

※ 단점
① 냉동기를 기동하는 시간이 길다(가동전 예열을 필요로 한다).
② 타 냉동기에 비해 설치면적이 크다.
③ 부속설비가 많아 설비비가 고가다.

※ 흡수식 냉동기를 사용할 수 있는 대상 ① 백화점 공조용 ② 산업공조용 ③ 냉·난방 장치용

(3) 증기분사식 냉동기 : 증기 이젝터(ejector)로 증발기 내의 압력을 낮추어 물의 일부를 증발시키는 동시에 나머지 물이 냉각되어 냉동목적에 사용(증발열 이용)
※표준 대기압일 때 물은 100℃에서 증발하지만, $0.006kg/cm^2 \cdot a$에서는 0℃에서 증발한다.

(4) 전자냉동기(펠티어효과) : 성질이 다른 두 금속을 접속시켜 전류(D.C)를 흐르게 하면 한쪽은 열을 흡수, 다른 쪽은 열을 방출하는데 열을 흡수하는 부분을 냉동에 사용
※ 냉동용 열전 반도체 : 비스무트텔루르, 안티몬텔루르, 비스무트텔루르, 셀렌 등

(5) 빙축열 냉방 시스템(Ice Thermal Storage System) : 야간에 얼음을 생성하여, 저장하였다가 주간에 얼음을 녹여서 건물의 냉방에 활용하는 시스템

※ 빙축열시스템 특징
① 심야전력에 따른 전력비 절감
② 연속운전에 의한 고효율적 정격운전 가능
③ 수전설비, 계약전력 감소에 의한 기본전력비 절감
④ 부하 변동이 심하거나 공조계통 시간대가 다양한 곳에서도 안정된 열공급이 가능
⑤ 건물의 증설, 용도변경에 따른 미래부하 변화에 대한 적용성이 높다.
⑥ 축열조 설치에 따른 소요공간과 초기투자비, 인건비가 증가한다.
⑦ 심야운전에 따른 진동, 소음 등 환경문제에 대한 대책이 요구된다.
▶ 수축열시스템 : 열저장재의 현열변화를 이용하는 방식, 축열재로 체적 열용량과 비열이 크고, 부식성, 수명, 가격 등 모든 면에서 우수한 물을 사용, 큰 축열조로 설치 부피가 큰 단점

(6) G.H.P(Gas engine Heat Pump) : GHP는 LNG와 LPG를 열원으로 가스 엔진의 동력으로 구동되는 압축기에 의해 냉매를 실내기와 실외기 사이의 냉매배관으로 흐르게 하여 액화와 기화를 반복시켜 여름에는 냉방장치로, 겨울에는 난방장치로 이용하는 가스 냉난방 멀티공조 시스템

◆ GHP의 특징
① 폐열의 유효이용으로 난방능력이 외부 기온에 따라 변하기 때문에 동절기 및 피크 시간대에도 안정적인 난방이 가능
② 토출되는 열풍의 온도가 높다.
③ 제상운전이 필요 없다.
④ 초기 난방의 속도가 빠르다(30분 정도).
⑤ 운전소음이 적다.

(7) E.H.P(Electric Heat Pump) : 전기로 압축기를 구동시키는 신 개념의 전기 냉·난방기로 가스 구동식 HEAT PUMP(GHP) 냉·난방기와 그 작동원리는 비슷하나 압축기의 구동력을 가스 대신 전기를 사용하는 신기술의 전기 냉·난방기

◆ EHP의 특징
① 난방능력이 외부의 기온에 직접적인 영향을 받는다.
② 토출되는 열풍의 온도가 낮다.
③ 증발기의 열효율을 높이기 위해서 제상작업이 필요하다.
④ 운전소음이 높다
⑤ 초기 난방이 이루어지는 시간이 많이 걸린다.

(8) 히트펌프 : 열을 온도가 낮은 곳에서 온도가 높은 곳으로 이동시킬 수 있는 장치. 사이클의 구성과 작동방법은 냉동기와 같으며 단지 저온열의 사용을 목적으로 하는 경우에는 냉동기, 고온열의 사용을 목적으로 하는 경우에는 열펌프(Heat Pump)가 되는 것

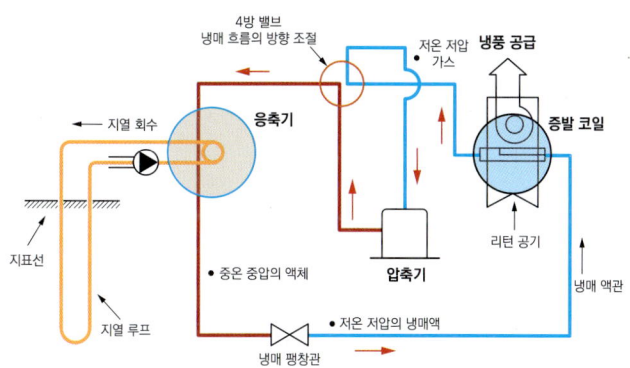

◆ 히트펌프 분류
① 구동 방식에 따른 분류 : 전기식과 엔진식
② 열원에 따른 분류 : 대기(공기)열 · 수열(폐열) · 지열, 태양열
③ 열공급방식에 따른 분류 : 온풍식 · 냉풍식과 온수식 · 냉수식,
④ 펌프 이용 범위에 따른 분류 : 난방 · 냉방 · 제습 및 냉난방 겸용 등으로 분류
⑤ 히트펌프의 구조 : 압축기, 증발기, 응축기, 팽창밸브 등으로 이루어져 있다.

◆ 지열원 열펌프 시스템 : 연중 온도가 일정한 지하수(Ground Water), 지표수(Surface Water) 및 지중(약 300m 이내)을 냉방시에는 히트 싱크로, 난방시에는 히트소스로 하여 건축물의 냉 · 난방을 동시에 가능하도록 하는 복합형 시스템. 일반적인 열펌프 시스템은 지중 300m 이내로 천공된 보어홀에 고밀도 폴리에틸렌 재질의 U자형 파이프를 설치하고, 설치된 파이프에 유체를 순환시켜 지중과의 열교환을 통하여 냉 · 난방에 필요한 에너지를 수급

◆ 지열원 열펌프 종류
① 지하수이용 열펌프
② 지표수이용 열펌프
③ 지중열이용 열펌프(효율이 가장 높다)

3. 냉동 사이클 및 선도

1) 사이클

(1) **카르노 사이클(carnot cycle)** : 이상적인 열기관 사이클로 2개의 등온선과 2개의 단열선으로 구성

(2) **역카르노 사이클(refrigeration cycle)(냉동 사이클)** : 2개의 등온선과 2개의 단열선으로 구성되어 카르노 사이클의 역으로 냉동 사이클

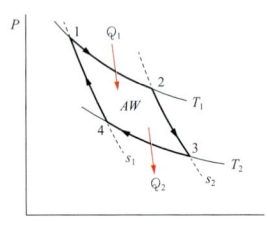
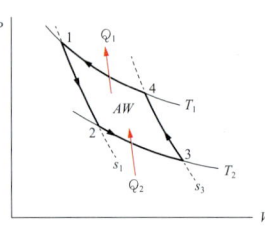

(a) 카르노 사이클   (b) 역 카르노 사이클

(3) **표준 냉동 사이클**
 ① 증발온도 : -15℃
 ② 응축온도 : 30℃
 ③ 팽창밸브 직전온도 : 25℃(과냉각도 5℃)
 ④ 압축기 흡입가스온도 : 건조포화증기(-15℃)

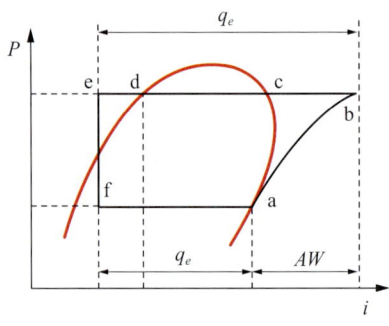

P-i 선도

$P \to i$ 선도	냉동 사이클	변화과정
$a \to b$	압축과정	압력 상승, 온도 상승, 비체적 감소, 엔트로피 불변, 엔탈피 증가
$b \to c$	과열 제거 과정	압력 불변, 온도 강하, 비체적 감소, 엔탈피 감소
$c \to d$	응축 과정	압력 불변, 온도 일정, 엔탈피 감소, 건조도 감소
$d \to e$	과냉각 과정	압력 불변, 온도 강하, 엔탈피 감소
$e \to f$	팽창 과정	압력 강하, 온도 강하, 엔탈피 불변, 비체적 증대
$f \to a$	증발 과정	압력 불변, 온도 일정, 엔탈피 증가

2) 냉동 사이클 용어

(1) **냉동효과(냉동력)** : 냉매 1[kg]이 증발기에서 흡수한 열량(kJ/kg)

① NH_3 : 64.3[kJ/kg]

② R-11 : 9.23[kJ/kg]

③ R-12 : 7.07[kJ/kg]

④ R-22 : 9.61[kJ/kg]

(2) **냉동능력** : 단위시간에 냉매가 증발기에서 흡수한 열량 [kJ/h]

(3) **냉동톤(한국RT)** : 0[℃]의 물 1톤을 24시간 0[℃]의 얼음으로 만드는데 제거해야 할 열량

① 1냉동톤(RT) : 1000 × 333.38 [kJ/kg] (79.68×4.184) = 333,381[kJ/24시간]

▶ 1RT = 13890.83 [kJ/h]=3320[kcal/h]

② 1USRT(미국RT) : 32[℉]의 물 2000[lb]를 24시간동안 32[℉]의 얼음으로 만드는데 제거해야 할 열량

▶ 1USRT : 601.3 × 2000/24시간 =(50108.33)/(3.968)=12628.11[kJ/h](3024[kcal/h])

여기서 [601.3]=[(79.68×4.184×3.968/1×2.2lb)]

[50108.33]=(601.3×2000/24시간)

(4) **1제빙톤** : 25[℃]의 물 1톤을 24시간 동안 -9[℃]의 얼음으로 만드는데 제거해야 할 열량

▶1.65[RT](1제빙톤)

Q_L : 잠열량[kJ], G : 물질의 질량[kg], r : 물질의 잠열[kJ/kg]

▶ 얼음의 융해잠열 : 약333.1[kJ/kg]

▶ 물의 증발잠열 : 2253.02[kJ/kg]

▶ 얼음의 비열 : 2.09 [kJ/kg]

▶ 물의 비열 : 4.18[kJ/kg]

예) ① 25[℃] 물 → 0[℃] 물 : $Q_S = G \times C \times \Delta t = 1000 \times 4.18 \times (25 - 0℃) = 104,500[kJ]$

② 0[℃] 물 → 0[℃] 얼음 : $Q_L = G \times r = 1000 \times 333.1 = 333,100[kJ]$

③ 0[℃] 얼음 → -9[℃] 얼음 : $Q_S = G \times C \times \Delta t = 1000 \times 2.09 \times [0 - (-9)] = 18,810[kJ]$

∴ ① + ② + ③ = 456,410[kJ]

20%의 열손실을 감안한 총 제거 열량은 456,410×1.2=547,692 [kJ/24h]=22,820.5[kJ/h]

$\dfrac{22,820.5}{13,890.83}$ = 1.65[RT](1제빙톤) 즉, 물 1톤을 제빙하려면 1.65RT의 제빙능력을 갖는 냉동기를 사용한다.

(5) 결빙시간

$$h = \dfrac{0.56 \times t^2}{-(tb)}$$, t : 얼음의 두께(cm), tb : 브라인 냉매 온도(℃)

(6) 냉동기 성적계수(COP) : 냉동능력과 소요동력에 상당하는 열량과의 비(比)

① $COP = \dfrac{냉동효과}{압축일의 열당량} = \dfrac{q}{A_w} = \dfrac{Q_2}{Q_1 - Q_2} = \dfrac{T_2}{T_1 - T_2}$

Q_1 : 응축부하(kJ/h), Q_2 : 냉동능력(kJ/h), T_2 : 증발 절대온도(K), T_1 : 응축 절대온도(K)

② 카르노사이클(열펌프) $COP = \dfrac{Q_1}{Q_1 - Q_2} = \dfrac{T_1}{T_1 - T_2}$

(7) 냉동 사이클 각종계산

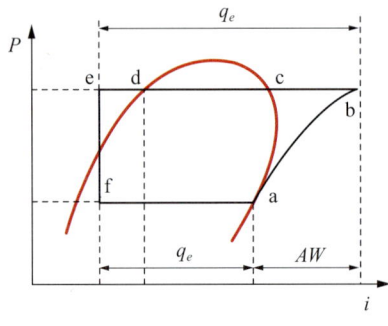

P-i 선도

① 냉동효과(qe : KJ/kg) : qe = ia - ie
② 압축일의 열당량(AW : KJ/kg) : AW = ib - ia, AW = qc - qe
③ 응축기방열량(qc : KJ/kg) : qc = qe + AW

④ 성적계수(COP) : q_e / AW

⑤ 압축비 : P = $P_{b(e)}$ / $P_{a(f)}$

⑥ 냉매순환량(G : kg/h) : G = $\dfrac{13890.83}{qe}$ = $\dfrac{냉동능력}{냉동효과}$

3) 몰리에르 선도(Mollier diagram)

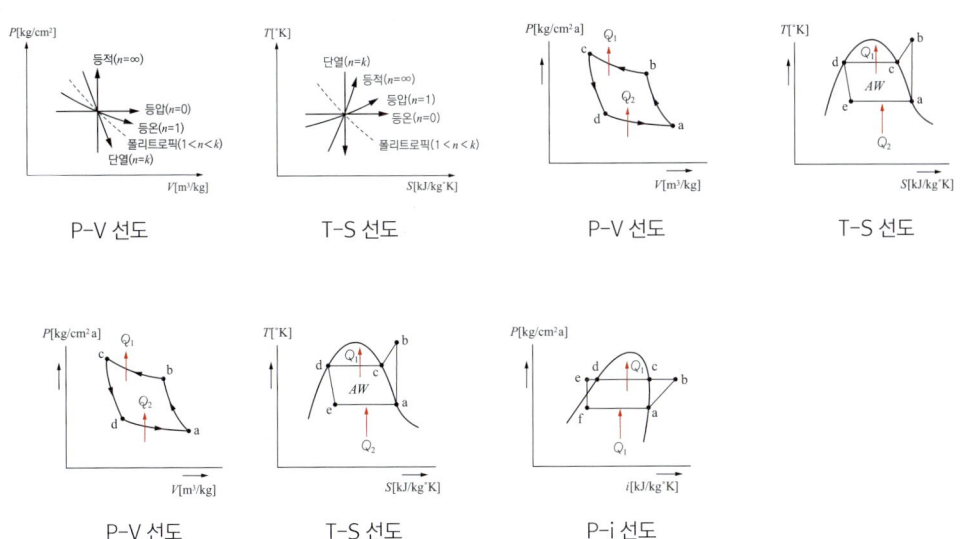

(1) 종류

① P-i 선도 : 횡축에 엔탈피(kJ/kg), 종축에 절대압력(kg/cm^2)으로 표시

▶ 응축, 증발 엔탈피를 알 수 있다.

② T-S 선도 : 종축에 절대온도 T, 횡축에 엔트로피 S로 표시

▶ 열교환 과정에서 많이 사용, 냉동 사이클의 증발, 응축, 토출, 팽창밸브 직전온도를 알 수 있다.

③ P-V 선도 : 종축에 절대압력 P, 횡축에 비체적 또는 체적 v를 취함

▶ 가스비체적, 응축 및 증발압력을 알 수 있다, 열기관의 성적 분석에 사용

④ i-S 선도 : 종축에 엔탈피 i, 횡축에 엔트로피 S를 취함

▶ 교축작용을 표시하기에 매우 편리

(2) 선도설명

① 포화액선 : 포화온도 및 압력이 일치하는 증발 직전의 냉매상태를 나타내며 과냉각 구간과 습증기구간을 구분하는 선
② 건포화증기선 : 포화액이 증발하여 포화 온도의 가스를 전환한 냉매의 상태를 나타내며 건포화증기선 좌측은 습증기 구간 우측은 과열증기 구간
③ 과 냉각구역 : 포화액선의 왼쪽 부분으로 등압하에서 포화온도 이하로 냉각된 액 상태
④ 습포화증기구역 : 포화액선과 포화증기선으로 둘러쌓인 부분으로 포화액이 등압하에서 같은 온도의 증기와 공존하는 냉매 상태
⑤ 과열증기구역 : 건조포화증기를 더욱 가열하여 포화증기 온도보다 높은 상태를 나타내는 구역
⑥ 등압선 : 수평선으로 표시하며 냉동 사이클에서 응축기와 증발기 상태를 알 수 있다.
⑦ 등온선 : 포화액선 이전에는 등엔탈피선과 일치하며 습증기 구간에서는 등압선과 일치한다.
⑧ 등엔탈피선 : 수직으로 표시되며 냉동 사이클에서 팽창밸브에 해당
⑨ 등비체적선 : 습증기 구간에서 경사가 완만하지만 과열증기 구간은 경사가 증가한다.
⑩ 등건조도선 : 습증기 구간에 존재하며 포화액선에선 X=0이며, 건포화증기선에서 X=1이다.
⑪ 등엔트로피선 : 등건조도선과 등비체적선 사이에 그려지며 냉동 사이클에서 압축기에 해당

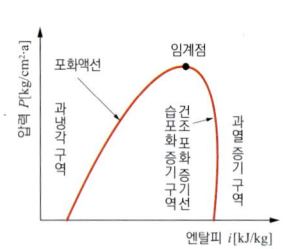

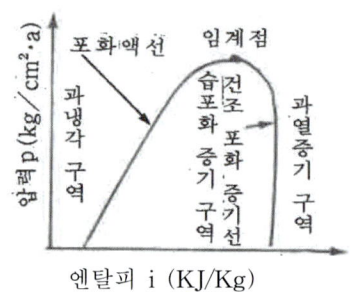

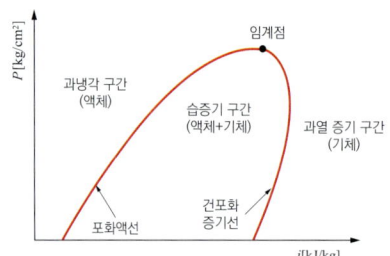

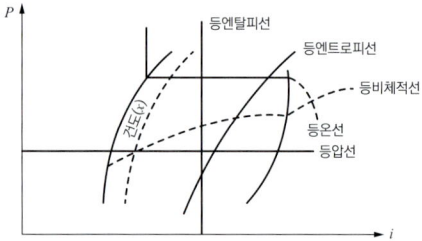

(3) 몰리에르 선도의 이용(활용 형태)
① 냉동기의 크기 결정
② 전동기의 크기 결정
③ 냉동 능력 판단
④ 냉동장치의 운전상태 파악
⑤ 효율적인 운전에 필요

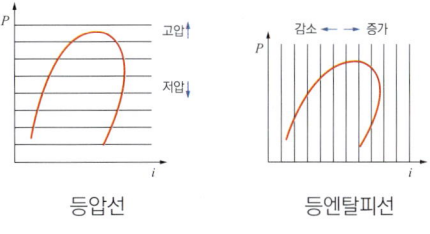
등압선   등엔탈피선

(4) 몰리에르 선도의 6대 구성 요소
① 등압선(P : kg/cm² abs) : 증발, 응축압력, 압축비를 알 수 있다
② 등엔탈피선(i : kJ/kg) : 냉매 1[kg]에 대한 엔탈피, 냉동효과(증발), 압축열량, 응축열량, 플래시가스(flash gas) 발생량을 알 수 있다.

※ 플래시 가스(flash gas) : 교축 작용시 자체 내에서 증발 잠열에 의해 냉매가 증발되어 발생되는 기체로 냉동 능력을 상실한 가스.
 − 플래시 가스 발생을 억제하기 위해 팽창 밸브 직전의 냉매를 5[℃] 정도 과냉각시켜 준다.

※ 과냉각도를 크게 하기 위한 방법과 기능
① 방법 : 액, 가스 열교환기를 사용한다.
② 기능 : 열교환기는 증발기로부터 흡입되는 저온의 가스와 응축기로부터 나오는 액체 냉매를 열교환시켜 팽창밸브 입구에 액온도(과냉각도)를 크게 하여 증발기에서의 증발열량을 증대한다.

※ 플래시 가스 발생원인
㉮ 액관이 직사광선에 노출될 때
㉯ 액관이 방열하지 않고 따뜻한 곳을 통과할 때
㉰ 액관이 현저히 입상하거나 지나치게 길 때
㉱ 액관 지지 밸브, 전자 밸브, 드라이어, 스트레이너의 구경이 적은 경우
㉲ 여과기나 드라이어 등의 막힘
㉳ 증발온도가 일정하고, 응축온도가 상승할 경우

※ 플래시 가스가 장치에 미치는 영향 : 냉동능력 감소, 압축비 상승, 소요동력 증가, 토출가스 온도 상승, 실린더 과열, 윤활유 열화 및 탄화.

※ 플래시 가스 발생량 ① NH_3 : 14 ~15[%] ② R-12 : 23[%] ③ R-22 : 22[%]
 − 증발잠열에 대한 액체 비열이 클수록 플래시 가스 발생량이 많다.

③ 등온선(t : ℃) : 토출가스 온도, 증발온도, 응축온도, 팽창 밸브 직전의 냉매 온도를 알 수 있다.

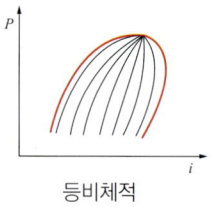
등비체적

※ 응축온도(압력) 상승시 현상 : 압축비 증대, 토출가스 온도 상승, 냉동 효과 감소, 성적계수 감소, 윤활유의 탄화, 소요동력증대, 체적 효율 감소, 냉매 순환량 감소
※ 증발 온도 낮을시 현상 : 압축비 증대, 토출가스 온도 상승, 체적 효율 감소, 냉매 순환량 감소, 냉동 효과 저하, 성적계수 저하, 피스톤 압출량 감소, 실린더 과열, 윤활유 탄화, 소요 동력 증대

④ 등비체적선(v : ㎥/kg) : 습포화 증기구역과 과열증기 구역에서만 존재하는 선. 압축기로 흡입되는 냉매의 체적을 구한다.

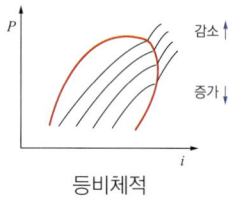
등비체적

※ 과열증기 흡입시 영향 : 냉매 순환량 감소, 토출가스 온도 상승, 체적 효율 감소, 소요 동력 증대, 실린더 과열, 윤활유 탄화, 냉동 능력 감소

⑤ 등건조도선(x) : 습증기 구역에만 존재하며, 포화액의 건조도는 0이며 건조포화 증기의 건조도는 1이다. 냉매 1[kg]이 포함하고 있는 증기량을 알 수 있다.

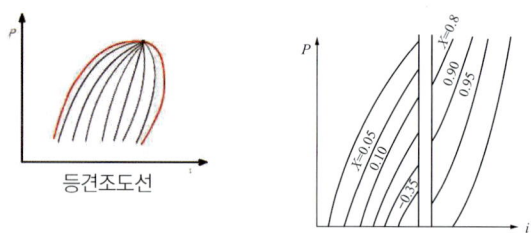
등건조도선

※ 건조도가 0.15면 습포화 증기중 증기가 15%, 액체가 85%이다.

$$건조도 = \frac{플레시가스의 열량}{증발잠열}$$

⑥ 등엔트로피션(S : kJ/kg°K) : 습증기 구역과 과열증기 구역에만 존재. 압축기 압축은 단열변화로 등엔트로피션을 따라 압축된다.

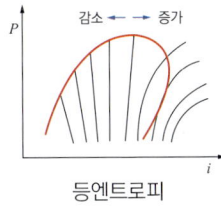

등엔트로피

5) 냉동장치 상태

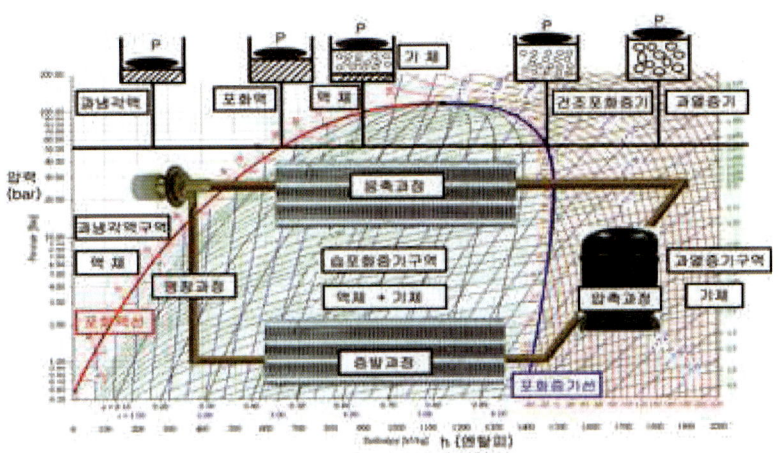

구성기기	역할	상태변화	온도	압력	엔탈피	엔트로피
압축기	압력증대	단열	상승	상승	증가	일정
응축기	열제거	등온	일정	일정	저하	감소
팽창밸브	압력감소 및 유량조절	단열	저하	저하	불변	상승
증발기	열흡수	등온	일정	일정	상승	증가

㉮ **습포화 증기를 흡입할 때 영향** : 액압축 위험, 성적계수 감소, 냉동 능력 감소, 소요 동력 증대
㉯ **과열증기를 흡입할 때 영향** : 냉매 순환량 감소, 토출가스 온도 상승, 체적 효율 감소, 소요 동력 증대, 실린더 과열, 윤활유 탄화, 냉동 능력 감소
  - 과열도를 주면 성적 계수는 상승

㉰ 응축온도 응축압력이 상승할 때 현상 : 압축비의 증대, 토출가스 온도 상승, 냉동 효과 감소, 성적계수 감소, 실린더 과열, 윤활유의 탄화, 소요 동력 증대, 체적 효율 감소, 피스톤 압출량 감소, 냉매 순환량 감소

㉱ 증발 온도가 낮을 때 현상 : 압축비 증대, 토출가스 온도 상승, 체적 효율 감소, 냉매 순환량 감소, 냉동 효과 저하, 성적계수 저하, 피스톤 압출량 감소, 실린더 과열, 윤활유 탄화, 소요 동력 증대

㉲ 압축비가 증대하여 장치에 미치는 영향 : 체적 효율 감소, 압축 효율 감소, 냉매 순환량 감소, 냉동 능력 감소, 실린더 과열, 윤활유 탄화, 토출 가스 온도 상승, 소요동력 증대

4. 2단압축과 2원냉동

1) 2단압축

1단냉동 사이클에서는 증발온도가 -30℃ 정도 이하가 되면, 증발압력이 너무 낮아져 압축비가 증대하여
① 체적효율이 저하하고(클리어런스에 남아있던 고압의 가스가 흡입방해)
② 냉매증기의 비체적이 커져(증발압력이 낮으므로) 냉매순환량이 감소하며
③ 또 토출가스 온도가 상승하여 윤활유가 열화되기 쉽다. 따라서 증발온도가 일정(-30℃) 이하가 되면 1단압축을 하지않고, 냉매를 2단 또는 3단으로 압축하는 방식(다단압축방식)

※ 2단압축 장치 구성기기
① 고,저단 압축기   ② 중간냉각기   ③ 고,저단 팽창밸브   ④ 고단 응축기   ⑤ 저단증발기

※ 2단압축 목적(장점)
① 체적효율 상승   ② 냉매순환량 증가   ③ 윤활유 열화 방지   ④ 압축기과열 방지   ⑤ 성적계수 향상

※ 2단압축 방식 종류
① 2단압축 1단팽창 방식   ② 2단압축 2단팽창 방식
③ 근래는 1대의 압축기로 2단압축을 하는 콤파운드 압축기 사용

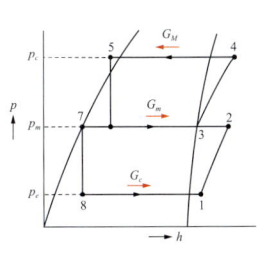 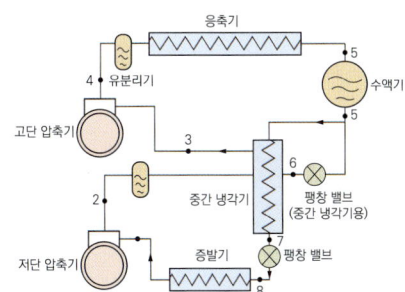 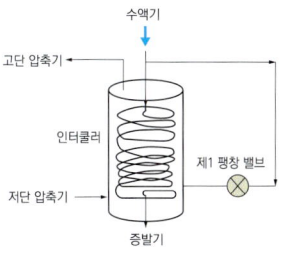

※ 압축비가 6 이상이면 2단 압축할 것, 압축비 10 이상 시 3단, 온도가 더 낮으면 다원냉동 사이클 채택

1) 압축비에 의한 2단 압축 $\dfrac{P_e}{P_c}$ > 6일 때 [P_c : 증발압력(kg/cm² abs) , P_e : 응축압력(kg/cm² abs)]

2) 2단 압축냉동 사이클 중간 냉각기 역할
① 고단압축기 과열 방지   ② 고압액 과냉각으로 성적계수 향상   ③ 액압축 방지

3) 중간압력 구하는 식 : $P_i = \sqrt{Pc \cdot Pe}$ (Pc : 저단압축기 토출절대압력, Pe : 고단압축기 흡입측절대압력)

2) 2원 냉동장치

2단 또는 다단압축냉동시스템으로 -70℃ 이하의 저온을 얻기 위해 서로 다른 냉매를 사용하여 각각 독립된 냉동 사이클을 온도적으로 2단계 분리한 장치로 카스케이드 콘덴서로 조합하여 고온측 증발기로 저온측 응축기 냉매를 냉각시켜 초저온을 얻기 위함

① 고온측 냉매 : R-12, R-22, R-11(비등점 높고, 응축압력이 낮은 냉매)
② 저온측 냉매 : R-13, R-14, R-503, 에탄, 메탄, 프로판(R-290) ▶ (비등점이 낮은 냉매)

※ 캐스케이드 열교환기(콘덴서) : 저온측 응축기와 고온측 증발기를 결합한 것 ▶ 다(2)원 냉동장치에만 있다

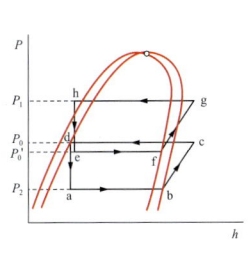 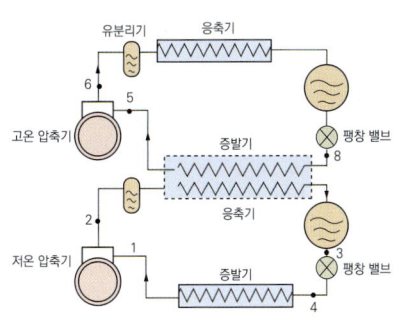

필답 예상문제

01 자연적인 냉동 방법을 4가지 쓰시오.

풀이

① 융해잠열을 이용하는 방법
② 증발잠열을 이용하는 방법
③ 승화잠열을 이용하는 방법
④ 기한제를 이용하는 방법

02 증기 압축식 냉동장치의 주요 4대 구성요소를 쓰시오.

풀이

① 압축기
② 응축기
③ 팽창밸브
④ 증발기

03 15RT의 냉동능력을 갖고 있는 냉동기에서 응축온도가 30℃, 증발온도가 −15℃일 때 성적계수(COP)는?

풀이

$$COP = \frac{T_2}{T_1 - T_2} = \frac{(273 - 15)}{(273 + 30) - (273 - 15)} = 5.73$$

04 브라인 온도 −10℃, 얼음의 두께 40cm일 때 결빙시간은 얼마인가? (단, 얼음의 비열(결빙계수)은 0.56이다.)

> **풀이**
>
> 결빙시간$(H) = \dfrac{0.56 \times t^2}{-(t_b)} = \dfrac{0.56 \times (40)^2}{-(-10)} = 89.6$시간 $= 89$시간 36분

05 다음의 P-i선도들을 보고 해당되는 선의 이름을 쓰시오.

①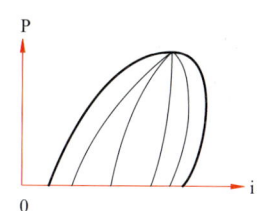

②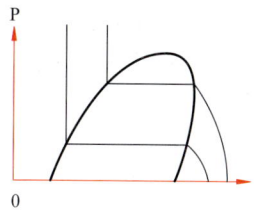

③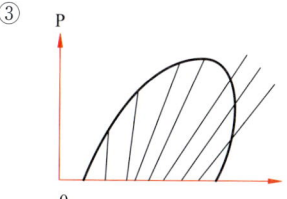

④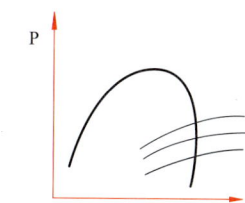

⑤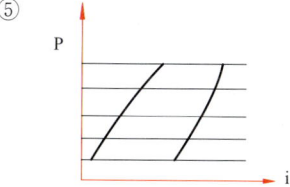

⑥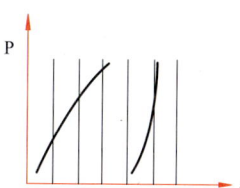

> **풀이**
>
> ① 동건조도선
> ② 등온선
> ③ 등엔트로피선
> ④ 등비체적선
> ⑤ 등압선
> ⑥ 등엔탈피선

06 p-i선도상의 냉동사이클에서 옳은 내용 2가지를 쓰시오.

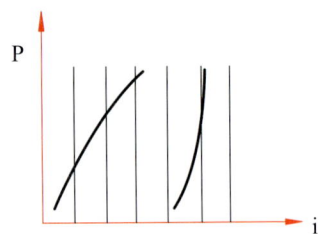

① 냉동 사이클 A는 사이클 B에 비해 냉동효과는 적다.
② 토출온도는 A사이클이 낮다.
③ 응축온도는 B사이클이 높다.
④ 팽창변 출구온도는 A사이클보다 B사이클이 높다.

> **풀이**
>
> ②, ③

07 다음 내용의 ( ) 안에 알맞은 용어를 "감소" 또는 "증가" 둘 중 선택하시오.

응축압력과 팽창변 직전의 냉매온도를 일정하게 유지할 때 증발온도의 저하에 따른 냉동효과 (①) 및 압축비는 (②)하고 응축기 방열량는 (③)한다.

> **풀이**
>
> ① 감소
> ② 증가
> ③ 증가

08 냉동장치에서 냉매가 아래의 표와 같은 변화를 하고 있을 때 압력, 엔탈피, 엔트로피의 변화상태를 "상승", "일정", "감소"로 답을 하시오.

냉매의 변화	압력	엔탈피	엔트로피
냉매가 증발하고 있을 때			
냉매가스의 단열 압축시			
냉매의 건조포화증기가 포화액으로 될 때			

풀이

냉매의 변화	압력	엔탈피	엔트로피
냉매가 증발하고 있을 때	일정	상승	상승
냉매가스의 단열 압축시	상승	상승	일정
냉매의 건조포화증기가 포화액으로 될 때	일정	감소	감소

09 역카르노 사이클에서 각 구간에 해당하는 것을 보기(A), 보기(B)에서 각각 골라 적으시오.

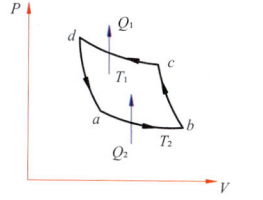 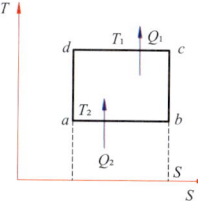

구간	보기(A)	보기(B)
d → a		
a → b		
b → c		
c → d		

보기(A)	보기(A)
(1) 단열압축	① 고열원의 온도 T_1에서 Q_1(kJ)의 열량을 방출
(2) 등온압축	② 저열원의 온도 T_2에서 고열원의 온도 T_1으로 상승
(3) 단열팽창	③ 저열원의 온도 T_2에서 Q_2(kJ)의 열을 흡수
(4) 등온팽창	④ 고열원의 온도 T_1에서 저열원의 온도 T_2로 강하

풀이

구간	보기(A)	보기(B)
d → a	(3)	④
a → b	(4)	③
b → c	(1)	②
c → d	(2)	①

10 팽창변 직후의 냉매의 건조도가 0.22, 증발잠열을 2000kJ/kg이라 할 때 냉동력은 얼마인가?

/ 풀이

$q_2 = (1-x) \cdot \gamma = (1-0.22) \times 2000 = 1560 kJ/kg$

11 다음의 냉동기기 또는 냉동용어들과 관계 깊은 냉동방법을 쓰시오.
   (1) 압축기, 응축기, 팽창밸브
   (2) 흡수기, 발생기, 정류기
   (3) 증기 이젝타, 보일러, 디퓨저
   (4) 펠티어 효과, 직류전류(D.C)

/ 풀이

(1) 증기 압축식 냉동법
(2) 흡수식 냉동법
(3) 증기 분사식 냉동법
(4) 전자 냉동법

12 기계적인 냉동방법을 4가지만 쓰시오.

/ 풀이

① 증기 압축식 냉동법
② 흡수식 냉동법
③ 증기 분사식 냉동법
④ 전자 냉동법

13 자연적인 냉동방법을 이용할 때 기계적 냉동방법과 비교해서 단점이 되는 사항을 4가지만 쓰시오.

풀이

① 온도 조절이 어렵다.
② 초저온을 얻기 어렵다.
③ 대량 냉동이 어렵다.
④ 장시간 계속적인 냉동이 어렵다.
⑤ 비 경제적이다.

14 (1) 1냉동톤(1RT)이란 무엇을 뜻하는지 설명하고, (2) 몇 kJ/h인지 계산식을 쓰고 답하시오.

풀이

(1) 1RT : 0℃의 물 1ton을 0℃의 얼음으로 만드는데 24시간 동안에 제거해야 할 열량
(2) $Q = G \cdot \gamma$에서
  $Q = 1000kg \times 33301kJ/day \div 24 = 13879.2kJ/h$
  ∴ 1RT = 13879.2kJ/h 또는 3.9kW/h

15 압력이 일정한 조건하에서 냉매의 가열 또는 냉각에 의해 일어나는 상태변화에 대해 다음 설명 중 잘못된 것을 2가지만 고르시오.

■보기■
① 건조포화증기를 냉각하면 온도는 변하지 않고 건조도가 감소하게 된다.
② 건조포화증기를 가열하면 온도가 상승하고 과열증기로 된다.
③ 포화액을 가열하면 온도가 상승하고 일부가 증발하여 습증기로 된다.
④ 포화액을 냉각하면 온도는 내려가지만 엔탈피는 변화가 없다.

풀이

③, ④

16 다음은 교축작용(Throtting)에 대한 설명이다. ( ) 안에 적당한 말을 〈보기〉에서 골라서 답하시오.

■보기■

비열 상태 엔탈피 저항 액체 고체 기체
마찰 진동 유체 동력 일 상승 저하 열 열손실

(1) (①)가 밸브나 기타 (②)이 큰 곳을 통과할 때 (③)이나 흐름의 흩어짐으로 인하여 압력이 (④) 한다.

(2) 교축작용에서는 외부와의 (①)의 교환이 없고 또한 외부에 대하여 (②)을 하지 않으므로 이 변화전후에 있어서 (③)가 지니고 있는 (④)는 변화가 없이 동일하다.

풀이

(1) ① 유체, ② 저항, ③ 마찰, ④ 저하
(2) ① 열, ② 일, ③ 유체, ④ 엔탈피

---

17 냉동에 관한 용어의 정의를 설명하였다. 다음의 설명에 적합한 용어는?

■보기■

㉠ 제빙   ㉡ 냉각
㉢ 냉장   ㉣ 냉동

(1) 온도를 낮추고자 하는 물체로부터 열을 흡수하여 영상 이상의 온도에서 피냉각물체가 필요로 하는 온도까지 낮추어 주는 조작
(2) -15℃ 정도 이하의 온도로 낮추어 물체를 얼리는 조작
(3) 얼음의 생산을 목적으로 물을 얼리는 조작
(4) 얼지 않는 범위에서 열을 제거하여 낮은 온도 상태(3~5℃)로 일정기간 유지시켜 주는 조작

풀이

① - ㉡
② - ㉣
③ - ㉠
④ - ㉢

18 암모니아 냉동장치에 있어서 팽창밸브 직전의 액온이 25℃이고 압축기 흡입가스가 −15℃의 건조포화증기일 때 냉매순환량1kg당의 냉동량은 1127kJ이다. 냉동능력 15RT가 요구될 때 냉매순환량은 몇 kg/h를 필요로 하는가? (단, 1RT = 3.9kW이다.)

풀이

$$G = \frac{15 \times 3.9 \times 3600}{1127} = 186.87 \text{kg/h}$$

19 다음의 몰리에르 선도를 이용하여 압축기 피스톤 지름 130mm, 행정 90mm, 4기통 1200rpm으로서 표준상태로 작동하고 있다. 이때 냉매순환량은 얼마인가?

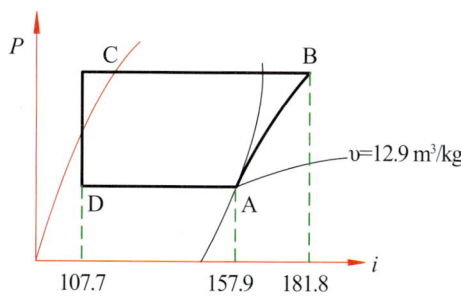

(1) 26.7kg/h
(2) 343.8kg/h
(3) 1,257.4kg/h
(4) 4,438.1kg/h

풀이

(1) 피스톤 압축량

$$V = \frac{\pi}{4} D^2 \cdot L \cdot N \cdot R \cdot 60 = \frac{\pi}{4} \times 0.13^2 \times 0.09 \times 4 \times 1200 \times 60 = 343.867 \text{m}^2/\text{h}$$

(2) 냉매순환량

$$G = \frac{V}{v_A} = \frac{343.867}{12.9} = 26.656 \text{kg/h} = 26.66 \text{kg/h}$$

20 아래 몰리엘 선도의 번호에 알맞은 각 선의 명칭을 써 넣으시오.

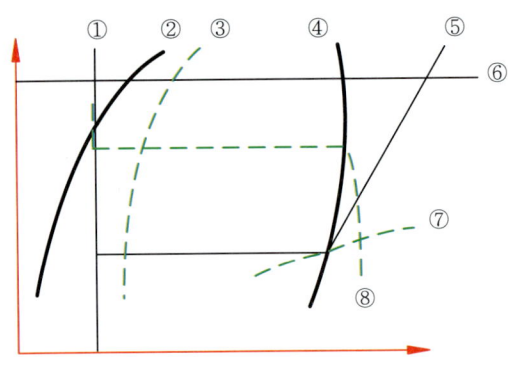

① (　　　　　)　　　　② (　　　　　)
③ (　　　　　)　　　　④ (　　　　　)
⑤ (　　　　　)　　　　⑥ (　　　　　)
⑦ (　　　　　)　　　　⑧ (　　　　　)

> **풀이**
>
> ① 등엔탈피선
> ② 포화액선
> ③ 등건조도선
> ④ 건조포화증기선
> ⑤ 등엔트로피선
> ⑥ 증압선
> ⑦ 등비체적선
> ⑧ 등온선

21 다음 도면은 증기 압축식 냉동법의 냉동장치도이다. NH₃ 냉매가 기준 냉동 사이클 상태 소 순환할 때 냉매의 상태와 온도를 (　)속의 기호와 주어진 보기의 단어와 바르게 짝지으시오.

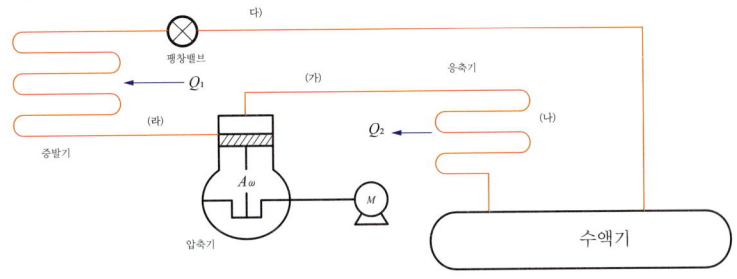

■보기■
- 냉매상태 : ① 저온·저압의 증기, ② 포화액, ③ 과냉각액, ④ 고온·고압의 증기
- 온도(℃) : ⓐ 25℃, ⓑ 30℃, ⓒ -15℃, ⓓ 98℃

> 풀이
> (가) ④, ⓓ
> (나) ②, ⓑ
> (다) ③, ⓐ
> (라) ①, ⓒ

냉매

1. 냉매정의

증발하기 쉬운 액체로 냉동물질로부터 열을 흡수하며 다른 물질로 열을 운반하는, 즉 냉동 사이클을 순환하면서 온도 또는 상태변화에 의해 열을 운반하는 동작유체

① 1차 냉매(직접 냉매) : 잠열상태로 냉동장치 내를 직접 순환하면서 열을 운반하는 냉매(프레온냉매, NH_3)
② 2차 냉매(간접 냉매) : 감열(현열) 상태로 냉동장치 밖을 순환하면서 열을 운반하는 냉매(브라인)

2. 냉매의 구비조건

① 저온, 대기압 이상에서 증발하고, 상온 저압에서 쉽게 응축 액화할 것
 ※ 중요 냉매의 대기압에서 증발온도
  ㉠ NH_3 : −33.3[℃] ㉡ R−11 : 23.7[℃] ㉢ R−12 : −29.8[℃]
  ㉣ R−13 : −81.5[℃] ㉤ R−22 : −40.8[℃]
② 임계온도 높고, 응고온도 낮을 것 (상온에서 쉽게 액화하기 쉽다)
③ 소요 동력이 적을 것
④ 증발잠열이 크고(같은 질량에 잠열이 크면 냉매량이 적어도 됨), 액체비열이 적을 것(액 구역에서 과냉각이 잘되고, 플래쉬 가스발생량이 적어짐)
 ※ 중요 냉매 증발잠열
  ㉠ NH_3 : 1310.4[kJ/kg] ㉡ R−11 : 191.4[kJ/kg]
  ㉢ R−12 : 161.3[kJ/kg] ㉣ R−22 : 216.9[kJ/kg]
⑤ 비열비가 적을 것(압축 후 토출가스 온도 상승이 적음)
 ㉮ NH_3 : 비열비가 크다. 따라서 저온냉동(−35[℃] 이하)을 시키려면 2단압축으로 할 필요가 있다.
 ㉯ 프레온 냉매 : 비열비가 적다.

⑥ 윤활유 수분 등과 작용하여 냉동작용에 영향을 미치지 않을 것
    ㉮ NH_3 : 윤활유와 용해가 어렵다.   ㉯ 프레온 : 윤활유와 용해가 쉽다.
    ※ 냉매에 윤활유가 용해에 미치는 영향 : 증발 온도 상승, 윤활작용 저하, 전열작용 저하, 냉동능력 감소
⑦ 점도와 표면장력이 적을 것
⑧ 전기적 절연내력이 클 것
    ㉮ NH_3 : 절연 내력이 적다.(개방형 냉동기 채택)
    ㉯ 프레온 냉매 : 절연 내력이 크다.(밀폐형 냉동기 제작이 가능)
⑨ 금속을 부식하지 않고, 압축기 윤활유를 열화시키지 않을 것.
    ㉮ NH_3 : 동, 동합금을 부식(강 사용)
    ㉯ 프레온 : 마그네슘(동 및 동합금 사용), Mg 2[%] 이상 함유하는 Al 합금부식
⑩ 냉매 가스의 비체적이 적을 것.(비체적이 크면 압축기 소요동력 증가)

3. 냉매의 종류

1) 프레온계 냉매구성 요소 : 탄소(C), 수소(H_2), 염소(Cl_2), 불소(F)로 구성(HCFC계 냉매)

▶ (R-12(CCl_2F_2), R-22($CHClF_2$))

① 프레온을 구성하는 모체 : 프레온계 냉매의 모체가 되는 메탄계 탄화수소 중 CH_4과 C_2H_6이 주로 쓰이며 나머지는 연료로 사용된다. 분자식은 Ck, Hl, Clm, Fn 형태로 표기

㉠ 메탄계 (CH_4) : 4개의 H 대신 할로겐원소와 치환된 냉매
예) (R-22) : $CHClF_2$

㉡ 에탄계 (C_2H_6) : 6개의 H 대신 할로겐원소와 치환된 냉매
예) (R-113) : $C_2Cl_3F_3$

② 표기방법 : C   H Cl_2 F   (R-21)

    C : C의 숫자가 한 개일 때는 메탄계로서 냉매번호는 십의 자리수이고, C의 숫자가 두 개일 때는 에탄계로서 냉매번호는 백의 자리수이고

    H : 냉매 번호상 십의 자리에 쓰고 (H수 + 1)의 값을 냉매 번호에 표시

    Cl_2 : 메탄계 일때는 C 이외의 원소수가 4개가 되도록 Cl로 맞추어 채운다. 에탄계일 때는 C 이외의 원소수가 6개가 되도록 Cl로 맞추어 채운다.

    F : 냉매 번호의 일의 자리에 F의 숫자를 표시

▶ $C_2 Cl_3 F_3$ (예 R-113)

    ㉠ 먼저 탄소의 숫자가 2개이므로 R - ①○○로 표시

    ㉡ 일의 자리인 F의 수가 3개이므로 R - ①○③로 표시

    ㉢ 십의 자리는 H의 수가 0 이므로 0+1=1로써 R - ①①③로 표시

▶ (R-12) : $CCl_2 F_2$ ▶ (R-22) : $CHClF_2$ ▶ (R-11) : $CCl_3 F$

※ 용량에 따른 사용냉매

① 소형 : R-11, R-113   ② 중형 : R-11, R-114   ③ 대형 : R-12, R-500

2) 공비혼합냉매 및 비공비혼합냉매

(1) **단순혼합냉매** : 프레온 냉매는 모두 불포화 탄화 수소로 서로 다른 2종류 이상의 냉매를 혼합하여 서로의 단점을 보완하고, 장점을 활용하기 위해 냉매를 혼합하여 사용한다.

(2) **공비(共沸)혼합냉매** : 서로 다른 2종의 냉매를 혼합하면 단일 냉매와 같이 기상과 액상의 조성이 변하지 않으면서 전혀 다른 성질의 냉매를 말하며, 냉매번호 R-500번대

① R-500 (R-12+R-152)   ② R-501 (R-12+R-22)

③ R-502 (R-115+R-22)   ④ R-503 (R-23+R-13)

(가) R-500 (CCl_2F_2 + CH_3CHF_2) : R12 + R152

① 증발온도 -33.3[℃]

② 열에 대해 안전성이 좋다.

③ R-12에 비해 20[%] 정도 냉동능력이 증가한다.

④ 윤활유에 잘 혼합되며 절연내력이 커서 밀폐형 압축기에 사용한다.

(나) R-501 (CCl_2F_2 + $CHClF_2$) : R12+ R22

① 증발온도 -41[℃]

(다) R-502 (C_2ClF_5 + $CHClF_2$) : R115 + R22
① 1962년에 처음 사용
② 증발온도 -46[℃]이며 냉매의 성질은 불연성이고 부식성이 없다.
③ R-22보다 저온을 얻고자 할 때 사용한다.

(라) R-503(CHF_3 + $CClF_3$) : R23 + R13
① 비등점은 -89.2[℃]이며 R-13보다 낮은 온도를 얻는데 유리하다.
② 2원냉동장치의 저온용 냉매로 이용된다.

(마) R-504(CH_2F_2 + C_2ClF_5) : R32+R115
① 증발온도 -57.2[℃]

(3) 비공비(非共沸)혼합냉매 : 서로 다른 2종의 냉매를 혼합하면 기상과 액상의 조성에 따라 변하는 특성을 가진 냉매로 비점이 낮은 냉매가 먼저 증발하고, 비점이 높은 냉매가 나중에 증발하므로, 증발온도가 증발기 입구에서는 낮고, 증발기 출구에서는 높다. 냉매의 누설이 있을 경우, 저비점의 냉매가 누설되므로 냉매 조성이 변한다(고비점의 냉매 비율이 점점 많아짐).

※ 종류 : R404A, R407A, R410A 등
※ R404A 냉매는 주로 냉동차 및 컨테이너, 선박용 에어컨, 진열장 등에 사용된다.
① R-404a(HFC-125/143a/134a) (R-125: 44%, R-134a: 4%, R-143a: 52%) = 대체냉매(R-502)
  ▶ 화학식 : CHF_2 CF_3 , CH_3 CF_3 , CH_2 FCF_3

② R-407c (HFC-32/125/134a), (R-32: 23%, R-125: 25%, R-134a: 52%)
  ▶ 화학식: CH_2 F_2 , CHF_2 CF_3 , CH_2 FCF_3

  ▶ 냉매병을 뒤집어 충전하는 이유 : 냉매의 조성비가 변하는 것을 막기 위함

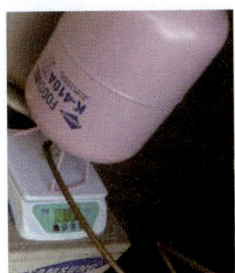

3) 기타냉매

① 무기화합물 : 700대 번호(예 R-718(물))
② 불포화 화합물 : 1000대 번호(예 R-1150(에틸렌))

4) 대체냉매

① R-12의 대체 냉매 : HFC-134a(CH_3FCF_3)
② R-11의 대체 냉매 : HCFC-123($CHCl_3CF_3$)
③ 이외에도 HCFC-142b, HCFC-123, 132b, 133a 등

4. 냉매의 성질과 특성

1) 암모니아 냉매(NH_3 : R-717)

(1) 일반적 성질

① 표준 대기압하에서 응고점이 -77.7[℃]로 비교적 높은 온도로 초저온용으로 곤란.
② 기준 냉동 사이클에서 -15[℃] 기준 증발온도에 대한 포화압력은 2.41 [kg/cm^2a] 응축 온도 30[℃]에서의 포화압력은 11.895[kg/cm^2a]로서, 냉동기 제작 및 배관설비 용이
③ 냉동능력 2224[kJ/kg]로 다른 냉매에 비해 크다. (대기압하 냉동능력이 가장큼)
④ 증발온도 -15[℃]의 냉매가스 비체적이 0.5087[m^3/kg]으로 다른 냉매에 비해 크다. 따라서 단위시간당 냉매 순환량이 적으므로 냉동장치의 배관이나 밸브 지름이 적어 경제적
⑤ 비열비 값(1.31)이 냉매 중에 가장 크고, 압축 후 토출가스 온도가 높아져서(표준 냉동 사이클에서 토출가스 온도가 가장 높다.) 윤활유를 변질시키기 쉽다. 따라서 워터 재킷을 설치하여 실린더를 수냉각시킨다.
⑥ 전열 작용이 냉매 중에서 가장 크다.
⑦ 임계온도 : 133[℃], 임계압력 : 116.5[kg/cm^2a]로 상온에서 응축능력 양호
⑧ 경제적으로 우수하여 대형 냉동기에 사용
　※ 암모니아 냉매는 압력이 상승하면 증발잠열과 비체적이 작아진다.

(2) 금속에 대한 부식성

① 수분을 함유한 암모니아 증기는 아연, 동 및 동이 62% 이상 함유된 알루미늄 합금과는 부식.
② 철, 강에는 부식성이 없다.
③ 수은과는 폭발적으로 화합하고 염소와도 화합한다.

④ 패킹 재료는 천연고무·아스베스토스를 사용한다.(인조고무는 부식)
⑤ 절연물질을 부식하므로 밀폐형 압축기에는 사용이 부적당

(3) 윤활유와의 관계
① 윤활유와는 용해하지 않는다.
② 암모니아는 오일보다 비중이 적어 오일이 하부에 고이게 배유관을 하부에 설치, 압축기와 응축기 사이에 유분리기를 설치하여 오일을 분리한다.
  ※ 비중크기 : 프레온 > H_2O > 오일 > 암모니아
③ 수분이 있으면 오일과 에멀죤(emulsion : 유탁액 현상)이 일어나 유분리기에서 오일이 분리되지 않고 장치내로 흘러 들어가 고이게 된다.
④ 입형은 : 300번, 고속 다기통 : 150번 냉동유 사용
⑤ 에멀죤 현상 : NH_3 냉동장치에서 크랭크 케이스 내에 다량의 수분이 혼입되면 NH_3와 작용하여 수산화 암모늄(NH_4OH)을 생성하게 되고 이 NH_4OH는 오일을 미립자로 시켜 윤활유의 색이 우유빛으로 변하고 윤활유의 점도가 저하된다.

(4) 수분의 영향
① 물은 상온에서 약 800배의 암모니아를 흡수한다.($NH_3 + H_2O \rightarrow NH_4OH$ 발생)
② 수분이 전냉매의 1[%] 함유될 경우 증발온도는 1/2[℃] 상승한다.(수분혼입 시 증발압력 저하, 증발온도 상승)
③ 물에 암모니아가 용해되면 비등점이 높아지고 증발압력이 낮아진다.
④ 장치 내에 수분이 존재하면 금속에 대한 부식성이 커진다.

2) 프레온 냉매

(1) 일반적 성질
① 열에 대한 안전성
  ㉠ 열에 대하여 500[℃]까지 안정하다.
  ㉡ 800[℃] 이상의 화염에 접촉하면 포스겐($COCl_2$)가스, 일산화탄소(CO) 등 독성가스가 발생.
② 무색으로 누설시 발견이 어렵다, 독성은 없으나 통풍이 나쁜 실내에 다량 누설시 산소 결핍으로 질식의 우려
③ 절연내력이 크고 전기절연물을 침식하지 않으므로 밀폐형 냉동기 제작이 가능.
④ 전열이 NH_3, 물, 브라인 등에 비해 나빠, 전열을 향상시키기 위해 핀 튜브 설치
⑤ 수분에 용해하지 않는다.
⑥ 비열비가 암모니아보다 작고 배출가스 온도가 낮으므로 실린더 공랭식. 따라서 압축비를 크게 할 수 있으므로 -50[℃] 정도의 저온을 얻을 경우 1단 압축으로 가능.
⑦ 마그네슘(Mg) 및 마그네슘(Mg) 2[%] 이상 함유한 알루미늄(Al) 합금을 부식

⑧ 천연고무나 수지를 용해하므로 패킹 재료는 인조 고무 사용
⑨ 임계온도가 높아 응축능력이 양호하다 : R-12(112.5[℃]), R-22(96[℃])
⑩ 응고온도가 낮아 저온용에 사용 : R-12(-158[℃]), R-22(-160[℃])
⑪ 윤활유와 잘 용해한다.(유분리기를 압축기와 응축기 ¼지점에서 설치)
　　㉠ R-11 〉R-12 〉R-21 〉R-113 : 용해도가 크다.
　　㉡ R-13, R-22, R-114 : 용해도가 적다.
　　　　▶ 특히 저온에서는 분리되는 경향.　　▶ 고압 저온에서 윤활유와 잘 용해.

(2) R-11(CCl_3F)
① 1[atm]하 비등점 : 23.7[℃], 응고점:-111.7[℃], 임계온도:198[℃], 임계압력: 44.7[kg/cm^2a]
② 터보 냉동기에 주로 사용(100[RT] 이상의 대용량 공기조화장치용)
③ 냉동기 윤활유와 융해가 쉬운 냉매 (R-13, R-114, R-502에 비해)

(3) R-12(CCl_2F_2)
① 1[atm]하 비등점 : -29.8[℃], 응고점 : -158.2[℃], 임계온도 : 111.5[℃], 임계압력 :40.9[kg/cm^2a]
② 냉매 중 가장 최초(1930년)로 나온 것이며 현재 프레온계 냉매 중 가장 널리 사용되고 있는 대표적인 냉매
③ 동일 흡입 가스에 대한 냉동능력은 암모니아의 60[%] 정도
④ 용도는 주로 왕복동식에 사용되나 터보형에도 사용된다.

(4) R-13($CClF_3$)
① 1[atm]하 비등점 : -81.5[℃], 응고점 : -181[℃], 임계온도 : 28.8[℃], 임계압력 : 39.4[kg/cm^2a]
② -60[℃] 정도에서 R-22을 사용하는 것보다 경제적이나 냉매 가격이 비싸다.
③ 용도는 2원 냉동방식에 의하여 -100[℃] 정도의 초저온장치에 사용.

(5) R-21($CHCl_2F$)
① 1[atm]하: 8.9[℃], 응고점 : -135[℃], 임계온도 : 178.5, 임계압력 : 52.7[kg/cm^2a]
② 단위 냉동톤당 배기량이 R-12의 약 3.5배
③ 용도는 소용량의 공기조화용

(6) R-22($CHClF_2$)
① 1[atm]하 비등점 : -40.8[℃], 응고점 : -160[℃], 임계온도 : 96[℃], 임계압력 :50.3[kg/cm^2a]
② 프레온계 냉매 중 냉동능력이 가장큼, 열역학적 성질이 암모니아 냉매와 가장 가깝다.
③ 응고 온도가 낮아 1단 압축에 -40[℃], 2단 압축에 -80[℃] 정도의 저온을 얻는다
④ 용도는 R-12와 더불어 소형~대형, 저온~고온 등 광범위하게 이용.

(단, 전기전연물질(고무, 패킹)에 R-12보다 작용이 크므로 주의)

(7) R-113($C_2Cl_3F_3$)
① 1[atm]하 비등점 : 47.6[℃], 응고점 : -31.1[℃], 임계온도 : 214[℃], 임계압력 : 34.8[kg/cm^{2}a]
② 냉매순환량 및 가스비 체적이 R-11보다 크므로 피스톤 배출량은 R-11의 2배
③ 용도는 R-11과 같이 터보 냉동기용 저압냉매로 사용

(8) R-114($C_2Cl_2F_4$)
① 1[atm]하 비등점 : 3.6[℃], 응고점 : -93.9[℃], 임계온도 : 155[℃], 임계압력 : 33.33[kg/cm^{2}a]
② 화학적으로 극히 안정되며 독성이 거의 없다.
③ 비등점이 R-21보다 약간 낮으며 압력이 R-21보다 약간 높다.
④ 용도는 회전식 압축기용 냉매로 사용(소형 냉장고용)

3) 암모니아와 비교한 프레온 냉매의 결점
① 증발열이 적어서 같은 냉동 능력에 대하여 다량의 액을 증발시켜야 하기 때문에 냉매 순환량이 많아지고 배관의 치수가 커진다.
② 프레온 냉동장치에 철강재를 사용하면 수분과의 가수분해에 의한 산의 생성으로 부식 촉진으로 배관은 동관 사용
③ 물에 용해되지 않으므로 수분 침입시 팽창 밸브 등에서 동결 우려
④ 전열이 암모니아보다 불량하여 증발기와 응축기의 전열면적을 넓게 해야 하므로 시설비가 많이 든다.
⑤ 증기 밀도가 커서 압력 강하가 크다.
⑥ 윤활유에 잘 용해하여 부작용 초래.

4) 브라인(Brine) 냉매
간접냉매인 브라인은 증발기에서 증발하는 냉매의 냉동력에 의해 냉각된 후 다시 피냉각 후 다시 피냉각 물질을 냉각하는데 쓰이는 2차 냉매로 일종의 부동액, 상 변화없이 현열 형태로 열을 운반하는 냉매로 간접냉매, 브라인을 사용하는 냉동장치를 간접팽창식, 브라인식이라 함.

(1) 브라인의 구비조건
① 응고점이 낮고, 비열이 클 것.
② 열전도율이 클 것(열용량이 클 것)
③ 점도가 작을 것
④ PH값이 중성일 것.(PH 7.5~8.2 정도)
⑤ 냉동점(공정점)이 낮을 것.(냉매의 증발온도보다 5~6[℃] 낮을 것.)
⑥ 금속에 대한 부식성이 없을 것.(유기질은 부식이 적고, 무기질은 부식성이 크다.)

(2) 브라인의 종류

가) 무기질 브라인

① 염화칼슘($CaCl_2$) : 제빙용, 냉장용으로 현재 가장 많이 사용, 공정점(공융온도)(-55[℃])으로 저온용
② 염화나트륨($NaCl$) : 식료품과 직접접촉해도 이상없는 생선류의 냉동, 냉장용, 가격저렴
③ 염화마그네슘($MgCl_2$) : $CaCl_2$ 대용으로 사용할 때가 있으나 거의 사용되지 않음, 공정점 : -33.6[℃]

▶ 부식성 큰순서 : $NaCl$(염화나트륨) > $MgCl_2$(염화마그네슘) > $CaCl_2$(염화칼슘)
▶ 공정점(공융온도) : 두 물질을 용해시키면 농도가 짙을수록 응고점이 낮아지게 되나 일정 농도 이상이 되면 다시 응고점은 높아진다. 이때 최저동결온도(응고점)를 공정점이라 함

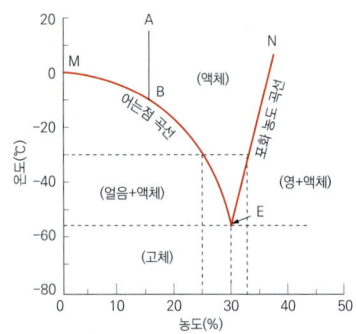

공정점

염화칼슘의 농도는 물과 $CaCl_2$(염화칼슘)의 합중의 염화칼슘의 비를 %로 하며 A점에 있는 농도 및 온도의 염화칼슘 브라인을 계속 냉각하면 브라인의 농도는 증가하며 온도(응고온도)는 낮아진다. A에서 B로 냉각되면 얼음이 석출되기 시작하며 또 물에 염화칼슘을 녹일 때에 그 양이 많으면 녹지 않는 상태로 남아 있는데 이 용액의 상태를 포화상태로 하고 얼음의 결정과 염화칼슘 결정이 같이 석출되어 한 덩어리의 고체가 되는 E점을 공정점이라 함

나) 유기질 브라인

① 에틸렌글리콜(제상용) : 부식성이 거의 없으며 모든 금속에 사용 가능, 소형 냉동기에 사용 되며, 저온에 알맞다.
② 프로필렌글리콜(식품동결용) : 부식이 적고 독성이 없으며 냉동식품의 동결용
③ 에틸알코올 (초저온동결용) : 마취성과 인화성이 있고, -100℃ 정도의 식품 초저온 동결에 사용

※ 무기질 브라인과 유기질 브라인 비교

무기질 브라인	유기질 브라인
C(탄소)가 포함되지 않는 브라인	C(탄소)가 포함된 브라인
부식성이 강하다.	부식성이 적다.
가격이 싸다.	가격이 비싸다.

(3) 브라인의 금속에 대한 부식성
① 공기와 접촉하면 부식력이 증대하므로 용해도를 크게하여 공기와 접촉하지 않는 액순환방식을 채택한다.
② 암모니아가 브라인 중에 누설되면 강알칼리성으로 인하여 국부적인 부식 현상이 발생하므로 주의한다.
③ 브라인의 PH(페하)는 약 7.5~8.2로 유지해야 한다.
④ $CaCl_2$ 브라인 : 브라인 1[l]에 대하여 중크롬산 나트륨($Na_2Cr_2O_7$) 1.6[g]을 용해하고 중크롬산 나트륨($Na_2Cr_2O_7$) 100[g]마다 가성소다(NaOH) 27[g]을 첨가한다.
⑤ NaCl 브라인 : 브라인 1[l]에 대하여 중크롬산 나트륨 3.2[g]을 용해시키고 중크롬산나트륨 100[g]마다 가성소다 27[g]을 첨가한다.
⑥ 방청제(방식아연)를 사용한다.

(4) 브라인의 동결 방지법
① 동결 방지용 T.C(온도제어)를 사용한다.
② 부동액을 첨가한다.
③ E.P.R(증발압력 조정 밸브)를 사용한다.
④ 단수 릴레이를 설치한다.
⑤ 브라인 펌프와 압축기 모터를 인터록시킨다.

5) 기타냉매

(1) 물(H_2O : 718)
① 특성 : 물은 독성이 없고 안전하므로 냉매로서 좋은 조건을 갖추고 있으나, 극히 낮은 (진공 등 비교적 낮은 압력)압력에서 취급해야 하고, 증기의 체적이 매우 크게 되는 것이 결점이다.
② 용도 : 증기분사 냉동기, 흡수식 냉동기

(2) 공기(O_2 : 729)
① 특성 : 무색, 무미, 무취, 무독하다, 성적계수가 낮고 소용동력이 크다.
② 용도 : 항공기의 공기조화용 등 공기 사이클 냉동기

(3) 이산화탄소(CO_2 : 744)
① 특성 : 무색, 무미, 무취, 무독하다, 부식성이 없다, 연소성 및 폭발성이 없다, 작동압력이 높아 냉동톤당 소요동력이 크고 성적계수가 작다, 증발압력이 높아 냉동기 및 그 배관의 강도가 큰 것이 요구된다. 임계온도가 31[℃]로 낮아 응축이 힘들다.
② 용도 : 선박용

(4) 아황산가스(SO_2 : R-764)

① 특성 : 무색의 가스로 유독(5[ppm])하다. 1[atm]하에서 비등점 -10[℃], -15[℃]에서 증발 압력 150[mmHgV](진공압), 수분의 함유로 황산이 생성되면 금속에 대한 부식력이 크다. 누출 검지는 26[%]의 암모니아수에 접촉시키면 백색연기(황산암모니아)를 발생한다.

② 용도 : 1930년대 가정용 냉장고로 사용되었으나 CH_3Cl 및 Freon의 발명으로 사용하지 않음.

(5) 메틸 클로라이드(R-40 : CH_3Cl : 염화메틸)

① 특성 : 화학적으로 안정하며 금속에 대한 부식성이 없다, 소량의 수분이 함유될 경우 알루미늄, 마그네슘, 아연 및 그 합금을 침식한다, NH_3 및 SO_2에 비하여 독성이 적다. 수분과의 작용으로 $H_2O + CH_3Cl = HCl$(염산) + CH_3OH(메틸알코올)의 생성

② 용도 : 가정용이나 소형 냉장고용으로 사용되었으나 프레온 냉매의 출현으로 그 용도가 점차 감소되고 있다.(할로겐화 탄화수소계 냉매로 1925년 최초 사용)

5. 냉동장치 현상

1) 에멀존(emulsion) 현상 (유탁액현상) : NH_3 냉동장치에서 수분이 혼입되면 수산화 암모늄(NH_4OH)을 생성 하여 윤활유를 미립자로 만들어 우유빛으로 변질하여 점도가 저하되는 현상

2) 동부착 현상 (copper plating) : 프레온 냉동장치에서 수분이 혼입되면 수분과 프레온이 반응하여 산이 생성되어 동이 부식되어 온도가 높은 압축기 실린더, 피스톤, 밸브 등에 융착되는 현상

※ 동부착 현상원인
① 윤활유 중에 왁스(wax)분이 많을 때,
② 장치내에 수분이 많고 온도가 높을 때,
③ 수소 원자가 많은 냉매일 때(R-12 < R-22 < R-30)

※ 마그네틱 플러그(Magnetic plug) :
크랭크 케이스내 오일 중에 포함되어 있는 철분을 흡수하여 피스톤 및 실린더의 마모를 방지하는 자석 장치로써 터보 압축기의 크랭크 케이스내의 오일부에 설치.

3) **오일 포밍(oil foaming) 현상** : 프레온 냉동장치에서 압축기내 윤활유에 용해되어 있던 냉매가 압축기 가동 시 분리되며 유면에 거품이 발생하는 현상

   ※ 오일 포밍방지책
   ① 크랭크 케이스 내에 오일 히터 설치(크랭크 케이스 내를 미리 30~60분을 예열시켜 35[℃] 이상 유지)
   ② 터보냉동기의 경우 크랭크 케이스 내를 무정전 상태로 60~80[℃]로 항상 유지
   ③ 유면을 조절한다.
   ④ 부하를 천천히 올린다.

4) **오일 해머 (oil hammer)현상** : 오일 포밍 및 피스톤 링의 불량으로 이상음 발생 및 오일이 압축되는 현상

6. 냉매누설검사

1) NH_3(암모니아)

① 냄새
② 유황초를 누설부분에 대면 흰 연기 발생
③ 붉은리트머스 시험지 → 청색변화
④ 페놀프탈레인 시험지 → 홍색변화
⑤ 네슬러시약 → 소량 누설 시 : 황색, 다량 누설 시 : 자색

※ 브라인 속에 누설된 암모니아 누설 검사법
① 네슬러 시약 : 소량 누설 시 : 황색, 다량 누설 시 : 자색
② 페놀프탈렌인 시험지 : 적색

2) 프레온(Freon)

① 비눗물 기포 검사
② 헤라이드 토치의 불꽃색 검사
  ㉠ 정상일 때 : 청색   ㉡ 소량 누설 : 녹색   ㉢ 다량 누설 : 자색   ㉣ 과량 누설 : 꺼짐

※ 헤라이드 토치 사용연료 : 알코올, 프로판, 아세틸렌, 부탄

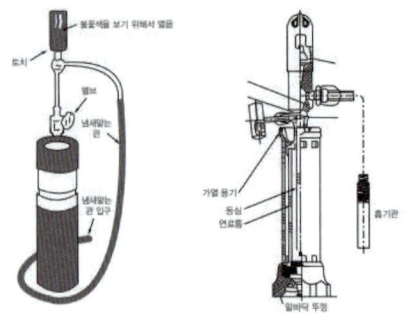

🔸 사용방법

1. 밑뚜껑을 열어 연료통에 있는 무수 메틸 알코올 등을 심지에 흡입시킨다.
2. 가열 용기에 알코올을 반정도 충진하고 점화한다.
3. 알코올의 연소로 인해 생긴 열로 연료통 내의 토치 심지에 침지된 알코올이 따뜻하게 되어 증기압이 상승한다.
4. 가열 용기 내의 알코올이 어느 정도 연소하면 조정 밸브의 핸들을 열어 준다.
5. 밸브를 열어 주면 압력이 높은 연료 용기 내의 알코올 증기가 공기와 혼합하여 노즐에서 분출된다.

7. 냉동기 윤활유 구비조건

① 응고점, 유동점이 낮을 것
② 인화점이 높을 것
③ 점도가 적당할 것
④ 항 유화성이 있을 것
⑤ 불순물이 적고 절연내력이 클 것
⑥ 냉매와 잘분리될 것
⑦ 왁스 성분이 적고 저온에서 왁스 성분이 분리되지 않을 것

※ 유닛쿨러(Unit Cooler) : 증발기 자체만을 말하기보다는 증발기, 팽창밸브, 팬, 제상장치, 드레인 장치 등이 하나의 유닛으로 구성되어 냉동, 냉장 장치의 창고에 사용
　▶ 사용냉매 종류 : 프레온 계열 냉매(R-22, R-404A, R-407C 등)

필답 예상문제

01 다음 내용 중에 있는 ( ) 안의 적당한 말을 〈보기〉에서 찾아 넣으시오.

■보기■
직접냉매 고온부 브라인 간접냉매 냉동장치 외부 냉동장치 내부 저온부 기한제

냉매란 냉동장치를 순환하면서 (①)의 열을 (②)에 운반하는 동작유체로써 1차 냉매는 (③)를 2차냉매는 (④)를 순환하면서 열을 운반한다. 1차냉매를 (⑤)라 하고 2차냉매를 (⑥) 또는 (⑦)라 한다.

> **풀이**
> ① 저온부, ② 고온부, ③ 냉동장치 내부, ④ 냉동장치 외부, ⑤ 직접냉매, ⑥ 간접냉매, ⑦ 브라인

02 직접냉매의 구비조건을 열거하였다. 〈보기〉에서 ( ) 안의 옳은 말을 둘 중에서 고르시오.

■보기■
(1) 대기압 이상의 압력에서 (① 증발 / ② 액화)하고 응축압력이 적당히 낮아 쉽게 (③ 증발 / ④ 액화)할 것
(2) 증발잠열이 (① 클 것 / ② 작을 것)
(3) 점성·표면장력이 (① 클 것 / ② 작을 것)
(4) 전기 절연내력이 (① 크고 / ② 작고) 전기 절연물을 침식하지 않을 것
(5) 비중이 (① 클 것 / ② 작을 것)

> **풀이**
> (1) ①, ④
> (2) ①
> (3) ②
> (4) ①
> (5) ②

03 흡수식 냉동기에서 아래와 같은 흡수제를 사용할 때 적합한 냉매를 각각 쓰시오.

냉매	흡수제
(①)	H_2O(물)
(②)	LiBr(리튬브로마이드, 취화리듐, 브롬화리듐)

풀이

① NH_3
② 물

04 다음 〈보기〉의 설명 내용 중 NH_3와 Freon에 해당하는 번호를 골라 쓰시오.

■보기■

① 가연성이다.
② 전기 절연내력이 크다.
③ 윤활유에 용해가 잘 되는 것도 있다.
④ 유탁액현상이 발생할 수 있다.
⑤ Oil forming현상이 발생하므로 압축기 기동전에 히터를 가동한다.
⑥ Mg 또는 Mg이 2% 이상 함유된 Al합금을 사용할 수 없다.
⑦ 반드시 드라이어를 설치해야 한다.

(1) NH_3(2가지)

(2) Freon(5가지)

풀이

(1) ①, ④
(2) ②, ③, ⑤, ⑥, ⑦

05 다음 냉매의 분자식을 쓰시오.

(1) R-12
(2) R-22
(3) R-40
(4) R-133

> 풀이

(1) CCl_2F_2
(2) $CHClF_2$
(3) CH_3Cl
(4) $C_2Cl_2F_3$

06 다음 문장의 ( )속에 적당한 말을 찾아 기입하시오.

■보기■

냉매순환량   냉동효과   압축비   소요동력   열교환기
비열비   응축부하   건조기   과냉각

(1) NH_3 냉동장치 중 압축기에 워터자켓(Water jacket)을 설치하는 이유는 (①)가 커서 토출가스 온도가 높기 때문에 실린더를 냉각하기 위해서이다.
(2) Freon 냉동장치에는 비열비가 별로 높지 않으므로 (②)를 설치하여 팽창밸브로 공급되는 액을 (③)시키므로 후레쉬 가스량을 감소시키고 (④)을 증대시킬 뿐더러 압축기로 흡입되는 냉매를 과열시켜 소요동력의 감소를 꾀함으로써 성적계수가 향상된다.

> 풀이

(1) ① 비열비
(2) ② 열교환기
   ③ 과냉각
   ④ 냉동효과

07 다음의 공비혼합냉매에 혼합되는 냉매는?

　　(1) R-500
　　(2) R-501
　　(3) R-502

> **풀이**
>
> (1) R-12 + R-152
> (2) R-12 + R-22
> (3) R-22 + R-115

08 비공비(非共沸) 혼합냉매를 충전할 때 냉매병을 뒤집어 충전하는 이유를 쓰시오.

> **풀이**
>
> 냉매의 기상과 액상의 조성비가 변하는 것을 막기 위함

09 프레온 냉매의 누설을 검지하는 헬라이드 토오치의 연료로 사용되는 것을 4가지만 쓰시오.

> **풀이**
>
> ① 프로판
> ② 부탄
> ③ 알코올
> ④ 아세틸렌

10 냉동기의 냉매 충전방법 3가지를 쓰시오.

> **풀이**
>
> ① 수액기로 충전하는 방법
> ② 액관에 주입하는 방법
> ③ 압축기 흡입측으로 냉매병을 가열하여 가스로 충전하는 방법

11 다음 문장의 ( )속에 적당한 용어를 써 넣으시오.

(1) 무기질 브라인은 부식성이 강한 것이 문제점이다. 브라인의 PH(수소이온농도)는 보통 (①)로 유지해야 한다. NH_3가 브라인 중에 누설하면 (②)으로 되어 침식이 촉진된다. 브라인 중에 용해하는 산소량이 증가하면 (③)이 증가한다. (④)의 용해도는 브라인이 (⑤)수록 크다.

(2) 동부착 현상이란 프레온이나 (①) 냉매를 사용하는 냉동장치에서 고온부 즉 (②)나 (③) 내면 또는 축수부 등에 (④)이 도금되는 현상으로 냉동장치 중에 (⑤)이 존재할 경우 나타나기 쉽다.

풀이

(1) ① 7.5 ~ 8.2
② 알칼리성
③ 부식
④ 산
⑤ 묽을

(2) ① 염화메틸(R-40)
② 피스톤
③ 실린더
④ 동
⑤ 수분

12 유탁액 현상에 대하여 간단히 설명하시오.

풀이

NH_3 냉동장치에서 다량의 수분이 혼입되었을 때 수분과 NH_3 냉매가 작용하여 NH_4OH(수산화암모늄)이 생성되고 크랭크 케이스 내로 흘러들어가 오일을 미립자로 분리시켜 우유빛으로 탁하게 변질되는 현상

13 다음의 내용이 설명하는 용어를 쓰시오.

(1) 프레온 냉동기에서 수분과 프레온이 반응하여 산을 생성하고 나아가 침입한 공기 중의 산소와 화합하여 반응한 후 압축기의 고온부(실린더, 피스톤, 크랭크축, 축봉 등의 메탈부분)에 동이 도금되는 현상

(2) 서로 다른 두 가지의 물질을 용해할 때 농도가 짙을수록 동결온도는 낮아지지만 어느 일정 한계의 농도에서는 더 이상 동결온도가 낮아지지 않는다. 이때 얻을 수 있는 최저의 온도

풀이

(1) 동부착 현상
(2) 공정점

참고

(1)는 ① 장치내 수분이 다량 혼입된 경우
② Oil 중에 왁스분이 많은 경우
③ 수소 원자가 많은 냉매일수록 잘 나타난다.

14 다음 무기질 브라인 중 공정점이 낮은 순서와 부식성이 큰 순서로 번호를 쓰시오.

■보기■
① NaCl   ② $MgCl_2$ ③ $CaCl_2$

풀이

- 공정점이 낮은 순서 : ③ - ② - ①
- 부식성이 큰 순서 : ① - ② - ③

참고

- $CaCl_2$: -55℃
- $MaCl_2$: -33.6℃
- NaCl : -21.2℃

15 NH_3 냉매 취급시 부주의로 인하여 냉매가 눈에 들어갔을 경우의 응급조치 방법을 〈보기〉에서 적당한 것을 3가지 골라 순서대로 쓰시오.

■보기■
① 피크린산 용액으로 세안한다.
② 2%의 붕산액으로 세안한다.
③ 유동파라핀을 두세방울 점안한다.
④ 살균된 광물류로 세안한다.
⑤ 물로 세안한다.

풀이

⑤ → ② → ①

16 다음 물음에 답하시오.

(1) ① Freon 냉동장치에서 압축기 정지시 프레온 냉매가 크랭크 케이스 내의 오일 중에 용해되어 있다가 압축기 기동시 크랭크 케이스 내의 압력이 급격히 낮아지므로 오일 중에 용해되어 있던 냉매가 급격히 증발하여 유면이 약동하고 거품이 일어나는 현상을 무엇이라 하는가?
② 위의 현상을 방지하기 위해 설치하는 장치는 무엇인가?

(2) NH_3 냉동장치에서 다량의 수분이 혼입되었을 때 수분과 NH_3가 작용하여 NH_4OH(수산화암모늄)가 생성되고 크랭크케이스 내로 유입되어 oil을 미립자로 분리시켜 우유빛처럼 탁하게 변색되는 현상을 무엇이라 하는가?

풀이

(1) ① 오일 포밍(Oil forming)
② Oil 히타
(2) 유탁액 현상(Emulsion)

17 다음의 금속을 사용하는 냉동장치에 사용할 수 없는 냉매를 쓰시오.

(1) 동 또는 동을 62% 이상 함유한 합금
(2) Mg 또는 Mg을 2% 이상 함유한 합금

풀이

(1) NH_3
(2) 프레온

18 브라인의 부식 방지책을 3가지만 쓰시오.

> **풀이**
>
> ① 적당한 PH값을 유지한다. (7.5 ~ 8.2)
> ② 외부 공기와의 접촉을 피한다.
> ③ 방청제를 사용한다.(중크롬산 소오다 $Na_2Cr_2O_7$) 또는 가성소다(NaOH)
> ④ 방식처리된 아연판을 냉각기나 브라인 탱크에 부착시킨다.

19 Oil forming을 방지할 수 있는 대책을 기술하시오.

> **풀이**
>
> ① 크랭크실 내에 Oil히터를 설치하여 기동하기 30~60분 전에 가동하여 오일 중에 용해되어 있는 냉매를 기화시킨다.
> ② 터어보 냉동기일 경우 무정전 히터를 설치하여 항상 60~80℃를 유지한다.

20 Oil forming 현상이 일어나는 원인을 4가지만 열거하시오.

> **풀이**
>
> ① 압축기 기동시 크랭크 케이스 내에 히터가 없을 때
> ② 히터라 불량할 때
> ③ 유온 T.C의 세팅이 불량할 때
> ④ 외기 온도가 낮을 때

21 프레온 냉매의 누설 검지 방법 중 헬라이트 토오치를 연소시켜 검지할 경우 누설량에 따른 불꽃의 변화 상태를 쓰시오.

(1) 누설이 없을 때
(2) 소량 누설시
(3) 다량 누설시
(4) 과량 누설시

> 풀이

(1) 청색
(2) 녹색
(3) 자색
(4) 꺼진다.

22 브라인의 구비 조건을 나열하였다. ( ) 안의 옳은 말을 고르시오.

(1) 열용량이 (① 클 것 / ② 작을 것)
(2) 응고점이 (① 높을 것 / ② 낮을 것)
(3) 점도가 (① 적을 것 / ② 적당할 것 / ③ 클 것)
(4) 브라인의 PH값은 (① 약산성 / ② 약알칼리)

> 풀이

(1) ①
(2) ②
(3) ②
(4) ②

23 다음은 브라인의 공정점에 대한 설명이다. ( ) 안에 적당한 용어를 써 넣으시오.

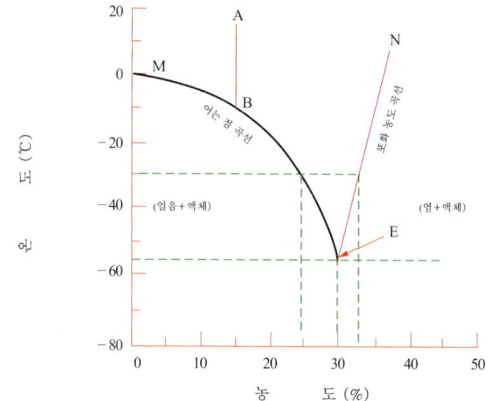

염화칼슘의 농도는 물과 염화칼슘($CaCl_2$)의 합중의 (①)의 비를 %로 하며 A점에 있는 농도 및 온도의 염화칼슘 브라인을 계속 냉각하면 브라인의 (②)는 증가하며 (③)는 낮아진다. A점에서 B로 냉각되면 (④)이 석출되기 시작하며 또 물에 염화칼슘을 녹일 때에 그 양이 많으면 녹지 않는 상태로 남아 있는데 이 용액의 상태를 (⑤)상태로 하고 얼음의 결정과 염화칼슘 결정이 같이 석출되어 한 덩어리의 고체가 되는 E점을 (⑥)이라 한다.

> **풀이**

① 염화칼슘
② 농도
③ 온도(응고온도)
④ 얼음
⑤ 포화
⑥ 공정점

CHAPTER 04 압축기

1. 압축기

1) 압축기 역할 : 증발기에서 증발한 저온·저압의 기체냉매를 흡입하여 응축기에서 응축액화하기 쉽도록 압력과 온도를 증대시켜 주는 기기

2) 압축기 분류

(1) 구조상 분류

① 개방형 : 압축기와 전동기(Motor)가 분리되어 있는 구조
  ㉠ 직결구동식 : 압축기의 축과 전동기의 축이 직접 연결되어 동력을 전달
  ㉡ 벨트구동식 : 압축기의 플라이 휘일과 전동기의 풀리 사이를 V벨트로 연결하여 동력을 전달

  ※ 개방형 압축기의 장·단점
  ㉠ 장점 : 회전수 변경이 가능, 보수·점검·취급 용이, 전동기와 압축기가 별개로 교환가능, 전력배선이 불가능한 곳에 엔진 구동이 가능
  ㉡ 단점 : 외형 및 설치면적이 크다, 축이 외부와 관통하므로 냉매, 오일의 누설 및 외기침입의 우려가 있기 때문에 반드시 축봉장치가 필요, 대량 생산일 경우 밀폐, 반밀폐형에 의해 제작비가 많이 든다.

② 밀폐형 : 압축기와 전동기가 하나의 용기 내에 내장되어 있는 구조
  ㉠ 완전밀폐형 : 하우징이 용접되어 분해조립이 불가능하나 써비스 밸브 대신 충전 니플(Nipple)이 부착되어 있다.
  ㉡ 전밀폐형 : 하우징이 용접되어 분해조립이 불가능하나 써비스 밸브 1개가 부착되어 있다.
  ㉢ 반밀폐형 : 볼트로 조립되어 분해조립이 가능하며 서비스 밸브가 흡입 및 토출측에 각각 부착되어 있다.

  ※ 밀폐형 압축기의 장·단점
  ㉠ 장점 : 소형이며 경량, 냉매 누설이 없다, 소음이 적다, 과부하 운전 가능
  ㉡ 단점 : 전동기가 직결식이므로 회전수 변경 불가능, 전원이 꼭 필요, 보수점검 어렵다.

개방형 압축기　　　　　　　　　　　밀폐형 압축기

(2) 압축방식에 의한 분류

① 왕복동식 : 실린더 내에서 피스톤의 상·하 또는 좌·우의 왕복운동으로 가스를 압축하는 방식
　※ 왕복 압축기 특징 : 고속운전으로 체적효율이 떨어진다, 진동이 크다, 가볍고 설치면적이 적다 , 윤활유 소모량이 많다.

　※ 왕복동식 종류
　① 입형(수직형)　② 횡형(수평형)　③ 고속다기통형

　※ 입형압축기 특징 : 저속이며, 체적효율이 좋다, 실린더 상부에 안전두가 설치된다, 횡형압축기보다 몸체가 작다.

　※ 횡형압축기 특징 : 주로 NH_3용, 회전수는 100~250[rpm] 정도, 안전두가 없다, 축봉장치가 필요하다, 중량·설치면적이 크고, 진동이 심하여 대형 이외는 사용하지 않음.

　※ 고속다기통 압축기 특징 : 소형이며 경량이고, 동적 밸런스가 양호, 용량제어가 용이, 무부하 기동 가능, 강제윤활 방식으로 윤활작용이 양호, 윤활유 온도가 높아지기 쉬우며 열화·탄화가 빠르다, 고장 발견이 어렵다, 베어링 등 마찰부의 마찰저항이 커 마모가 빠르다, 체적효율이 나쁘다.

② 회전식(로타리식) : 실린더 내에서 회전자(로우터)가 회전하면서 가스를 압축하는 방식
　※ 회전식 종류
　① 회전익형 : 소형 에어콘, 쇼케이스용에 사용되며, 회전 피스톤과 함께 블레이드가 실린더 내면에 접촉하면서 회전하여 냉매를 압축
　② 고정익형 : 회전 피스톤과 1개의 고정된 블레이드 및 실린더 내면과의 접촉에 의하여 압축

　※ 회전식압축기 특징 : 왕복동 압축기에 비하여 소형으로 부품수가 적고 구조가 간단하다, 대용량도 제작이 쉽고 진동도 적다, 고압축비를 얻을 수 있다. 흡입밸브가 없고, 토출밸브는 역지밸브 형식이며, 크랭크케이스 내는 고압이다, 압축이 연속적이고 고진공을 얻을 수 있어 진공펌프로 널리 사용, 무부하기동이 가능하여 전력소비가 적다. 용량제어가 어렵고, 유압펌프를 사용할 수 없어 윤활문제에 주의가 필요하다

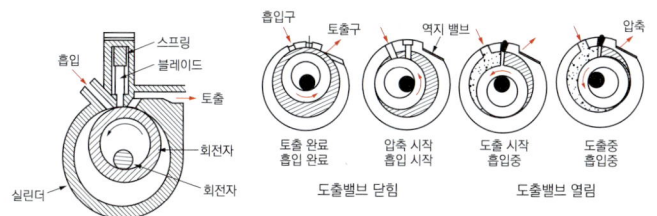

고정 브레이드형의 압축장식

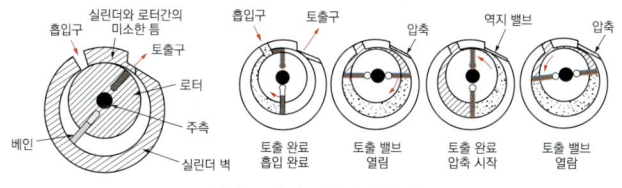

회전 브레이드형의 압축장식

③ 터보식 : 원심식 압축기(Centrifugal compressor)라고도 하며 고속회전(4,000-10,000 RPm)하는 임펠러의 원심력에 의해 속도에너지를 압력에너지로 변환시켜 압축

※ 냉동용량에 의한 분류
① 소형 : 30-100RT(R-11, R-113 냉매 사용)
② 중형 : 100-1,000R/T(R-11, R-114 냉매 사용)
③ 대형 : 1,000-3,500RT(R-12, R-500 냉매 사용)

※ 터보식 압축기 특징 : 회전운동뿐 이므로 동적 바란스 용이, 진동이 적다, 흡입변, 토출변, 피스톤, 실린더, 크랭크축의 마찰부분이 없으므로 고장이 적고 마모에 의한 손상이나 성능의 저하가 없다, 보수가 용이하며 기계적 수명이 길다, 대형화될 수록 단위 냉동톤 당의 가격이 저렴하다, 냉동용량 제어가 용이하고, 비례제어가 가능하여 미소한 제어가 가능.

※ 터보 압축기 부속장치
① 임펠러   ② 헬리컬 기어(고속회전을 위한 증속장치)
③ 흡입 가이드 베인   ④ 추기회수장치(냉매충전, 진공작업, 불응축 가스퍼지)

※ 서징현상 : 터보 압축기에서 흡입 가스 유량을 급격히 줄이거나, 응축압력을 급격히 상승시켜면 격심한 맥동과 소음, 진동이 일어나는 현상

※ 디퓨져 : 터보 압축기에서 속도에너지를 압력으로 변화시키는 장치

④ 스크류식 : 암기어와 숫기어의 치형을 갖는 두 개의 로우터의 의해 서로 맞물려 고속으로 역회전하면서 축방향으로 가스를 흡입 → 압축 → 토출시키는 압축기(나사 압축기)

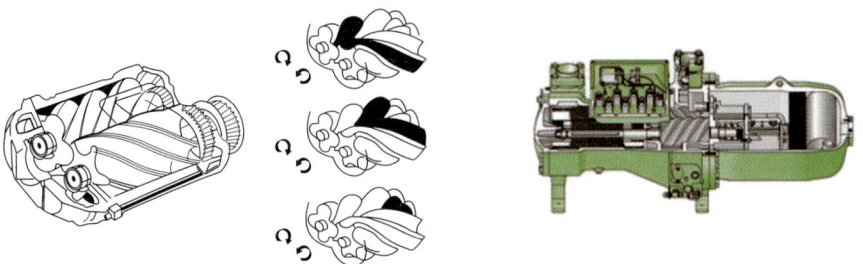

※ 스크류식 압축기특징 :
장점 : ① 흡입, 토출밸브가 없어 밸브의 마모, 소음이 적다.
② 냉매의 압력손실이 없어 효율이 양호하다.
③ 크랭크축, 피스톤링, 커넥팅로드 등의 마모부분이 없어 고장율이 적다.
④ 소형으로 대용량의 가스를 처리할 수 있다.
⑤ 1단의 압축비를 크게 할 수 있다(체적효율이 크다).

단점 : ① 고속회전이므로 소음이 크다.
② 독립된 오일펌프가 필요하며 윤활유의 소비가 많다.
③ 경부하시 동력이 많이 소요된다.

3) 왕복 압축기 부품

(1) 실린더 및 본체

① 실린더재료 : 특수 주철 사용
② 실린더배치 모양에 따른 분류 : 입형, 횡형, V형, W형 등
③ 수압시험압력 : 제작 시 30[kg/cm^2] 이상
④ 입형저속 : 실린더와 크랭크 케이스가 동일한 주물
⑤ 고속다기통 : 실린더는 단독 주물, 실린더 라이너를 사용하여 교체 용이

※ 톱 클리어런스(top clearance) : 압축기 실린더 두부와 피스톤 상사점 사이의 공간(액, 이물질 유입시 실린더 보호)
※ 톱 클리어런스(상부간격)가 크면 : 토출 가스 온도상승, 실린더 과열, 오일의 탄화 및 열화, 체적효율 감소, 냉동능력 감소

(2) 피스톤

① 피스톤 재료 : 특수 주철 (프레온 냉매 중소형 : 알루미늄 합금)
② 피스톤 종류
 ㉠ 플러그형 : 냉매 가스를 위에서 흡입하여 위로 배출하는 형식(소형 프레온 냉동기용)

ⓒ 트렁크형 : 냉매 가스를 측면에서 흡입하여 위로 배출하는 형식 (주로 NH₃용, 오일 포밍 현상 우려)
ⓒ 더블 트렁크형 : 냉매 가스를 밑에서 흡입하여 위로 배출하는 형식(행정이 큰 입형저속, 쌍통의 NH₃용, 체적 효율 좋다)

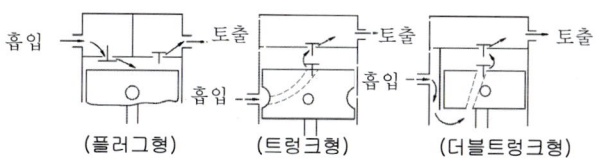

(3) **피스톤 링** : 윤활작용, 오일과 냉매와의 혼합 방지, 냉매가스의 누설 방지, 마찰면적을 적게 하여 기계효율 증대, 흡입행정 시 실린더벽의 오일을 긁어내리는 역할

① 피스톤링 종류
  ㉠ 오일링 : 피스톤 하부에 1~2개의 링으로 실린더벽 오일을 크랭크 케이스 내로 회수
  ㉡ 압축링 : 피스톤 상부에 2~3개의 링으로 냉매의 누설방지 및 압축
    ▶ 피스톤링 마모되면 : 크랭크 케이스 내 압력 상승, 응축기나 수액기 내로 오일이 넘어간다, 체적 효율 감소, 냉동능력 감소, 동력소비 증가

(4) **연결봉(connecting rod)** : 크랭크축의 회전운동을 피스톤의 왕복운동으로 바꾸어 주는 역할

① 재료
  ㉠ 암모니아용 : 고장력탄소강, 주강
  ㉡ 고속다기통 : 경합금단조품
  ㉢ 소형프레온용 : 연청동(포금)

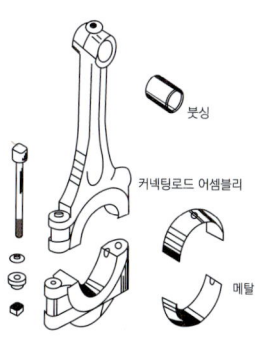

(5) 크랭크축(crank shaft ; 크랭크 샤프트) : 전동기의 동력을 피스톤에 전달하는 것(단조강)
　크랭크축 종류 : 크랭크형, 편심형, 스카치 요크형

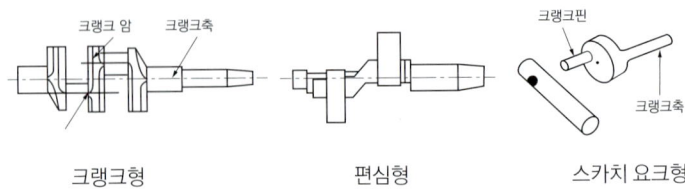

크랭크형　　　　　편심형　　　　스카치 요크형

(6) 크랭크 케이스 : 케이스 내 축과 오일이 들어 있고 내부의 유면을 감시할 수 있도록 유면계 설치, 유면 위치는 압축기 정지시 : 2/3, 운전중 : 1/2 적당

(7) 축봉장치 : 크랭크케이스를 관통하는 곳에 냉매나 오일의 누설, 공기 침입을 방지하기 위함
　종류 : 축상형 축봉장치, 기계적 축봉장치(mechanical shaft seal)

(8) 밸브 : 고압과 저압 사이로 냉매 가스의 자유 이동을 방지하는 역할(흡입밸브, 토출밸브)
　① 밸브 구비 조건
　　㉠ 작동이 확실하고 경쾌할 것　　㉡ 가스의 흐름에 저항이 적을 것
　　㉢ 밸브가 닫혔을 때 누설이 없을 것　㉣ 고온에서 변질되지 않을 것
　　㉤ 마모 및 파손에 강할 것　　　　㉥ 밸브 개폐시 압력차 및 관성이 적을 것

　② 밸브종류
　　㉠ 포핏 밸브 : 버섯모양, 피스톤 상부에 장착, 중량이 무겁고 튼튼하여 파손이 적어 대형입형 저속 NH_3 용에 사용
　　㉡ 플레이트 밸브(링플레이트 밸브) : 얇은 원판에 스프링으로 눌러놓은 구조, 고속 다기통 압축기의 흡입 및 토출 밸브에 사용, 중량이 가볍고 움직임이 경쾌하다.
　　㉢ 리드 밸브 : 긴 타원형의 밸브로 자체 탄성을 이용하여 개폐, 중량이 가벼워 신속 경쾌하게 작동하며 자체 탄성에 의해 개폐되며 밸브를 보호하는 밸브리테이너가 있다.
　　㉣ 와셔 밸브 : 얇은 원판 중심에 구멍을 뚫고 고정시킨 것으로 카쿨러에 주로 사용
　　㉤ 다이어프램 밸브 : 얇은 원형 강편이 가스 압에 의해 휘어져서 가스 통로를 만드는 밸브로 고속 다기통용, 충격에 약함
　　㉥ 서비스 밸브 : 프레온용 압축기 흡입, 토출부에 부착해 냉동장치 내 공기배출, 냉매·오일 충전·회수, 고장탐지용으로 사용(종류 : 2방, 3방밸브)

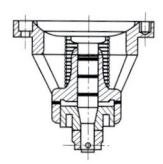 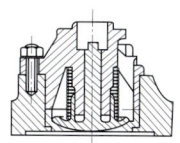 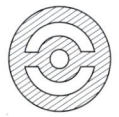 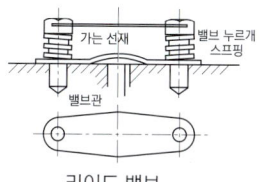

포피트 밸브 플레이트 밸브 리이드 밸브

4) 압축기 피스톤 압축량식

① 왕복압축기 압축량식 : $V_a(m^3/h) = \dfrac{\pi}{4}D^2 \times L \times N \times R \times 60$

[D : 실린더지름(m), L : 행정(m), N : 기통수, R : 회전수(rpm)]

② 회전압축기 압축량식 : $V_a(m^3/h) = \dfrac{\pi}{4}(D^2 - d^2) \times t \times R \times 60$

[D : 실린더지름(m), d : 로터지름(m), t : 실린더두께(m), R : 회전수(rpm)]

③ 스크루압축기 압축량식 : $V_a(m^3/h) = C \times D^3 \times \dfrac{L}{D} \times K \times R \times 60$

[D : 실린더지름(m), C : 로터계수, L : 로터길이(m), K : 클리어런스, R : 회전수(rpm)]

5) 압축기 효율

① 압축효율 : $\dfrac{\text{이론적으로 가스를 압축하는데 소요되는 동력(이론동력)}}{\text{실제로 가스를 압축하는데 소요되는 동력(지시동력)}}$

② 기계효율 : $\dfrac{\text{지시동력}}{\text{압축기를 운전하는데 필요한 동력(축동력)}}$

③ 압축기 이론동력 : $N = \dfrac{(i_b - i_a) \cdot V}{860 \cdot v} = \dfrac{(i_b - i_a) \cdot Q}{860 \cdot q} = \dfrac{AW \cdot G}{860}$ [kW]

④ 압축기 실제 동력 : $N' = \dfrac{\text{이론동력}}{\text{압축효율} \times \text{기계효율}}$ [kW]

※ 중간압력 구하는 식 = $\sqrt{\text{고압측 절대압력} \times \text{저압측 절대압력}}$

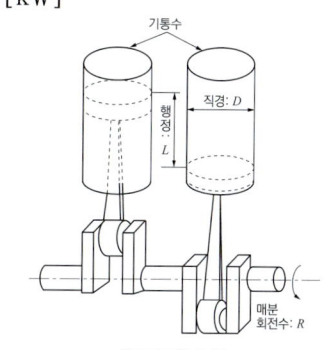

왕복동압축기

6) 압축기 용량제어

(1) 용량제어의 목적
① 부하변동에 따른 용량제어로 경제적 운전 도모
② 무부하 및 경부하 기동으로 기동시 소비전력이 적고 기동이 쉽다.
③ 압축기를 보호하여 기계의 수명을 연장
④ 일정한 증발 온도 유지

(2) 용량제어 방법
① 왕복압축기 용량제어 방법
  ⓐ 회전수 가감법　ⓑ 클리어런스 증대법
  ⓒ 바이패스법　　ⓓ 언로드법(일부 실린더를 놀리는 방법)

② 원심압축기 용량제어 방법
  ⓐ 회전수 가감법　ⓑ 바이패스법
  ⓒ 베인조정법　　ⓓ 흡입댐퍼 조절법　ⓔ 냉각수량 조절법

7) 압축기 안전장치 작동압력

① 안전두 = 정상고압 + 3[kg/cm^2]
② 고압차단 스위치 = 정상고압 + 4[kg/cm^2]
③ 안전밸브 = 정상고압 + 5[kg/cm^2]
  ※ 안전두 : 압축기 실린더 상부를 스프링으로 지지하여 이상고압에 의한 압축기 파손방지

8) 냉동기 윤활유

(1) 윤활유 구비조건
① 응고점이 낮고 인화점(140℃이상)이 높을 것　② 고온에서 열화하지 않을 것
③ 화학변화가 없을 것　　　　　　　　　　　④ 전기 절연 내력이 클 것
⑤ 저온에서 왁스가 분리하지 않을 것　　　　　⑥ 장시간 사용에도 변질하지 않을 것
⑦ 항유화성이 있을 것

(2) 윤활방식
① 비말식 : 크랭크 암에 부착된 밸런스 웨이트, 오일 디퍼를 이용한 축 회전에 의한 오일을 비산시켜 급유하는 방식(소형에 사용)
② 강제급유식 : 오일펌프(기어펌프)에 의한 크랭크 케이스 내 오일을 장치내로 순환시는 방식(대형용, 입형저속, 고속다기통에 사용)
  ▶ 오일 펌프종류 : 기어 펌프, 로터리 펌프, 플랜저 펌프
  ▶ 큐노 필터 : 오일 펌프 출구에 설치하는 여과망 중 제일 고운 여과망

(3) 유온이 높은 원인
① 오일 쿨러의 불량   ② 압축기의 과열 운전   ③ 워터 재킷 통수 불량

(4) 크랭크케이스내 윤활유 온도
① 암모니아용 고속다기통 : 40[℃] 이하(오일 쿨러 사용)
② 프레온용 : 30[℃] 이상(오일 히터 사용)
③ 고속다기통 : 45[℃] 정도 유지
④ 터보 냉동기 : 60~70[℃] 정도
　※ 윤활유 보충방법 : 하우징(housing) 내를 진공시켜 급유하거나, 저압측으로 오일주유기를 가압하여 강제 급유(중, 대형)하는 방법

(5) 오일의 이상 현상
① 슬러지(sludge) 현상 : 유에 침전물이 생겨 끈적거리는 현상
② 왁스(wax)분리 현상 : 저온에서 오일 중에 있는 왁스가 덩어리 모양으로 석출되는 현상
③ 가루(powder) 현상 : 고온에서 오일이 탄화된 현상
　▶ 이상 현상 제거방법 : R-11로 세척

(6) 오일 선택 기준
① 암모니아용 :
　㉮ 입형저속 : 300번   ㉯ 고속다기통 : 150번   ㉰ 제빙, 냉장 : 50번
　㉱ 증발온도가 -10[℃] 이상 : 300번

② 프레온용
　㉮ 저속 : 300번
　㉯ 고속 : 150번

③ 초저온용(-100[℃] 이하) : 90번
④ 터보용 : 300~350번

(7) 압축기별 적정 유압
① 소형 = 정상저압+0.5[kg/cm^2]
② 입형저속 = 정상저압+1.5~3[kg/cm^2]
③ 고속다기통 = 정상저압+3~4.5[kg/cm^2]
④ 터보 = 정상저압+6[kg/cm^2]
⑤ 스크루 = 토출압력(고압)+2~3[kg/cm^2]

9) 펌프

(1) 펌프 종류
① 용적형
  ㉠ 왕복식(피스톤, 플런저, 다이어프램) ㉡ 회전식 (기어, 나사, 베인)
② 터보형
  ㉠ 원심식(볼류트, 터빈) ㉡ 사류식 ㉢ 축류식
③ 특수형(마찰, 제트, 기포, 수격)

(2) 펌프의 양정과 유량 관계
① 직렬연결: 양정 : 증가, 유량 : 일정   ② 병렬연결: 양정 : 일정, 유량 : 증가

(3) 공동현상(cavitation : 캐비테이션 현상)
관로 변화있는 배관 내 압력이 포화증기압보다 낮아져 기포가 발생하는 현상으로 소음, 진동, 충격이 일어남

(4) 캐비테이션 방지방법
① 펌프 회전수를 낮추어 유속을 느리게 한다.
② 펌프 위치를 수원과 가깝게하여 흡입 양정을 작게 한다.
③ 가급적 만곡부를 줄인다.
④ 펌프를 2단 이상 설치한다.
⑤ 흡입관 손실 수두를 줄인다.

(5) 맥동 현상(서징현상)
흡입관로에 공기나 관내 저항 등으로 펌프 송출압력과 송출유량 주기적 변동이 일어나는 현상

(6) 펌프 동력계산
① 축동력 : $kW = \dfrac{r \cdot Q \cdot H}{102 \times 3,600 \times \eta'}$

② 축마력 : $PS = \dfrac{r \cdot Q \cdot H}{75 \times 3,600 \times \eta}$

③ 축마력 : $HP = \dfrac{r \cdot Q \cdot H}{76 \times 3,600 \times \eta}$

Q : 유량[m³/h]
η : 효율
H : 전양정[m]
r : 비중량[kg/m³] 물 = 1,000[kg/m³]

 **필답 예상문제**

01 다음의 〈보기〉들은 밀폐형과 개방형 압축기의 장단점을 나열한 것이다. 밀폐형과 개방형의 장단점을 2가지씩 고르시오.

■보기■
① 압축기 회전수의 가감이 용이하다.
② 냉매 및 오일의 누설이 없다.
③ 설치면적이 크다.
④ 전원이 없어도 타구동원에 의한 기동이 가능하다.
⑤ 고장시 수리 작업이 어렵다.
⑥ 소형이고 경량이다.
⑦ 소음이 커서 고장 발견이 어렵다.
⑧ 냉매 및 오일의 교환이 어렵다.

(1) 밀폐형
(2) 개방형

풀이

(1) – 장점 : ②, ⑥
　　– 단점 : ⑤, ⑧
(2) – 장점 : ①, ④
　　– 단점 : ③, ⑦

02 다음은 밀폐형 압축기에 대한 설명이다. 명칭을 쓰시오.

(1) 하우징이 용접되어 분해조립은 불가능하나 서비스밸브가 부착되어 있다.
(2) 볼트로 조립되어 있어 분해조립이 용이하고 서비스밸브가 부착되어 있다.
(3) 하우징이 용접되어 있어 분해조립이 불가능하고 서비스밸브 대신 충전니쁠(Nipple)이 부착되어 있다.

> **풀이**

(1) 전 밀폐형
(2) 반 밀폐형
(3) 완전 밀폐형

03 다음은 개방형 압축기의 구동방식에 따른 설명이다. 설명에 맞는 구동방식을 쓰시오.

(1) 압축기와 전동기를 벨트(Velt)로 연결하여 구동시키는 방식
(2) 압축기의 크랭크축을 전동기의 커플링(coupling)에 연결하여 구동시키는 방식

> **풀이**

(1) 벨트 구동식
(2) 직결 구동식

04 다음은 압축기의 구조에 의한 분류이다. 설명에 따른 압축기의 방식을 쓰시오.

(1) 압축기를 기동시켜 주는 전동기가 따로 분리되어 있는 구조
(2) 압축기와 전동기를 하나의 하우징(Housing) 내에 내장시킨 구조

> **풀이**

(1) 개방형
(2) 밀폐형

05 다음은 회전식 압축기에 대한 설명이다. 각 설명에 맞는 압축기의 종류를 쓰시오.
(1) 회전 피스톤과 함께 블레이드가 실린더 내면에 접촉하면서 회전하여 냉매가스를 압축하는 방식
(2) 회전 피스톤과 1개의 고정된 블레이드 및 실린더 내면의 접촉에 의해 냉매가스를 압축하는 방식

> **풀이**
>
> (1) 회전익형
> (2) 고정익형

06 다음은 압축기에서 압축방식에 따른 설명이다. 각 설명에 따른 압축기의 명칭을 〈보기〉에서 찾아 쓰시오.

■보기■

터어보   흡수식   스크롤   왕복동식   밀폐형   스크류   회전식

(1) 실린더 내에서 피스톤의 왕복운동에 의해 냉매가스를 압축하는 방식
(2) 암기어와 숫기어의 형태를 가진 두 개의 로우터가 맞물림으로써 냉매가스를 흡입, 압축, 토출시키는 방식
(3) 고속으로 회전하는 임펠러(Impeller)를 이용하여 냉매가스의 속도에너지를 압력에너지로 바꾸어 압축하는 방식
(4) 왕복운동에 의하지 않고 로우터가 실린더 내를 회전하면서 냉매가스를 압축하는 방식

> **풀이**
>
> (1) 왕복동식
> (2) 스크류
> (3) 터어보
> (4) 회전식

07 다음 그림은 피스톤의 외형이다. 그림을 참고하여 아래 물음에 답하시오.

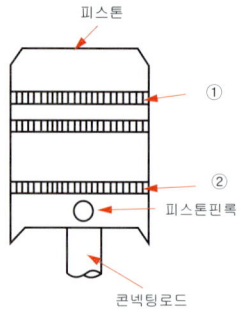

(1) 우측의 구성부품이 사용되고 있는 압축기의 명칭은?
(2) ①과 ②의 명칭을 쓰시오.

풀이

(1) 왕복동식 압축기
(2) ① 압축링
　　② 오일링

08 다음에서 설명하고 있는 내용은 원심식 압축기에 사용되고 있는 부속장치들이다. 설명에 따른 장치의 명칭을 쓰시오.

(1) 냉매가스에 속도에너지를 부여해주며 정적 및 동적 밸런스가 잡혀있고 가스 통과시 저항이 적게 설계되어 있다.
(2) 흡입되는 냉매통로에 설치하여 냉매가스량을 조절하여 용량제어를 행하며 임펠러전에서 미리 회전운동을 주어 효율을 증대시킨다.
(3) 임펠러에서 나온 냉매가스의 속도에너지를 압력에너지로 바꾸어 주는 역할을 한다.

풀이

(1) 임펠러
(2) 흡입가이드베인
(3) 디퓨져

09 다음은 피스톤링에 대한 설명이다. 설명을 보고 피스톤링의 종류를 쓰시오.

　(1) 피스톤 상부에 있어 압축 중 냉매가스의 누설을 방지하고 마찰면적을 감소시켜 기계효율을 증대시키는 링
　(2) 피스톤 하부에 있어 실린더벽의 오일을 크랭크케이스 내로 회수하여 오일이 응축기 등에 넘어가는 것을 방지하는 링

> 풀이
>
> (1) 압축링
> (2) 오일링

10 다음은 왕복동압축기의 주요 구성품을 설명하였다. 설명에 맞는 부품의 명칭을 쓰시오.

　(1) 전동기의 회전운동을 피스톤의 직선운동으로 바꾸어 주는 동력전달장치
　(2) 고급주철을 사용하며 윤활유가 저장되어 있어 유면계가 부착되어 있다.
　(3) 피스톤과 크랭크축을 연결하여 축의 회전운동을 피스톤의 왕복운동으로 바꾸어 주는 장치
　(4) 크랭크축이 관통하는 부분에서의 냉매나 오일이 누설되는 것을 방지하는 장치

> 풀이
>
> (1) 크랭크축(Crank shaft)
> (2) 크랭크케이스(Crank case)
> (3) 연결봉(Connecting rod)
> (4) 축봉장치(Shaft seal)

11 다음에서 설명한 장치의 명칭을 쓰시오.

　터보냉동기에서 냉매충전, 진공작업, 불응축가스퍼져, 냉매재생 등에 사용되는 기기

> 풀이
>
> 추기회수장치

12 다음은 흡수식냉동기의 6대 사이클이다. (　) 안에 들어갈 장치의 명령을 쓰시오.

(①) - 용액펌프 - (②) - 응축기 - 팽창변 - (③)

> **풀이**
>
> ① 흡수기
> ② 발생기(재생기)
> ③ 증발기

13 다음은 압축기에 사용되는 밸브의 특징이다. 각 특장에 따른 밸브의 명칭을 〈보기〉에서 찾아 쓰시오.

■보기■

포핏 밸브　와셔 밸브　푸트 밸브　서비스 밸브　앵글 밸브
버터 플라이 밸브　리이드 밸브　플레이트 밸브

⑴ 얇은 원판 중심에 구멍을 뚫고 고정시킨 것으로 운동이 경쾌하고 변화에 충격을 주지 않는다.
⑵ 압축기의 흡입측과 토출측에 부착되어 있는 밸브로 냉매 및 오일의 충전이나 회수에 이용되며 완전밀폐형 압축기에는 설치되어 있지 않다.
⑶ 중량이 가벼워 신속 경쾌하게 작동하며 자체의 탄성에 의해 개폐된다.
⑷ 밸브좌에 있는 얇은 원판을 스프링으로 눌려 놓은 구조로 고속다기통에 많이 사용된다.
⑸ 중량이 무거워 밸브의 개폐가 확실하며 NH_3 입형 저속 압축기에 주로 사용된다.

> **풀이**
>
> (1) 와셔 밸브
> (2) 서비스 밸브
> (3) 리이드 밸브
> (4) 플레이트 밸브
> (5) 포핏 밸브

14 압축기에 윤활유를 보충하는 방법 2가지를 쓰시오.

풀이

① 크랭크 케이스 내를 진공으로 하여 보충하는 방법
② 기어 펌프(Gear pump)로 보충하는 방법

15 다음은 고속다기통 압축기의 내부 구조도이다. 각 번호에 따른 명칭을 〈보기〉에서 찾아 쓰시오.

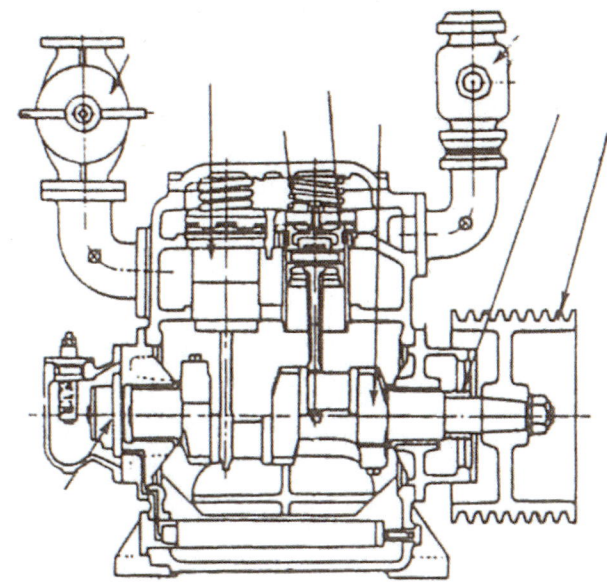

■보기■

피스톤   V풀리   오일펌프   토출지변   흡입지변   축봉장치
실린더라이너   안전두스프링   크랭크축

풀이

① 흡입지변　　　　　② 실린더라이너
③ 안전두스프링　　　④ 피스톤
⑤ 크랭크축　　　　　⑥ 토출지변
⑦ 축봉장치　　　　　⑧ V풀리
⑨ 오일펌프

16 다음은 암모니아 고속다기통 압축기 냉동장치에서 기어펌프를 강제 급유시키는 윤활유의 계통도를 나타낸 것이다. 다음 물음에 답하시오.

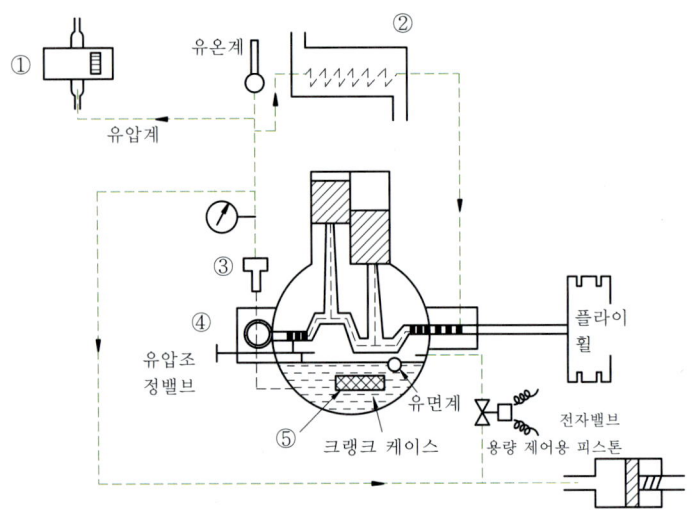

■보기■

저압차단 스위치   오일필터   베어링   큐노필터   유압보호스위치
수중간 냉각기   드라이어   기어펌프   오일냉각기   사이드글라스

위 그림의 각 부 명칭을 〈보기〉에서 찾아 쓰시오.

풀이

① 유압보호스위치
② 오일냉각기
③ 큐노필터
④ 오일펌프
⑤ 오일필터

17 아래 그림에 따른 피스톤의 종류를 〈보기〉 중에서 찾아 쓰시오.

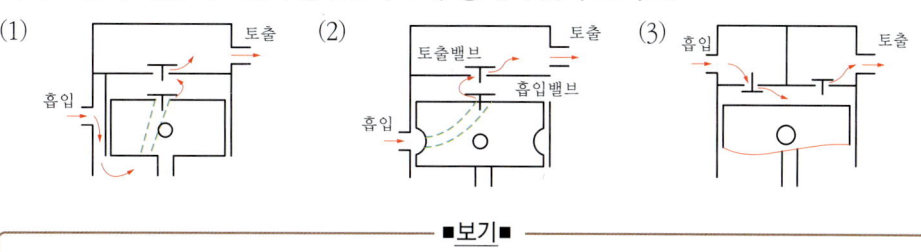

■보기■

일체형   플러그형   더블 트렁크형   분활형   싱글 트렁크형   편심형

🔍 **풀이**

(1) 싱글 트렁크형
(2) 더블 트렁크형
(3) 플러그형

18 다음은 크랭크축(Crank Shaft)의 종류에 따른 그림이다. 물음에 답하시오.

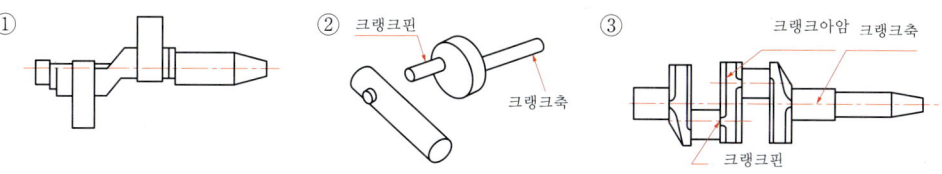

(1) 크랭크축이 사용되고 있는 압축기는?
(2) 각 그림에 따른 명칭을 〈보기〉에서 찾아 쓰시오.

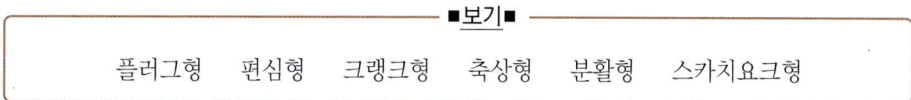

■보기■

플러그형   편심형   크랭크형   축상형   분활형   스카치요크형

🔍 **풀이**

(1) 왕복동 압축기
(2) ① 편심형
　　② 스카치요크형
　　③ 크랭크형

19 터보 냉동기의 작동순서를 〈보기〉에서 찾아 번호대로 쓰시오.

■보기■
① 각종 보호장치를 확인하고 압축기를 기동한다.
② Oil Cooler를 통수(히터는 끈다)한다.
③ 베인의 열림을 0으로 한다.
④ 베인을 서서히 연다.
⑤ Oil 펌프를 기동한다.
⑥ Oil Heater를 통전하여 소정의 온도로 한다.

풀이

⑥ - ③ - ⑤ - ① - ② - ④

20 프레온용 왕복동 압축기에 있어서 크랭크 케이스 내에 오일히터를 설치하는 이유를 간단히 쓰시오.

풀이

프레온냉매는 윤활유와 용해성이 좋아 압축 중 크랭크 케이스 내 압력이 낮아져 오일포밍의 우려가 있으므로 오일히터를 설치하여 냉매 중의 오일을 분리시켜 준다.(오일포밍을 방지하기 위하여)

21 압축기에서 축봉장치(Shaft seal)의 역할 3가지만 간단히 쓰시오.

풀이

① 냉매의 누설장치
② 오일의 누설장치
③ 외기의 침입방지

22 다음은 압축기의 압축비를 구하는 공식이다. 다음 물음에 답하시오.

$$압축비(P_r) = \frac{P_2}{P_1} = \frac{고압측\ 절대압력}{저압측\ 절대압력}$$

(1) 고압측 절대압력과 상이한 것을 〈보기〉에서 찾아 그 번호를 쓰시오.

■보기■
① 팽창변 직전의 압력　　　② 응축기 입구의 압력
③ 증발기 입구의 압력　　　④ 압축기 입구의 압력

(2) 저압측 절대압력과 상이한 것을 〈보기〉에서 찾아 그 번호를 쓰시오.

■보기■
① 팽창변 직전의 압력　　　② 증발기 입구의 출력
③ 응축기 입구의 출력　　　④ 압축기 입구의 압력

> 풀이

(1) ③, ④
(2) ①, ③

23 원심식(터어보) 압축기에서 추기회수장치의 기능을 3가지 쓰시오.

> 풀이

① 불응축가스의 방출
② 냉매의 충전
③ 냉매의 회수 및 재생
④ 진공시험 및 가압시험

24 압축기의 3대 안전장치를 쓰시오.

> 풀이

안전밸브, 고압차단스위치(HPS), 안전두

25 다음의 〈보기〉를 보고 정전시 조치사항을 순서대로 열거하시오.

■보기■
① 흡입지변을 닫는다.
② 냉각수펌프의 가동을 중지한다.
③ 수액기 출구밸브를 닫는다.
④ 압축기모터가 정지하면 토출지변을 닫는다.
⑤ 주전원 스위치를 차단한다.

풀이

⑤ - ③ - ① - ④ - ②

26 냉동장치에서 안전밸브를 설치해야 할 장소 4군데를 〈보기〉에서 찾아 그 번호를 쓰시오.

■보기■
① 압축기   ② 응축기
③ 열교환기 ④ 크랭크 케이스
⑤ 중간냉각기 ⑥ 만액식증발기
⑦ 액분리기

풀이

①, ②, ⑤, ⑥

27 실린더 내경 200mm, 피스톤의 행정길이 200mm, 기통수 2, 회전수 300rpm일 때 압축기 피스톤압출량(m^3/hr)을 구하시오.

풀이

$V = \dfrac{\pi}{4} D^2 \cdot L \cdot N \cdot R \cdot 60$

$= \dfrac{\pi}{4} \times (0.2)^2 \times 0.2 \times 2 \times 300 \times 60$

$= 226.08 m^3/h$

28 압축기에서 틈새(Clearance)가 크면 장치에 어떠한 영향을 미치는지 ( ) 안을 채우시오.

(1) 냉동능력이 ( )한다.
(2) 체적효율이 ( )한다.
(3) 토출가스의 온도가 ( )한다.
(4) 압축기 실린더가 ( )한다.
(5) 윤활유가 ( )한다.
(6) 압축기 흡입가스 비체적이 ( )한다.

풀이

(1) 감소
(2) 감소
(3) 상승
(4) 과열
(5) 열화 또는 탄화
(6) 상승

29 왕복동 압축기의 용량제어 방법을 4가지 쓰시오.

풀이

① 회전수 가감법
② 클리아란스 증대법
③ 바이패스법
④ 일부 실린더를 놀리는 방법
⑤ 모터 정지법
⑥ 흡입밸브조정에 의한 방법

30 고압차단스위치(HPS)의 설치목적과 작동압력을 기술하시오.

    (1) 설치목적

    (2) 작동압력

> **풀이**
>
> (1) 냉동장치의 고압부압력이 일정 이상 상승하였을 때 압축기를 정지시켜 압력상승으로 인한 장치의 파손을 방지한다.
> (2) 정상고압 + 0.4MPa

31 다음은 윤활유의 구비조건이다. 부적합한 것 3가지를 찾아 번호를 쓰시오.

■보기■
① 응고점이 낮고 유동점은 높을 것
② 불순물이 적고 절연내력이 클 것
③ 오일포밍시 소포성이 클 것
④ 왁스성분이 많아서 저온에서 왁스성분이 분리되지 않을 것
⑤ 인화점이 낮을 것

> **풀이**
>
> ①, ④, ⑤

32 다음의 압축기에 사용하는 냉동기유를 쓰시오.

    (1) 입형저속 압축기

    (2) 초저온 냉동기

    (3) 고속 다기통

> **풀이**
>
> (1) 300번유
> (2) 90번유
> (3) 150번유

33 기통경 2m, 회전피스톤의 외경 0.50m, 기름두께 80cm, 회전수 200rpm의 회전식 (Rotary) 압축기의 피스톤 압출량(m³/h)을 구하시오.

풀이

$$V_a = \frac{\pi}{4}(D^2 - d^2)\,t \cdot R \cdot 60$$
$$= 0.785 \times (2^2 - 0.5^2) \times 0.8 \times 200 \times 60$$
$$= 28260 \, m^3/h$$

34 다음 그림과 같은 상태에서 운전되는 암모니아 냉동기에 있어서 냉동 사이클의 압축비는 얼마인가?

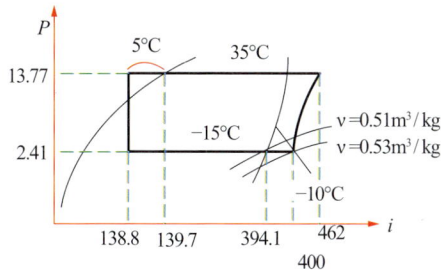

풀이

$$a = \frac{13.77}{2.41} = 5.713$$

35 기통 지름 70mm, 행정 60mm, 기통수 8, 매분 회전수 1800인 단단 압축기의 피스톤 압출량은 얼마인가?

 (1) 165.8m³/h (2) 172.3m³/h
 (3) 188.8m³/h (4) 199.4m³/h

풀이

$$V = \frac{\pi}{4}D^2 \cdot L \cdot N \cdot R \cdot 60 = \frac{\pi}{4} \times 0.07^2 \times 0.06 \times 8 \times 1800 \times 60 = 199.4 \, m^3/h$$

36 전양정 30m, 유량이 1.5m³/min, 펌프의 효율이 72%인 경우의 펌프의 소요동력은 몇 kW인가?

풀이

$$kW = \frac{\gamma \cdot Q \cdot H}{102 \cdot 60 \cdot \eta_p}$$

$$= \frac{1000 \times 1.5 \times 30}{102 \times 60 \times 0.72} = \left(\frac{\frac{kg}{m^3} \times \frac{m^3}{min}}{\frac{kg \cdot m}{sec} \times \frac{sec}{min}} \right) = 10.21 kW$$

$$= 10.21 kW$$

37 소요동력이 30kW이고 펌프의 효율이 80%인 냉각수 펌프의 양수량은 몇 m³/min인가? (단, 흡입양정 8m, 토출양정 20m이다.)

풀이

$$kW = \frac{\gamma \cdot Q \cdot H}{102 \cdot 60 \cdot \eta_p} \text{ 에서}$$

$$Q = \frac{kW \cdot 102 \cdot 60 \cdot \eta}{\gamma \cdot H}$$

$$= \frac{30 \times 102 \times 60 \times 0.8}{1000 \times (8+20)} \left(\frac{kW \times \frac{kg \cdot m}{s \cdot kW} \times \frac{s}{min}}{\frac{kg}{m^3} \times m} \right)$$

38 원심펌프의 회전수가 1500rpm일 때 유량이 100m³/min, 전양정 45m, 펌프의 소요동력이 4.5Ps일 때 회전수를 2000rpm 증가시키면 소요동력은 얼마가 되는가?

풀이

$$P_2 = \left(\frac{N_2}{N_1} \right)^3 \cdot P_1$$

$$= \left(\frac{2000}{1500} \right)^3 \times 4.5$$

$$= 10.67 P$$

39 다음은 펌프에 관한 내용이다. ( ) 안에 적당한 말을 채우시오.

펌프의 운전시 (①)을 크게 하려면 펌프를 직렬로 연결하며 (②)을 증대시키려면 펌프를 병렬로 연결하여 운전한다.

> **풀이**
>
> ① 양정, ② 유량

40 다음은 펌프에서 발생할 수 있는 현상들이다. 설명에 맞는 용어를 쓰시오.
  (1) 펌프 입구측의 마찰저항 증가로 수중에 함유되어 있던 공기가 분리되어 기포가 발생되는 현상
  (2) 펌프 운전중에 한숨을 쉬는 것과 같은 상태로 되어 연성계 및 압력계의 지침이 흔들리는 현상
  (3) 저비점 액체를 이송시킬 때 펌프의 입구측에서 발생하는 현상으로 액체가 끓는 현상

> **풀이**
>
> (1) 공동(캐비테이션)현상
> (2) 서어징(맥동)현상
> (3) 베어퍼록 현상

41 아래 도면은 펌프(Pump) 설치 도면이다. 도면에 주어진 조건을 이용하여 각각 계산하시오.

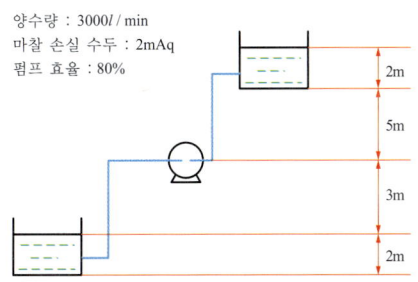

  (1) 이 펌프의 실양정은?
  (2) 이 펌프의 전양정은?
  (3) 펌프의 소요동력은 몇 kW인가?

> **풀이**
>
> (1) 실양정 = 흡입수두 + 토출수두 + 출구수압 = 3 + 5 + 2 = 10mAq
> (2) 전양정 = 실양정 + 배관 마찰손실 수두 = 10 + 2 = 12mAq
> (3) kW = $\dfrac{\gamma \cdot Q \cdot H}{102 \cdot 60 \cdot \eta_p}$ = $\dfrac{1000 \times 3000 \times 12}{102 \times 60 \times 1000 \times 0.8}$ = 7.35kW

CHAPTER 05 응축기(Condenser)

1. 응축기(Condenser)

1) 응축기역할 : 증발기에서 흡수한 열량과 압축기에서 토출된 고온고압의 냉매 가스를 외부에서 공기나 냉각수를 이용하여 열을 제거하여 응축 액화시키는 장치

▶ 응축기 3대 작용 : ① 과열제거 ② 응축액화 ③ 과냉각

2) 냉각방식에 따른분류 : ① 수냉식 ② 증발식 ③ 공랭식

3) 응축기 종류

(1) 입형 셸(냉매) 앤 튜브(냉각수)식 : 원통(shell) 내에 여러개의 냉각관을 수직으로 세워 상하 경판에 용접한 구조

① 원통(shell) 내부는 냉매, 관(tube)에 냉각수가 흐름
② 대형 암모니아 냉동기에 사용(고부하 가능)
③ 냉각수 소비량이 가장 크다(수질 우수한 곳에 사용).
④ 구조 간단, 설치면적 적다.
⑤ 응축기 상부와 수액기 상부는 균압관으로 연결
⑥ 액냉매의 과냉각도가 곤란
⑦ 냉각수가 흐르는 수실(튜브)내 스웰이 부착되어 냉각수를 선회시켜 흐르게 한다.
   ※ 스웰(swire, 냉각수 선회기) : 배관내 물에 소용돌이를 일으켜 고르게 분배하기 위한 물 분배기로 유효냉각 면적을 증대하는 효과

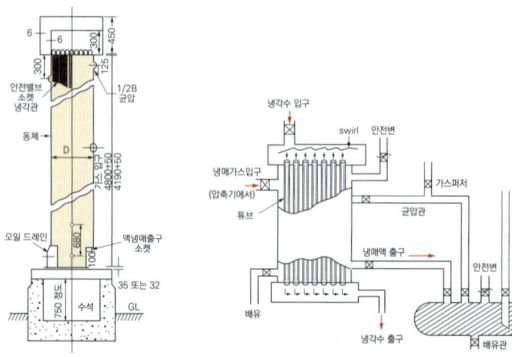

(2) 횡형 셸 앤 튜브식
① 가로의 다수냉각관을 설치하여 관내부는 냉각수가 외부(shell)는 냉매가 흘러 열교환
② 암모니아 및 프레온용으로 소형에서 대형까지 많이 사용(열통과율이 가장 좋다)
③ 쿨링 타워(cooling tower)를 사용
④ 입,출구에 각각 수실이 있다
⑤ 수액기와 겸용으로 사용(별도의 수액기 불필요)
⑥ 냉각수 소비량이 적다(증발식 응축기 다음으로 적다)
　※ 열통과율이 좋은 순서 : 횡형 셸 앤 튜브식(7통로식) 〉 입형 셸 앤 튜브식 〉 증발식 응축기 〉 공랭식

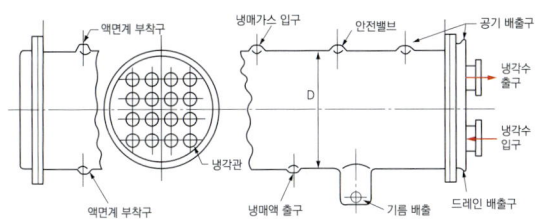

횡형 쉘 엔드 튜브식 응축기

(3) 셸 앤 코일식(지수식 응축기)
① 나선 모양의 관에 냉매를 통과시키고 이 나선관을 구형 또는 원형의 수조에 담그고 순환시켜 냉매를 응축시키는 응축기
② 횡형으로 설치된 셸 안의 코일 형태의 냉각관이 장착된 응축기
③ 냉각관 내는 냉각수가 셸 내는 냉매가 흐름
④ 냉각관 청소 곤란
⑤ 소형 프레온용

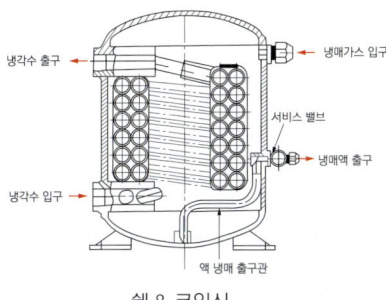

쉘 & 코일식

(4) 2중관식
① 관을 2중으로 설치하여 내관은 냉각수가 외관은 냉매가 흐름
② 냉매는 위에서 아래로, 냉각수는 아래에서 위로 흐름
③ 소형 프레온용, 중.소형 NH_3 장치용, 팩케이지 에어컨용
④ 전열이 양호하며 과냉각이 양호
⑤ 부식발견이 어렵고 청소가 곤란

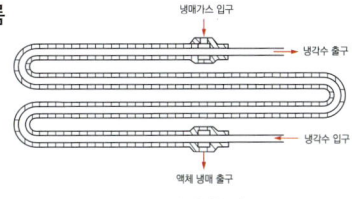

이중관식 응축기

(5) 7통로식

① 쉘을 가로로 설치하고 그 안에 냉각관 7본을 삽입하여 냉각수를 차례로 흐르게 하는 방식
② 셀 내로 냉매가, 7튜브 내로 냉각수가 흐름
③ 능력에 따라 조합시켜 사용할 수 있다.
④ 냉각수량이 적게 든다.
⑤ 전열이 가장 좋다(1,000[kcal/m²h℃]).
⑥ 구조가 복잡하고 설치비 고가, 대용량에 부적당, 냉각관 청소 곤란

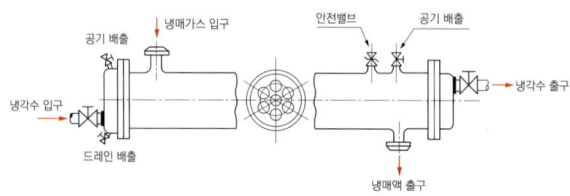

7통로식 셀 엔 튜브식 응축기

(6) 증발식

① 냉매 가스가 흐르는 냉각관 코일의 외면에 냉각수를 분무 노즐에 의해 분사시키고 송풍기를 이용하여 건조한 공기를 3[m/sec]의 속도로 보내어 공기의 대류작용 및 물의 증발 잠열로 응축하는 형식
② 주로 NH₃용, 중형 프레온용
③ 상부에 엘리미네이터(eliminator) 설치
④ 물의 증발 잠열을 이용하므로 냉각수량이 가장 적고, 청소나 보수가 곤란
⑤ 외기 습구온도가 낮을수록 응축능력 증가하며, 관이 가늘고 길기 때문에 냉매의 압력강하가 크다.
⑥ 냉각탑이 필요 없고, 팬, 노즐, 냉각수 펌프등 부속설비가 많이 든다.
  ※ 엘리미네이터(eliminator) : 냉각관에서 산포되는 냉각수의 일부가 배기와 함께 외부로 비산되는 것을 방지하여 냉각수 소비량을 최소화하기 위하여 배기 중에 설치

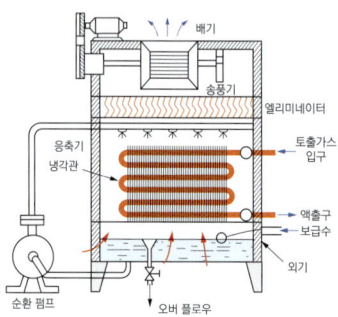 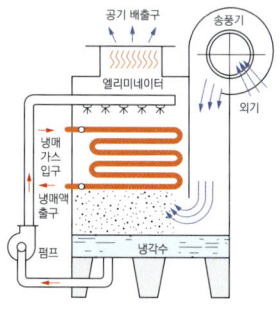

(7) 공랭식 응축기

① 관내는 냉매가 관외부에 공기가 접촉하여 응축시키는 방식
  ※ 종류
  ㉠ 자연대류식 : 공기의 비중량차에 의한 순환(전열이 불량하여 핀(Fin) 등을 공기측에 부착
  ㉡ 강제대류식 : 팬(Fan)이나 송풍기등을 이용하여 강제로 공기를 불어 응축시키는 방법
② 주로 소형프레온 냉동장치에 사용(냉각수가 필요 없으므로 냉각수 배관 및 배수시설이 필요없다.)
③ 응축기가 옥외에 설치되어 고압 냉매 배관이 길어진다(통풍이 양호한 곳 설치).
④ 설치 및 고장수리가 간단하다.
⑤ 대기오염 지역에서의 냉각관의 부식 우려가 있다.
  ※ 공냉식과 수냉식의 비교
  ① 수냉식이 공냉식보다 전열효과가 크다.
  ② 공냉식은 통풍이 잘되고 신선한 곳에 설치해야 한다.
  ③ 수냉식은 설치 유지비가 공냉식에 비해 크다.
  ④ 수냉식은 수리 점검이 곤란하다.
  ⑤ 공냉식은 응축온도 및 압력이 높아 동력소비가 크다.

4) 냉각탑(Cooling tower)

수냉식 응축기의 높아진 냉각수를 공기와 접촉시켜 냉각작용(냉각수 부족해소, 경제적인 운전 가능)

(1) 특징

① 외기의 습구온도보다 낮게 냉각시킬 수 없다
② 외기 습구온도의 영향이 크다(습구온도 낮을수록 증발능력 증가)
③ 냉각수 절약 가능(냉각수 회수율 95%)
④ 수원이 풍부하지 못하거나 냉각수를 절약하고자 할 때 사용

(2) 냉각탑 설치시 주위사항

① 급수가 용이하고, 공기 유통이 좋을 것
② 고온 배기 가스에 의한 영향을 받지 않는 장소일 것
③ 취출공기를 재흡입하지 않을 것
④ 2대 이상 같은 장소에 설치시 2[m] 이상 간격 유지
⑤ 냉동기로부터 거리가 가까울 것
⑥ 설치, 보수, 점검이 용이한 장소일 것

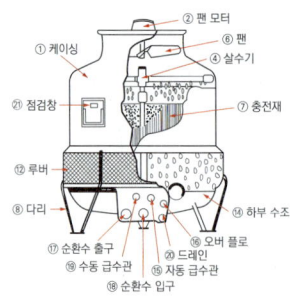 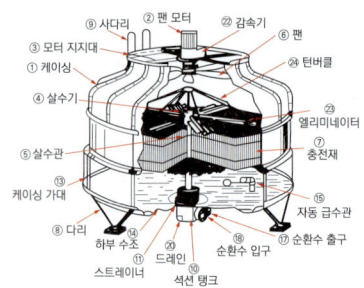

(3) 냉각탑 종류 : 물과 공기의 접촉 방향에 의한 분류

① 직교류형 : 물과 공기가 서로 직각이 되어 흐르면서 냉각되는 방식으로 구조가 간단하고, 보수 점검이 쉽다.
② 대향류형 : 물과 공기가 서로 반대방향으로 흐르면서 냉각되는 방식으로 냉각 효율이 높아 많이 사용된다.
③ 병류형 : 물과 공기가 같은 방향으로 흐르면서 냉각되는 방식으로 효율이 떨어져 거의 사용치 않는다.

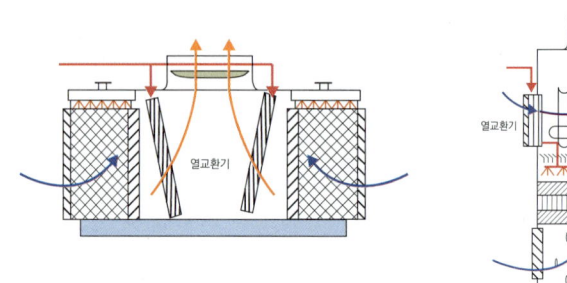

(4) 냉각탑 냉각능력

① 냉각탑 냉각능력(kcal/h) : 냉각수 순환량(l/h)×쿨링레인지
② 쿨링 레인지 : 냉각수 입구온도(℃)-냉각수 출구온도(℃)
③ 쿨링 어프로치 : 냉각수 출구온도(℃)-입구 공기의 습구온도(℃)
▶ 쿨링 레인지가 클수록, 쿨링 어프로치가 작을수록 냉각탑능력 커진다(1[RT]당 냉각탑능력 : 3900[kcal/RT]).

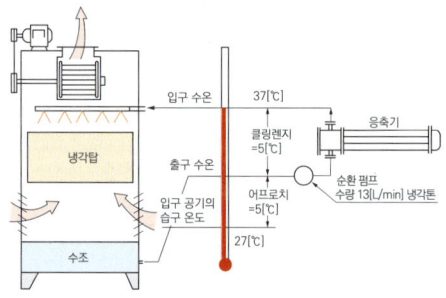

쿨링 레인지와 쿨링 어프로치

5) 응축 온도 및 압력 상승원인(응축능력 저하원인)

① 냉각수량이 부족 시 ② 응축기 냉각수온 및 냉각공기 온도가 높을 경우
③ 증발부하 클 경우 ④ 냉각관에 유막 및 스케일 생성 시
⑤ 냉매 과충전 시 ⑥ 응축기 용량이 작을 시
⑦ 불응축가스 혼입 시 ⑧ 증발식 응축기는 습구 온도가 높을 시
⑨ 공냉식의 경우 송풍량 부족 및 외기온도 상승 시

6) 불응축 가스 : 냉동장치를 순환하면서 응축하지 않는 가스로 장치 외부에서 침입하는 공기 또는 윤활유 탄화에 따른 윤활유가스 등이 포함되어 냉동목적을 잃은 가스. 즉 냉매가 응축기 또는 수액기 상부에 모여서 액화되지 않고 남아 있는 가스(공기)

▶ 불응축 가스가 발생하면 응축 온도 및 압력 증가

① 설치목적 : 냉동장치내에 혼입된 불응축 가스를 냉매와 분리시켜 장치밖으로 방출한다.
② 불응축 가스 퍼저 방법
A. 자체의 에어 퍼저 밸브 이용법
  ㉮ 냉동장치의 운전을 정지
  ㉯ 응축기 입출구 밸브를 닫는다.
  ㉰ 냉각수를 충분히 통수시켜 냉매 가스를 최대한 응축시킨다.
  ㉱ 에어퍼지 밸브를 천천히 열어 냉매의 손실에 유의하며 공기를 방출시킨다.
B. 불응축 가스 퍼저를 이용하는 방법
  ㉮ 스톱밸브 ① 을 열어 고압 액냉매가 팽창밸브를 통해 냉각드럼내를 냉각한다.
  ㉯ 불응축 가스 스톱밸브 ② 를 열어 수액기 및 응축기 상부로부터 불응축가스가 포함된 고압가스를 드럼내로 유입한다.
  ㉰ 드럼내에서 냉매가스는 응축되고 불응축 가스만 드럼상부에 모인다.
  ㉱ 스톱 밸브 ② 를 닫고 ③ 을 열어 응축된 냉매액을 수액기로 회수시키고 ③을 닫는다.
  ㉲ 드럼내에는 불응축 가스만 남아있고 흡입 가스 온도까지 냉각시킨다.
  ㉳ 스톱밸브 ④ 를 약간 열어 드럼내 불응축 가스를 방출하고 방출이 끝나면 ④를 닫는다.

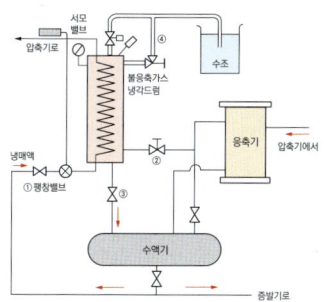

(1) 불응축가스 발생 원인

① 냉매 충전 시
② 윤활유 충전 시
③ 진공 시험 시(저압부 누설)
④ 오일포밍 현상의 발생, 오일 열화·탄화 시

(2) 불응축가스 영향

① 응축 압력, 토출 가스 온도상승 및 압축비, 소요동력 증대
② 응축능력, 성적계수, 냉동능력 감소
③ 냉매와 냉각관 열전달 저해
④ 암모니아 냉매 경우 폭발 위험
⑤ 실린더 과열로 오일 탄화 및 열화

7) 응축기 각종계산

(1) 응축기 방열량 (응축부하 : Qc) : 응축기에서 냉매가 물이나 공기를 통해서 방출시켜야 할 열량(KJ)

① Qc = Qe + Aw
② Qc = Qe×C [Qc : 응축부하(KJ), Qe : 냉동능력(KJ), Aw : 압축일량(KW), C : 방열계수(냉장·공조 : 1.2, 제빙·냉동 : 1.3)]
  ▶ 응축기 방출열량 (증발기 흡수열량의 1.2~1.3배[냉장·공조 : 1.2, 제빙·냉동 : 1.3]) = 증발기 흡수열량 + 압축열량
③ Qc = G(ib-ie)[G : 냉매순환량(kg/s), ib : 응축기 입구 냉매가스 엔탈피(KJ/kg), ie : 응축기 출구 냉매액 엔탈피(KJ/kg)]
④ Qc = W × C × Δt(수냉식의 경우) [W : 냉각수량(kg/s), C : 냉각수 비열(KJ/kg.℃), Δt : 냉각수 출·입구 온도차 : ℃)]
⑤ Qc = Qa×C×Δt(공냉식의 경우) = Qa×γ×C×Δt = Qa×1.2×1.01×Δt [Qa :냉각풍량(m³/s), C : 냉각수 비열(KJ/kg.°k), Δt : 냉각수 출.입구 온도차:℃), γ : 공기 비중량(1.2kg/m³), C : 공기 비열(1.01kJ/kg.°k), Δt : 냉각공기 출.입구 온도차:℃)]

(2) 응축기 열관류율

① 응축부하 계산식 : $Q_1 = K.F.\triangle tm$ 에서 Q_1는 K 에 비례, K 가 작아지면 열이동은 작아진다.
  ㉠ 냉각관 길이(L:m) : $Q_1 = K.F.\triangle tm$, $F = \pi.D.L$, $L = \dfrac{F}{\pi D}$ 여기서 F : 전열면적(m²), L : 냉각관 길이(m), D : 냉각관지름(m)
  ㉡ 응축온도(tc)
  $W \cdot C \cdot \Delta t = K.F.(tc - \dfrac{tw_1+tw_2}{2})$ 에서 $\therefore tc = \dfrac{W \cdot C \cdot \Delta t}{K \cdot F} + \dfrac{tw_1+tw_2}{2}$

  ㉢ 열통과율 K[W/m²K]

  $K = \dfrac{1}{\dfrac{1}{a_R} + \dfrac{l_1}{\lambda_1} + \dfrac{l_2}{\lambda_2} + \dfrac{l_3}{\lambda_3} + \dfrac{1}{a_W}}$

  $\begin{bmatrix} K : 열관류율(W/m^2°k) \\ a_R : 냉매측의\ 표면\ 열전달율(W/m^2°k) \\ a_W : 냉각수측의\ 표면\ 열전달율(W/m^2°k) \\ \lambda_1,\ \lambda_2,\ \lambda_3 : 유막,\ 관벽,\ 물때(scale)의\ 열전도도(W/m°k) \\ l_1,\ l_2,\ l_3 : 유막,\ 관벽,\ 물때의\ 두께(m) \end{bmatrix}$

② 대수평균 온도 :

$$\Delta m = \frac{\Delta_1 - \Delta_2}{\ln \frac{\Delta_1}{\Delta_2}} = \frac{\Delta_1 - \Delta_2}{2.3 \log \frac{\Delta_1}{\Delta_2}}$$ (Δ_1 : 응축온도-냉각수 입구온도, Δ_2 : 응축온도-냉각수 출구온도)

③ 산술평균 온도 :

$$응축온도 - \left(\frac{냉각수\ 입구온도 + 냉각수\ 출구온도}{2}\right) = \left(\frac{(응축온도 - 냉각수\ 입구온도) + (응축온도 - 냉각수\ 출구온도)}{2}\right)$$

필답 예상문제

01 다음은 응축기 종류 4가지를 서술하였다. 열통과율이 큰 순서대로 번호를 쓰시오.

■보기■
① 공냉식 응축기 ② 증발식 응축기
③ 횡형 셸엔 튜브식 응축기 ④ 입형 셸엔 튜브식 응축기

풀이

③ - ④ - ② - ①

02 다음은 냉동장치의 온도 관계에 관한 사항이다. 〈보기〉를 보고 옳은 사항 3가지를 찾아 그 번호를 쓰시오.

■보기■
① 응축온도는 냉각수 입구온도보다 높다.
② 응축온도는 압축기 토출가스온도와 항상 동일하다.
③ 압축기의 흡입가스 온도는 그의 압력에 있어서 증발온도와 같거나 또는 높다.
④ 수액기 출구의 냉매액은 항상 응축온도보다 낮다.
⑤ 응축온도와 팽창변 입구의 온도는 같다.
⑥ 팽창밸브 직후의 냉매온도는 증발온도와 같다.

풀이

①, ③, ⑥

03 대기 중의 습도가 냉매의 응축온도와 관계되는 응축기를 〈보기〉 중에서 찾아 2가지만 쓰시오.

■보기■
① 대기식 응축기
② 입형 또는 횡형 쉘엔 튜브식 응축기
③ 공냉식 응축기
④ 증발식 응축기

풀이

①, ④

04 다음은 냉각탑에 사용되는 부속장치를 설명하였다. 설명에 맞는 부속장치의 명령을 쓰시오.

냉각관에 산포되는 냉각수의 일부가 배기와 함께 밖으로 비산되는 것을 방지하며 냉각수 소비량을 최소화하기 위하여 배기 중에 설치한다.

풀이

엘리미네이터

05 아래에서 설명하고 있는 응축기의 종류를 1가지씩 쓰시오.

(1) 열 통과율이 가장 좋은 응축기
(2) 냉각수가 가장 적게 소요되는 응축기
(3) 대기의 습구온도에 영향을 받는 응축기

풀이

(1) 7통로식 응축기
(2) 증발식 응축기
(3) 대기식 응축기(증발식 응축기)

06 쿨링 렌지(Cooling range)와 쿨링 어프로치(Cooling approach)에 대하여 간단히 설명하시오.

> **풀이**
>
> – 쿨링 렌지 : 냉각탑의 냉각수 입구온도 – 냉각수 출구온도
> – 쿨링 어프로치 : 냉각탑의 냉각수 출구온도 – 입구공기의 습구온도

07 입형 쉘엔 튜브식 응축기의 설명 중 옳은 것을 2가지 찾아 쓰시오.

> ■보기■
>
> ① 냉각수의 현열을 이용한다.
> ② 냉매의 출구온도는 냉각수 출구온도와 동일하다.
> ③ 수액기와의 사이에는 반드시 적당한 균압관을 설치한다.
> ④ 응축기에서 방출하는 열량은 냉매가 증발기에서 흡수하는 열량과 같다.

> **풀이**
>
> ①, ③

08 다음은 수냉식 응축기를 사용한 냉동장치의 고압측 압력이 높아지는 원인이 되는 것을 3가지만 찾아 그 번호를 적으시오.

> ■보기■
>
> ① 응축기 내 불응축가스가 많다.
> ② 응축기용 냉각수의 수량은 변함없이 입구온도가 낮아졌다.
> ③ 장치 내 냉매량이 너무 많다.
> ④ 저압측 압력이 낮아졌다.
> ⑤ 응축기 냉각관에 스케일이 부착되었다.

> **풀이**
>
> ①, ③, ⑤

09 수냉식 응축기를 사용하고 있는 냉동장치에서 압축기의 운전상태는 이상이 없는데 고압이 상승된 경우 그 원인과 대책을 3가지씩 쓰시오.

(1) 원인
(2) 대책

> 풀이

(1) ① 냉각수량 부족 및 냉각수온 상승
　　② 불응축 가스의 혼입
　　③ 냉각관의 물 때 및 유막 과대
(2) ① 쿨링 타워(냉각탑) 및 냉각수 펌프의 점검
　　② 가스퍼져로 불응축가스를 배출한다.
　　③ 냉각관 청소 및 oil을 드레인시킨다.

10 다음은 냉각수를 절약하기 위하여 설치하는 응축기의 내부 구조도이다. 그림을 참고하여 아래 물음에 답하시오.

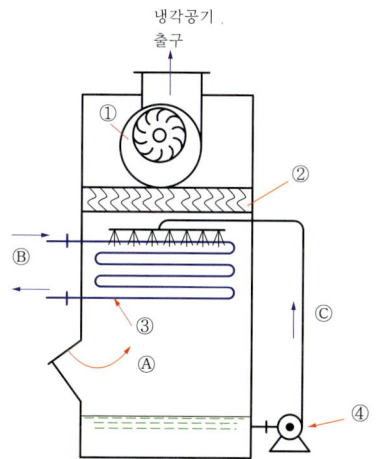

■보기■

| 필터 | 응축관 | 냉매 | 냉각수 | 증발관 | 송풍기 | 엘리미네이터 |
| 냉수 | 냉각수 펌프 | 냉수펌프 | 분사관 | 공기 |

(1) ①~④번의 명칭을 〈보기〉에서 찾아 쓰시오.
(2) ⓐ~ⓒ에 흐르는 유체를 〈보기〉에서 찾아 쓰시오.
(3) 그림의 형태를 갖는 장치의 명칭을 쓰시오.

🅑 풀이

(1) ① 송풍기, ② 엘리미네이터, ③ 응축관, ④ 냉각수 펌프
(2) ⓐ 공기, ⓑ 냉매, ⓒ 냉각수
(3) 증발식 응축기(Eva-Con)

11 다음에서 설명한 내용은 냉각탑에 사용되는 용어들에 대한 설명이다. 설명에 따른 용어를 〈보기〉에서 찾아 쓰시오.

■보기■

메이크업   캐리오버   블로우다운   프리퍼지

(1) 송풍기나 팬 등에 의해 밖으로 비산되는 수량
(2) 냉각수 중 불순물에 의해 생성된 고형물 등을 분출, 오버플로우시키는 수량
(3) 위 (1) 및 (2)에 의해 손실되는 수량만큼 보충시켜 주는 냉각수량

🅑 풀이

(1) 캐리오버
(2) 블로우다운
(3) 메이크업

12 다음은 냉각탑의 능력에 이용되는 공식이다. 무엇을 나타낸 것인지 쓰시오.

(1) 냉각탑의 냉각수 출구온도와 입구공기의 습구온도차
(2) 냉각탑의 입출구 온도차

🅑 풀이

(1) 쿨링 어프로치
(2) 쿨링 레인지

13 냉각관의 면적이 0.3m²이고 냉각수의 유속이 4m/s일 때 단위 시간당 통과하는 냉각수량은 몇 m³/h인가?

> **풀이**

$Q = A \cdot V$
$\quad = 0.3 \times 4 \times 3,600$
$\quad = 4,320 \, m^3/h$

14 입형 쉘엔 튜브식 응축기에서 튜브 내 냉각수가 흐를 때 냉각수가 관벽을 따라 흐르도록 하여 응축기의 유효전열 면적을 증대시켜 주는 장치를 무엇이라 하는가?

> **풀이**

스월(Swirl)

15 응축기 열통과율이 3150kJ/m²·h·°K이고, 냉매와 냉각수와의 온도차가 5℃, 냉각 면적이 1.2m²일 때 응축기에서 제거되는 열량(kJ/h)을 계산하시오.

> **풀이**

$Q_c = K \cdot F \cdot \triangle t_m = 3150 \times 1.2 \times 5 = 18900 \, kJ/h$

16 소요 냉각수량 120ℓ/min, 냉각수 입·출구 온도차가 6℃인 수냉식 응축기의 응축부하(kJ/h)는?

> **풀이**

$Q_c = W \cdot C \cdot \triangle t_m$
$\quad = 120 ℓ/min \times 1 kg/ℓ \times 60 min/h \times 4.186 kJ/kg \cdot ℃ \times 6℃ = 180835.2 \, kJ/h$

17 냉각탑의 급수량을 시간당 8850l로 하고, 파이프 내부에 흐르는 냉각수량의 유속은 1.7m/sec일 때 파이프의 지름(mm)은 얼마로 해야 하는가?

> **풀이**

$Q = A \cdot V$(연속의 정리) $= \dfrac{\pi}{4}D^2 \cdot V$

- Q : 유량(m^3/sec)
- A : 면적(m^2)
- V : 유속(m/sec)
- D : 관경(m)

$D = \sqrt{\dfrac{4 \times 8.85}{3.14 \times 1.7 \times 3600}} = 0.043m = 43mm$

18 응축부하가 37000kJ/h일 때 응축기의 전열면적이 20m^2, 냉각수 입구온도 24℃, 출구온도 30℃, 응축기의 전열계수가 2000kJ/m^2h℃일 때 응축온도는 몇 ℃인가?

> **풀이**

$Q_c = K \cdot F \cdot \left(t_c - \dfrac{t_{w1} + t_{w2}}{2}\right)$

$t_c = \dfrac{Q_c}{K \cdot F} + \dfrac{t_{w1} + t_{w2}}{2} = \left(\dfrac{3700}{3140 \times 20}\right) + \left(\dfrac{24 + 30}{2}\right) = 27.59℃$

19 다음의 p-h(모리엘) 선도에서 방열계수를 구하시오.

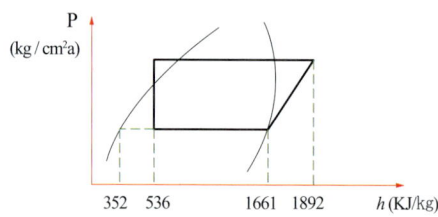

> **풀이**

방열계수 $= \dfrac{Q_c}{Q_e} = \dfrac{1892 - 536}{1661 - 536} = 1.21$

CHAPTER 06 팽창밸브(expansion valve)

1. 팽창밸브(expansion valve)

수액기 또는 응축기로부터 응축된 고온고압의 액냉매를 교축작용(throttling)에 의해 저온저압으로 단열팽창시켜 증발기로 보내고, 증발기 부하에 따라 유량 조절 기능

※ 교축작용 : 단열팽창으로 온도 및 압력이 강하하는 현상(엔탈피변화 없다(등엔탈피과정))
팽창밸브 용량결정 : 침변좌 (니들밸브 시트)의 오리피스(유로단면적이 좁아짐) 지름으로 표시
※ 팽창밸브 선정 시 고려 사항 : 냉동기 냉동능력, 사용냉매 종류, 증발기 형식 및 크기

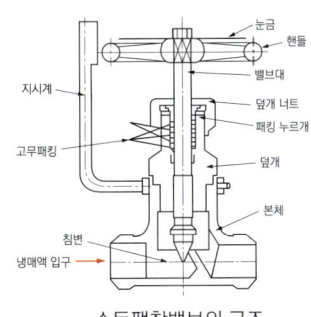

수동팽창밸브의 구조

1) 팽창밸브 종류(수동식, 자동식, 모세관식)

(1) 수동식 팽창밸브(manual expansion valve : MEV)
① 부하변동에 따른 수동조작용 ② 암모니아용(대형), 니들밸브로 구성 ③ 바이패스용으로 사용

※ 팽창밸브가 장치에 미치는 영향
① 팽창밸브를 과도하게 열었을 때
  ㉠ 냉매액이 많아져 액압축 우려
  ㉡ 저항 감소로 증발압력(저압)이 높아진다.
  ㉢ 증발온도 상승

② 팽창밸브를 너무 적게 열었을 때
  ㉠ 증발압력이 저하되고 증발온도 저하
  ㉡ 소요동력과 압축비 증가, 압축기 과열
  ㉢ 증발온도 상승
  ㉣ 오일의 탄화, 열화로 윤활불량, 토출가스 온도 상승

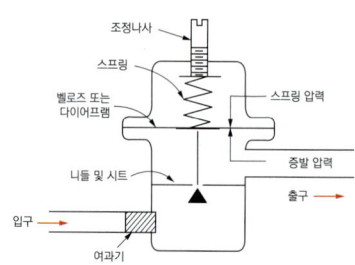

(2) 정압식 팽창밸브(automatic expansion valve : AEV)
① 벨로우즈에 의한 증발압력을 항상 일정하게 한다(증발기내 압력에 의해 작동).
② 증발온도가 일정한 냉장고와 같은 부하변동이 적은 소용량에 적합
③ 냉수, 브라인 동결방지용에 사용

(3) 온도식 자동팽창밸브(thermostatic expansion valve : TEV)

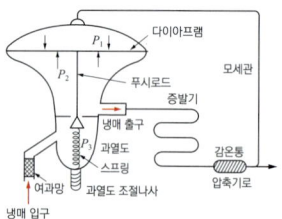

$\begin{cases} P_1 > P_2 + P_3 \rightarrow \text{밸브 열림} \\ P_1 \leq P_2 + P_3 \rightarrow \text{밸브 닫힘} \\ P_1 : \text{과열도에 의해 다이아프램에 전해지는 압력} \\ P_2 : \text{증발기내 냉매의 증발압력} \\ P_3 : \text{조절나사에 의한 스프링 압력} \end{cases}$

내부 균압형 T.E.V 작동원리

※ 작동
 · 부하 증가시→증발기 출구 냉매가스 온도 상승(과열도 상승)→감온통내 포화압력 상승→밸브의 개도가 증가한다→유량이 많아진다→과열도 상승을 방지한다.
 · 부하 감소시→증발기 출구 냉매가스 온도 저하(과열도 저하)→감온통내 포화압력 저하→밸브의 개도가 감소한다→유량이 적어진다→과열도 저하를 방지한다.

① 냉동부하에 따라 냉매량이 자동조절되는 구조(내부균압형, 외부균압형)
② 건식증발기 출구에 감온통 부착으로 증발기 출구온도 상승 시 유량 증가
  ▶ 내부균압형 : 증발기 입구와 출구의 차압으로 유량을 같게 하여 과열도(3~8[℃]) 조절(감온통내는 그 시스템에 사용하는 동일한 냉매사용)

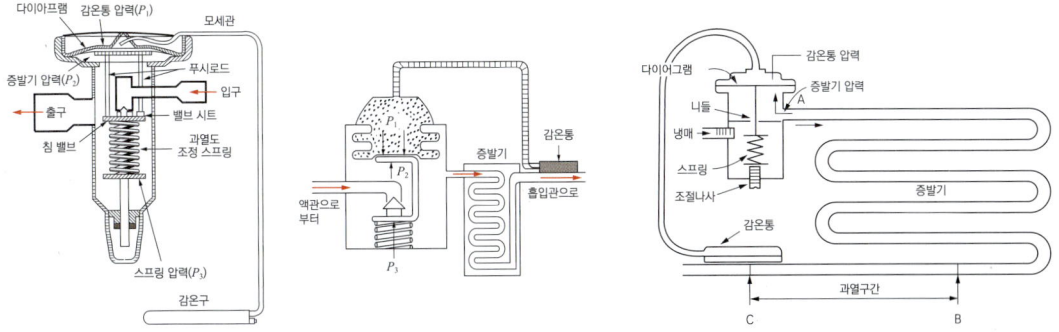

내부균압형 : 다이아프레임 T.E.V 구조

▶ 외부균압형 : 증발기 출구 압력을 튜브를 통해 팽창밸브에 연결하여 과열도 조절(증발기내 압력 강하가 클 때(0.14kg/cm² 이상) 사용)

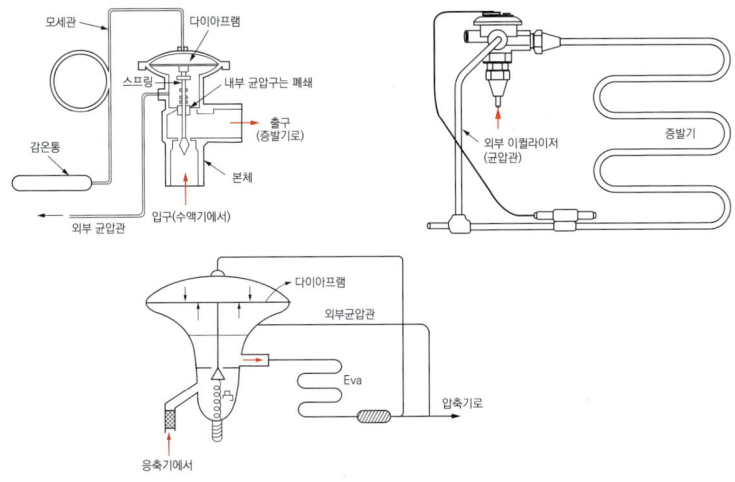

외부균압형 : 다이아프레임 T.E.V 구조

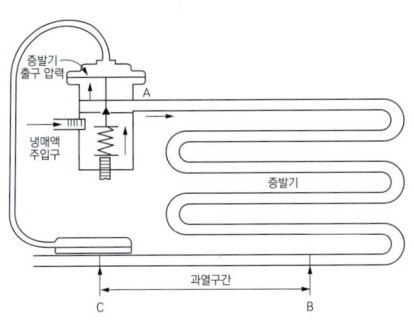

※ 균압관 : 응축기와 수액기를 연결하는 관으로 냉매순환을 좋게 한다.

※ 외부균압관설치
① 감온통을 지나 압축기 가까이 배관
② 관은 흡입관 상부에 연락(오일침입방지)
③ 냉매분배기(distributor)쓰는 경우 외부균압관 설치
④ 균압관을 공통관에 설치하지 말 것

※ 냉매 분배기(distributor) : 냉매를 균등하게 분배해주는 장치, 직접팽창 증발기에 사용, 팽창밸브
  와 증발기 입구 사이에 설치(종류 : 벤튜리형, 압력강하형, 원심형)

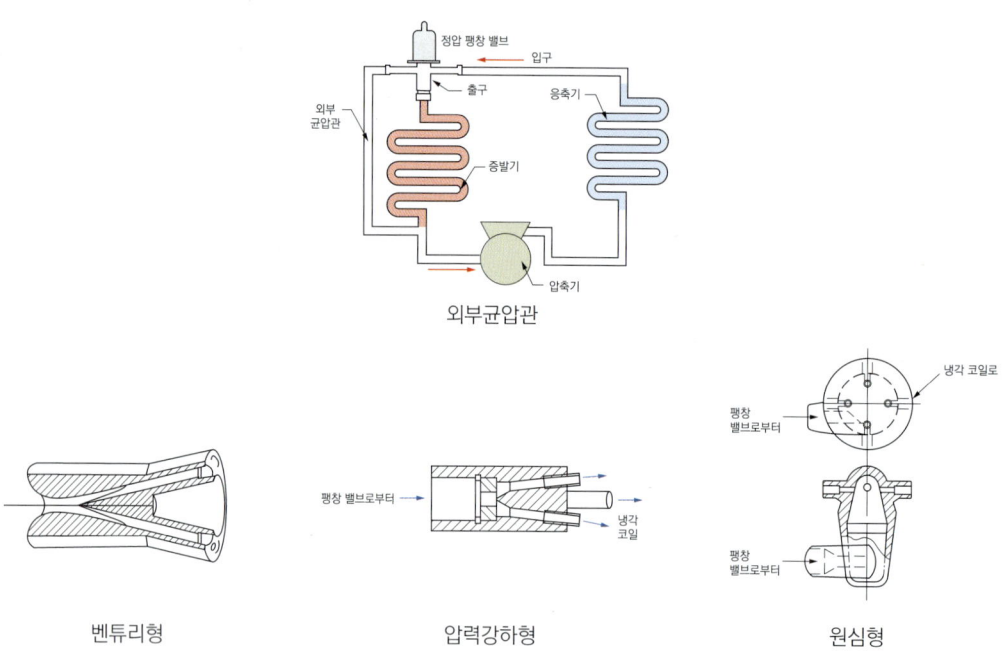

③ 감온통내 냉매충진에 따른 종류 : ㉠ 가스충전식 ㉡ 액충전식 ㉢ 크로스충전식
  ㉠ 가스충전식 : 냉동장치 냉매와 같은 가스를 충전하고, 과열도가 커져도 감온통속 가스만 과열될뿐
     압력상승이 적고, 액압축이 방지되고, 감온통은 밸브 온도보다 낮은 부분에 장착
  ㉡ 액충전식 : 냉동장치 냉매와 같은 액냉매를 충전하고, 과열도에 민감하여 압축기 기동 시 장시간
     부하 걸림
  ㉢ 크로스충전식 : 냉동장치 냉매와 다른 액 또는 가스냉매가 감온통에 충전되어 있고 기동 시 리퀴
     드백을 방지할 수 있고, 저온냉동장치에 적합

④ 소, 중형 건식 증발기에 사용

⑤ 흡입증기 과열도를 일정하게 유지한다.
   ※ 온도식 자동팽창밸브 작동 압력 : 증발기압력, 스프링압력, 감온통압력

※ 감온통 설치위치 (관내부 및 관외부에 설치(많이 사용))
   ① 증발기 출구측, 압축기 흡입관 수평부에 밀착 설치
   ② 흡입관 지름 7/8인치(20[mm]) 이하인 경우는 흡입관 상부에, 7/8인치(20[mm]) 이상은 수평에서 45° 아래로 장착
   ③ 감온통 접촉부는 잘 닦고 동선등으로 접촉.
   ④ 트랩이 없는 곳에 설치
   ⑤ 감온통이 공기에 영향을 받을때 방열재로 피복

※ 트랩을 설치하는 이유 : 흡입관이 입상하는 경우에 감온통 부분에 냉매액이나 오일이 고이지 않게 하기 위해

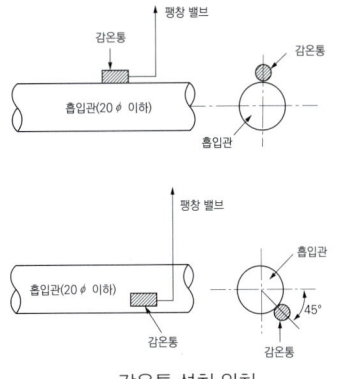

감온통 설치 위치

(4) 모세관식
   ① 모세관을 이용하기에 소형에 사용
   ② 냉매충전이 정확해야 되며, 건조기, 스트레이너 필요
   ③ 유량 조절밸브가 없어 냉매충전량이 정확해야 한다
   ④ 모세관 안지름이 크거나, 길이가 짧은 경우 : 냉매과량 순환, 액백 원인
   ⑤ 모세관 안지름이 작거나, 길이가 길 경우 : 냉동능력감소, 토출가스온도 상승
     ※ 모세관의 압력 강하 : 직경의 5승에 반비례, 길이에 비례하여 압력 강하가 커진다.

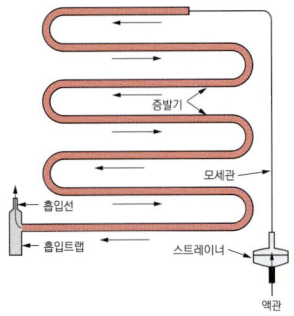

(5) 파일럿식 온도자동팽창밸브(pilot TEV)
① 파일럿은 증발기에서 나오는 냉매 과열도에 의해 작동하고, 이 작동에 의해 주 팽창밸브 개도
② 대용량 만액식 증발기에 사용

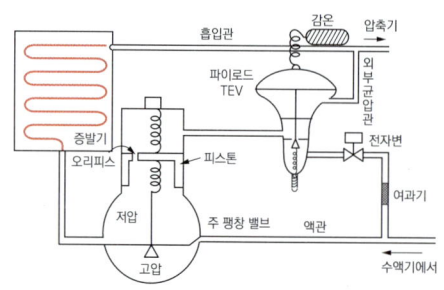

※ 작동
증발부하가 증가하면 감온통의 과열도가 증가하여 감온통내의 Gas가 팽창되므로 Pilot변의 다이아 프램에 압력이 가해지면 밸브가 열리고 이때 작용하는 고압이 주팽창밸브 Piston을 눌러 주 팽창변의 변좌도 열린다.
① 대용량(100~250RT)의 만액식에는 TEV의 다이아프램에 의한 유량 조절이 한계가 있으므로 파일롯트식을 사용한다.
② Pilot TEV의 개도에 비례하여 주 팽창밸브가 열린다.
③ 파일롯트 TEV전에 전자밸브와 여과기를 설치한다.
　㉠ 전자밸브 : 운전 시 열리고 정지 시 닫힌다.
　㉡ 여과기 : Pilot TEV나 주 팽창밸브의 소공(Bleeder hole : Oriffice) 폐쇄 방지

(6) 플로트 밸브(float valve) : 만액식증발기, 저압수액기 등의 액면제어에 쓰이며, 냉매 유량 제어
① 저압측부자(플로트)밸브 용도 : 증발기 속에서 일정한 액면을 유지하는 일(만액식증발기, 액펌프방식의 저압수액기에 사용)
② 고압측부자(플로트)밸브 용도 : 증발기 부하변동에 관계없이, 고압측 응축기나 수액기 액관에 설치되어 액면제어(만액식 증발기에 적당)

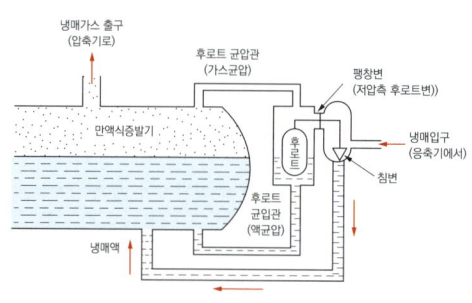
저압측 부자밸브 간접식

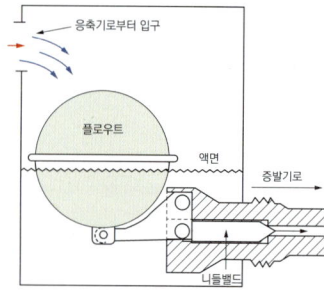
고압측 부자밸브

※ 에어 벤트(air-vent) : 플로트실 상부에 불응축 가스가 고이면 압력이 높아 플로트가 뜨지 않아 냉매 유입이 잘 안되므로 불응축 가스를 빠져나가게 (퍼지) 하기 위해 설치
※ 전자밸브(solenoid valve) : 전자코일에 흐르는 전류의 전자력에 의하여 개폐되는 밸브

7) **열전식 팽창밸브** : 한쪽은 구동원으로 바이메탈과 전열기가 조립된 바이메탈 부분과, 다른 한쪽은 니들밸브가 조립되어 있는 밸브 본체로 구성된 팽창밸브

8) **전자식 팽창밸브(EEV)** : 전자식(스텝 모타 방식)으로 동작하는 팽창밸브로서 온도 및 압력 센서에서 받은 신호를 설정온도에 맞게 조절기 및 드라이버를 통해 정밀제어를 하는 팽창밸브

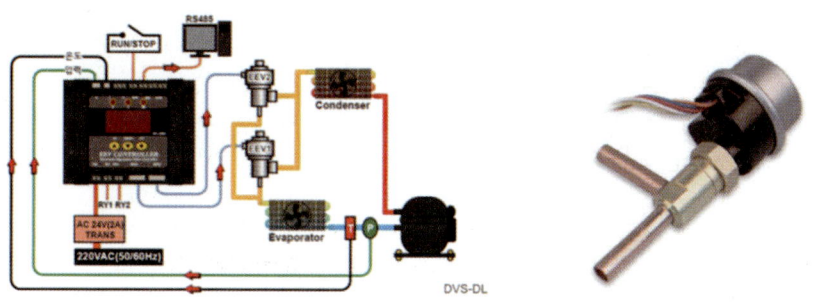

필답 예상문제

01 다음 물음에 답하시오.
  (1) 팽창밸브의 크기는 무엇으로 나타내는가?
  (2) 저압축 플로우트 밸브는 무엇에 의해 작동하는가?

풀이
(1) 침변좌의 어리피스 직경
(2) 증발시의 냉매액면

02 다음은 팽창밸브의 설명이다. ( ) 안에 적당한 명칭을 넣으시오.
  (1) 증발기 압력이 높아지면 스프링이 밀어올려져 변이 닫히고, 압력이 낮아지면 스프링이 줄어 변이 열리게 되어 항상 증발압력을 일정하게 유지하는 팽창변을 ( )이라 한다.
  (2) 증발기 출구 흡입관상에 감온통을 설치하여 냉매의 과열도를 감지하여 팽창변 개도를 조절하는 팽창변을 ( )이라 한다.

풀이
(1) 정압식 자동팽창밸브(AEV)
(2) 온도식 자동팽창밸브(TEV)

03 팽창변이 냉동용량에 비하여 너무 적을 경우 미치는 영향을 〈보기〉에 서술하였다. 바르지 못한 설명 3가지가 있다. 번호를 쓰시오.

■보기■
① 압축기 흡입가스과열   ② 냉매순환량 감소
③ 체적효율증대   ④ 소요동력증대
⑤ 증발압력상승   ⑥ 응축압력상승
⑦ 증발온도저하   ⑧ 리퀴드 백이 일어난다.

풀이
③, ⑤, ⑧

04 다음은 온도식 자동팽창밸브(T.E.V)에 관한 문제이다. 설명하는 내용을 읽고 물음에 답하시오.

■보기■

냉매분배기   AEV   같다   다르다   가스충전식   액충전식
토출관   흡입관   외부 균압관   내부 균압관   TEV

(1) 증발기 냉각관에서 압력강하가 0.014MPa 이상으로 심한 경우 (①)을 사용하면 감온통 부착지점의 과열도가 낮아져 팽창밸브가 닫히는 방향으로 작동하게 되므로 감온통 넘어 (②)에 (③)을 설치하여 강하된 압력을 다이어프램 하부에 유도하므로 압력강하의 영향을 해소시켜 준다.
(2) 감온통 내에 냉매충전시 가스충전식인 경우에는 장치 내의 냉매와 감온통 내의 냉매는 같은가? 다른가?
(3) 감온통 내의 냉매충전 방식 중에서 기동시 부하가 장시간 걸리는 방식은?
(4) 팽창밸브와 증발기 입구 사이에 설치하여 여러 증발기로의 냉매공급을 균등하게 하고 압력강하를 최소화하는 기기는?

풀이

(1) ① 내부 균압형 TEV
　　② 흡입관 상부
　　③ 외부 균압관
(2) 같다
(3) 액충전식
(4) 냉매분배기(Distributor)

05 수동팽창밸브가 과도하게 잠겼을 때 장치에 미치는 영향들을 기술하였다. 바르게 설명된 내용을 고르시오.(5가지)

■보기■

① 고압 상승, 저압저하　　② 응축온도, 증발온도 상승
③ 토출가스 온도 상승　　④ 압축기 흡입측 적상과대
⑤ 체적효율 증가　　　　⑥ 냉동능력 증가
⑦ 윤활유 열화 및 탄화　　⑧ 압축기 과열
⑨ 압축일량 증가　　　　⑩ 흡입가스 온도 저하

풀이

①, ③, ⑦, ⑧, ⑨

06 다음의 그림을 보고 온도식 자동팽창밸브(T.E.V)의 개폐에 작용하는 압력 3가지를 쓰시오.

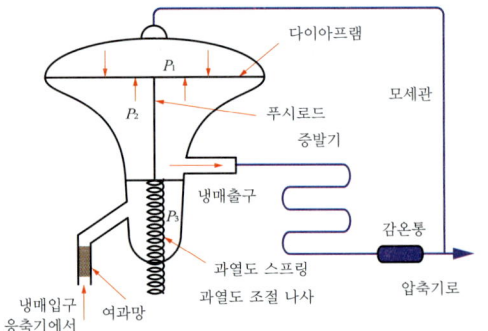

> **풀이**
> ① 감온통 내의 냉매 압력
> ② 증발기 내의 증발입력
> ③ 과열도 조절나사의 스프링압력

07 모세관 팽창밸브의 길이가 지나치게 길 때와 짧을 때 장치에 미치는 영향을 한 가지씩만 쓰시오.

> **풀이**
> ① 긴 경우 : 고압 상승, 저압저하로 순환냉매량 감소로 흡입가스가 과열된다.
> ② 짧은 경우 : 저압 상승과 과다한 냉매량이 순환되어 습압축을 초래한다.

08 증발기 출구 수평관(흡입관)에 감온통을 부착할 때 흡입관경이 20mm(7/8") 이하일 때는 관의 상부에 〈보기〉와 같이 설치한다. 흡입관경이 20mm(7/8") 이상일 때는 어떻게 설치해야 하는지 주어진 도면에 표시를 하시오.

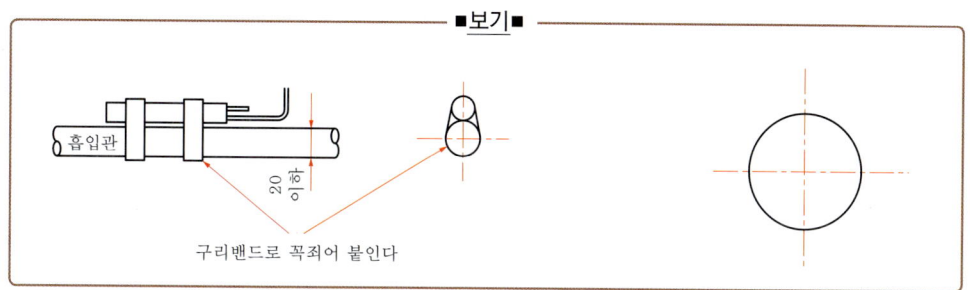

> 풀이

09 모세관을 팽창밸브로 사용할 경우 장·단점을 〈보기〉에서 각각 2가지씩을 고르시오.

■보기■
① 정지시 고·저압이 밸런스되어 압축기 기동시 경부하 기동이 가능하다.
② 구조는 간단하나 고장이 자주 일어난다.
③ 대용량에는 부적합하다.
④ 부하에 대응하여 유량제어가 가능하다.,
⑤ 이물질과 수분의 동결로 인한 밸브폐쇄가 우려되므로 스트레이너와 드라이어를 반드시 설치해야 한다.
⑥ 가격이 저렴하다.

> 풀이

- 장점 : ①, ⑥
- 단점 : ③, ⑤

10 온도 자동팽창밸브의 내부 균압형 구조도를 보고 증발기 내의 역량이 감소할 경우 이 팽창밸브의 작용을 설명하였다. ( ) 안의 적당한 말을 골라 올바른 문장을 완성하시오.

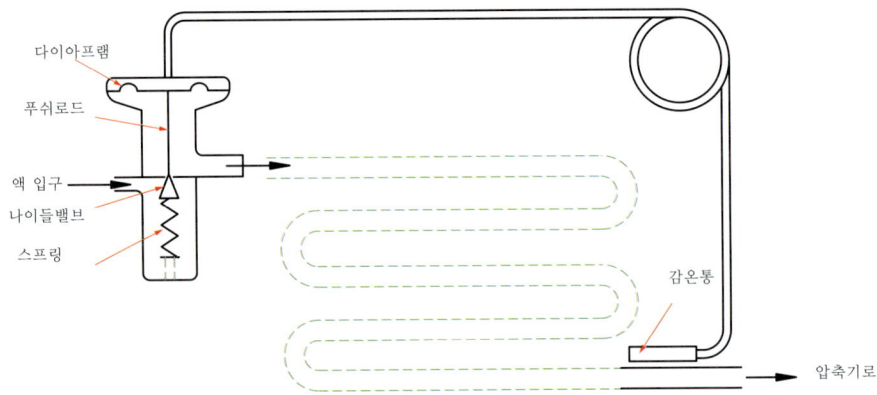

증발기의 액냉매량이 감소하면 과열증기 부분이 길어져 과열도가 (① 커진다 / ② 작아진다) 따라서 감온통 압력이 (③ 상승 / ④ 지하)하여 팽창밸브의 개도가 (⑤ 커져 / ⑥ 작아져)서 증발기로 가는 냉매량이 (⑦ 증가 / ⑧ 감소)한다.

풀이

①, ③, ⑤, ⑦

11 다음은 어떤 팽창밸브의 설명인가?

■보기■
① 부하변동에 관계없이 작동되므로 만액식 증발기에 사용된다.
② 고압측 액면이 높아지면 밸브가 열려 증발기로 냉매공급을 한다.
③ 플로우트실 상부의 압력이 높아지먄 플로우트가 뜨지 않아 냉매의 유입이 힘들어지므로 에어벤(air vent tube)를 설치해야 한다.
④ 고압측 냉매량의 높이를 일정히 유지하며 고압측 액면에 의해 작동된다.

풀이

고압측 플로우트 밸브

12 프레온계 냉매를 사용하는 냉동장치에서 열교환기를 부착하는 가장 중요한 이유 3가지를 기술하였다. 내용 중에 있는 ( ) 안의 적당한 말을 쓰시오.

(1) 고온·고압액을 (①)시켜 (②)의 발생을 방지하여 냉동효과를 증대시킨다.
(2) 흡입가스를 (③)시켜 (④)을 방지하고 성적계수를 향상시킨다.
(3) 만액식 증발기에서는 (⑤)의 회수를 용이하게 하기 위해 사용한다.

> **풀이**
>
> ① 과냉각
> ② 플레쉬 가스
> ③ 과열
> ④ 액압축(liquid back)
> ⑤ 오일

13 어느 냉동공장에서 수액기를 수리하기 위해 내용적이 3m³인 수액기에 냉매액이 70% 들어있다. 수액기의 액을 내용적이 94*l*인 용기에 모두 충전하려 한다. 용기는 몇 개가 필요한가? (단, 액냉매의 비중은 1.2이고 충전상수는 0.86이다)

> **풀이**
>
> – 수액기 내의 실제 액냉매량(kg) = 3(m³) × 1000(l/m³) × 1.2(kg/l) × 0.7 = 2520kg
> – 용기 1개의 최대 냉매 충전량 $G(kg) = \dfrac{V}{C}$ 에서 $G = \dfrac{94}{0.86}$ = 109.3kg
> – 필요한 용기 = 2520 ÷ 109.3 = 23.056 ≒ 24(개)

14 다음의 〈보기〉는 TEV 감온통의 냉매충전방식의 특징을 설명한 것이다. 충전방식을 보기에서 고르시오.

> ■보기■
> ① 충전냉매는 동일냉매이며 과열도가 일정한 한계를 넘으면 감온통 내의 냉매가 모두 가스가 되어 감온통 최고 작동압력을 한정시킨다.
> ② 대용량이나 부하 변동이 심한 장치에 적당하나 기동시 장시간 부하가 걸린다.
> ③ 정지시 팽창변이 닫히므로 팽창밸브 전에 전자변 설치가 불필요하다.
> ④ 충전냉매는 동일냉매이며 어떠한 경우라도 감온통 내의 액이 남아있도록 충전하며 부하에 의해 냉매유량을 조절할 수 있으나 과부하 운전의 염려가 있다.
> ⑤ 과열도 제어가 한정되어 있으므로 부하변동이 심한 장치에 부적당하다.
> ⑥ 충전되는 냉매는 장치냉매와 다르다.
> ⑦ 증발온도가 높을 때는 과열도가 커야만 열리고 증발온도가 낮을 때는 과열도가 적어도 열려 주로 저온용에 사용된다.

(1) 가스 충전식(2가지) :

(2) 액 충전식(2가지) :

(3) 크로스 충전식(3가지) :

풀이

(1) ①, ⑤
(2) ②, ④
(3) ③, ⑥, ⑦

CHAPTER 07 증발기

팽창밸브를 통해서 나온 저온저압의 냉매액이 피냉동물체로부터 증발잠열을 흡수하여 냉동목적을 달성하는 열흡수장치(열교환기)

1. 냉매상태에 따른 분류

1) 건식증발기

① 증발기 내 냉매액이(25%), 냉매가스가(75%)로 증발기 상부에서 하부로 열교환
② 전열작용이 없는 냉매 가스가 많아(75[%]) 전열이 불량하다(공기 냉각용)
③ 부하조절 및 오일 회수가 용이하여 유회수장치가 필요 없다.
④ 냉매액의 순환량이 적어 액분리기가 필요하다.
⑤ 소형프레온용, 공기냉각용에 사용
⑥ 팽창 밸브 형식은 자동온도식, 정압식, 모세관 등을 사용

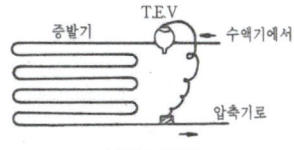

건식 증발기

2) 반만액(습식)식 증발기

① 냉매액(50%), 냉매가스(50%)로 증발기 하부에서 상부로 열교환
② 건식에 비해 냉매량이 많고 전열이 양호
③ 프레온 냉매 사용시 냉각관에 오일이 체류할 수 있으므로 유회수에 유의한다.
④ NH_3 냉동장치의 직접 팽창식에 많이 사용

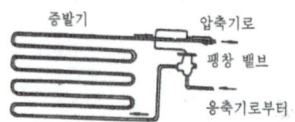

3) 만액식 증발기

① 냉매액(75%), 냉매가스(25%)로 증발기 하부에서 상부로 열교환
② 증발기내 액이 충만되어 전열작용이 양호
③ 리퀴드백 방지를 위해 액분리기(accumulator) 설치(프레온 냉동장치 열교환 능력이 충분시 액분리기 생략 가능)
④ 액체 냉각용
⑤ 팽창 밸브 형식은 저압식 플로트 팽창 밸브(증발기와 통해 있는 플로트 실내의 부자의 위치에 의해 만액식 증발기 또는 수액기 내의 냉매 액면을 검지하여 부하에 알맞은 공급 냉매의 유량 제어)

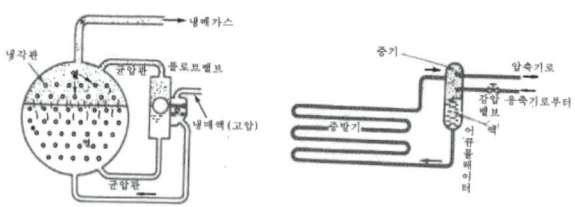

(1) 만액식 증발기에서 냉매측의 전열을 좋게 하는 방법

① 관이 냉매액과 접촉하거나 잠겨 있을 것
② 관경이 작고 관 간격이 좁을 것
③ 관면이 거칠거나 핀을 부착할 것
④ 평균 온도차가 크고 유속이 적당히 클 것
⑤ 오일이 체류하지 않을 것

(2) 유체(피냉각물체)측의 전열을 좋게 하는 방법

① 관 표면이 항상 액으로 잠겨 있을 것
② 관경이 작고 유속은 적당히 클 것
③ 점도가 낮고 난류일 것
④ 냉각관 표면에서 증발한 증기가 신속하게 제거될 것

4) 액순환식 증발기

① 냉매액(80%), 가스 (20%)로 냉매액이 펌프로 순환
② 펌프는 저압수액기와 증발기 입구 사이에 설치
③ 증발기가 여러 대라도 팽창밸브는 하나면 된다.
④ 전열이 좋고, 대용량에 적합하며, 급속 동결용

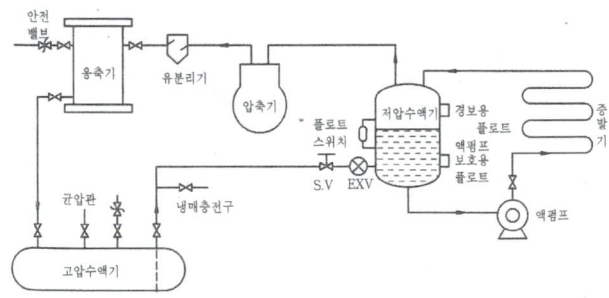

(1) 액순환방식의 장점

① 액백(liquid back)이 일어나지 않는다.
② 제상(defrost)의 자동화가 가능하다.
③ 열전달율이 크다(kcal/m^{2}h℃).
④ 대용량에서 효율이 좋다

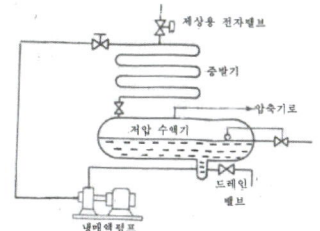

(2) 액 펌프의 설치시 유의점

① 액 펌프는 저압 수액기의 하부에 설치한다.
② 흡입배관의 저항을 줄이기 위하여 지름이 큰 관을 사용한다.
③ 흡입배관 중 녹, 먼지 등 이물의 침입을 막는다.
④ 저압수액기와 1.2~1.5[m] 정도의 낮게 설치하여 공동현상을 방지한다.

2. 용도에 의한 분류

1) 액체냉각용

(1) 만액식 셸 앤 튜브식 증발기

셸내 냉매, 튜브내 브라인이 열교환(암모니아용 : 냉장, 제빙, 화학공업의 브라인 냉각냉방의 냉수용, 프레온용 : 공기조화장치, 화학공업, 식품공학의 물. 브라인의 냉각기로 사용)

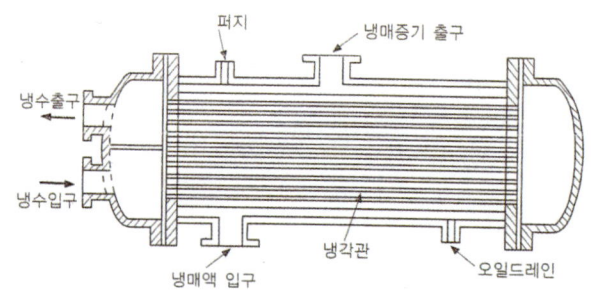

① 암모니아 증발기(냉각기) 특징
  - 냉장용, 제빙용, 화학공업용의 브라인 냉각냉방의 냉수용에 사용된다.
  - 열전달률이 양호하다.
  - 셸(shell) 내는 냉매, 튜브 내는 브라인 냉매가 흐른다.
  - 사용되는 팽창 밸브는 플로트 밸브이다.

② 프레온 증발기(냉각기) 특징
  - 공기조화장치, 화학공업, 식품공업 등에서 물, 브라인의 냉각기로 사용된다.
  - 냉매측에 핀(pin)을 부착하여 전열률을 상승시켰다.
  - 열교환기를 설치하여 냉매의 과냉각 및 리퀴드 백(liquid back)을 방지한다.
  - 오일 회수장치가 필요하다.
  - 셸(shell) 내에는 냉매가 튜브 내는 브라인 냉매가 흐른다.
  - 팽창 밸브로는 플로트 밸브가 사용된다.

(2) 식 셸 앤 튜브식 증발기

셸내 브라인, 튜브내 냉매가 열교환(프레온 공기조화용 칠링유닛에 사용)

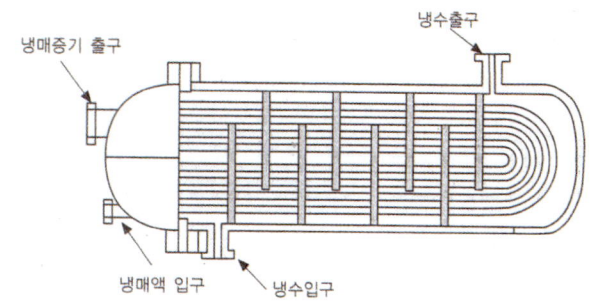

① 동파방지 대책
- 증발압력조정밸브(E.P.R)를 설치한다.
- 동결방지용 T.C 설치, 단수릴레이 설치
- 브라인에 부동액 첨가 사용
- 냉수 순환펌프와 압축기를 인터록시킨다.

② 열교환기 설치 목적
- 액압축 방지
- 고압액을 과냉각시켜 성적계수 향상
- 흡입가스를 과열시켜 냉동 능력 증대
- 오일의 회수를 용이하게 한다.

(3) 셸 엔 코일식 증발기

코일내 냉매, 셸내 브라인이 흐른다, 열통과율이 나쁘며 주로 프레온 소형 냉동장치에 사용 (음료수 냉각용, 공기조화장치용)

(4) 보데로 증발기

코일내 냉매, 셸내 브라인이 흐른다(대기식 응축기와 비슷), 냉각관이 스테인리스로 제작되어 위생적이고 청소가 용이하다. 물, 우유 등 냉각용으로 2~3℃ 온도 유지

(5) 탱크형(헤링본)

상부에 가스 헤더 하부에 액 헤더가 있다, 주로 암모니아용 제빙장치, 액순환이 용이하여 기액 분리 쉽고, 주로 플루트 팽창 밸브를 사용하여 다수의 냉각관을 붙여 만액식으로 전열이 양호하다.

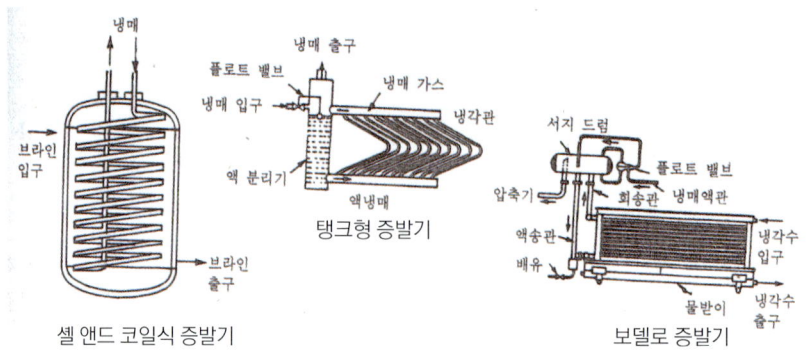

셀 앤드 코일식 증발기 　　　탱크형 증발기 　　　보델로 증발기

2) 공기냉각용

(1) 관코일 증발기
냉장고, 쇼케이스 등 천장, 바닥, 벽 등에 사용

(2) 판형 증발기
알루미늄이나 스테인리스판 2장을 압접하여 그 사이 통로에 냉매가 흐르도록 한 구조로 가정용 냉장고, 쇼케이스 등

(3) 캐스케이드 증발기
코일내 냉매, 외측에 공기가 흐르며 플루트식 팽창변을 많이 사용. 냉매액을 냉각관 내에 순차적으로 순환시켜 도중에 증발된 냉매가스를 분리하면서 냉각한다. 액냉매 순환과정이 액헤더 → 가스헤더 → 냉각관 → 액유입관 순의 흡입되는 형식으로 공기 동결용 선반 및 벽코일로 제작 사용한다.

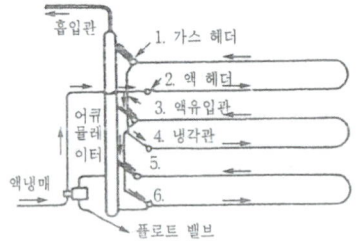

냉매 순환 순서 : 2 → 1 → 4 → 3 → 6 → 5
[가스헤더:1, 3, 5 액헤더 : 2, 4, 6]

캐스케이드 증발기

3) 팽창방식에 따른 분류

(1) 직접 팽창식
냉동공간에 냉각관을 설치하여 냉매를 직접 흐르게 하여 냉매의 잠열로서 열을 흡수하여 냉각하는 냉동방식

① 장점
- 동일한 냉동효과를 유지하기 위한 냉매의 증발온도가 높다.
- 시설이 간편하다.
- 소요동력과 냉매 순환량이 적게 든다.

② 단점
- 냉매 누설에 의한 냉장품의 손상을 가져온다.
- 냉장실이 여러 개인 경우 팽창 밸브의 설치 개수가 많아진다.
- 압축기 정지와 동시에 냉장실 온도가 상승한다.
- 능률적인 냉동기 운전이 곤란하다.

(2) 간접 팽창식(브라인씩)
브라인식이라 하며 냉매에 의하여 냉각된 브라인이 다시 피냉동물체로부터 감열(현열) 형태로 열을 흡수하는 냉동방식(냉각된 브라인이 통하는 냉각 코일을 냉각기, 증발기 속의 냉매를 1차 냉매, 냉각기 속의 냉매를 2차 냉매)

① 장점
- 냉매 누설에 의한 냉장품 손실이 적다.
- 냉장실이 여러 개일 경우에도 효율적인 운전이 가능하다.
- 운전이 정지되더라도 온도 상승이 느리다.

② 단점
- 설비가 복잡하고 설치비가 많이 든다.
- 소요동력이 크다.
- 유지비가 많이 든다.

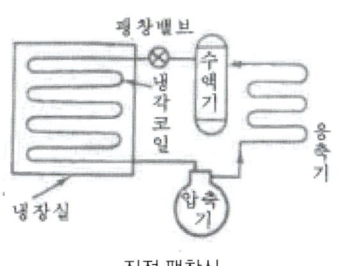

직접 팽창식

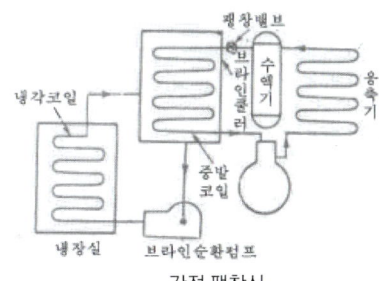

간접 팽창식

4) 제상장치

증발기 코일 표면 온도가 0[℃] 이하가 되면 공기 중의 습기가 서리로 되어 냉각관 표면에 부착하는 현상을 적상이라 함. 적상을 일정한 시간을 두고 제거하는 작업을 제상이라 함.

(1) 적상시 증발기에 미치는 영향
① 공기 흐름이 저해된다.
② 전열작용이 불량해진다.
③ 냉동효과가 감소된다.
④ 소요동력이 증대된다.
⑤ 습압축의 우려가 있다(리퀴드백 발생).
⑥ 증발압력 저하
⑦ 토출가스 온도 상승
⑧ 압축비의 상승

(2) 제상방법
제상은 냉장실 온도상승, 열손실, 설비비, 보수 등을 고려하여 가능한 한 단시간 내에 가장 적절한 제상을 할 수 있는 방법 선택
※ 제상종류 : 고압(핫)가스 제상, 전열식 제상, 브라인(부동액) 살포 제상, 온수살포 제상, 압축기 정지 제상 등

5) 증발압력 저하 원인
① 팽창 밸브의 개도 과소로 냉매 부족
② 증발기 냉각관에 유막 및 적상이 끼여 열교환이 불량
③ 냉매 충전량 부족
④ 액관에 플래시 가스 발생
⑤ 팽창 밸브, 여과망, 제습기 등 막힘
⑥ 부하 감소

6) 증발압력 저하시 영향
① 흡입 가스의 과열
② 토출 가스 온도 상승
③ 실린더 과열로 오일의 탄화 및 열화
④ 윤활유 불량으로 활동부 마모
⑤ 압축비, 소요동력 증가
⑥ 체적 효율, 냉매 순환량, 냉동 능력감소

(1) 유닛쿨러(Unit Cooler)

송풍팬과 강제통풍형의 냉각코일을 하나로 구성한 장치. 냉각 코일에서 냉각한 공기를 송풍팬으로 실내에 순환시킨다. 필요에 따라 가습이나 가열의 설비, 에어필터를 붙인다. 통상은 직접 팽창식이지만, 대규모인 설비에서는 브라인 순환의 간접식을 사용하는 수가 있다.

① 기능 : 증발기 자체만을 말하기보다는 증발기, 팽창 밸브, 팬, 제상장치, 드레인장치 등이 하나의 유닛으로 구성되어 냉동,냉장 장치의 창고에 사용(강제대류식 핀타입 증발기)
② 사용냉매의 종류 : 프레온 계열 냉매(R-22, R-404A, R-407C 등)
③ 용도 : 공기조화용, 냉각,냉장용
④ 형식 : 바닥형, 천장형

(2) 추기회수장치

증발기 내부를 진공으로 만들어 증발이 잘 되게 하는 역할

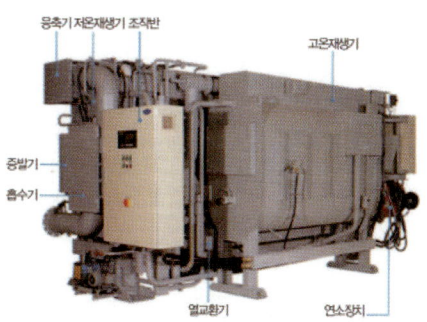

7) 증발기 냉동능력 계산

(1) 냉동능력 : 증발기에서 냉매가 피냉각 물체로부터 흡수하는 열량을 양적으로 나타낸 것(KJ/s).

① Qe = Qc − Aw

② Qe = $\dfrac{Qc}{C}$

[Qe : 냉동능력(KJ), Qc : 응축부하(KJ), Aw : 압축일량(KW), C : 방열계수(냉장.공조:1.2, 제빙.냉동:1.3)]

③ Qe = W × C × Δt

[W : 피냉각 유체의 유량(kg/s), C : 피냉각 유체의 비열(KJ/kg.℃), Δt : 증발기 유체의 입출구 온도차:℃)]

④ $Qe = K.F.\triangle tm = K.F.(\dfrac{t_1+t_2}{2}) - te$

[K : 열통과율($W/m^{2}\cdot k$), F : 전열면적(m^2), $\triangle tm$: 평균온도차(℃), t_1 : 유체입구온도, t_2 : 유체출구온도, te : 증발온도(℃)]

⑤ $Qe = G \times q_2 = G \times (ia - ie) = \dfrac{Va}{v} \times \eta v \times (ia - ie)$

⑥ $RT = \dfrac{G \times q_2}{13890.83} = \dfrac{Va \cdot (ia - ie)}{13890.83 \cdot v} \times \eta v$

[G : 냉매순환량(kg/s), ia : 증발기 출구 엔탈피(KJ/kg), ie : 증발기 입구 엔탈피(KJ/kg), q_2 : 냉동효과(KJ/kg), v : 압축기 흡입가스 비체적(m³/kg), Va : 압축기 피스톤 압출량(m³/h), ηv : 체적효율]

필답 예상문제

01 다음은 증발기에 대한 설명이다. ( ) 안에 적당한 말을 넣으시오.

팽창밸브에서 (①)된 저온·저압의 냉매액이 피냉각물체로부터 열을 흡수하여 냉매액이 (②)함으로써 실제 냉동목적을 이루는 열교환기의 일종이다.

풀이

① 교축 팽창
② 증발

02 다음 문장 중 ( ) 안에 적당한 말을 채우시오.

Freon 냉동장치에서 압축기 흡입관은 (①) 및 (②)를 증발기에서 압축기로 들어가게 하는 역할을 한다. 그리고 흡입관의 (③) 또는 (④)이 일시에 압축기로 들어오는 것을 액압축이라 하며 이는 변이나 축수를 손상시키므로 방지하지 않으면 안된다.

풀이

① 냉매가스
② 오일(oil)
③ 냉매액
④ 오일(oil)

03 다음 문장 중 ( ) 안에 적당한 용어를 〈보기〉에서 찾아 쓰시오.

━━■보기■━━
냉매액   냉동능력   오일   유속   압력손실   상승   저하   응축능력

압축기 흡입관의 입상부에 있어서 냉매가스의 (①)이 충분치 못하면 (②)이 입상관 하부에 고인다. 또한 (③)을 크게 하면 (④)이 커져 압축기 흡입가스의 포화온도가 증발기 내 온도보다 (⑤)하므로 냉동기의 (⑥)은 그만큼 저하한다.

풀이

① 유속
② 오일
③ 유속
④ 압력손실
⑤ 저하
⑥ 냉동능력

04 아래 도면은 관 코일식 증발기이다. 물음에 답하시오.

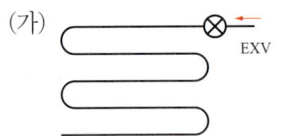 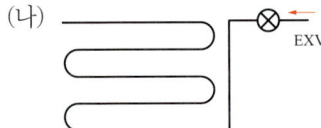

(1) 냉매 상태에 따라 어떤 증발기인가?
 (가)
 (나)
(2) 냉매의 공급방식은?
 (가)
 (나)
(3) 위의 도면상 전열효율이 좋은 것은?

풀이

(1) (가) 건식
 (나) 반 만액식(만액식)(습식)
(2) (가) 위에서 아래로 공급하는 방식(down feed 방식)
 (나) 아래에서 위로 공급하는 방식(up feed 방식)
(3) (나)

05 만액식 증발기에서 냉매와 유체의 열전달을 좋게 하는 방법을 보기에서 찾아 그 번호를 쓰시오.

■보기■
① 관이 냉매액에 잠겨 있을 것
② 관면에 요철부가 없이 매끈할 것
③ 관경이 작고 관간격은 넓을 것
④ 평균 온도차가 클 것
⑤ 점도가 낮고 유속은 적당히 클 것

📖/풀이

①, ④, ⑤

06 다음은 증발기에 대한 설명이다. 맞는 것을 3가지 찾아 번호를 쓰시오.

■보기■
① 증발기는 휜(Fin)수가 많으면 전열이 좋아진다.
② 건식 증발기는 만액식 증발기보다 냉매가스가 많다.
③ 보데로형 증발기는 농장에서 많이 사용된다.
④ 증발기에는 액분리가 꼭 필요하다.
⑤ 증발기는 숨은 열에 의해 냉매가 증발한다.

📖/풀이

①, ③, ⑤

07 다음 설명에 적당한 증발기의 명칭을 적으시오.
　(1) 대기식 응축기와 구조가 비슷하여 냉각관 청소가 용이하며 식품공업이나 물이나 우유 냉각에 많이 쓰이는 증발기는?
　(2) 교반기를 사용하여 브라인의 열전달을 양호하게 하며 좀 NH_3 제빙장치에 많이 이용되는 증발기 형식은?
　(3) 가정용 냉장고나 쇼케이스 등의 냉각관용 또는 급속동결장치에도 사용되는 증발기는?

📖/풀이

(1) 보데로 증발기
(2) 탱크형(헤링본식) 증발기
(3) 판형 증발기

08 다음은 증발기의 용도에 따른 종류이다. 액체냉각용과 공기냉각용을 각각 구분하여 번호를 쓰시오.

■보기■
① 카스케이트 증발기　　② 보우데로 증발기
③ 판형 증발기　　　　　④ 만액식 증발기
⑤ 헤링본식 증발기　　　⑥ 관 코일 증발기

(1) 액체 냉각용 증발기(3가지) :
(2) 공기 냉각용 증발기(3가지) :

📖 **풀이**

(1) ②, ④, ⑤
(2) ①, ③, ⑥

09 일반적인 제상방법 5가지를 쓰시오.

📖 **풀이**

① 압축기 정지 제상
② 온 공기 제상
③ 전열 제상
④ 살수식 제상
⑤ 브라인 분무 제상
⑥ 온 브라인 제상
⑦ 고압가스 제상

10 냉동장치 운전 중 냉동능력이 감소하는 원인 3가지를 〈보기〉에서 찾아 쓰시오.

■보기■
① 불응축 가스 혼입시　　　　　② 증발압력 상승시
③ 증발기의 적상 및 유막 과대시　④ 응축 압력 저하시
⑤ 응축기 냉각수온 상승시

📖 **풀이**

①, ③, ⑤

11 다음 도면은 카스케이트 증발기를 나타낸 것이다. 아래 물음에 답하시오.

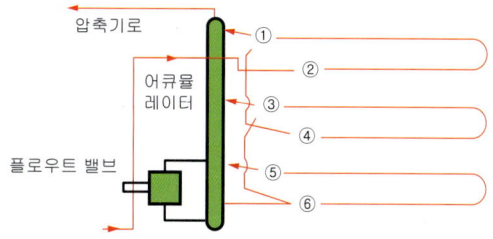

코일(Coil) ①~⑥ 중 액관과 가스관을 구분하여 번호를 쓰시오.

풀이

- 액관 : ②, ④, ⑥
- 가스관 : ①, ③, ⑤

12 다음은 증발기가 1대인 경우의 제상장치이다. 아래 〈보기〉를 보고 제상순서를 번호대로 나열하시오.

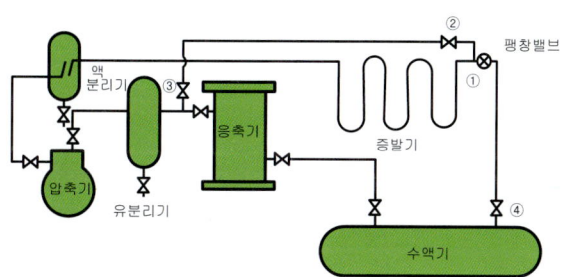

■보기■

(1) 고압가스변 ②, ③을 열어 고압가스를 증발기로 유입시킨다.
(2) ②, ③을 닫는다.
(3) ④을 닫고 ①을 닫는다.
(4) ④ 및 ①을 연다.

풀이

(3)-(1)-(2)-(4)

13 다음의 냉동기와 관계가 깊은 것을 보기에서 찾아 번호를 ( ) 안에 쓰시오.

■보기■
① 압축기와 응축기 사이에 설치 ② 수액기
③ 냉매 충전 ④ 온도식 자동팽창밸브
⑤ 흡수식 냉동기 ⑥ 냉매의 역순환
⑦ 냉매 누설 검지 ⑧ 냉매의 한쪽 방향으로만 통과

(1) 발생기 - ( )

(2) 유분리기 - ( )

(3) 체크 밸브 - ( )

(4) 액면계 - ( )

(5) 4방 밸브 - ( )

(6) 감온통 - ( )

(7) 헬라이드 토오치 - ( )

(8) 매니폴드게이지 - ( )

풀이

(1) ⑤
(2) ①
(3) ⑧
(4) ②
(5) ⑥
(6) ④
(7) ⑦
(8) ③

14 직접 팽창식과 간접 팽창식(브라인식)을 비교한 도표이다. 빈칸을 적당한 단어로 채우시오.

동일한 실온을 얻는데	직접 팽창식	간접 팽창식
1. 냉매의 증발온도(낮다. 높다)	높다	낮다
2. 소요동력(적다, 많다)	(①)	(②)
3. 설비의 복잡성(간단, 복잡)	(③)	(④)
4. 냉매 순환량(적다, 많다)	(⑤)	(⑥)
5. 냉매 충전량(적다, 많다)	(⑦)	(⑧)

풀이

① 적다　　② 많다
③ 간단　　④ 복잡
⑤ 적다　　⑥ 많다
⑦ 많다　　⑧ 적다

15 건식증발기를 사용한 공기 냉각장치에서 증발기로의 냉매공급을 골고루 충분히 하여 냉각효과를 증대시키기 위해 설치하는 장치의 명칭을 쓰시오.

풀이

분배기(Distributor)

16 액체 냉각용 냉동장치에서 브라인의 동결을 방지하기 위한 대책 3가지를 〈보기〉에서 찾아 번호를 쓰시오.

■보기■
① 증발압력 조정변(EPR) 설치
② 과부하 릴레이 설치
③ 동결 방지용 T.C.를 설치
④ 냉각수 순환펌프와 압축기를 인터록시킨다.
⑤ 단수 릴레이 설치
⑥ 흡입 압력 조정변(SPR) 설치

풀이

①, ③, ⑤

17 어느 냉동장치의 증발온도 -20℃, 피냉각물체의 입구온도 20℃, 출구의 온도 -10℃일 때 이 증발기에서의 산술 평균 온도차($\triangle t_m$)는?

> **풀이**
>
> $\triangle t_m = \dfrac{t_1 + t_2}{2} - t_e = \dfrac{20 + (-10)}{2} - (-20) = 25℃$

18 다음은 냉동장치의 p-i선도이다. 아래의 선도를 참고하여 이 냉동장치의 냉동효과를 구하시오.

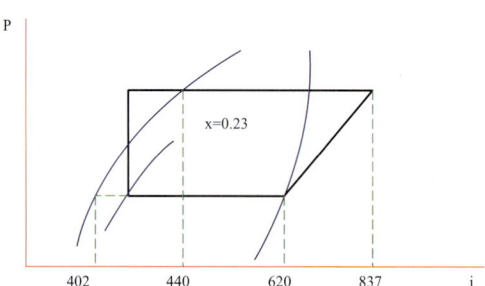

> **풀이**
>
> 냉동효과(q_2) = 증발잠열 × (1−x) = (620 − 402) × (1 − 0.23) = 167.86kJ/kg

19 유량 100l/min의 물을 15℃에서 9℃로 냉각하는 수냉각기(chiller)에서 장치의 냉동효과가 167kJ/kg이라면 냉매 순환량은 몇 kg/h인가?

> **풀이**
>
> $G = \dfrac{Q_e}{q_2} = \dfrac{G \cdot C \cdot \triangle t}{q_2}$
>
> $= \dfrac{100 \times 4.186 \times 60 \times (15-9)}{167} = 902.37$kg/h

20 다음은 냉동능력의 유도과정이다. 아래 공식을 참고로 하여 물음에 답하시오.

$$RT = \frac{G \times q_2}{3.9} = \frac{V_a \times (i_a - i_e)}{3.9} \times \eta_v$$

(1) 냉매 순환량의 기호를 위 공식에서 찾아 쓰고 단위를 쓰시오.
(2) 압축기 피스톤 압출량의 기호를 위 공식에서 찾아 쓰고 단위를 쓰시오.
(3) 위 공식에서 증발기 입구의 엔탈피를 나타내는 기호를 쓰시오.

> **풀이**
>
> (1) G, kg/h
> (2) V_a, m³/h
> (3) i_e

21 30RT의 브라인 냉각장치의 브라인 입구온도는 −5℃, 출구온도는 −10℃ 냉매의 증발온도는 −15℃일 때, 냉각면적을 35m²으로 하면 이 냉각장치의 열통과율은?

> **풀이**
>
> $Q_e = k \cdot F \cdot \triangle t_m$
>
> $\triangle t_m = \left(\dfrac{t_1 + t_2}{2}\right) - t_e = \left\{\dfrac{-5 + (-10)}{2}\right\} - (-15) = 7.5℃$
>
> $k = \dfrac{Q_e}{F \cdot \triangle t_m} = \dfrac{30 \times 3.9}{35 \times 7.5} = 0.45(\text{kW/mj}°\text{ K})$

22 암모니아 냉동장치에 운전상태가 아래의 모리엘선도에 나타난 비와 같을 때 실린더 지름이 150mm, 행정이 90mm, 회전수가 1170rpm, 기통수가 6기통일 때 (1) 압축기의 피스톤 압출량과 (2) 냉동능력 RT를 구하시오. (단, 압축기의 체적효율은 0.75로 한다.)

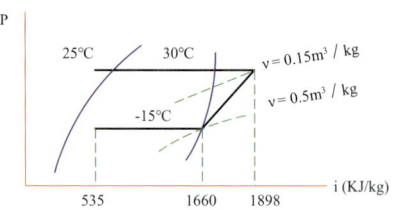

(1) 압축기 피스톤 압출량(m³/h)

(2) 냉동능력(RT)

풀이

(1) $V_a = \dfrac{\pi}{4} D^2 \cdot l \cdot N \cdot R \cdot 60 = \dfrac{\pi}{4} \times (0.15)^2 \times 0.09 \times 6 \times 1170 \times 60 = 669.55 \, \text{m}^3/\text{h}$

(2) $RT = \dfrac{V_a \cdot q_2 \cdot \eta_v}{13877.6 \cdot v} = \dfrac{669.55 \times (1660 - 535)}{13877.6 \times 0.5} \times 0.75 = 81.42 \, \text{RT}$

CHAPTER 08 부속기기

1. 부속기기

1) 자동제어기기

(1) 증발압력조정밸브(evaporator pressure regulator : E.P.R) : 증발기와 압축기 사이 흡입관에 설치하며, 증발 압력이 일정 압력 이하가 되는 것을 방지하고, 냉수나 브라인 냉각시 동결되는 것을 방지함

※ 설치위치
① 증발기가 1대일 때 : 증발기 출구와 압축기 입상관에 설치
② 증발기가 여러 대일 때 : 증발온도가 높은 곳에 설치하고 가장 낮은 곳에는 역지밸브 설치

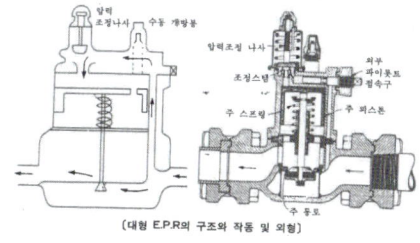
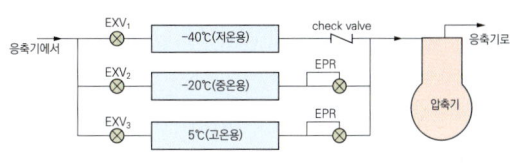

(2) 흡입압력조정밸브(suction pressure regulator : S.P.R) : 증발기와 압축기 사이 흡입관에 설치하며, 압축기 흡입압력이 일정압력 이상되는 것을 방지하며, 전동기 과부하를 방지함

※ 흡입 압력 조정 밸브가 필요한 사항
① 높은 흡입 압력으로 기동할 경우   ② 고압가스 제상으로 흡입압력이 상승하는 경우
③ 압축기 리퀴드백 방지 위해   ④ 흡입압력의 변동이 심한 경우

(3) 고압차단스위치(high pressure cut out switch : H.P.S) : 응축압력 등 고압측 이상압력 상승시 압축기를 정지시키는 압축기 안전장치로, 작동압력=정상고압+4[kg/cm²] (안전밸브 작동압력=정상고압+5[kg/cm²]으로, 설치위치 : 압축기 토출밸브 직후와 스톱밸브 사이에 설치함

※ 압력조정범위
① 프레온용 : 6~30[kg/cm²·g]   ② NH₃용 : 6~22[kg/cm²·g]
③ 복귀형태에 따라 자동복귀형, 수동복귀형(반드시 리셋트 버튼을 눌러야 한다)

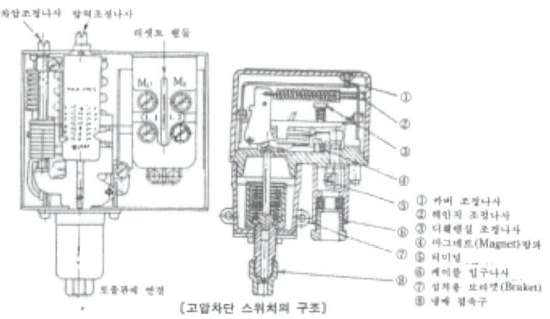

(4) 저압차단스위치(low pressure cut out switch : L.P.S) : 압축기 흡입관측에 설치하여 흡입압력이 이상 저압시 전기적 회로를 차단하고 압축기를 정지시킴

※ 압력조정범위
① 프레온용 : 10[cmHg]~5[kg/cm²·g]   ② NH₃용 : 30[cmHg]~7[kg/cm²·g]

(5) 유압보호스위치(oil protection switch : O.P.S) : 압축기 유압이 일정압력 이하가 되어 일정시간(60~90초) 이내에 정상압에 도달하지 못하면 유압보호스위치가 작동하여 압축기의 운전을 정지

※ 오일 레귤레이터(Oil Regulator) : 압축기 내 오일(윤활유) 압력을 균일하게 유지하기 위함

(6) **전자밸브(solenoid valve : S.V)** : 전기적 조작에 의해 밸브가 자동으로 개폐되어 용량, 액면조정, 온도제어, 리퀴드 백 방지, 냉매나 브라인, 냉각수 흐름제어에 사용(불연속동작의 ON·OFF 제어)

- ※ 동작방법 : 상부의 전자코일에 전기가 인가(통전)되면 밸브 내부의 플런저를 들어올려 밸브를 열고, 전기가 소자되면 밸브를 닫는다.
- ※ 전자밸브 설치시 주의사항
  ① 코일 부분이 상부로 오도록 수직 설치
  ② 유체의 방향에 맞추고, 전압과 용량에 맞게 설치할 것
  ③ 전자 밸브 전에 먼저 여과기를 설치할 것
  ④ 전자 밸브 설치 시 120[℃] 이상 본체의 온도가 상승 시는 전자밸브를 분해한 후 용접할 것

(7) **온도제어(temperature control : T.C)** : 냉장실, 브라인, 냉수 등의 온도를 일정하게 유지하기 위하여 서모스탯을 사용하며, 압축기 작동, 전자밸브를 개폐한다.(전자코일에 전류가 흐르면 밸브가 열림)

- ※ 서모스탯(thermostat) 종류
  ① 바이메탈식 : 팽창계수가 다른 2종의 금속(니켈+황동)을 이용한 스위치 개폐
  ② 증기압력식(감온통식) : 감온통에 냉매를 봉입시켜 온도검출부에 접촉 온도에 의한 포화 압력 변화를 이용한 스위치 개폐(가장 많이 사용)
  ③ 전기저항식 : 온도변화에 따른 전기저항 변화를 이용(터보냉동기, 공기조화 온도제어용)

(8) **습도제어(humidity control)** : 모발, 나일론, 리본 등의 습도에 따른 신축을 이용한 것으로, 설치시 부식성이 있는 곳은 피하고 평균습도를 검출할 수 있는 곳으로 바닥에서 1.5[m] 위치에 설치

- ※ 습도조절기 종류 : 모발식, 듀셀식, 전기저항식

(9) **절수밸브(압력자동 급수밸브:water regulating valve)** : 수냉식 응축기의 부하변동에 따른 냉각수량 제어장치로, 응축압력을 안정시켜 냉각수량을 절약함

- ※ 종류 : 압력작동식, 온도작동식

(10) **단수 릴레이** : 브라인 및 냉수 입구측 배관에 설치하여 브라인이나 냉수량 감소 및 단수에 의한 배관의 동파를 방지하기 위해 압축기를 정지

2) 수액기(liquid receiver) : 응축기에서 응축한 고압 액화냉매를 일시 저장하는 고압용기로 응축기와 팽창 밸브 사이의 고압관에 설치하며 증발기의 부하 변동에 대응하여 냉매 공급을 원활하게 하는 것으로 팽창밸브로 공급

(1) 설치위치

① 응축기 하부에 설치하며 응축기 상부와 수액기상부에 균압관을 설치한다
② 균압관은 충분한 지름의 관을 사용하며 상부에 에어퍼저를 설치한다
  ※ 균압관 : 수액기 상부와 응축기 상부를 관으로 연결하여 액공급을 원활하게 함(응축기 내부압력과 수액기 내부압력은 이론상 같으나 실제로는 응축기의 냉각수온이 낮고 수액기가 설치된 실온이 높으면 수액기의 압력이 응축 압력보다 높아져 응축된 냉매가 수액기로 자유롭게 낙하되지 못하므로 이를 방지하기 위하여 균압관 설치)

③ 수액기가 2개 이상으로 지름이 서로 다를 때는 수액기 상단끼리 일치시킨다.
④ 수액기 액면계 파손 방지를 위하여 금속제 커버를 사용하며, 수액기와 접속하는 배관은 체크 볼 밸브를 설치한다.
※ 볼 밸브 : 액면계 파손 시 수액기내 액이 볼을 밀어 액 누설을 막음
※ 수액기에 부착하는 부품 : 균압관, 액면계, 안전밸브, 오일드레인밸브, 체크밸브, 볼밸브 등

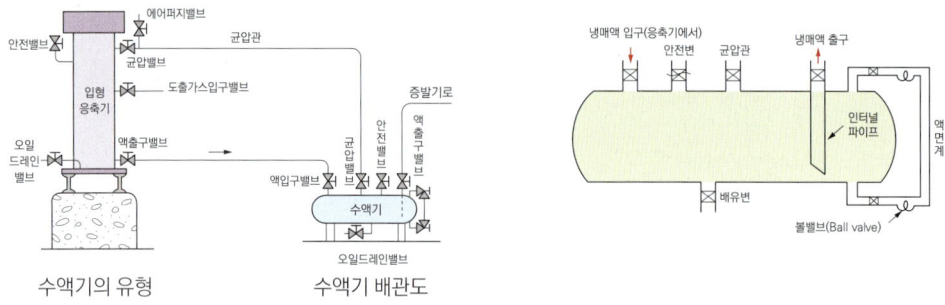

수액기의 유형　　　수액기 배관도

(2) 수액기 크기

① 암모니아: 냉매 충전량의 1/2 이상 (용적의 90% 이상 충전금지)
② 프레온: 냉매 충전량 전량

(3) 설치시 주의 사항
① 화기 및 직사광선을 피할 것
② 수액기의 냉매량은 3/4(75[%]) 이상 만액시키지 말 것
③ 안전밸브는 항상 열어두고, NH_3용 : (안전밸브), 프레온용 : (가용전)설치
④ 수액기가 응축기보다 낮게 설치하고, 균압관은 지름이 큰 것을 사용할 것

3) 유분리기(oil seporator) : 응축기와 증발기에 오일이 유입되면 전열 및 냉동장치를 나쁘게 하여 압축기에서 토출되는 냉매와 윤활유를 분리하는 장치

1) 유분리기 설치위치: 압축기와 응축기 사이에
① NH_3 냉동장치 : 압축기 가까운 토출관 (압축기와 응축기 사이의 응축기 가까운 곳 3/4 지점)에 설치
② 프레온 냉동장치 : 압축기 가까운 토출관 (압축기와 응축기 사이의 압축기 가까운 곳 1/4 지점)에 설치), 응축기나 수액기보다 높게 설치
※ 유분리기 종류 : 배플형, 격판(가스충돌)형, 원심분리형, 철망(유속감소)형

(2) 유분리기 설치가 필요한 경우
① 암모니아 냉동장치는 반드시 설치
② 프레온 냉동장치에선
   ㉠ 만액식 증발기를 사용하는 경우
   ㉡ 토출 배관이 긴 경우(9m 이상)
   ㉢ 증발온도가 낮은 저온장치인 경우
   ㉣ 토출가스에 다량의 오일이 섞여 나간다고 생각되는 경우

※ 압축기 토출가스 중 오일의 혼입량이 많아지면 나타나는 장애
① 압축기의 오일 부족으로 윤활불량 초래
② 활동부 마모
③ 증발기등 유막형성으로 전열이 나빠진다.

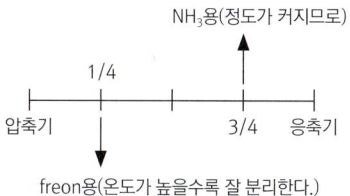

4) 투시경(사이트글라스: sight glass) : 응축기(수액기)쪽 액관에 설치하여 기포발생 유무로 수분 혼입확인 및 냉매 적정량 확인, 플래시가스 존재를 확인

※ 수분혼입확인
① 수분혼입 : 황색
② 건조 : 녹색

※ 투시경(Sight glass)설치 위치 : 응축기 → 수액기 → 투시경→ 드라이어 → 전자밸브 → 팽창밸브
※ 적정 냉매 확인법 : 기포가 있어도 움직이지 않을 때, 입구쪽에만 기포가 있을 때, 기포가 연속적이지 않고 가끔 보일 때

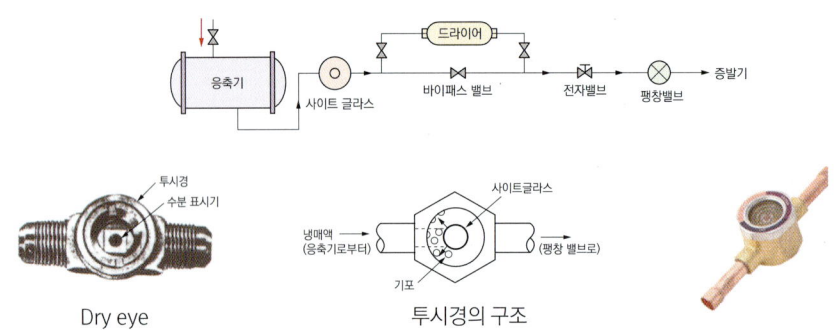

Dry eye   투시경의 구조

5) 여과기 : 주요기기 전에 설치하여 불순물 제거 목적

(1) 여과기 종류
① Y형 : 가스 및 액관에 사용
② L형(angle type) : 곡관에 사용(앵글 여과기)
③ 라인형 : 관에 설치하며 크기는 관 지름의 20배 정도
④ 핑거형(finger type) : 팽창 밸브 및 압축기 흡입관 등에 사용

(2) 여과기망 종류 및 크기
① 액관여과망 : 80~100 mesh(액관의 팽창 밸브 직전에 설치)
② 가스관여과망 : 40 mesh(가스입관에 설치)
③ 여과기 설치 장소 : 압축기 흡입측, 팽창밸브직전, 고압액관, 오일펌프 출구, 펌프 흡입측, 드라이어 내부 등

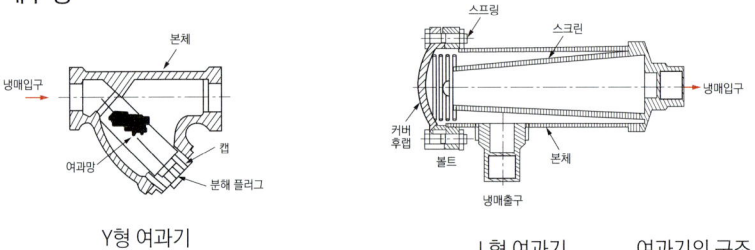

Y형 여과기   L형 여과기   여과기의 구조

6) **드라이어(drier : 건조기, 제습기)** : 팽창밸브 입구 쪽에 설치하여 냉매에 혼입된 수분제거 (NH_3 냉매는 수분과 친화력이 있어 건조기 필요 없고, 프레온 냉매에 필요)

(1) **설치위치** : 응축기 → 수액기 → 투시경(sight glass) → 건조기(drier) → 전자 밸브(solenoild valve) → 팽창 밸브

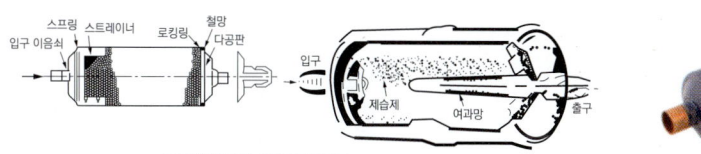 

드라이어의 내부구조도

(2) **제습제(건조제) 종류**
① 실리카겔(소형냉동장치용)
② 활성알루미나(대형냉동장치용)
③ 소바비이드
④ 몰리큘러시브

(3) **장치내 수분 침입 원인**
① 흡입 압력이 진공일 때 누설부분에서의 외기 침입
② 냉매 및 오일에 수분이 함유될 경우
③ 냉매 및 오일 충전 시 부주의로 공기 혼입 시
④ 진공작업 불충분으로 잔류하는 수분존재 시

(4) **수분 침입시 장치에 미치는 영향**
① 프레온냉매 : 팽창 밸브의 동결 현상, 동부착현상 촉진, 흡입 압력 저하, 장치 부식
② 암모니아냉매 : 유탁액 현상, 증발온도 상승, 흡입 압력 저하, 장치의 부식

7) **액분리기(accumulator : 냉매액분리기)** : 압축기로 흡입되는 냉매액을 분리하여 액압축 방지하며, 증발기와 압축기 사이에 증발기보다 높은 위치에 설치함

(1) **액분리기가 필요한 경우** : 만액식 증발기 냉동장치, 부하변동이큰 장치, NH_3 냉동장치
※ 설치 용량 : 증발기 내용적의 20~25(%) 크기

(2) **분리된 액냉매 처리방법**
① 증발기로 재순환시키는 방법
② 가열시켜 압축기로 흡입시키는 방법
③ 고압측 수액기에 복귀시키는 방법

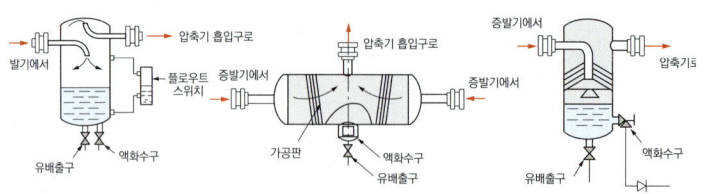

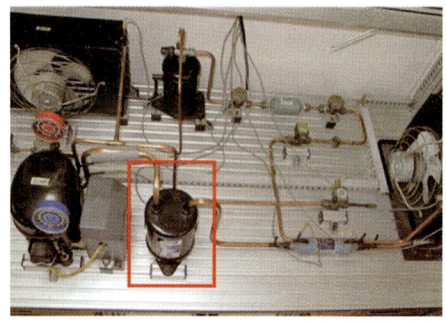

8) 열교환기(heat exchange)

(1) 열교환기 기능
① 고온고압의 냉매액을 과냉각시킴(플래쉬가스 발생량 감소, 냉동효과 증대)
② 저온저압의 흡입가스를 과열함(액압축방지, 성적계수 향상, 압축기 소요 동력감소)

(2) 열교환기 종류 : 관접촉식, 쉘 앤 튜브식, 2중관식

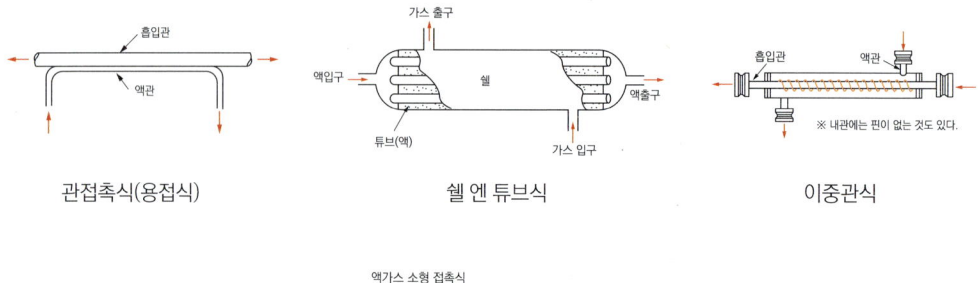

9) 제상(defrost) : 증발기 동결, 서리상태를 제거하는 작업(증발기에 서리가 생기는 현상 : 적상(frosting))

(1) 적상의 영향
① 증발압력 저하　　② 냉동능력(효과) 감소
③ 전열작용 불량　　④ 압축비, 소요동력 증가
⑤ 토출가스 온도 상승　　⑥ 습압축 우려(리퀴드백 발생)

(2) 제상 방법
① 압축기정지제상 : 1일 6~8시간 정도 냉동기 정지
② 전열제상 : 증발기에 히터 설치한 제상
③ 온수살포제상 : 10~25[℃] 온수를 살수한 제상
④ 핫가스제상 : 압축기에서 토출된 고온고압의 핫가스를 증발기로 유입시켜 제상(핫가스 인출 위치는 압축기 출구의 유분리기와 응축기 사이)

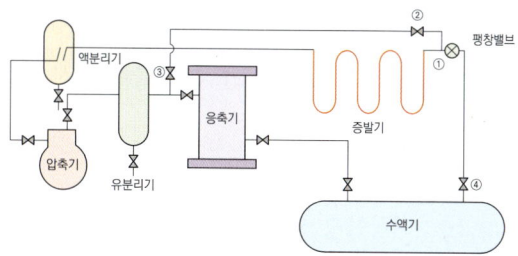

※ 제상 과정 설명 : 정상운전 중에 수액기 출구지변 ④를 닫아 액관 중 냉매액을 완전히 비운 다음 팽창밸브 ①을 닫아 증발기 내 냉매가스를 흡입시킨다. 고압가스 지변 ②, ③을 열어 고압가스 제상을 한다. 제상 중 고압가스는 응축액화된다. 제상이 종료되면 ②, ③을 닫고, 수액기 출구지변 ④, 팽창밸브 ①을 열어 정상운전한다.

(3) 제상시기
① 핀코일식 : 적상 두께 10~15[mm]
② 벽코일식 : 적상의 두께 15~20[mm]
③ 헤어핀코일식 : 적상의 두께 25~30[mm]

10) 리퀴드백(liquid back) 현상 : 증발기에 유입된 액 냉매 중 일부가 증발하지 못하고 액 그대로 압축기로 유입되는 현상

(1) 리퀴드백 원인
① 냉동부하가 급격한 변동이 있을 시
② 액분리기, 열교환기 기능이 불량할 시
③ 증발기, 냉각관에 과대한 서리가 있을 시
④ 냉매 충전량 과다 시

(2) 리퀴드백 영향
① 토출가스 온도 저하
② 압축기 이상음 발생
③ 소요동력 증대, 윤활유 열화
④ 냉동능력 감소

(3) 대책
① 실린더에 상이 붙을 정도 경우(미세한 경우) : 흡입 밸브를 조이고, 팽창 밸브를 조인다. 그리고 흡입 밸브를 천천히 연다
② 현상이 심할 경우(액 해머링이 일어날 경우) : 전원 차단(압축기정지, 워터 재킷 냉각수 드레인, 흡입 밸브 차단후 조치

11) 안전 밸브(safety valve) : 이상압력 상승에 의한 고압가스를 외부로 방출하여 장치손상 및 파열방지

① 형식에 따른 분류 : 스프링식, 중추식, 가용전식, 파열판식
② 안전밸브작동압력 : 장치의 내압시험 압력의 배 이하에서 작동할 것
③ 고압차단스위치(H.P.S) 이상 압력에서 작동할 것
▶ 안전두 : 정상고압 + 3[kg/cm^2]에서 작동
▶ 고압차단스위치 : 정상고압 + 4[kg/cm^2]에서 작동
▶ 안전밸브 : 정상고압 + 5[kg/cm^2]에서 작동

④ 안전밸브 설치 위치
㉠ 압축기 토출변과 토출지변 사이로 고압차단스위치와 같이 설치
㉡ 압축기가 여러 대일 때 각 압축기의 토출지변 직전에 설치

⑤ 안전밸브 분출면적

$$d = \frac{w}{230P\sqrt{\dfrac{M}{T}}} \ [cm^2]$$

d : 분출유효면적(cm^2)
w : 안전밸브 분출량(kg/h)
P : 안전밸브작동 절대압력(kg/cm^2)
M : 분출가스 분자량,
T : 분출가스 절대온도(K)

12) **가용전(fusible plug)** : 프레온 냉동장치의 응축기, 수액기 등 냉매액과 증기가 공존하는 곳의 증기부분에 설치하여 일정 온도 이상 상승 시 용해하여 이상고압에 의한 용기파열방지 목적

① 가용전(가용마개) 용융온도 : 68~75[℃] 이하
② 가용전성분 : 비스무트, 카드뮴, 납, 주석

 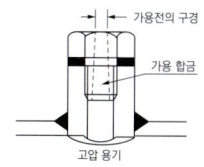

13) **파열판(rupture disk)** : 압력용기 등에 설치하여 내부압력의 이상 상승 시 박판이 파열되어 가스를 분출(1회용으로 파열되면 교체)

① 설치장소 : 주로 터보 냉동기 저압측
② 지지방식에 따른 종류 : 플랜지형, 유니온형, 나사형

14) **릴리프 밸브** : 계통 내(밀폐 또는 개방) 일정압력 이상 올라가면 기기 또는 배관계 보호를 위해 계통 내의 압력을 대기중으로 방출하여 설정된 압력 이내로 유지하는 기능

15) **써비스 밸브(service valve)**

① 브라켓 밸브 : 냉동기 고압측에 설치하여 냉매충전, 냉매회수 시 사용하는 역할
② 로타록 밸브
　㉠ 수액기에 설치하여 불응축 가스 퍼지용으로 사용.
　㉡ 고압의 가스를 고압차단 스위치로 보내는 용도로 사용.
　㉢ 증발기에 설치하여 핫가스 제상시 사용.
③ 서비스 밸브 : 냉동기 저압측에 설치하여 냉매 및 오일 충전, 냉매회수, 진공 시 사용

① 브라켓 밸브　　　② 로타록 밸브　　　③ 서비스 밸브

필답 예상문제

01 다음에서 설명하고 있는 안전장치의 명칭을 쓰시오.

   (1) 브라인 쿨러 및 칠러에서 브라인이나 냉수량의 감소 및 단수에 의한 배관의 동파를 방지하기 위해 압축기를 정지시키는 장치
   (2) 저압이 일정 이상의 압력으로 되었을 때 과부하로 인한 압축기 전동기의 소음을 방지하기 위한 장치
   (3) 냉동장치의 운전 중 저압이 일정 이하가 되어 압축비 증대 및 냉수나 브라인의 등의 동결을 방지하기 위한 장치

> 풀이
>
> (1) 단수 릴레이
> (2) 흡입압력조정변(SPR)
> (3) 증발압력조정변(EPR)

02 냉동장치의 액관에 설치하는 부속기기들을 나열한 것이다. 〈보기〉의 기기들을 응축기로부터 팽창밸브까지 번호순서대로 나열하시오.

■보기■
① 수액기   ② 전자밸브
③ 드라이어   ④ 투시경
⑤ 팽창밸브   ⑥ 응축기

> 풀이
>
> ⑥ → ① → ④ → ③ → ② → ⑤

03 그림과 같은 액냉매배관의 드라이어(건조기)에 대하여 다음 물음에 답하시오.

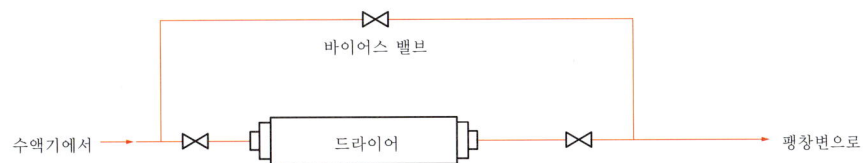

(1) 드라이어의 설치목적은?
(2) 제습제의 종류를 4가지 쓰시오.

> **풀이**
>
> (1) 수분제거
> (2) 실리카겔, 활성알루미아, 소바비이드, 몰리큘러시이브, 보오크사이드

04 고압측 액관과 저압축 가스관에 설치하는 여과기의 메쉬(mesh)는 어느 정도인가?

> **풀이**
>
> – 액관 : 80~100mesh 정도
> – 가스관 : 40mesh 정도

> **참고**
>
> mesh는 1inch당 눈금수

05 액분리기로부터 분리한 냉매액의 처리방법을 3가지만 쓰시오.

> **풀이**
>
> ① 고압수액기로 회수
> ② 열교환시켜 증기상태로 압축기에 흡입시킨다.
> ③ 증발기 입구로 재순환

06 다음 〈보기〉 중에서 플래쉬 가스가 발생되는 원인에 해당하는 것을 3가지 고르시오.

■보기■
① 관경이 큰 경우
② 액관이 현저하게 입상해 있을 경우
③ 관길이가 짧은 경우
④ 전자밸브 및 스트레이너가 막혔을 경우
⑤ 흡입관 및 액관에 보온 및 방열공사가 불량한 경우

풀이

②, ④, ⑤

참고

플레쉬 가스는 압력강하가 클수록 많이 발생되고 압력강하는 관경이 가늘고 관길이가 길수록 크다.

07 NH_3와 Freon 냉동장치에서 유분리기의 설치 위치와 이유를 설명하시오.

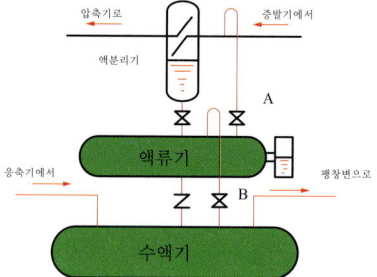

풀이

(1) – NH_3 : 압축기와 응축기의 3/4 지점
 – 이유 : 압축기에서 멀수록 유의 점도가 커지므로 분리가 용이하다.
(2) – Freon : 압축기와 응축기의 1/4 지점
 – 이유 : 프레온은 온도가 높을수록 oil과 분리가 잘되므로 압축기 가까이에 설치한다.

08 가스압축식 냉동장치에서 설치되어야 할 보조기기들이 〈보기〉에 적혀 있다. P-h선도에서 각 구간에 들어가야 할 보조기기들을 찾아 그 번호를 적으시오.

구간	보조기기
1~2	( ), ( )
2~3	( ), ( ), ( )
3~4	( )
4~1	( ), ( )

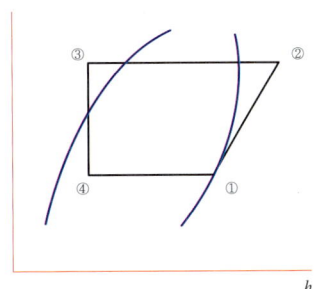

■보기■
① 건조기　　② 유분리기
③ 균압관　　④ 액분리기
⑤ 증발압력 조정밸브　　⑥ 언로더장치
⑦ 유압조정변　　⑧ 냉매분배기

풀이

구간	보조기기
1~2	(⑥), (⑦)
2~3	(①), (②), (③)
3~4	(⑧)
4~1	(④), (⑤)

09 여과기가 설치되는 장소를 열거하였다. 〈보기〉에서 맞는 곳 3가지만 고르시오.

■보기■
① 압축기 흡입측　　② 펌프 토출측
③ 팽창밸브 직전　　④ 크랭크 케이스 내 저유통
⑤ 수액기의 냉매액 유입구　　⑥ 압축기 토출측

풀이

①, ③, ④

10 다음은 열교환기를 설치한 도면과 글리엘 선도를 그린 것이다. 도면의 번호와 선도의 점을 짝지어 쓰시오.

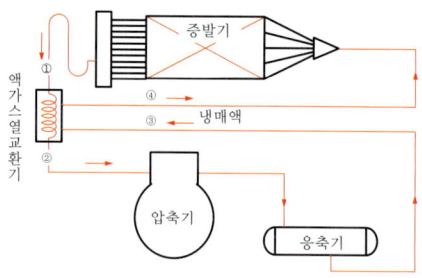 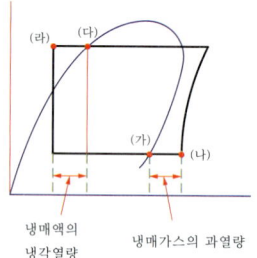

> **풀이**

① – (가)
② – (나)
③ – (다)
④ – (라)

11 다음 물음에 답하시오.

(1) 증발기와 압축기 흡입관 사이에 설치하여 압축기로 흡입되는 냉매 중의 가스만을 압축기로 보내는 부속기기는 무엇인가?
(2) 분리한 냉매액은 액화수장치를 이용하여 (①)로 회수하거나 (②)로 재순환하는 방법 또는 열교환기를 이용하여 증발시킨 후(③)로 흡입시키는 방법이 있다.
(3) 문제 (1)에 해당하는 기기의 일반적인 용량은 어느 정도로 하는가?
(4) 문제 (1)에 해당하는 기기 내부의 냉매유속은 몇 m/s 정도가 되는가?

> **풀이**

(1) 액 분리기
(2) ① 고압측 수액기, ② 증발기, ③ 압축기
(3) 증발기 용량의 20~25% 이상
(4) 1m/sec 이하(60m/min 이하)

> **참고**

액분리기는 압축기와 증발기 사이의 배관에 설치하고 증발기보다 상부에 설치한다.

12 다음은 수액기의 구조도이다. 각 번호에 따른 명칭을 쓰시오.

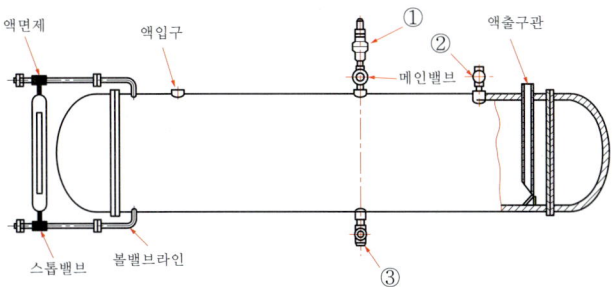

풀이

① 안전밸브
② 균압관(균압밸브)
③ 드레인밸브(기름빼기밸브)

13 "수액기 주위의 온도가 응축기의 온도보다 높은 경우 수액기 내부 압력이 높아져 응축액화된 냉매액이 수액기로 순조롭게 유입되지 못한다." 순조로운 냉매 유입을 위해 설치해야 하는 부속장치는 무엇인가?

풀이

균압관

14 다음은 수액기의 안전운전을 위한 주의사항을 열거한 것이다. 맞게 설명한 내용을 4가지만 고르시오.

■보기■

① 냉매순환량의 1/2 이상을 충전할 수 있는 크기이어야 한다.
② 액면계의 볼트는 한쪽부터 차례로 조여나간다.
③ 균압관의 크기는 충분한 것으로 한다.
④ 수액기가 2기 이상이고 직경이 다른 경우는 중심선을 일치하여 설치한다.
⑤ 용접 이음부에는 배관이나 기기를 설치해도 관계없다.
⑥ 직사광선을 피하고 화기와는 멀리할 것
⑦ 용접과 용접 사이의 거리는 판두께의 8배 이상으로 한다.
⑧ 냉매는 수액기에서 3/4 이상을 넘지 않도록 할 것

풀이

①, ③, ⑥, ⑧

참고

②는 볼트 조임시 대각선 순서로 힘의 균형을 맞춰 조금씩 죄어 나간다.
④ 중심선이 아니고 수액기 상단을 일치시킨다.
⑤ 용접 이음부에는 설치할 수 없다.
⑦은 판두께의 10배 이상이다.

15 수액기에 설치되는 액면계의 파손원인 3가지를 쓰시오.

풀이

① 부주의로 인한 외부로부터의 충격
② 수액기 내부 압력의 급상승
③ 냉매의 과충전
④ 볼트 조임시 힘의 불균형

16 제습기(Dryer)의 설치목적을 2가지만 쓰시오.

> **풀이**
>
> ① 수분을 제거하여 장치내 부식 방지
> ② (Freon 냉동장치에서의) 팽창밸브 동결폐쇄방지
> ③ 동부착 현상 방지

17 다음에서 설명하고 있는 열교환기의 종류를 쓰시오.

　(1) 대형 Freon 냉동장치에 주로 사용되며 Shell 내에는 흡입가스가 튜브 내에는 고압액냉매가 흐른다.
　(2) 소형 냉동장치에 주로 사용되며 가스 흡입관과 모세관 팽창밸브를 관접촉시켜 열교환시킨다.
　(3) R-22 냉동장치에서 주로 사용되며 굵은 튜브에는 고압냉매액이, 가는 튜브에는 흡입가스가 흐르면서 열교환한다.

> **풀이**
>
> (1) 쉘엔 튜브식
> (2) 관접촉식
> (3) 이중관식

18 프레온 냉동장치의 유분리기에 관한 다음 물음에 답하시오.

■보기■
① 증발온도가 (낮은, 높은) 냉동장치
② (건식, 만액식) 증발기를 사용하는 경우
③ 토출가스 배관이 (긴, 짧은) 경우
④ 토출가스에 오일이 (소량, 다량) 섞여 토출되는 경우

(1) 유분리기의 설치위치를 쓰시오.
(2) 유분리기에서 분리된 유(油)의 처리 방법은?
(3) 유분리기를 설치하는 경우를 〈보기〉에서 고르시오.

풀이

(1) 설치위치 : 압축기와 응축기 사이의 압축기 가까운 1/4지점
(2) 유회수 장치를 이용하여 크랭크 케이스내로 회수
(3) ① 낮은
② 만액식
③ 긴
④ 다량

참고

프레온은 온도가 높을수록 오일과의 분리가 용이하기 때문에 압축기 가까이 설치한다.

19 냉동기 저압측에 설치하여 냉매충전, 냉매회수, 오일충전, 진공 작업시 사용하는 기기 명칭을 쓰시오.

풀이

서비스 밸브(service valve)

20 다음의 물음과 문장 속에 있는 ( )에 적당한 단어를 〈보기〉에서 골라 넣어 문장을 완성하시오.

■보기■
과열압축, 습증기, 냉동, 건조포화 증기, 압축, 액 백(Liquid back), 액해머링, 습압축, 건조증기

(1) 압축기의 흡입측에 액냉매가 들어오는 것을 증발기 내에 냉매액이 다량으로 고여 있어 전부 증발하지 못함으로 압축기의 흡입가스 중에 액이 혼합되어 있기 때문이다. 이러한 현상을 무엇이라고 하는가?
(2) 이와 같은 증기를 (①)라 하며 이것을 압축하는 것이 (②)이다.
(3) 액이 현저히 많이 흡입되어 있으면 압축기 내에서 타격음이 날 때가 있는데 이러한 현상을 ( )이라 한다.

풀이

(1) 액 백(Liquid back)
(2) ① 습증기
　　② 습압축
(3) 액해머링

21 안전밸브의 종류 3가지를 쓰시오.

풀이

① 스프링식
② 중추식(추식)
③ 지렛대식(레버식)

22 가용전의 (1) 설치장소 및 (2) 합금의 용융온도와 (3) 설치시 주의 사항을 쓰시오.

풀이

(1) Freon용 응축기나 수액기의 상부
(2) 68~75℃
(3) 토출가스의 영향을 받지 않는 곳에 설치한다.

23 압력용기 등에 설치하여 내부압력의 이상 상승시 박판이 파열되어 가스를 분출하는 안전장치의 명칭과 주로 사용되고 있는 곳을 자세히 쓰시오.

풀이

① 파열판
② 터보 냉동기의 저압측

24 냉동장치의 운전 중 고압이 일정 이상 상승하여 수동복귀형 고압차단 스위치가 작동하였다. 점검 후 재기동 시 반드시 행해야 할 것은?

풀이

리셋트 버튼을 누른다.

25 다음은 압력제어 기기의 역할을 기술하였다. 설명에 맞는 장치의 명칭을 쓰시오.

(1) 고압이 일정 이상 상승 시 압축기를 정지시키는 역할
(2) 유압이 일정 이하가 되었을 때 압축기를 정지시키는 역할
(3) 흡입압력이 일정 이상이 되어 압축기 전동기의 과부하가 되는 것을 방지하는 역할

풀이

(1) 고압차단 스위치(HPS)
(2) 유압 보호 스위치(OPS)
(3) 흡입압력 조정변(SPR)

26 다음에서 설명하고 있는 장치의 명칭을 쓰시오.

(1) 흡입압력(저압)이 일정 이하가 되었을 때 압축기를 정지시키는 역할
(2) 증발 압력(저압)이 일정 이하가 되는 것을 방지하는 역할
(3) 냉동장치에서 고압이 일정 이상 되거나 저압이 일정 이하가 되었을 때 작동하여 압축기를 정지시키는 역할
(4) 고압이 일정 이상 상승 시 작동하여 고압가스를 분출시키는 역할

풀이

(1) 저압차단 스위치(LPS)
(2) 증발 압력 조정변(EPR)
(3) 고·저압 차단 스위치(DPR)
(4) 안전밸브

27 다음에서 설명하고 있는 장치의 명칭을 쓰시오.

전자석을 이용하여 용량 및 액면제어, 냉매 및 브라인 등의 흐름을 제어하는 것으로 유량조절은 불가능하다.

풀이

전자밸브

28 다음에서 설명하고 있는 자동제어 장치의 명칭과 설치위치를 쓰시오.

브라인 쿨러 및 수냉각기에서 브라인이나 냉수량의 감소 및 단수에 의한 배관의 동파나 응축기에서 냉각수량의 감소 및 단수에 의한 이상압력 상승을 방지하기 위해 압축기를 정지시키는 장치

(1) 명칭
(2) 설치 위치

풀이

(1) 단수 릴레이
(2) 브라인 및 냉수 입구측 배관에 설치

29 전자 밸브 설치시 주의사항으로 옳은 사항 3가지를 찾아 번호를 쓰시오.

■보기■
① 전자변의 화살표방향과 유체의 흐름방향을 일치시킨다.
② 전자변의 전자코일을 상부로 하고 수평으로 설치한다.
③ 전자변의 폐쇄를 방지하기 위해 입구측에 드라이어를 설치한다.
④ 전자밸브에 부당한 하중이 걸리지 않게 된다.
⑤ 전압과 용량에 맞게 설치한다.

풀이

①, ④, ⑤

30 아래 그림의 p-h선도처럼 운전되는 냉동장치가 있다. 이 냉동장치의 ①, ②, ③에 설치되어야 하는 부속기기의 명칭을 각각 적으시오.

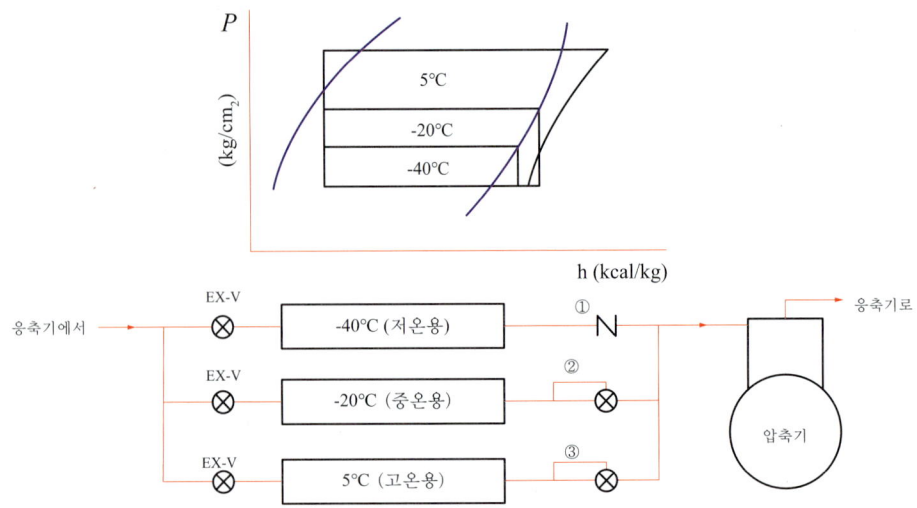

풀이

① 역지 밸브(cheek valve)
② 증발 압력 조정변(EPR)
③ 증발 압력 조정변(EPR)

31 냉동장치에서 부착하는 안전장치들의 부착 상태이다. 번호에 따른 명칭을 쓰시오.

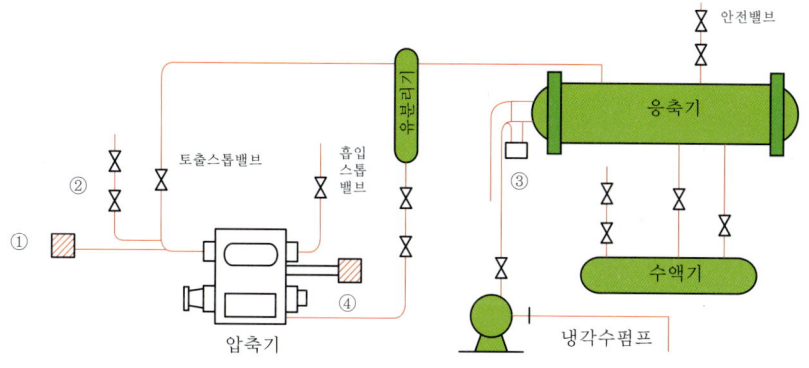

■보기■
안전밸브   고압차단 스위치   유압 보호 스위치   단수 릴레이

풀이

① 고압차단 스위치
② 안전밸브
③ 단수 릴레이
④ 유압 보호 스위치

운전·점검·용접

 1. 냉동장치 운전 및 시험

1) 냉동장치 운전

(1) 운전 전 점검사항
① 압축기, 전동기의 유면 점검(오일의 오염 및 누설, 드레인, 유면의 점검)
② 냉매량 점검 및 누설개소 점검
③ 응축기, 워터 재킷(water jacket)의 냉각수 통수상태 점검
④ 밸브 개폐 상태 점검
⑤ 운동부의 급유상태 점검(유면 점검)
⑥ 벨트 장력 및 커플링 점검
⑦ 제어장치의 전기결선, 조작회로, 절연저항 점검
⑧ 냉각수량, 수온, 누수, 통수상태 점검

(2) 기동 시 주의사항
① 토출 밸브는 반드시 열려 있을 것
② 흡입 밸브를 조작 시에는 신중을 기할 것
③ 팽창 밸브 조정에 신중을 기할 것
④ 안전 밸브의 원 밸브가 열려 있는가 확인
⑤ 이상 작동음에 주의요망

(3) 운전 중 점검사항
① 액백에 주의한다.
② 압력계 및 전류계 등 지시도를 점검한다.
③ 극단적 과열 압축이 되지 않게 한다.
④ 각부 냉매 및 윤활유 누설 상태를 점검한다.
⑤ 각종 부속기기 및 제어기기 작동상태를 점검한다.
⑥ 윤활 상태 및 유면의 점검
⑦ 불응축 가스 배출을 배출한다.
⑧ 유분리기의 응축기, 수액기의 배유
⑨ 암모니아 냉매 토출 가스 온도가 120[℃] 이상 되지 않게 할 것

(4) 운전정지 시 조치사항

㉮ 장기 정지시 조치사항
① 수액기 출구 밸브를 닫는다.
② 팽창 밸브를 닫는다.
③ 저압(흡입가스압력)이 대기압 정도일 때 흡입 밸브를 닫는다.(0.1[kg/cm²] 정도일 때)
④ 압축기를 정지시킨다.(전동기 모터 스위치 차단)
⑤ 회전이 정지되면 토출 밸브 및 오일 리턴 밸브를 닫는다.
⑥ 응축기 및 실린더 워터 재킷의 냉각수를 정지시킨다.
⑦ 동절기 수배관 등 동파 우려가 있을 경우 배관 내 냉각수를 완전 배출시킨다.

㉯ 정전시 조치사항
① 전원 스위치를 차단한다.(전동기 및 냉각수 펌프)
② 수액기 출구 밸브를 닫는다.
③ 흡입 밸브를 닫는다.
④ 압축기 회전이 정지되면 토출 밸브를 닫는다.
⑤ 순환 펌프의 전원 스위치를 차단하고 배관계통의 밸브를 조작한다.
⑥ 냉각수 공급 중단

※ 펌프아웃(pump out) : 냉동장치에서 고압측(응축기, 수액기등)에 이상이 생겼을 때 점검 및 수리를 위해서 고압측 냉매를 저압측으로 회수하는 작업

※ 펌프다운(pump down) : 냉동장치에서 저압측(증발기) 등에 이상이 생겼을 때 저압측 냉매를 고압측으로 회수하는 작업(액백방지, 기동시 과부하 방지, 브라인 및 냉수의 동결방지)

2) 냉동장치 시험

(1) 내압시험 : 제작 회사에서 하는 시험으로 제작완료 후 누설, 변형, 파손 등 이상유무를 확인하기 위해 내압성능 및 강도를 확인하는시험
※ 내압시험압력 : 누설시험 압력의 15/8배 이상, 설계 압력의 1.5배 이상

(2) 기밀 시험 : 기밀 여부를 확인하는 시험
※ 기밀시험압력 : 누설시험의 5/4배 이상
※ 사용기체 : 건조 공기, 질소, CO_2 (NH_3는 사용불가)

(3) 누설시험 : 공기, 질소, 탄산가스 등을 이용한 누설 유무 확인
※ 누설시험압력 : 기밀시험의 8/10배 이하
※ 방법 : 누설시험 압력 유지후 비눗물 등 기포발생 유무로 누설 검사

(4) **진공시험** : 누설시험 후 냉매 충전전에 장치내 수분, 불응축 가스 제거 위한 시험
  ※시험 압력 : 진공 700~750[mmHg]

(5) **진공방치 시험** : 진공시험후 수분 및 불응축 가스의 잔류 여부를 점검하는 시험
  ※방법 : 진공시험 후 10~24시간 방치 후 압력 변화로 확인

3) 냉매 충전

(1) 충전 방법
  ① 고압측(수액기)으로 직접 액냉매를 충전하는 방법(최초의 냉매 충전시)
  ② 액관으로 액냉매를 충전하는 방법
  ③ 저압측으로 가스를 충전하는 방법
    ※ 메니폴드게이지 : 냉매 충전, 오일충전, 진공작업, 운전 중 압력측정
      ① 청색 : 저압부 ② 적색 : 고압부 ③ 노란색 : 써비스부

(2) 냉매회수(purging)방법
  ① 빈 용기와 냉매 충전 밸브를 호스와 연결
  ② 호스 내의 공기를 퍼지시킨 다음
  ③ 빈 냉매 용기의 압력을 냉매 계통 내의 고압측 압력보다 낮게 유지시킨다.
  ④ 압축기를 기동하여 용기의 밸브 및 충전 밸브를 천천히 연다.
  ⑤ 액량을 확인하면서 퍼지한 후 충전 밸브 및 용기 밸브를 닫고 압축기를 정지
  ⑥ 이때 용기 내의 가스가 쉽게 액화할 수 있도록 물통 속에 넣어 냉각시켜 주고 과충전되지 않도록 주의를 요한다.

(3) 냉매로 인한 상해시 구급방법
  ※ 암모니아의 경우
  ① 눈에 들어갔을 때 : 물로 세척 후 2[%]의 붕산액으로 세척하고 유동 파라핀을 2~3방울 점안
  ② 피부에 묻었을 때 : 물로 세척 후 피크린산 용액을 바른다.

  ※ 프레온의 경우
  ① 눈에 들어갔을 때 : 2[%]의 살균광물유로 세척하거나 5[%]의 붕산액으로 세척한다.
  ② 피부에 묻었을 때 : 물로 세척 후 피크린산 용액을 바른다.

4) 냉동장치 이상현상 원인

(1) 1단 흡입 압력 이상 상승의 원인과 저하 원인

상승원인	저하원인
① 냉매중의 공기 혼입	① 냉각수량 과다 및 냉각수온 저하
② 냉각수 온도 상승 및 냉각수량 부족	② 토출 밸브 누설
③ 응축기 냉각관에 스케일 및 유막 형성	③ 냉매량 부족
④ 냉매의 과충전 및 유효 전열면적 감소	④ 팽창 밸브 개도 과대
⑤ 습증기의 혼입	

(2) 중간 압력 이상 상승의 원인과 토출 압력 저하의 원인

상승원인	저하원인
① 다음단의 흡입·토출 밸브 불량	① 흡입·토출 밸브의 불량
② 중간단에의 바이패스의 순환	② 흡입측의 바이패스의 순환
③ 중간단 냉각기의 능력 저하	③ 전단의 냉각기의 과냉
④ 다음단의 클리어런스 밸브의 불완전 폐쇄	④ 전단의 클리어런스 밸브 불완전 폐쇄
⑤ 다음단의 피스톤 링 마모	⑤ 전단의 피스톤 링 마모
⑥ 피스톤의 고압 피스톤 링 마모	⑥ 흡입관 저항 증대
⑦ 토출 배관의 저항 증대	⑦ 흡입관로의 누설
⑧ 다음단의 흡입 밸브 언로더 복귀 불량	⑧ 흡입 밸브 언로더의 복귀 부량

(3) 토출압력 이상 상승 원인과 토출 압력 저하 원인

상승원인	저하원인
① 냉동부하 증가	① 냉매 충전량 부족
② 팽창 밸브 개도 과대	② 팽창 밸브 개도 과소
③ 압축기 능력 감퇴	③ 증발기 내의 유막 형성
④ 흡입 밸브, 피스톤 링의 파손	④ 흡입 여과망의 폐쇄
⑤ 유분리기의 반유장치 누설	⑤ 액관에서 다량의 flash gas 발생

※ 압축기의 몸체가 얼었거나 이슬이 심하게 맺히는 원인 및 대책 : 흡입가스(과열도)가 너무 낮아 액압축이 되고 있으므로 과열도를 높여준다.

5) 역화방지기 및 전격방지장치

(1) 역화방지기 구조 : 역화방지기는 소염소자, 역류방지장치 및 방출장치로 구성

① 본체는 금속제로서 내식성과 폭발·화재로 인한 압력과 온도에 견디는 구조일 것
② 소염소자의 재료는 백금망, 철망, 소결금속 및 물(수봉식의 경우) 등을 사용
③ 역화방지장치는 역화를 방지한 후 즉시 복원되어 계속 사용가능한 구조일 것
④ 역류방지장치는 규정압력($0.1kg/cm^2$)에서 민감하게 작동되어 역류하는 가스를 저지하는 구조일 것
⑤ 방출장치는 $3kg/cm^2$ 이상 $43kg/cm^2$ 이하에서 작동되어야 하며, 정지압력은 작동압력의 2/3 이상일 것

  ※ 역화방지기 기능 : 가스 계통이 부압되었을 때, 가스 화염의 역화로 인한 폭발방지를 위해 설치한다.

(2) 설치대상

① 가연성가스 압축기와 오토클래이브 사이의 배관
② 아세틸렌 고압건조기와 충전용 지관 사이
③ 수소화염 또는 산소-아세틸렌 화염을 사용하는 시설(가스용접시설)의 분기되는 배관
④ 플레어스택(flare stack)
⑤ 부압방지밸브

(3) 자동전격 방지 장치 : 용접기가 아크발생을 중단시킬 때로부터 1초 이내에 당해 용접기의 무부하 전압을 안전전압 25V 이하로 내려 줄 수 있는 전기적 방호장치

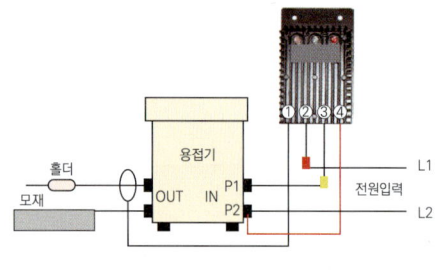

용접기 전격방지기

자동 전격방지기

(4) 사방(변)밸브 : 4방향에 유체의 출입구가 있는 밸브, 압축기에서 냉매 가스를 전환시킬 때 사용한다.

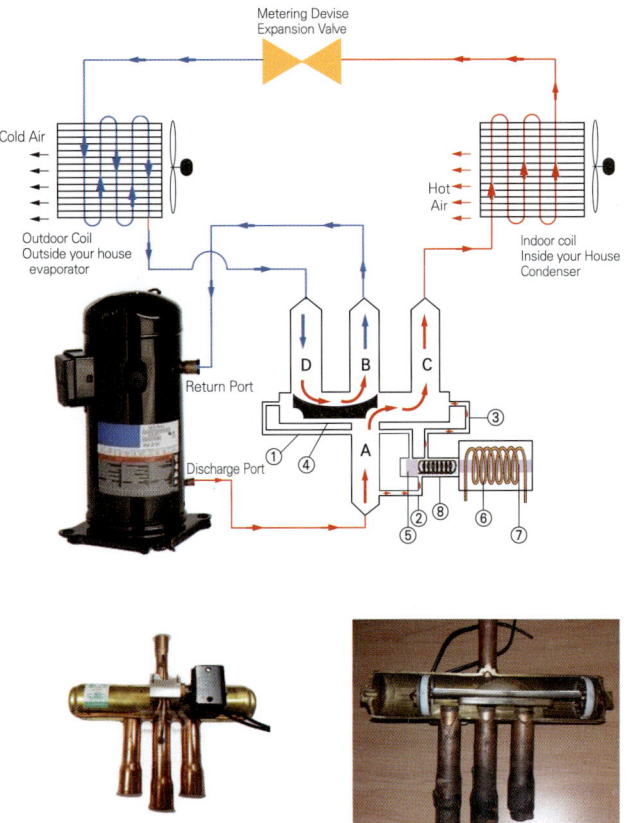

필답 예상문제

01 냉동장치의 정전시 조치사항이다. 〈보기〉를 보고 조작순서를 쓰시오.

■보기■
① 압축기가 완전 정지하면 토출측 스톱밸브를 닫는다.
② 수액기 출구밸브를 닫는다.
③ 주전원 스위치를 차단시킨다.
④ 냉각수 공급을 차단한다.
⑤ 흡입측 스톱밸브를 닫는다.

풀이

③ - ② - ⑤ - ① - ④

02 다음 물음에 답하시오.
(1) 응축기와 팽창밸브 사이에 설치하여 응축기에서 액화된 냉매를 일시 저장하는 용기는 무엇인가?
(2) 냉동장치는 장기간 유지할 때 또는 증발기 중의 냉매를 수액기에 저장하는 조작을 무엇이라고 하는가?
(3) 고압측 수리 또는 보수작업을 위해 냉매를 저압측으로 보내는 조작을 무엇이라고 하는가?

풀이

(1) 수액기
(2) 펌프다운
(3) 펌프아웃

03 압축기를 가동시키고 점검해야 할 사항을 3가지만 쓰시오.

> **풀이**
> ① 압축기의 진동 및 이상음
> ② 크랭크 케이스의 적정 유면
> ③ 각종 게이지의 이상 압력
> ④ 팽창변의 작동 상태
> ⑤ 냉동작용 상태

04 프레온 냉동장치에서 냉매가스배관을 완성한 후 실시하는 시험에 대한 설명이다. 설명에 맞는 시험을 〈보기〉 중에서 찾아 쓰시오.

■보기■
기밀시험   내압시험   누설시험   진공건조시험   진공방치시험

(1) 수분 및 불응축가스는 냉동장치에 악영향을 초래하기 때문에 냉매충전 전에 장치 내의 수분 및 불응축가스를 제거하는 작업
(2) 압축기, 압력용기 및 기기에 대한 기밀성능 여부를 확인하는 시험으로 기체압의 내압력에 의한 시험
(3) 수분 및 공기의 잔류여부를 확인하기 위하여 장시간 방치하여 최종적으로 누설여부를 확인하는 시험
(4) 배관공사를 완성한 후 용접 부위 및 접속부 등 전 장치 내의 누설여부를 확인하는 시험

> **풀이**
> (1) 진공건조시험
> (2) 기밀시험
> (3) 진공방치시험
> (4) 누설시험

05 냉매 충전시의 밸브의 개폐 및 호스의 접속부위를 나타내시오.

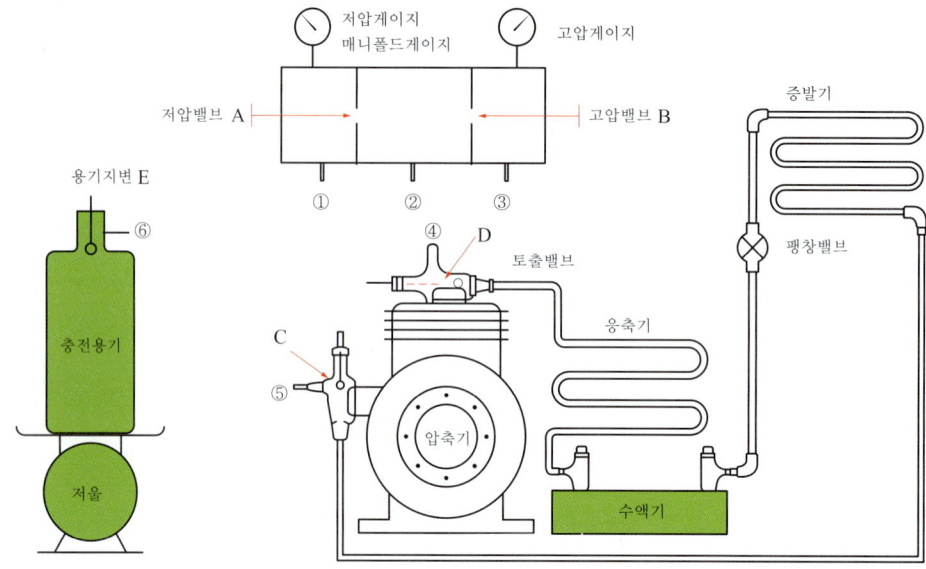

(예) 밸브 : F-닫힘, G-열림   호스 : ⑧-⑩, ⑨-⑦

(1) 밸브 : A-   B-
        C-   D-
        E-
(2) 호스 : ①-   ②-
        ③-

풀이

(1) A - 열림
    B - 닫힘
    C - 열림(증간자리)
    D - 열림(증간자리)
    E - 열림
(2) ① - ⑤
    ② - ⑥
    ③ - ④

06 냉동장치 운전 중 저압측 압력이 현저히 낮아지는 원인으로 옳은 것을 3가지만 쓰시오.

■보기■
① 냉매 순환량 감소시
② 플레쉬 가스 발생량이 많을 때
③ 팽창밸브의 개도 과대시
④ 응축기 냉각관에 적상 및 유막 과대시
⑤ 여과기 막힘시

🔎/풀이

①, ②, ⑤

07 압축기 흡입가스가 현저하게 과열될 때의 원인 3가지를 〈보기〉 중에서 찾아 번호를 쓰시오.

■보기■
① 팽창변의 개도 과대   ② 냉매 순환량 부족시
③ 증발부하 중대시   ④ 유 여과망이 막혔을 때
⑤ 액관에서 flash Gas가 발생하였을 때   ⑥ 응축부하 증대시

🔎/풀이

②, ③, ⑤

08 냉매 충전시 실수로 인하여 냉매가 눈에 들어가는 피해를 입었을 때 응급처리 방법이다. 응급처리 방법에 맞는 냉매의 종류를 쓰시오.

(1) ① 비비거나 자극을 주지 않고 깨끗한 물로 눈을 세척한다.
② 2% 붕산액으로 눈을 완전히 씻은 후 유동파라핀을 2~3방울 점안한다.
(2) ① 청결한 광물유로 세척한다.
② 2% 식염수 및 5% 붕산수로 세척한다.

🔎/풀이

(1) 암모니아
(2) 프레온

09 소형 냉동기 및 에어컨에 있어서 프레온 냉매의 충전 요령을 〈보기〉를 보고 순서대로 번호를 쓰시오.

■보기■

① 압축기를 기동하여 용기 내의 냉매를 충전한다.
② 충전 중 매니폴드 저압측 밸브를 닫고 실제 충전된 압력을 측정한다.
③ 매니폴드 게이지의 중간 호스와 냉매용기를 연결하고 저압측 호스와 압축기 충전플러그를 연결한다.
④ 매니폴드 게이지의 고압측 밸브를 열어 호스 내의 공기를 제거한 다음 닫는다.
⑤ 매니폴드 게이지의 저압측을 연다.
⑥ 누설 여부를 확인한다.
⑦ 소정의 압력까지 충전되면 냉매용기 밸브를 닫은 다음 매니폴드 저압측 밸브를 닫는다.
⑧ 압축기 충전플러그와 호스를 제거하고 신속히 캡을 씌운다.

풀이

③ - ④ - ⑤ - ① - ② - ⑦ - ⑧ - ⑥

10 냉동장치에서 냉매 충전방법 3가지를 쓰시오.

풀이

① 수액기로 충전하는 방법
② 액관에 충전하는 방법
③ 흡입측에서 가스를 충전하는 방법
④ 토출측에서 충전하는 방법

11 액배관 중에 후레쉬 가스가 발생하면 냉각 작용에 영향을 미치는데 후레쉬 가스 발생방지 4가지를 쓰시오.

풀이

① 열교환기를 설치하여 과냉각도를 크게 한다.
② 액관이 10m 이상 입상시는 10m마다 트랩을 설치
③ 액관, 전자변, 지변, 스트레이너 등의 사이즈를 충분한 것으로 할 것
④ 액관, 스트레이너 청소 철저
⑤ 액관이 고온부 통과시 보온할 것

12 다음은 V벨트에 관한 설명이다. 옳은 사항을 찾아 번호를 쓰시오. (2가지)

■보기■
① 벨트의 장력이 너무 약하면 홈에 압착되어 발열이 됨과 동시에 소모가 심하다.
② 벨트의 교환은 파손된 벨트 1개만 하지 않고 전부 교환한다.
③ 새 벨트를 사용시 늘어났을 때는 왁스를 발라 장력을 조절한다.
④ 압축기의 축과 전동기 축의 평행 및 벨트의 일직선에 주의하여 자를 이용하여 잘 확인하여 둔다.

풀이

②, ④

13 다음은 압축기에 액압축이 발생되어 실린더에 적상이 생길 경우 조치사항들이다. 조치순서를 번호대로 나열하시오.

■보기■
① 팽창밸브를 약간 닫는다.
② 운전을 계속하여 실린더의 적상이 녹아 정상으로 회복하면
③ 흡입밸브를 연다.
④ 흡입밸브를 닫는다.
⑤ 팽창밸브를 재조정한다.

풀이

④-①-②-③-⑤

14 가스 사용 시설에서 가스 계통이 부압(-)되어, 가스화염의 역류를 방지하기 설치하는 것은?

풀이

역화방지기

15 용접기가 아크 발생을 중단시킬 때로부터 1초 이내에 당해 용접기의 무부하 전압을 안전전압 25V 이하로 내려줄 수 있는 전기적 방호장치를 무엇이라 하는가?

> **풀이**

자동전격 방지 장치

16 냉동장치에서 사용되고 있는 전자변에 대한 종류이다. ( ) 안에 알맞은 답을 〈보기〉에서 찾아 쓰시오.

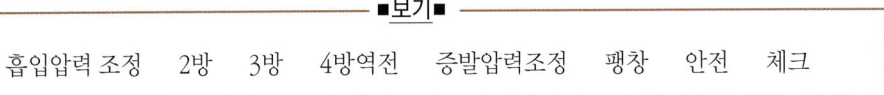

(1) 두 개의 마주보는 통로의 어느 쪽에나 공통되는 유입구가 달린 ( ) 밸브
(2) 단선을 통해 냉매의 흐름을 조절하는 ( ) 밸브
(3) 열 펌프에 이용되는 ( ) 밸브

> **풀이**

(1) 3방(three-way)
(2) 2방(two-way)
(3) 4방역전(four-way)

MEMO

공조냉동
기계 기능사
산업기사
실기 이론

PART 02 공기조화

이 장에서는 공기조화 분야에서 출제될 수 있는 필답 내용을 수록하였습니다.

- CHAPTER 01 공기조화의 개요
- CHAPTER 02 습공기의 상태
- CHAPTER 03 공기조화 부하
- CHAPTER 04 공기조화 방식
- CHAPTER 05 공기조화 기기
- CHAPTER 06 덕트 및 부속기기
- CHAPTER 07 취출구(흡입구) 및 환기
- CHAPTER 08 보일러 및 난방설비
- CHAPTER 09 공조 전기 및 자동제어 일반

PART 02

공기
조화

CHAPTER 01 공기조화의 개요

1. 공기조화

인위적으로 실내 또는 일정공간의 공기를 사용목적에 적합하도록 조정하는 것

1) 공기조화 분류

(1) **보건용(쾌감)공조** : 인간을 대상으로 쾌적한 상태를 유지하기 위한 공조(주택, 사무실, 백화점, 극장)

(2) **산업용공조** : 생산물품이나 기계 등을 대상으로 한 공조로 생산성 향상목적(공장, 전산실, 창고, 연구소)

  ※ 산업용공조 실내조건 : 건구온도20[℃], 상대습도65[%]
  ※ 클린룸 등급기준 : 미연방 규격에 의한 공기 1[ft^3]당 0.5[μm] 크기의 유해 가스 크기의 입자 수로 표시(청정도)

2) 공기조화 4대 구성 요소 : 온도, 습도, 기류, 청정도

3) 공조기 구성요소

(1) 에어 필터(air filter : AF)
(2) 공기냉각기(cooling coil : CC)
(3) 공기가열기(heating coil : HC)
(4) 가습기(air washer : AW)
(5) 공기재열기(reheater : RH)
(6) 공기예냉기(pre cooling : PC)
(7) 송풍기, 댐퍼 등

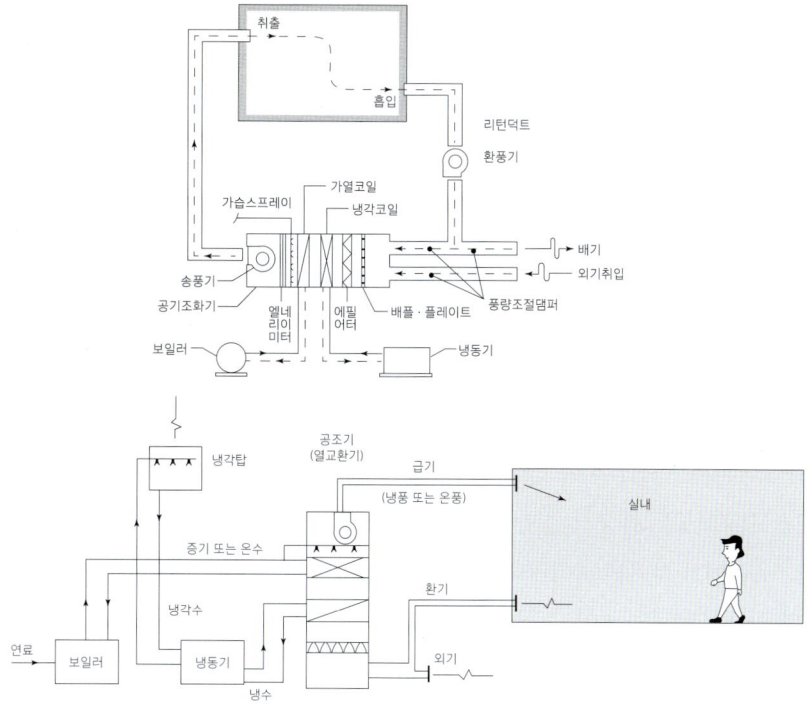

4) 공기조화 설비 구성순서

에어필터 → 냉각코일 → 가열코일 → 가습기 → 팬(송풍기)

5) 공기조화 장치

(1) **열운반장치** : 열운반 장치로 송풍기, 펌프, 덕트, 배관 등
(2) **공기조화기** : 외기와 환기의 혼합실, 가열코일, 냉각코일, 가습기, 여과기 등
(3) **열원장치** : 보일러, 냉동기 등
(4) **자동제어장치** : 실내 온·습도 조절로 경제적 운전

6) 용어 정의

※ 공기구성비(%) : 질소(78.03%), 산소(20.99%), 알곤(0.93%), 이산화탄소(0.03%)

(1) **건구온도** : 일반 온도계의 감열부가 건조된 상태에서 측정한 온도(℃)
(2) **습구온도** : 감열부를 젖은 헝겊으로 감싸 측정한 온도(℃)
(3) **포화공기** : 습공기 중에 더 이상 수증기를 포화시킬 수 없는 공기

(4) **노점온도** : 공기중의 수증기가 공기로부터 분리되어 결로되기 시작하여 이슬이 맺히는 온도

(5) **유효온도(ET : effective temperature)** : 어떤 온·습도하에서 방에서 느끼는 쾌감과 동일한 쾌감을 얻을 수 있는 바람이 없고(0[m/s]), 포화상태(100[%])(상대습도)인 실내의 온도를 감각온도라고도 함(온도, 습도, 기류를 하나로 조합한 감각온도)(작용온도)

※ **수정유효온도(CET : Corrected Effective Temperature)** : 온도, 습도, 기류속도의 유효온도에 복사열을 고려한 온도

(6) **상대습도** : 습공기의 수증기 분압과 그 온도와 같은 온도의 포화증기의 수증기압과의 비를 백분율로 표시한 것

$$\Phi = \frac{습공기중\ 수증기분압(P_w)}{동일온도의\ 포화수증기압(P_s)} = \frac{습공기1[m^3]\ 중\ 수분의\ 중량}{포화습공기1[m^3]\ 중\ 수분의\ 중량}$$

(7) **절대습도** : 습공기를 구성하고 있는 건공기 1[kg] 중에 포함된 수증기의 중량 x[kg/kg′]로 표시

(8) **비교습도(포화도)** : 습공기 절대습도(X)와 포화 습공기 절대습도(X_s)와의 비 $\gamma = \dfrac{X}{X_S}$

(9) **결로** : 습공기가 차가운 벽이나 천장 바닥 등에 닿으면 공기 중에 함유된 수분이 응축되어 그 표면에 이슬이 맺히는 현상

※ **결로 방지법** : 벽체 표면온도가 실내공기의 노점온도보다 높으면 결로방지 된다.

(10) **결빙(결상)** : 결로현상에 의한 물체가 0℃ 이하가 되면 결빙(결상)이 된다.

(11) **모발습도계** : 모발의 신축을 이용해서 상대 습도 측정

(12) **불쾌지수** : D = 0.72(건구온도+습구온도) + 40.6

※ 불쾌지수는 건구온도, 습구온도, 절대습도가 상승하면 커진다.

7) 습공기 엔탈피(건공기 엔탈피+수증기 엔탈피)

(1) **건조공기 엔탈피(ha)** : $ha = C_p \cdot t = 1.01$[kJ/kg]

(2) **수증기 엔탈피(hv)** : $hv = r + C_{vp} \cdot t = 2501 + 1.85$[kJ/kg]

∴ 습공기 엔탈피(hw) : $hw = ha + x \cdot hv$[kJ/kg] $= C_p \cdot t + x(r + C_{vp} \cdot t)$

[여기서 C_p : 건조공기의 정압비열(약1.01[kJ/kg℃]), t : 건구온도, r : 0[℃]에서 포화수의 증발잠열(약 2501[kJ/kg]), C_{vp} : 수증기의 정압비열(약 1.85[kJ/kg]), X : 절대습도]

CHAPTER 02 습공기의 상태

1. 공기선도

1) 습공기선도 구성요소

(1) h-x선도 : 엔탈피 h를 경사측에, 절대습도 x를 종축으로 구성

(2) t-x선도 : 건구온도 t를 횡측에, 절대습도 x를 종축으로 구성

※ 습공기 선도구성 : 건구온도, 습구온도, 노점온도, 상대습도, 절대 습도, 엔탈피, 비체적, 현열비, 열수분비, 수증기 분압

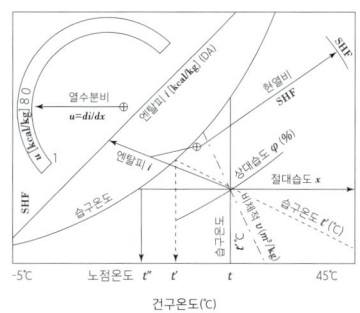

2) 습공기 상태변화

- PA : 가열
- PB : 가열가습
- PC : 등온가습
- PD : 단열가습(가습, 냉각)
- PE : 냉각
- PF : 감습냉각
- PG : 등온감습
- PH : 가열감습

상태	건구온도	상대습도	절대습도	엔탈피
가열(PA)	상승	감소	일정	증가
냉각(PE)	감소	증가	일정	감소
등온가습(PC)	일정	증가	증가	증가
등온감습(PG)	일정	감소	감소	감소

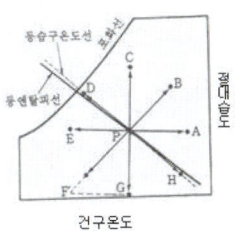

3) 공기 엔탈피 구하는식

공기의 비중량/비체적 : 1.293 kg/m³/0.773m³/kg(0℃때), 1.2 kg/m³/0.83m³/kg(20℃때)

(1) 건조공기 엔탈피 : $ha = C_p \cdot t = 1.01t[kJ/kg] = 1.2 \times Q \times (h^2 - h^1) = 1.2 \times Q \times (t^2 - t^1)$
※ C_p : 건조공기 정압비열(1.01[kJ/kg℃]), 1.2 : 공기1[m³]당 정압비열[kJ/m³℃]

(2) 수증기 엔탈피 : $hv = r + C_{vp} \cdot t = 2501 + 1.85t[kJ/kg]$
※ r : 0[℃], 포화수의 증발잠열(2501[kJ/kg])
※ C_{vp} : 수증기 정압비열(1.85[kJ/kg℃])

(3) 습공기 엔탈피 : 건공기의 엔탈피+수증기의 엔탈피
$hw = ha + x \cdot hv[kcal/kg] = C_p \cdot t + x(r + C_{vp} \cdot t) = 1.01t + x(2501 + 1.85t)$

(4) 현열비 : 습공기 상태변화를 알기 편리한 값으로 실내 전열 부하중 현열부하가 차지하는 비

$$SHF = \frac{\text{현열부하}}{\text{현열부하} + \text{잠열부하}}$$

(5) 열수분비(μ) : 습공기의 상태 변화량 중 수분변화량(절대습도)과 엔탈피의 변화량의 비율

$$\mu = \frac{\text{엔탈피의 변화량}}{\text{수분의 변화량}} = \frac{h_3 - h_1}{x_3 - x_2}$$

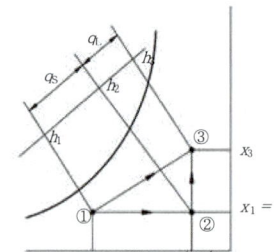

4) 혼합 시 온도, 습도, 엔탈피 구하는 식

※ 평균온도 구하는 식 : $\triangle tm = \dfrac{G_1 C_1 \triangle t_1 + G_2 C_2 \triangle t_2}{G_1 C_1 + G_2 C_2}$

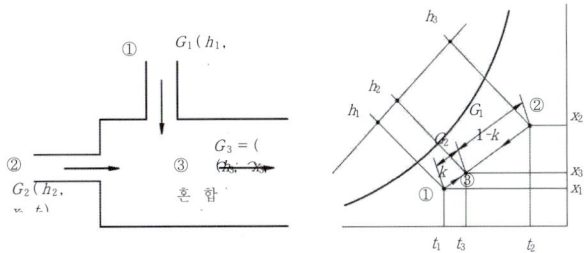

① $t_3 = \dfrac{G_1 t_1 + G_2 t_2}{G_3}$ ② $x_3 = \dfrac{G_1 x_1 + G_2 x_2}{G_3}$ ③ $h_3 = \dfrac{G_1 h_1 + G_2 h_2}{G_3}$

5) 바이패스팩터 : 공기가 코일을 통과해도 코일과 접촉하지 못하고 지나가는 공기의 비율

$\text{BF} = \dfrac{\text{코일 출구온도} - \text{코일 표면온도}}{\text{혼합 공기온도} - \text{코일 표면온도}}$

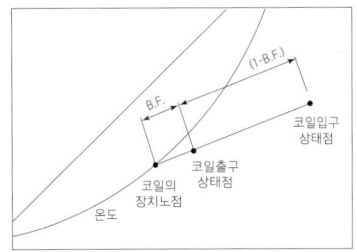

※ 바이패스팩터가 작아지는(큰) 경우
 ① 코일 전열면적이 클(적을) 때   ② 코일의 열수가 많(적)을 때
 ③ 송풍량이 작을(클) 경우   ④ 코일(핀) 간격이 좁을(클) 때
 ⑤ 냉온수 순환량이 증가(감소)할 때   ⑥ 송풍량이 감소(증가)할 때

6) 콘택트팩터 : 코일과 접촉한 후의 공기 비율

※ $\text{CF} = 1 - \text{BF}, \quad \text{BF} = \dfrac{\text{바이패스 한 공기량}}{\text{코일을 통과한 공기량}}$

7) 가습장치(humidifier) 종류

(1) **수분무식** : 물을 공기 중에 직접 분무하는 방식(원심식, 초음파식, 분무식)

※ **초음파식** : 수조내의 물이 진동자의 진동에 의해 수면에서 작은 물방울이 발생되어 가습되는 방법

(2) **증기발생식** : 무균의 청정실, 습도제어 요구되는 곳(전열식, 적외선식, 전극식)

(3) **증기공급식** : 증기를 가습용으로 사용하여 응답성이 빠르고, 물의 정체성이 없어 미생물 번식이 없고 가습효율이 가장 좋다(과열증기식, 분무식)

(4) **증발식(팬형)** : 수조 내 온수를 증기나 전기로 가열하여 온수의 증기압과 팬가동에 의한 공기의 증기압차를 이용하여 온수를 증발시키는 방법, 응답속도 느리고, 패키지 등 소형공조용 (높은 습도 요구되는 경우) (적하식, 모세관식, 기화식)

※ **기화식** : 가습기 내부에서 물을 부직포에 적신 증발포를 사용하여 증발시키는 원리

8) 감습장치(Dehumidifier) : 제습장치

(1) **냉각식** : 일반적 방법으로 냉각코일, 공기세정기를 이용하여 습공기를 노점 이하로 냉각하여 제습한다.

(2) **압축식** : 공기를 압축하여 감습시키므로 동력 및 설비비가 많이 소요된다.

(3) **흡수식** :

① 액체(흡수)제습장치 : 염화리튬, 트리에틸렌글리콜 등
② 고체(흡착식)제습장치 : 실리카겔, 활성알루미나, 아드소울 등

CHAPTER 03 공기조화 부하

1. 냉방부하

여름철 실내의 온.습도를 설계치로 유지하기 위해 밖에서 침입하는 열량과 실내 발생 열량(감열부하)을 제거하며, 설계치 이상의 수분을 제거(잠열부하)하는데 즉 감열 및 잠열을 제거하는 것

1) 공조부하 계산시 실내표준 조건

   (1) 냉방시 : 26[℃], 50[%]

   (2) 난방시 : 20[℃], 50[%]

2) 냉방부하 종류

   (1) 실내 취득부하

   ㉮ 벽체를 통한 부하 : (현열)
   ㉯ 유리창을 통한 부하 : (현열)
   ㉰ 틈새바람(극간풍)을 통한 부하 : (현열+잠열)
   ㉱ 인체 발생부하 : (현열+잠열)
   ㉲ 조명발생부하 : (현열)
   ㉳ 실내기구로부터 발생부하 : (현열+잠열)

   (2) 기기 내 취득부하

   ㉮ 송풍기에 의한 부하 : (현열)
   ㉯ 덕트를 통한 부하 : (현열)

   (3) 재열부하 : (현열)

   (4) 외기부하 : (현열+잠열)

   ※ 현열 및 잠열을 고려할 부하 : 틈새바람(극간풍) 부하, 인체 발생부하, 외기부하, 실내기구로부터 발생부하

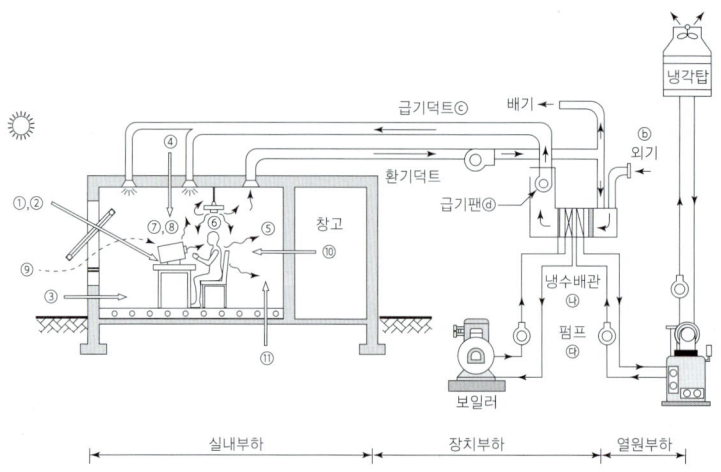

3) 냉방부하 계산

(1) 실내 취득부하

① 벽체를 통한 부하(현열)

㉠ 외기에 접하는(햇빛을 받는) 벽, 지붕의 취득열량 : $q_w = k \cdot A \cdot ETD$ [kcal/h], [W]

[k : 구조체의 열관류율(kcal/m²h℃, W/m² · K), A : 구조체의 면적(m²), ETD : 상당온도차(K)
(실내온도와 상당외기 온도차)]

㉡ 외기에 접하지 않는 칸막이, 천장, 바닥으로부터의 취득열량 : $q_w = k \cdot A \cdot \Delta t$ [kcal/h], [W]

[k : 칸막이, 천장, 바닥 등 열관류율(kcal/m²h℃, W/m² · K), A : 칸막이, 천장, 바닥 등 면적(m²), Δt : 인접실과의 온도차(K)]

② 유리창을 통한 부하 : (현열)

㉠ 유리창 통과열량 : $q_{GT} = k \cdot A_g \cdot \Delta t$ [kcal/h][W]

[k : 유리의 열관류율(kcal/m²h℃, W/m² · K), A_g : 유리창의 면적(m²), Δt : 실내·외 온도차(K)]

※ 유리창 전열 부하 : $q = \kappa \cdot K \cdot A \cdot (t_1 - t_2)$ [k : 방위계수]

방위	동서	남	북(지붕)	남동, 남서	북동, 북서
방위계수	1.1	1	1.2	1.05	1.15

㉡ 유리창 일사열량 : $q_{GR} = I_{GR} \cdot A_g \cdot K_S$ [kcal/h], [W]

[I_{GR} : 태양복사에 의한 일사부하(kcal/m²h, W/m² · K), A_g : 유리창의 면적(m²), K_s : 차폐계수]

③ 틈새바람(극간풍)을 통한 부하 : (현열+잠열)

㉠ 현열부하 : $q_{IS} = 0.24 \cdot G \cdot \triangle t = 0.29 \cdot Q_A \cdot \triangle t$

㉡ 잠열부하 : $q_{IL} = 597 \cdot G \cdot \triangle x = 717 \cdot Q_A \cdot \triangle x$

[q_{IS}: 틈새바람 현열량(kcal/h), [W], q_{IL} : 틈새바람 잠열량(kcal/h), [W], $\varDelta t$: 외기온도와 실내온도 차(K), G : 틈새바람 양(kg/h), Q_A : 틈새바람 양(m³/h), $\varDelta x$: 외기와 실내 절대습도(kg/kg′), γ : 0[℃] 물의 증발잠열(2501[kJ/kg], 3002[kJ/m³]), 1.01 : 건조공기 정압비열(kJ/kg℃), 1.2 : 건조공기 정압비열(kJ/m³℃)]

∴ $q_I = q_{IS} + q_{IL}$ [kcal/h], [W]

※ 극간풍 (m³h) 산출법
① 환기횟수법 : 환기횟수×실내체적   ② 창문면적법   ③ 극간길이(클랙)법

※ 극간풍(틈새바람) 줄이기 위한 방법
① 출입구에 회전문 설치   ② 2중문 설치(내측문은 수동식)
③ 2중문의 중간에 컨벡터 설치   ④ 에어커튼 설치

④ 인체 발생부하(현열+잠열) :

㉠ 현열부하 : 1인당 현열량×재실인원수($q_{HS} = n \cdot H_S$ [kcal/h]), [W]

㉡ 잠열부하 : 1인당 잠열량×재실인원수($q_{HL} = n \cdot H_L$ [kcal/h]), [W]

[n : 실내 총인원수(명), H_s : 1인당 인체발생 현열량(kcal/h, W, 人), H_L : 1인당 인체발생 잠열량(kcal/h[W], W, 人)]

⑤ 조명 발생부하(현열) :

㉠ 백열등(kcal/h) : $q_E = 0.86 \times w \cdot f$

㉡ 형광등(안정기 실내에 있을 때)(kcal/h) : $q_E = 1 \times w \cdot f \times 1.2$

[w :조명기구 총왓트(watt), f :조명 점등율, 0.86 :1[w]당발열량 1[watt]=0.86[kcal/h]] 1.2 : 형광등의 안정기가 실내에 있을 때에 발열량의 20[%]를 가산한 경우]

※ 백열등 : 3.6[kcal/h.w],   형광등 : 4.2[kcal/h.w]

(2) 기기 내 취득부하(현열)

① 송풍기에 의한 부하(현열) : $q_B = 860 \times KW$[kcal/h] {1[kWh]=860[kcal/h], kW : 소요동력}
② 덕트를 통한 부하(현열) : 실내취득 현열량의 약 2[%] 정도

(3) 재열부하(현열)

G : 송풍공기량(kg/h), Q : 송풍공기량(m³/h), 0.24[kcal/kg℃] : 공기의 정압비열 (1.2[kJ/m³℃])

※ $1.01 \times 1.2 [kg/m^3] ≒ 1.2[kJ/m^3℃]$

(4) 외기부하(현열+잠열)

㉠ 현열부하 : $q_S = 1.01 \cdot G \cdot \triangle t = 1.2 \cdot Q \cdot \triangle t$

㉡ 잠열부하 : $q = 2501 \cdot G \cdot \triangle x = 3002 \cdot Q \cdot \triangle x$
$q = q_S + q_L = G \triangle h [kcal/h], [W]$

{q_s : 외기부하 현열(kcal/h), [W], q_L : 외기부하 잠열(kcal/h)[W], G : 외기량(kg/h), Q : 외기량(m³/h), Δt : 외기 및 실내공기 건구온도(℃), Δx : 외기 및 실내공기의 절대습도(kg/kg'), 2501 : 0[℃]에서 물의 증발잠열(kJ/kg)}, Δh : 외기 및 실내공기 엔탈피(kJ/kg)}

※ 냉동장치 부하 큰 순서 : 냉동기부하 〉 냉각코일부하 〉 실내부하 〉 외기부하

① 냉동기부하 : 실내취득, 기기취득, 재열, 외기, 펌프 및 배관 부하

　　☞ 송풍량 결정 : 실내 취득열량, 기기 취득열량

② 냉각코일부하 : 실내취득, 기기취득, 재열, 외기, 펌프 및 배관 부하

③ 실내부하 : 실내취득, 기기취득, 재열

④ 외기부하

2. 난방부하 계산

1) 실내 손실열량

(1) 외벽, 지붕, 바닥, 유리창 등 전열에 의한 부하(현열) : $q = k \cdot A \cdot (t_1 - t_2)$

q : 벽체부하(kcal/h)[W], k : 열통과율(kcal/m²h · ℃) $= \frac{1}{R} (R = \frac{1}{\alpha_1} + \frac{d}{\lambda} + \frac{1}{\alpha_2})$

A : 벽체면적(m²), t_1 : 실내온도(℃), t_2 : 실외온도(℃)

※ 유리창 전열 부하 : $q = k \cdot A \cdot (t_1 - t_2)$ [k : 방위계수]

방위	동서	남	북(지붕)	남동, 남서	북동, 북서
방위계수	1.1	1	1.2	1.05	1.15

(2) 극간풍(틈새바람)에 의한 부하(현열+잠열) : $q_1 = q_{1S} + q_{1L}$ [kcal/h], [W]

① 현열부하 : $q_{1S} = 0.24 \cdot G \cdot \Delta t = 0.29 \cdot Q_A \cdot \Delta t$

② 잠열부하 : $q_{1L} = 597 \cdot G \cdot \Delta x = 717 \cdot Q_A \cdot \Delta x$

[q_{1S} : 틈새바람 현열량(kcal/h), [W], q_{1L} : 틈새바람 잠열량(kcal/h)[W], Δt : 외기온도와 실내온도차(℃), G : 틈새바람 양(kg/h), [W], Q_A : 틈새바람 양(m³/h), : 외기와 실내 절대습도(kg/kg'), r : 0[℃] 물의 증발잠열(2501[kcal/kg], 3002[kJ/m³]), 1.01 : 건조공기 정압비열(kJ/kg℃), 1.2 : 건조공기 정압비열(kJ/m³℃)]

∴ $q_1 = q_{1S} + q_{1L}$ [kcal/h], [W]

※ 틈새바람(극간풍)(m³h) 부하 산출법
  ① 창문 면적법 : 창면적 1m²당 외기침입량×창면적
  ② 크랙(crack)법 : 창문틈새 1m당 외기침입량×틈새길이
  ③ 환기 횟수법 : 환기횟수×실내체적

2) 기기 손실열량 : 공조기 쳄버나 덕트 손실부하(현열)

3) 외기 부하 : 외기의 도입으로 인한 손실열량 : (현열+잠열) ∴ $q_1 = q_{1S} + q_{1L}$ [kcal/h][W]

① 현열부하 : $q_{1S} = 0.24 \cdot G \cdot \Delta t = 0.29 \cdot Q_A \cdot \Delta t$

② 잠열부하 : $q_{1L} = 597 \cdot G \cdot \Delta x = 717 \cdot Q_A \cdot \Delta x$

  [G, Q_A : 도입 외기량(kg/h, m³/h)]

※ 콜드 드래프트 현상 : 창문의 냉기가 토출기류에 의해 인체의 과도한 차가움을 느끼는 현상

※ 콜드 드래프트 원인
  ① 인체 주위 공기 온도가 너무 낮을 때
  ② 기류 속도가 클 때
  ③ 습도가 낮을 때
  ④ 주위 벽면 온도가 낮을 때
  ⑤ 동절기 창문의 극간풍이 많을 때

공기조화 방식

1. 공기조화 방식

구분			방식	
중앙식	① 전공기 방식	단일 덕트 방식	정풍량	· 말단에 재열기 없는 방식 · 말단에 재열기 있는 방식
			변풍량	· 재열기 없는 방식 · 재열기 있는 방식
		2중 덕트 방식	정풍량 2중 덕트 방식	
			변풍량 2중 덕트 방식	
			멀티존 유닛 방식	
		멀티존(각층) 유닛 방식		
	② 수-공기 방식	덕트 병용 팬 코일 유닛 방식		
		유인 유닛 방식		
		복사 냉난방 방식		
	③ 수 방식	팬 코일 유닛 방식		
개별식	냉매 방식	룸 쿨러 방식		
		패키지 방식		
		멀티유닛 방식		

1) 중앙 방식 특징

① 열원기기가 중앙기계실에 집중되어 유지관리가 편리함
② 송풍량이 많아 실내공기오염이 적다.
③ 대규모 건물용, 외기냉방이 가능하다.
④ 덕트가 대형이며, 덕트스페이스를 많이 차지함

2) 개별 방식 특징

① 설치 및 취급이 간단하며, 개별제어 및 국소운전이 가능하고, 각 유닛마다 냉동기가 필요하다.
② 실내공기의 오염이 크며, 소음, 진동이 크다.
③ 외기냉방을 할수 없다.
④ 유닛이 분산되어 관리가 불편하다.

2. 공기조화 방식 특징

1) 전공기 방식 : 중앙 공조기로부터 덕트를 통해 냉.온풍을 송풍기로 공급하는 방식

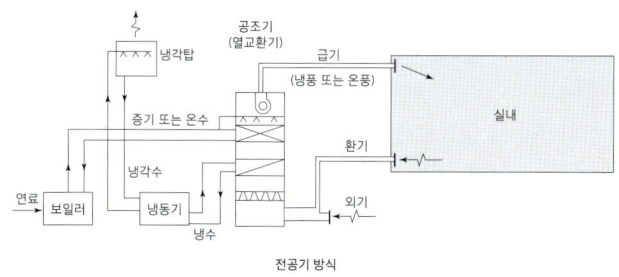

전공기 방식

▶ 특징 : ① 송풍량이 많아 실내공기 오염이 적다.
② 중간기(봄, 가을) 외기 냉방이 가능하다.
③ 대형 덕트로 공간이 필요하다.
④ 팬 소요동력 및 반송 동력이 크다.
⑤ 클린 룸과 같이 청정을 요하는 곳에 사용(청정도가 높은 공조)
⑥ 겨울철 가습이 용이하다.

▶ 사용처 : 사무실 빌딩, 병원의 내부존, 공장, 식당, 극장, 청정도가 요구되는 수술실 등

2) 수(공기)-공기(수)방식 : 전공기방식과 수방식을 병용한 방식

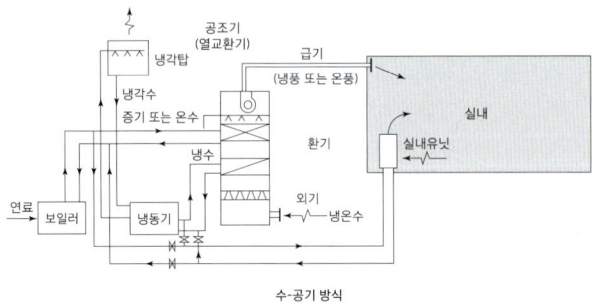

수-공기 방식

▶ 특징 : ① 각 실 개별제어가 용이하고, 열운반 동력이 전 공기방식에 비해 적다.
② 유닛 내 필터가 저성능이며, 외기 도입이 부족하여 실내 공기 오염이 크다.
③ 실내 수 배관으로 누수 염려
④ 소음이 있다.
⑤ 유닛의 설치 공간을 필요로 한다(공간이용률 낮다).

▶사용처 : 사무실, 병원, 호텔 등의 다실 건물의 외부 존에 설치

3) 수(물)방식 : 보일러나 냉동기 열원인 냉, 온수를 배관을 통해 실내에 팬 코일유닛(FCU)으로 공급하여 냉,난방하는 방식

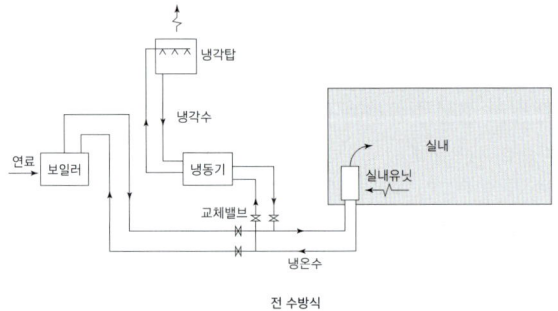

전 수방식

▶ 특징 : ① 덕트 스페이스가 필요없다.(공기 방식에 비해 공간이용률 높다.)
② 열 운송동력이 공기방식에 비해 적다.
③ 각 실 제어가 용이하다.

④ 송풍 공기가 없어 외기 도입이 어렵고, 실내 공기 오염이 심하다.
⑤ 실내 배관에 의해 누수가 염려된다.

▶사용처 : 여관, 주택등 거주인원이 적고 외기도입이 가능한 건물에 사용, 사무실 빌딩 등의 외부존 처리용

4) 냉매 방식(패키지 방식) : 냉매를 직접 열매로 사용하는 방식으로 냉동기 및 냉각 코일, 송풍기 등이 내장되어 있는 공조기를 실내에 설치하는 방식

※ 개별방식 종류 : 패키지 방식, 룸쿨러 방식, 멀티 유닛 방식

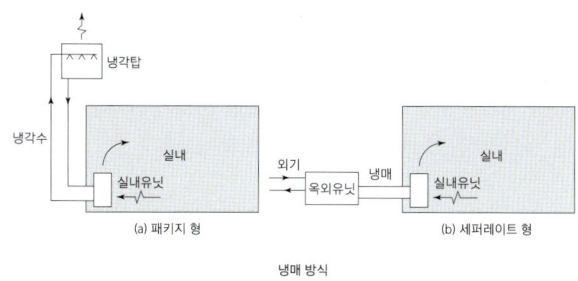

냉매 방식

▶ 특징 : ① 각 실의 유닛은 써머스탯을 사용하여 수동제어 및 개별제어가 용이(에너지 절약 가능)
② 유닛을 창문 밑에 설치하면 콜드 드래프트(cold draft)를 방지할 수 있다.
③ 덕트에 비해 유닛에 냉동기를 내장하고 있어 부분 운반이 가능하다.
④ 외기도입이 어려워 실내공기 오염이 심하고, 기기수명이 짧고, 취급용이하다.
⑤ 팬코일 유닛 내 팬으로부터 소음 발생 및 유닛 내 누수, 필터 청소가 필요하다.

▶사용처 : 주택, 호텔의 객실, 작은 점포 등 소규모 건물, 컴퓨터실, 경비실, 사무실, 빌딩 등

5) 단일 덕트 방식 : 공조기에서 온, 습도로 조화된 공기를 하나의 덕트로 공급하는 방식

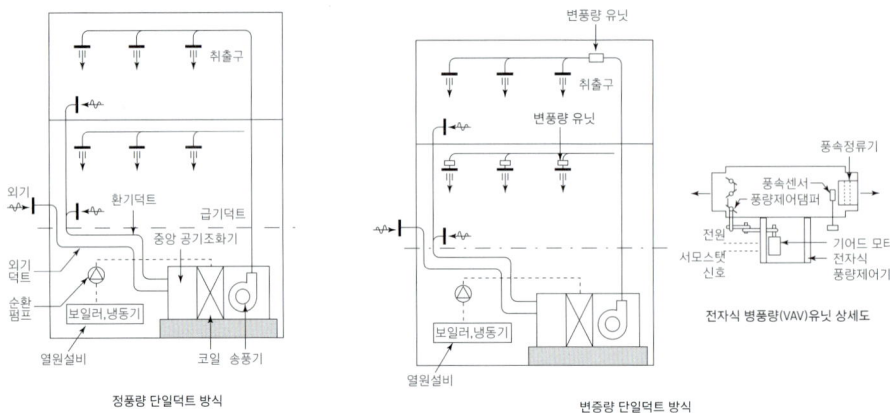

정풍량 단일덕트 방식 / 변풍량 단일덕트 방식 / 전자식 변풍량(VAV)유닛 상세도

(1) 단일덕트 정풍량 방식 : 공조기에서 조화된 냉풍 또는 온풍을 실내 부하 변동에 따른 온도를 조절하여 하나의 덕트를 통해 풍량을 공급하는 방식

▶ 특징 : ① 중앙기계실에서 덕트를 통해 일정 풍량을 공급하기에 개별제어 및 온습도 제어가 곤란
② 냉풍과 온풍을 혼합하는 혼합상자가 필요없어 소음 진동이 적고, 에너지 절약된다.
③ 부하변동에 즉시 대응할 수 없다.
④ 실내부하가 감소할 때 송풍량을 줄이면 공기오염이 심하다.
⑤ 덕트가 1계통이어서 덕트 스페이스가 적고, 설비가 저렴

▶ 사용처 : 공장, 극장 등 대규모 건물

(2) 단일덕트 변풍량 방식 : 취출온도를 일정하게 하고, 각실의 부하변동에 따라 풍량을 제어하여 실내 온도를 유지하는 공조방식

▶ 특징 : ① 실내부하가 감소하면 송풍량이 감소한다.
② 실내부하가 감소하면 공기오염이 심하다.
③ 각실이나 존의 온도를 개별제어할 수 있다.
④ 일사량 변화가 큰 존에 적합하다.
⑤ 송풍기 동력을 절약할 수 있다.(단일덕트 정풍량 방식에 비해)

(3) 단일덕트 재열 방식 : 냉방부하가 감소될 경우 냉각기 출구 공기를 말단 재열기, 존별 재열기로 송풍, 공기를 온수, 증기로 가열하는 방식

▶ 특징 : ① 부하특성이 다른 실이나, 존이 있는 건물에 적합, 외기풍량 요구되는 곳에 적합
② 잠열부하가 많은 경우, 장마철 공조에 적합
③ 재열기 설치로 설치비, 유지비가 든다.
④ 여름에도 보일러 운전이 필요하며, 재열기가 실내에 있을 때 누수 염려있다.

6) 2중 덕트 방식 : 중앙기계실의 공조기로 냉,온풍을 만들어 각각의 덕트(2중덕트)로 공급하며 각 실의 혼합상자에 의해 송풍하는 방식(종류 : 이중덕트방식, 멀티존방식)

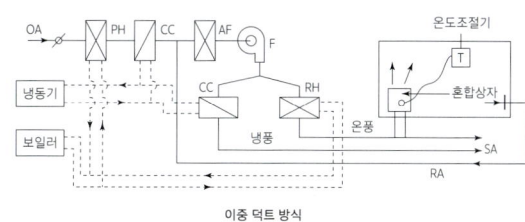

이중 덕트 방식

▶ 특징 : ① 부하 특성이 다른 실이나, 존에 적용가능 하며, 부하변동에 따라 대응이 빠르다.
② 실의 설계변경이나 용도변경에도 유연성이 있다.
③ 덕트가 2계통으로 설비비가 많이 들고, 덕트 스페이스가 크다.
④ 습도 조절이 어렵다. 혼합상자에 소음, 진동이 있다.
⑤ 냉온풍의 혼합으로 에너지 소비가 많다.

7) 각 층 유닛방식 : 각 층마다 유닛(2차 공조기)을 설치하고, 냉각 및 가열 코일에 중앙기계실로부터 냉온수, 증기를 공급받아 각층마다 운전하는 방식(대규모 건물, 다층인 경우 사용)

▶ 특징 : ① 외기용 공조기가 있는 경우 습도제어 용이, 외기도입 용이
② 1차공조용 중앙장치나 덕트가 작아도 되고, 각 층마다 부분운전 가능하다.
③ 각 층에 공조기 분산되므로 관리 불편, 각층소음, 진동, 누수우려 있다.

8) 유인 유닛방식 : 1차 공조기에서 나온 1차 공기를 고속 덕트로 각 실에 설치된 유인 유닛으로 보내어 노즐로부터 분출하는 1차 공기의 유인 작용에 의해 2차 공기인 실내공기를 유인하여 공급하는 방식

※ 유인비$(k) = \dfrac{합계공기(TA)}{1차공기(PA)} = 3~4$

[PA(primary air) : 유인 유닛으로 들어오는 1차 공기, SA(secondary air) : 유인 유닛으로 들어오는 2차 공기, TA(total air) : 1차 공기와 2차 공기의 합계 공기]

▶ 특징 : ① 각 유닛마다 제어가 가능하여 개별제어 가능하다.
　　　　② 중앙공조기는 1차공기만 처리하므로 규모가 작아도 된다.
　　　　③ 고속덕트 사용으로 덕트 스페이스(공간)가 적다,
　　　　④ 부하변동에 따른 적응이 좋고, 송풍량이 적어 외기 냉방 효과가 적다
　　　　⑤ 유닛내 소음이 있고, 고가, 유닛내 필터 청소를 자주하며, 노즐이 막히기 쉽다.
▶ 사무실, 호텔, 병원 등의 고층 건물에 적합한 공조 방식

9) 팬 코일 유닛 방식 : 냉온수 코일, 팬, 에어 필터를 내장한 유닛으로 여름에는 코일에 냉수를 통과시켜 공기를 냉각, 감습하고, 겨울에는 온수를 통과시켜 공기를 가열하는 방식

▶ 특징 : ① 각 실의 유닛은 수동제어 및 개별제어가 용이하다.
　　　　② 유닛을 창문 밑에 설치하면 콜드 드래프트(cold draft)를 방지할 수 있다.
　　　　③ 덕트에 비해 유닛의 위치 변경이 쉽다.
　　　　④ 외기량 부족으로 실내공기 오염이 심하다.
　　　　⑤ 팬코일 유닛 내 팬으로부터 소음 발생 및 유닛 내 누수, 필터 청소가 필요하다.

※ 팬코일 유닛 방식 종류
① 외기를 실내 팬 코일 유닛으로 직접 도입하는 방식
② 외기를 도입하지 않는 방식
③ 덕트 병용의 팬 코일 유닛 방식

※콜드 드래프트 원인
① 인체 주위의 공기온도가 너무 낮을 때
② 기류 속도가 너무 빠를 때
③ 습도가 낮을 때
④ 벽면의 온도가 너무 낮을 때
⑤ 극간풍이 많을 때

10) **복사 냉 · 난방 방식 :** 천장, 벽, 바닥에 코일을 매립하여 온수 또는 냉수를 공급하며, 일부는 중앙공조기를 통해 덕트로 공급하는 방식

▶ 특징 : ① 쾌감도가 높고 ,외기 부족현상이 적다.
　　　　② 실내공간의 이용율이 높다(방열기 설치 불필요).
　　　　③ 열운반 동력을 줄일 수 있다.
　　　　④ 매입배관으로 시공 및 수리가 곤란
　　　　⑤ 고장 발견이 곤란하고,시설비가 비싸다.
　　　　⑥ 냉방시 패널에 결로 우려가 있다.

※ 조닝 (zonning) : 건물의 내부와 외부로 나누어 별개의 송풍계통으로 공조하는 방식

① 내부 존 : 용도에 따른 시간별 조닝
② 외부 존 : 방위별, 층별 조닝

CHAPTER 05 공기조화 기기

1. 공기조화 장치

① 열운반장치 : 열운반 장치로 송풍기, 펌프, 덕트, 배관 등
② 공기조화기 : 가열코일, 냉각코일, 가습기, 여과기, 외기와 환기의 혼합실 등
③ 열원장치 : 보일러, 냉동기 등
④ 자동제어장치: 실내 온, 습도, 기류, 청정도(환기)조절로 경제적 운전

2. 공기조화 설비 구성순서 : 에어필터→냉각코일→가열코일→가습기→팬(송풍기)

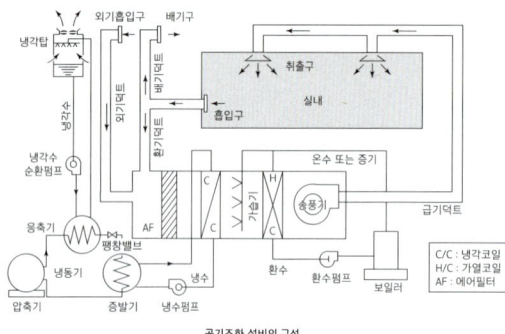
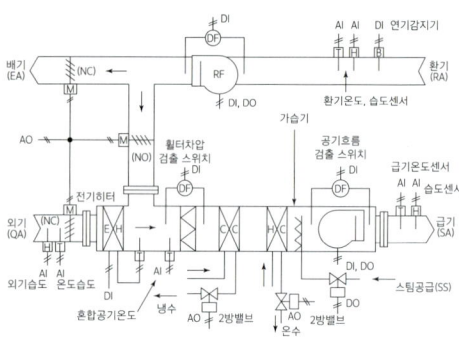

공기조화 설비의 구성

3. 공조기 구성요소

① 에어 필터(air filter : AF)
② 공기냉각기(cooling coil : CC)
③ 공기가열기(heating coil : HC)
④ 가습기(air washer : AW)
⑤ 공기재열기(reheater : RH)
⑥ 공기예냉기(precooling : PC)
⑦ 송풍기, 댐퍼 등

4. 냉각 및 가열 코일

1) 공기여과기(air filter) : 공기중 매연, 분진 등 오염물질을 제거하는 장치

(1) 에어필터종류 : 충돌점착식, 건성여과식, 활성탄 흡착식, 전기식

(2) 에어필터효율 측정방법
① 중량법 : 필터 상류측과 하류측의 분진 중량(mg/m^3) 측정법
② 변색도법(비색법, NBS법) : 필터 상하류의 분진을 각각 여과지로 채집하여 광 투과량이 같도록 상하류에 통과되는 공기량을 조절하여 계산하는 방법
③ 계수법(DOP법) : 광산란식 입자계수기를 사용하여 필터의 상하류의 미립자에 의한 산란광에서 그 입경과 개수를 계측하여 농도를 측정하여 포집률을 구하는법

(3) 에어 필터의 설치위치
① 송풍기의 흡입측이면서, 코일의 앞쪽
② 예냉 코일과 냉각 코일 사이
③ 고성능 HEPA필터, ULPA필터, 전기식필터 경우 송풍기 출구측
  ※ 고성능에어필터(공기필터) 종류 : ① HEPA 필터 ② ULPA 필터
  ※ 고성능(HEPA)필터 : 0.3μm정도 입자를 제진효율 99.97% 이상으로 병원 수술실, 클린룸 등에 사용
  ※ 초고성능 필터(ULPA FILTER) : 입경 0.12~0.17m의 공기중 미세먼지 입자를 99.9995% 이상 포집할 수 있는 초고성능 FILTER로 클린룸 등에 사용
  ※ 에어필터의 설치 위치
    ① 송풍기의 흡입측이면서 코일의 앞쪽
    ② 예냉 코일이 있으면 예냉 코일과 냉각 코일 사이
    ③ 고성능 HEPA 필터나 ULPA 필터, 전기식 필터의 경우 송풍기와 출구측

2) 냉각 및 가열 코일(Coil)

(1) 설치목적에 따른 코일 분류
① 공기 냉각코일 종류 : 냉각(냉수, 예냉) 코일, 직접팽창 코일(직팽 코일)
② 공기 가열코일 종류 : 온수코일, 증기코일, 전열 코일(예열, 가열코일)

(2) 코일 배열방식에 따른 분류
① 풀 서킷 코일
② 더블 서킷 코일
③ 하프 서킷 코일

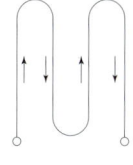
(a) 풀 서킷

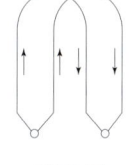
(b) 더블 서킷

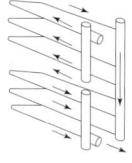
(c) 하핏 서킷

(3) 냉온수 코일 선정(설계)시 주의사항
① 코일 정면풍속 : 2~3[m/s], (냉수코일 : 2.5[m/s], 온수코일 : 2.0~3.5[m/s]) 풍속이 2.5m/sec를 초과하면 코일에 부착된 응축수가 바람에 날려 송풍기 흡입구쪽으로 들어오기 때문에 이를 막기 위해 코일 출구측에 엘리미네이터 설치
  ※ 엘리미네이터 : 출구공기에 섞여 나가는 비산수를 제거하는 역할
② 코일 내 물의 유속 : 1.0[m/s], 관내 유속이 1.5m/sec 이상이면 관내 침식 우려가 있어 더블서킷(double circult)으로 한다.
③ 물이나 공기의 흐름 방향은 대항류로 한다.(대수평균온도차를 크게하여 전열효과를 좋게)
④ 코일 출구수온 온도차 : 5[℃], (온도차 클 경우 수량과 펌프 소요동력이 감소하나 유속이 줄어 열수가 증가)(설계치 : 5~10℃ 정도)
⑤ 공기 냉각용 코일 열수: 4~8열 사용(실제로 코일 면상의 공기류 및 관내수속이 균등치 않아 코일의 불균형, 코일의 오염 등 고려한 코일 열수는 계산치보다 5~10% 정도 크게)
⑥ 냉수 및 온수코일을 겸용으로 사용되는 경우는 냉수 및 온수코일이라 하며 선정은 냉수코일을 기준으로 함.(냉수 및 온수코일을 별개로 하는 경우도 있다)
⑦ 관은 수평, 핀(fin)은 수직 설치(수평 설치시 표면에 있는 수막이 흐르기 힘들고 열 전달, 효율이 낮아짐)
⑧ 코일의 필요열수(N) 계산

$$\frac{전열부하}{코일의 전면적 \times 열관류율 \times 습면보정계수 \times 대수평균온도차} [열]$$

(4) **대수평균 온도차(MTD)** : 코일 내 공기와 냉수, 온수가 열교환하는 형식에서 병류(평행류)와 향류(대향류) 방식에 의해 물과 공기의 온도차는 위치마다 다르므로 코일 전체를 대표할 수 있는 온도차, 즉 대수평균온도차(LMTD : Logarithmic Mean Temperature Difference)로 계산

$$LMTD = \frac{\Delta_1 - \Delta_2}{\ln\left(\frac{\Delta_1}{\Delta_2}\right)} = \frac{\Delta_1 - \Delta_2}{2.3\log\left(\frac{\Delta_1}{\Delta_2}\right)}$$

Δ_1 : 공기 입구측 공기와 물의 온도차(℃), Δ_2 : 공기 출구측 공기와 물의 온도차(℃)

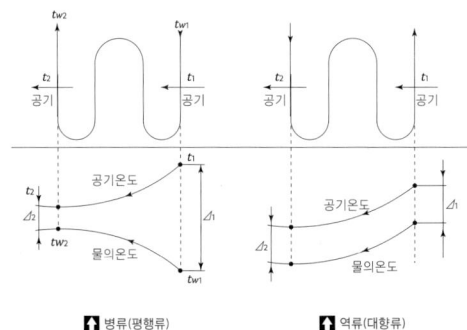

↑ 병류(평행류)   ↑ 역류(대향류)

3) 공대공 열교환기 : 실내에서의 배기와 환기용 외기를 열교환하는 장치로 에너지 절약의 일환으로 사용

(1) 공대공 열교환기 종류 분류
① 전열교환기 : 석면 등으로 만든 얇은판에 염화리튬(LiCl)과 같은 흡수제를 침투시켜 현열 및 잠열 교환(회전식 전열교환기, 고정식 전열교환기)
  ㉠ 회전식 전열교환기 : 벌집모양의 로터를 회전시키면서 윗 부분으로 외기를 아래쪽으로 실내배기를 통과하면서 외기와 배기의 온도 및 습도를 교환하는 열교환기
  ㉡ 고정식 전열교환기 : 석면, 박판소재 흡습제로 염화리튬 사용, 판소재, 교대배열
  ※ 외기량과 배기량의 밸런스를 조정할 때 배기량은 외기량의 40% 이상 확보.

② 현열교환기 : 연도 배기가스의 열회수, 공업용 가열로의 열회수용으로 사용하며 산업용 공조로 사용(보건용 공조 사용안함)(회전형, 히트파이프)

(2) 기타 열교환기 : 서로 온도가 다르고, 고체벽으로 분리된 두 유체들 사이에 열교환을 수행하는 장치를 열교환기라 하며, 난방, 공기조화, 동력발생, 폐열회수 등 사용

① 판형 열교환기 : 볼트를 체결하는 조립식으로 분해, 교체, 조립, 세척이 간단하고 용량의 증가나 감소시 프레이트(Plate)와 가스켓(Gasket)의 가감이 가능하다. 열전달 효율이 높아 온도차가 작은 유체 간의 열교환에 매우 효과적, 전열판에 요철 형태를 성형시켜 사용하므로 유체의 압력손실이 크다, 셀튜브형에 비해 열관류율이 매우 높다(전열면적을 줄일 수 있다).

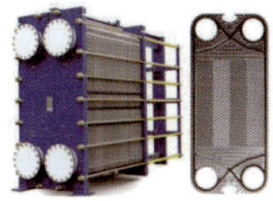

② 쉘앤튜브(shell & tube)형 열교환기 : 원통(shell) 내부는 냉매가 관(tube)에 냉각수가 흐르는 구조이고, 전열관 내 유속은 내식성이나 내마모성을 고려하여 1.8m/s 이하가 되도록 한다.
 ※ 런 어라운드 코일(Run Around Coil) : 실내에서 폐기되는 공기 중의 열을 이용하여 외기 공기를 예열하는 열회수방식

4) 가습장치(Humidifier)

(1) 가습장치종류

① 수분무식 : 물 또는 온수를 공기 중에 직접 분무하는 방식(원심(회전)식, 초음파식, 분무식)
② 증기발생식 : 응답성, 제어성이 빠르고 물의 정체성이 없어 미생물 번식이 없어 무균의 청정실, 습도 제어 요구되는 곳(전열식, 적외선식, 전극식)
③ 증기공급식 : 증기를 가습용으로 사용(과열증기식, 분무식)
④ 증발식 : 높은 습도 요구되는 경우(인쇄, 방적, 연초공장 등)(회전(원심)식, 적하식, 모세관식)

(2) 에어 와셔(공기세정기)에 의한 가습 : 통과 공기 중에 온수 또는 냉수를 분무하여 공기를 세정, 냉각감습, 가열가습을 하며 주로 습도 조절 목적으로 사용

① 루버(louver) : 입구 공기의 난류를 공기 흐름을 일정하게 (정류) 및 공기를 정화하는 역할
② 엘리미네이터 : 출구공기에 섞여 나가는 비산수를 제거하는 역할
③ 플러딩 노즐(flooding nozzle) : 엘리미네이터의 오염을 방지하기 위해 상부에 물을 분무하여 청소한다.
④ 분무노즐 : 분무수와 공기를 접촉시키는 세정실(spray chamber)에 몇 개의 스탠드 파이프(stand pipe)를 세우고 분무 노즐로 분무

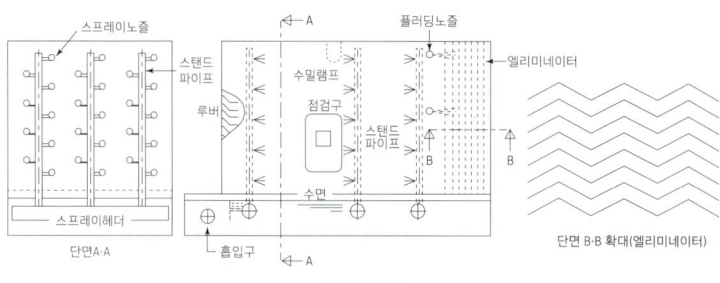

에어와셔의 구조

5) 감습장치(Dehumidifier)

종류	방법
① 냉각식(냉각감습)	냉각코일을 사용하여 습공기를 노점 이하로 냉각하여 제습(일반적 방법)
② 압축식(압축감습)	공기를 압축하여 수분을 응축제거(동력 및 설비비 고가)
③ 흡수식(흡수감습)	① 고체(흡착)감습 : 실리카겔, 활성알루미나, 아드소울에 의한 흡착
	② 액체(흡수)감습 : 염화리튬, 트리에틸렌글리콜에 의한 흡수

6) 송풍기 : 기체 수송을 목적으로하는 것, 기체압축을 목적으로 하는 것은 압축기

(1) 압력에 따른 분류
① 팬 : 0.1[kg/cm²] 미만(송풍기)
② 블로워 : 0.1~1[kg/cm²] 정도
③ 압축기 : 1[kg/cm²] 이상

(2) 송풍기 분류
① 원심식 : 다익(시로코)형, 방사(레이디얼)형, 터보형, 리밋로드형, 익형(다익+터보형 개량)
② 축류식 : 베인형, 튜브형, 프로펠러형
③ 사류식

(3) 원심식 송풍기의 종류
① 다익(시로코)형 : 전향날개형 (날개 각도 > 90°), 환기, 공조, 저속덕트용
② 방사형(레이디얼, 플레이트형) : 날개가 방사형(날개각도 = 90°), 자기청소 특성이 있고, 분진누적이 많은 곳에 사용
③ 터보(후곡)형 : 후향날개형으로 고속회전 및 효율이 좋다.(날개각도 < 90°)

(4) 송풍기 상사법칙
① 풍량은 회전속도에 비례하여 변화한다. $Q_2 = Q_1 \left(\dfrac{N_2}{N_1}\right)$

② 풍압은 회전속도의 2제곱에 비례하여 변화한다. $P_2 = P_1 \left(\dfrac{N_2}{N_1}\right)^2$

③ 동력은 회전속도의 3제곱에 비례하여 변화한다. $L_2 = L_1 \left(\dfrac{N_2}{N_1}\right)^3$

④ 풍량은 송풍기 크기비의 3제곱에 비례하여 변화한다. : $Q_2 = Q_1 \left(\dfrac{D_2}{D_1}\right)^3$

⑤ 압력은 송풍기의 크기비의 2제곱에 비례하여 변화한다. : $P_2 = P_1 \left(\dfrac{D_2}{D_1}\right)^2$

⑥ 동력은 송풍기 크기비의 5제곱에 비례하여 변화한다. : $L_2 = L_1 \left(\dfrac{D_2}{D_1}\right)^5$

(여기서 $N_1 \rightarrow N_2$: 회전속도변화, $D_1 \rightarrow D_2$: 송풍기 크기변화)

※ 송풍기 특성곡선 : 일정한 회전수에서 가로축을 풍량Q(㎥/min), 세로축을 정압(Ps), 전압(Pt)(mmAq), 효율(%), 소요동력L(kw)로 놓고 풍량에 따라 압력, 효율 변화과정을 나타낸 것

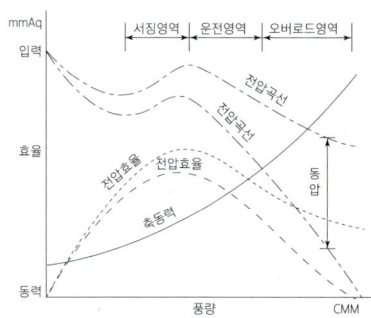

(5) 송풍기 크기 : 송풍기 번호(No)로 나타냄

① 원심식(No) = $\dfrac{\text{임펠러(회전날개)지름[mm]}}{150[mm]}$

② 축류식(No) = $\dfrac{\text{임펠러(회전날개)지름[mm]}}{100[mm]}$

(6) 소요동력(축동력) : KW, HP, PS

축동력(kw) = $\dfrac{Q\Delta P}{102 \times 60 \times \eta_f}$ [kW]

[Q : 송풍량(m^3/min), P : 송풍기정압(mmAq), n_f : 송풍기효율, HP : 76(kg.m/s), PS : 75(kg.m/s), kw : 102(kg.m/s)]

(7) 송풍기(원심) 풍량제어 방법

① 흡입, 토출 댐퍼 개도 조절법 ② 흡입 베인(vane) 제어법
③ 회전수 제어법 ④ 가변 피치(날개각도) 제어법

(8) 송풍기 효율 관계식

① 전압공기동력 : 풍량 × 전압   ② 정압공기동력 : 풍량 × 정압

③ 전압효율 : $\dfrac{\text{전압공기동력}}{\text{축동력}}$ ④ 정압효율 : $\dfrac{\text{정압(저항)공기동력}}{\text{축동력}}$

※ 전압 = 정압 + 동압   ∴ 정압 = 전압 - 동압

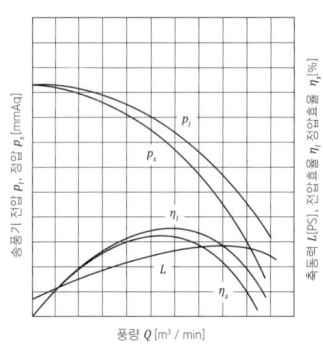
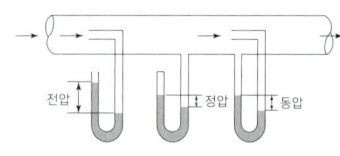

7) 펌프 : 액체 수송을 목적으로 하는 것

(1) 펌프의 종류

① 터보형 : 원심(센트리퓨걸펌프)식[볼류트, 터빈펌프], 사류식, 축류식
  ※ 볼류트 펌프 : 가이드베인(안내날개)가 없는 저양정용
  ※ 터빈펌프 : 가이드베인(안내날개)가 있는 고양정용
② 용적형 : 왕복식(피스톤, 플런져, 다이어프램), 회전식(기어, 나사, 베인)
  ※ 기어펌프(기름이송용)
③ 특수형 : 마찰, 제트, 기포, 수격펌프

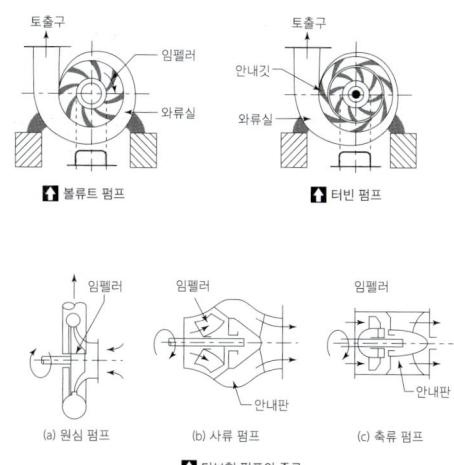

(2) 공동현상(cavitation : 캐비테이션 현상) : 관로 변화있는 배관내 압력이 포화증기압보다 낮아져 기포가 발생하는 현상으로 소음, 진동, 충격으로 임펠러나 케이싱 등을 파손시키는 현상

■ 캐비테이션 방지방법
① 펌프 회전수를 낮추어 유속을 느리게 한다.
② 펌프 위치를 수원과 가깝게 하여 흡입 양정을 작게 한다.
③ 가급적 만곡부를 줄인다.
④ 펌프를 2단(양흡입 펌프) 이상 설치한다.
⑤ 흡입관 손실 수두를 줄인다.

■ 펌프의 양정과 유량 관계
① 직렬연결 : 양정 : 증가, 유량 : 일정
② 병렬연결 : 양정 : 일정, 유량 : 증가

(3) 맥동 현상(서징현상) : 흡입 관로에 공기나 관내 저항 등으로 펌프 송출압력과 송출유량이 주기적 변동이 일어나는 현상.

덕트 및 부속기기

1. 덕트

공기조화된(온도, 습도, 청정도) 공기를 수송하는 설비로 단면 형상에 따라 장방형과 원형이 있으며 실내로 공기를 공급하거나 오염된 공기를 실외로 배출하는 역할

1) 덕트재료 종류

(1) **덕트일반재료** : 아연도금 강판(함석), 아연도금철판
   ※ 아연도금 강판(함석 KSD 3506) : 일반공조용 및 환기 덕트, 공조기 케이싱, 풍량조절 댐퍼, 급배기용 루버, 덕트 행거 등에 사용하며 가격이 싸고, 가공이 쉽고, 강도가 높고 부식성이 적은 특징

(2) **고온 가스 및 공기가 통하는 연도** : 열간압연강판
   ※ 열간압연강판 (KSD 3501) : 고온의 공기 및 가스가 통하는 덕트, 방화댐퍼, 보일러 연도 등에 사용

(3) **화학실험실 재료** : 경질염화비닐

(4) **냉간 압연 강판(KSD 3512)**

(5) **알루미늄판**

2) 덕트의 분류

(1) **풍속에 따라** : 저속덕트, 고속덕트

(2) **사용목적에 따라** :
   ① 공조용 : 급기덕트, 환기덕트
   ② 환기용 : 급기덕트, 배기덕트
   ③ 배연용

(3) **형상에 따라**
   ① 장방향덕트
   ② 원형덕트 : ⓐ 스파이럴덕트   ⓑ 플렉시블덕트

3) 덕트의 종류

(1) **급기덕트** : 공조기에서 공기를 실내로 보내는 덕트(반드시 보온 필요)
(2) **환기덕트** : 실내 공기를 공조기로 보내는 덕트
(3) **배기덕트** : 실내 공기를 외부로 버리는 덕트
(4) **외기덕트** : 외기를 공조기로 도입하는 덕트

4) 덕트의 풍속

(1) **저속덕트** : 주덕트 풍속이 15[m/s] 이하
(2) **고속덕트** : 주덕트 풍속이 15[m/s] 이상(15~20[m/s])

5) 덕트의 확대 및 축소(덕트의 단면적비가 75% 이하)

(1) **확대의 경우** : 저속덕트 : 15° 이하(고속덕트 : 8° 이하)
(2) **축소의 경우** : 저속덕트 : 30° 이하(고속덕트 : 15° 이하)

6) 덕트 설계, 시공시 주의 사항

(1) 덕트 종횡비(aspect ratio : 아스펙트비 : $\frac{a}{b}$) : 동일한 원형덕트에 대한 직사각형 덕트의 장변과 단변의 비
  ※ 아스팩트비를 보통 4:1 이하가 바람직하나 8:1을 넘지 않는 범위로 한다.
(2) 굽힘 부분은 되도록 큰 곡률 반지름을 취한다.
  ㉠ 덕트의 곡률반경(반경비 : $\frac{R}{a}$)은 1.5~2배로 한다.
  ㉡ 곡률반경비가 1.5 이내일 때는 가이드 베인을 설치한다.
  ※ 가이드 베인 : 덕트의 구부러진 부분의 기류를 안정시키기 위해 사용
(3) 덕트의 확대각도 15° 이하(고속덕트는 8° 이하), 축소각도 30° 이하(고속덕트는 15° 이하)로 한다.
(4) 덕트풍속 15[m/s] 이하, 정압 50[mmAq] 이하의 저속덕트 사용으로 소음을 줄인다.

7) 덕트의 치수 결정법

(1) **등속법** : 덕트 내 풍속을 일정하게 유지할 수 있도록 덕트 치수를 결정하는 방법(분체수송, 공장환기에 사용)
(2) **등마찰저항법(정압법)** : 덕트의 단위길이 당 마찰손실을 일정하게 하는 방법(쾌적용(일반)공조에 사용)
  ※ 등마찰법 단위마찰저항 : 저속덕트 : 0.08~0.2mmAq 정도, 고속덕트 : 1mmAq 정도로 선정하여 덕트 치수 결정
(3) **정압 재취득법** : 각 취출구 또는 분기부 직전의 정압을 균일하게 되도록 덕트 치수를 결정하는 설계법

8) 덕트의 각종계산

(1) 전압 = 동압 + 정압, 정압 = 전압 − 동압

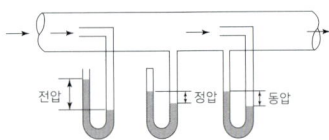

(2) 원형덕트의 풍량 : $Q = A \cdot V = \frac{\pi}{4}D^2 \cdot V$

    Q : 풍량(m³/s), A : 덕트단면적(m²), 덕트지름 : (m), 풍속 : (m/s)

(3) 덕트 마찰저항(압력강하) : $\triangle P = \lambda \cdot \frac{l}{D} \cdot \frac{V^2}{2g} \cdot \Upsilon$

    Υ : 마찰저항계수, l : 덕트길이(m), D : 덕트지름(m), Υ : 공기비중량(1.29kg/m³)

    ※ 속도수두 : 단위 중량의 유체가 가지는 속도 에너지. 즉, 속도 V(m/s)로 유출하고 있을 때 유체가 가지는 에너지는 $\frac{V^2}{2 \cdot g}$

(4) 원형덕트에서 직각(장방향)덕트 환산 : $d = 1.3\left\{\frac{(a \times b)^5}{(a+b)^2}\right\}^{\frac{1}{8}}$

    d : 원형덕트지름(m), a : 4각덕트 장변길이(m), b : 4각덕트 단변길이(m)

2. 덕트부속기기

1) 댐퍼 종류 : 댐퍼란 통과 풍량의 조정, 폐쇄에 사용하는 기구

  (1) **풍량조절(볼륨)댐퍼(VD : volume damper)** : 풍량조절, 폐쇄 역할용 댐퍼

    ㉠ 루버(다익)댐퍼 : 2개 이상의 날개를 가진 것으로 다익댐퍼. 대형 덕트용
    ㉡ 스플릿댐퍼 : 분기되는 덕트에 사용
    ㉢ 버터플라이(단익) 댐퍼 : 소형덕트용 (유량 조절용으로 부적당)
    ㉣ 슬라이드댐퍼 : 주로 전체 개폐용
    ㉤ 클로스댐퍼 : 원형덕트용

    ※ 릴리프 댐퍼(Relief Damper) : 실내의 정압을 유지하고, 실내・외 또는 인접실과의 차압을 제어하며, 실외 오염 공기가 청정실, 클린룸 안으로 역류되는 것을 방지한다
    ※ 풍량조절 댐퍼 : 버터플라이 댐퍼, 루버 댐퍼
    ※ 풍량분기 댐퍼 : 스플릿 댐퍼

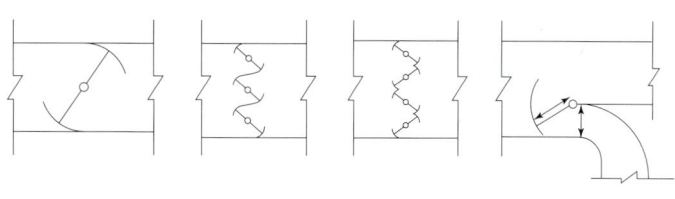

| 버터플라이댐퍼 | 루버(다익)댐퍼 | 스플릿댐퍼 |

릴리프댐퍼

(2) 방화댐퍼(FD : fire damper) : 화재발생 시 덕트를 통해 화재가 번지는 것을 방지하기 위한 댐퍼

※ 방화댐퍼 종류
① 루버형 : 대형의 4각 덕트용으로 퓨즈 이용 72[℃] 용융   ② 피벗(pivot)형
③ 슬라이드형   ④ 스윙형

(3) 방연(배연) 댐퍼(SD : smoke damper) : 실내 연기 감지기로 화재초기에 덕트 폐쇄

※ 배연방식종류 : 자연 배연방식, 스모크타워 배연방식, 기계 배연방식(1종 배연방식, 2종 배연방식, 3종 배연방식)
  ◆ 다이어몬드 브레이크 : 덕트의 강도 보강 및 진동을 흡수하는 덕트연결법
  ◆ 캔버스 이음 : 송풍기에서 발생한 진동이 덕트에 전달되지 않도록한 이음

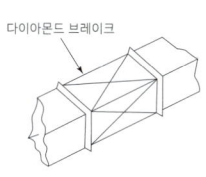 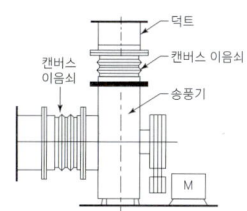 

  ◆ 덕트의 소음 방지법 : ① 덕트에 흡음재 부착 ② 송풍기 출구에 플리넘 쳄버 장치
                      ③ 흡음장치 설치

취출구(흡입구) 및 환기

1. 취출구(흡입구)

: 실내에 공기를 공급하는 기구

※ 기류형식에 따른 분류
① 축류형(베인격자형, 노즐형, 펑커루버형, 다공판형 등)
② 확산(복류)형(팬형, 아네모스탯형)

1) 천장 취출구 : 천장에 설치하여 하향으로 취출

(1) **아네모스탯형(Anemostat)** : 확산형 취출구로 천장에 설치하여 사용(원형, 장방형), 실내공기의 유인성(유인비)이 우수하며, 확산 반경이 크고, 도달거리가 짧다, 천장 취출구로 사용, 발생소음이 크다, 공기 풍량 조절이 쉽다.

※ 유인비 : $\dfrac{1차공기량 + 2차공기량}{1차공기량} = \dfrac{전공기량}{1차공기량}$

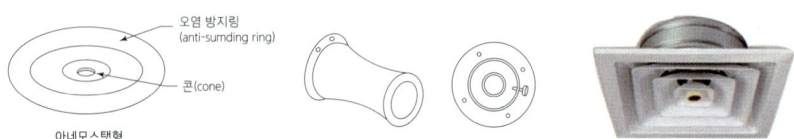

(2) **웨이형** : 방 구조가 복잡해 취출기류를 특정방향으로 취출해야 할 때 사용(디플렉터(바람방향을 바꾸는 장치)를 취출구 출구 쪽에 부착)

(3) **팬형(Pan Type)** : 아네모스탯형의 콘 대신에 중앙에 원형 또는 원추형 팬을 매달아 여기에 토출기류를 부딪치게 하여 천장면을 따라서 수평방향으로 공기를 취출하는것. 구조가 간단, 유인비, 소음발생이 심하며, 냉방에 유효하며, 일정한 기류의 형상을 얻기 곤란, 기류의 확산 범위를 조절할 수 있다.

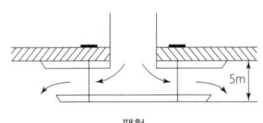

팬형

(4) 라이트-트로퍼형 : 조명 등의 외관으로 취출구 역할까지 겸하는 취출구

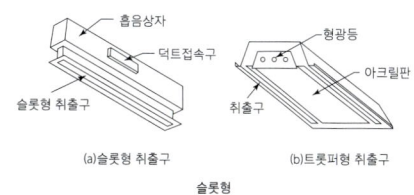

(5) 다공판형 : 취출구 프레임에 일정한 크기의 구멍을 뚫어 토출구를 만들고 천정설치용으로 천장내 덕트 공간이 작은 경우 적합 하며, 확산효과가 크기 때문에 도달거리가 짧다.

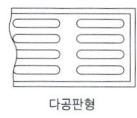

2) 라인형 취출구 : 창틀 밑이나 창위쪽에 설치하여 상,하향으로 취출, 내부공기와 외부 공기를 차단하여 열손실을 방지하고, 외부로부터 침입하는 곤충 및 벌레 등의 이물질을 차단하는 용도(에어커튼 역할)

(1) 브리즈 라인형(Breeze Line) : 홈(Slot)의 종횡비가 커서 선의 개념을 통한 실내 디자인과 조화
  ※ 설치위치 : 외주부의 천장, 출입구 에어 커튼 역할, 외부존, 내부존 부하처리 가능

(2) 캄 라인형(Calm Line) : 외부존, 내부존에 모두사용, 가느다란 선형 취출구 및 디플렉터가 있어서 정류작용함

(3) T-라인형 : 댐퍼 기능, 흡입구로도 사용

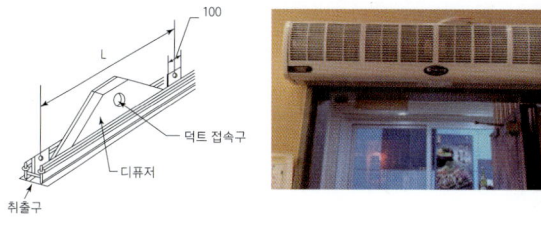
T-라인형

캄 라인형(Calm Line)

(4) 슬롯-라인형(Slot Line) : 종횡비가 매우 크고 폭이 좁고 길이가 1m 이상되는 것으로 일명 모듈 라인형 취출구, 취출구인 슬롯내에 베인이 있어서 댐퍼 및 풍량조절 기능, 베인을 제거하면 흡입구로도 사용

(5) T-바(T-bar)형: 천장 및 창틀 취출용으로 방향 및 풍량 조절 가능. 베인이나 댐퍼 제거하면 흡입구로도 사용 가능

3) 축류(벽면)취출구 : 벽면에 설치하여 수평방향으로 취출

(1) 노즐형(Nozzle Diffuser) : 분기덕트에 접속하여 급기하는 것으로 도달거리가 길어 실내 공간이 넓은 경우에 사용, 소음이 적고, 극장, 로비, 공장 등에서 풍속을 5[m/s] 이상으로도 사용

(2) 펑커루버형(Punka Louver) : 취출 기류의 방향조정이 가능하고, 댐퍼가 있어 풍량조절도 가능하다. 공기저항이 큰 단점, 공장, 주방 등의 국소 냉방용, 선박환기용으로 사용

벙커형 디퓨저

4) 베인격자형 : 날개 방향조절로 풍향조절, 주로 벽 설치용(V-H형 : 세로방향과 가로방향의 베인)

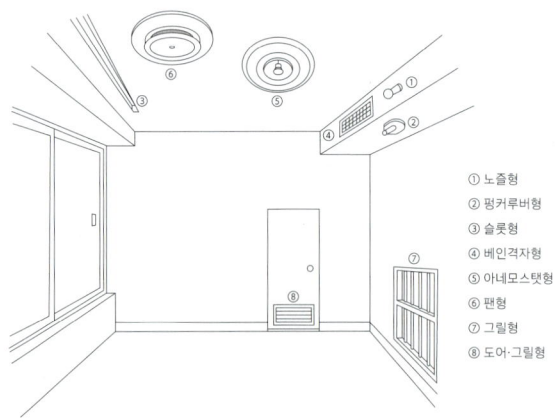

① 노즐형
② 펑커루버형
③ 슬롯형
④ 베인격자형
⑤ 아네모스탯형
⑥ 팬형
⑦ 그릴형
⑧ 도어·그릴형

※ 취출풍량 조절을 댐퍼로 하는 것은 레지스터, 댐퍼나 셔터가 없는 것은 그릴이라 함

(1) **그릴** : 격자형으로 셔터가 없는 것으로 공기유동을 조절하는 장치

 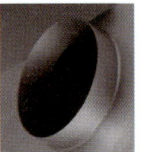

전면   후면

(2) **루버** : 공기 세정기에서 유입되는 공기를 정화시키기 위해 설치하는 것, 또는 격자형으로써 눈, 비의 침입을 방지하기 위해 물막이가 붙어 있는 것

(3) **레지스터** : 격자형으로 셔터가 붙어 있는 것

※ **스머징(smudging)현상** : 취출구 주위가 검게 변화되는 현상

5) 흡·출 공기 이동특징

(1) **최대도달거리** : 취출구로부터 기류의 중심속도가 0.25[m/s]로 되는 곳까지의 수평거리

(2) **최소도달거리** : 취출구로부터 기류의 중심속도가 0.5[m/s]로 되는 곳까지의 수평거리

6) 취출구 허용풍속

(1) 방송국 : 1.5~2.5[m/s] (2) 영화관 : 5[m/s]
(3) 일반사무실 : 4~6[m/s] (4) 백화점 : 7~10[m/s]

2. 환기

실내 오염된 공기(이산화탄소, 먼지, 담배연기 등)를 배기, 교환, 희석하여 쾌적한 공기로 만드는 것
※ 실내 필요 환기량 결정 조건 : 실의 종류, 재실자의 수, 실내에서 발생하는 오염물질 정도

1) 환기 분류

(1) **인간환기** : 재실자의 불쾌감이나 위생적 위험성 증대의 방지를 위한 환기

(2) **물질환기** : 품질관리에 있어서 원료나 제품의 보존을 위한 주변환경의 악화로부터 보호하는 환기

2) 환기방식

(1) 자연환기 : 실내. 외 온도차에 의한 비중량과 외기의 풍압에 의한 실내외의 압력차에 의해 이루어지는 중력환기

※ 특징 : ㉠ 동력불필요 ㉡ 일정 환기량 얻기가 곤란 ㉢ 일정량 이상 환기량을 기대할 수 없다.

(2) 기계환기 : 급기팬, 배기팬을 이용한 기계적 환기 방법

※ 특징 : ㉠ 기계적 에너지 필요 ㉡ 급기팬, 배기팬이 필요하고 동력이 필요
㉢ 용도와 목적에 따라 환기량, 실내압 조정 가능

3) 강제 환기방식 종류

(1) **제1종환기(병용식)** : 급기팬+배기팬(환기효과 가장 큼) : 보일러실, 병원 수술실 등
(2) **제2종환기(압입식)** : 급기팬+자연배기(실내압은 정압) : 반도체 무균실, 소규모 변전실, 창고 등
(3) **제3종환기(흡출식)** : 자연급기+배기팬(실내압은 부압) : 화장실, 조리실, 탕비실, 차고 등
(4) **제4종환기(자연식)** : 자연급기+자연배기(자연중력환기)

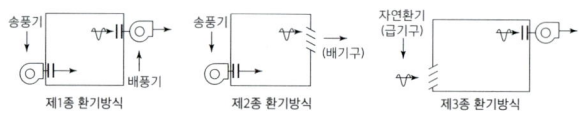
제1종 환기방식   제2종 환기방식   제3종 환기방식

4) 외기 도입량(환기량) 구하는 식

$$Q[m^3/h] = \frac{\text{오염가스발생량}[m^2/h]}{\text{오염물질 서한도}[m^3/m^3] - \text{외기}CO_2\text{농도}[m^3/m^3]}$$

※ 서한도 : 환기를 계획할 때 실내 허용 오염도의 한계
※ 환경정책 기본법상 일산화탄소의 평균 대기환경기준 : 1시간당 25ppm 이하

필답 예상문제

01 공기 조화의 4대 요소를 쓰시오.

/ 풀이

① 온도
② 습도
③ 기류
④ 청정도

02 공기조화 분류에서 보건용(쾌감용)공조에 대하여 설명하시오.

/ 풀이

보건용(쾌감)공조 : 인간을 대상으로 쾌적한 상태를 유지하기 위한 공조(주택, 사무실, 백화점, 극장, 병원)

/ 참고

* 산업용공조
생산물품이나 기계 등을 대상으로 한 공조로 생산성 향상 목적(공장, 전산실, 창고, 연구소)

> **참고**
>
> 전공기방식은 중앙 공조기로부터 덕트를 통해 냉·온풍을 송풍기로 공급하는 방식
> – 사용처 : 사무실 빌딩, 병원의 내부존, 공장, 식당, 극장, 청정도가 요구되는 수술실 등

04 단일덕트 변풍량 방식을 설명하고 특징을 쓰시오.
  (1) 설명
  (2) 특징

> **풀이**
>
> (1) 취출온도를 일정하게 하고, 각실의 부하변동에 따라 풍량을 제어하여 실내온도를 유지하는 공조방식
> (2) ① 실내부하가 감소하면 송풍량이 감소한다.
>   ② 실내부하가 감소하면 공기오염이 심하다.
>   ③ 각실이나 존의 온도를 개별제어할 수 있다.
>   ④ 일사량 변화가 큰 존에 적합하다.
>   ⑤ 송풍기 동력을 절약할 수 있다.(단일덕트 정풍량 방식에 비해)

05 상대습도 100%일 때 습구온도와 건구온도의 값을 쓰시오.

> **풀이**
>
> 같다.

> **참고**
>
> 상대습도 100%인 포화공기에서는 증발이 일어나지 않아 습구온도는 건구온도와 같다.

06 보건용 공기조화에서 난방부하 계산용 표준 실내 기준 온습도를 쓰시오.

> **풀이**
>
> 20[℃ dB], 50[%]RH

> **참고**
>
> * 냉방시
> 20[℃ dB], 50[%]RH

07 공기조화 방식 중 수 – 공기 방식의 종류를 쓰시오.

풀이

① 덕트 병용 팬 코일 유닛방식
② 유인 유닛방식
③ 복사 냉난방 방식

참고

구분			방식	
중앙식	① 전공기방식	단일 덕트 방식	정풍량	– 말단에 재열기 없는 방식 – 말단에 재열기 있는 방식
			변풍량	– 재열기 없는 방식 – 재열기 있는 방식
		2중 덕트 방식	정풍량 2중 덕트방식	
			변풍량 2중 덕트방식	
			멀티존 유닛 방식	
		멀티존(각층) 유닛 방식		
	② 수-공기방식	덕트 병용 팬 코일 유닛 방식		
		유인 유닛 방식		
		복사 냉난방 방식		
	③ 수방식	팬 코일 유닛 방식		
개별식	냉매방식	룸 쿨러 방식		
		패키지 방식		
		멀티유닛 방식		

08 공기조화 설비 구성 순서를 쓰시오.

풀이

에어필터 → 냉각코일 → 가열코일 → 가습기 → 팬(송풍기)

09 다음 공기 선도를 보고 빈칸 ( )에 "증가, 감소, 일정"을 골라 쓰시오.

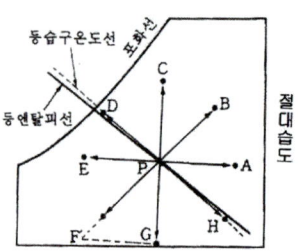

상태	건구온도	상대습도	절대습도	엔탈피
가열(PA)	(①)	감소	일정	(⑩)
냉각(PE)	감소	(④)	(⑦)	(⑪)
등온가습(PC)	(②)	(⑤)	(⑧)	증가
등온감습(PG)	(③)	(⑥)	(⑨)	(⑫)

풀이

① 증가
② 일정
③ 일정
④ 증가
⑤ 증가
⑥ 감소
⑦ 일정
⑧ 증가
⑨ 감소
⑩ 증가
⑪ 감소
⑫ 감소

10 바이패스(BF) 팩터를 설명하시오.

풀이

냉온수 코일 및 공기 세정기에서 공기가 코일을 통과할 때 코일과 접촉하지 않고 통과하는 공기의 비율로서 BF가 작을수록 성능이 우수하다.

참고

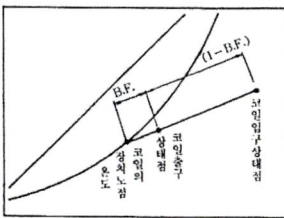

$$BF = \frac{\text{코일출구온도} - \text{코일표면온도}}{\text{혼합공기온도} - \text{코일표면온도}}$$

※ 바이패스팩터가 작아지는(큰) 경우
  ① 코일 전열면적이 클(적을) 때
  ② 코일의 열수가 많(적)을 때
  ③ 송풍량이 작을(클) 경우
  ④ 코일(핀) 간격이 좁을(클) 때
  ⑤ 냉온수 순환량이 증가(감소)할 때
  ⑥ 송풍량이 감소(증가)할 때

※ 콘택트팩터(CF) : 코일과 접촉한 후의 공기비율

$$CF = 1 - BF, \quad BF = \frac{\text{바이패스한 공기량}}{\text{코일을 통과한 공기량}}$$

11 다음의 습공기선도의 a, b, c, d, e, f, g의 명칭을 쓰시오.

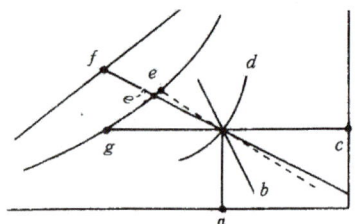

🔍 **풀이**

a : 건구온도
b : 비체적
c : 절대습도
d : 상대습도
e : 습구온도
f : 엔탈피
g : 노점온도

12 공기조화기의 가열코일에서 건구온도 3℃의 공기 2500kg/h를 25℃까지 가열하였을 때 가열열량을 계산하시오. (단, 공기의 비열 C는 1.01kJ/kg · ℃이다)

🔍 **풀이**

5,550kJ/h

📖 **참고**

$Q = G \cdot C \cdot \triangle t$
여기서 Q : 공기의 엔탈피(가열량), $\triangle t$: 온도변화량
$Q = 2,500\text{kg/h} \times 1.01\text{kJ/kg℃} \times (25 - 3)\text{℃} = 5,550\text{kJ/h}$

13 실내 냉방부하 중에서 현열부하가 10470kJ/h, 잠열부하가 2100kJ/h일 때 현열비를 계산하시오.

> **풀이**
>
> 0.83

> **참고**
>
> 현열비 $SHF = \dfrac{\text{현열부하}}{\text{현열부하} + \text{잠열부하}}$ 에서 $SHF = \dfrac{10470\text{kJ/h}}{10470\text{kJ/h} + 2100\text{kJ/h}} = 0.83$

14 건구온도 26℃, 상대습도 50%인 습공기 ①과 건구온도 2℃, 상대습도 70%인 습공기 ②를 7 : 3의 비율로 혼합할 때 혼합공기의 온도를 계산하시오.

> **풀이**
>
> 27.8℃

> **참고**
>
> 혼합 공기 온도 $t_M = (26 \times 7 + 32 \times 3)/(7+3) = 278/10 = 27.8$

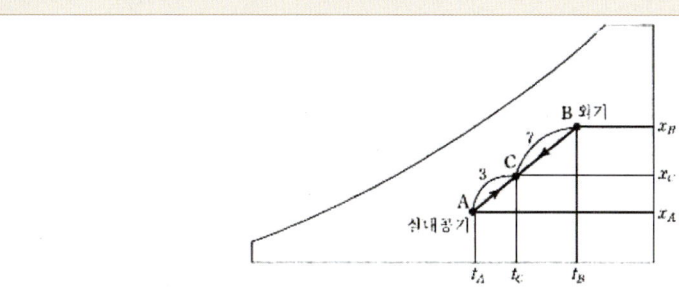

*습공기의 혼합
- 공조설비는 공조기 입구에서 실내까지의 재순환공기에 신선한 외기를 혼합시키는데 그비율은 보통 7 : 3으로 고려한다.
- 일반적으로 A점의 공기와 B점의 공기를 $m : n$의 비율로 혼합할 때, 혼합공기상태는

C점의 온도, $t_c = \dfrac{(t_A \times m) + (t_B \times n)}{m + n}$

C점의 절대습도, $x_c = \dfrac{(x_A \times m) + (x_B \times n)}{m + n}$

15 건구온도 33℃, 상대습도 50%인 습공기 500m³/h를 냉각코일에 의하여 냉각한다. 코일의 장치 노점온도는 9℃이고 바이패스 팩터가 0.1이라면 냉각된 공기의 온도를 계산하시오.

풀이

11.4℃

참고

냉각된 공기온도 = BF × (건구온도 − 노점온도) + 노점온도 = 0.1 × (33℃ − 9℃) + 9℃ = 11.4℃

16 공기조화 방식 제어에서 조닝의 필요성을 쓰시오.

풀이

① 각 구역의 온습도 조건 유지
② 합리적인 공조시스템 적용
③ 에너지를 절약

참고

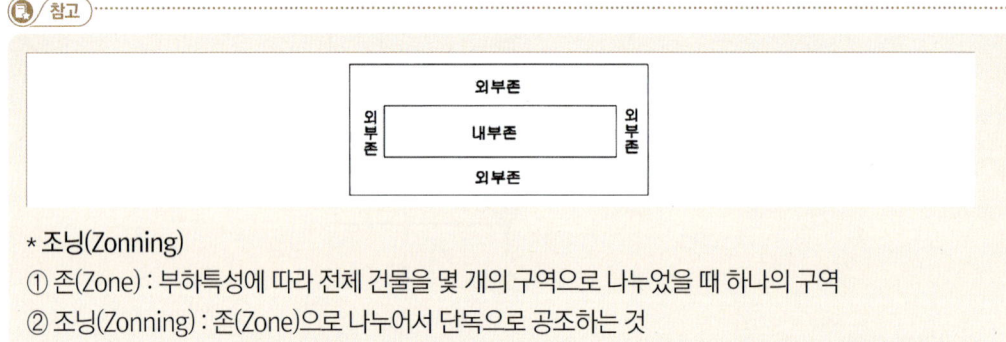

* 조닝(Zonning)
① 존(Zone) : 부하특성에 따라 전체 건물을 몇 개의 구역으로 나누었을 때 하나의 구역
② 조닝(Zonning) : 존(Zone)으로 나누어서 단독으로 공조하는 것

17 공기조화 방식의 복사 냉·난방 방식을 설명하시오.

풀이

복사 냉·난방 방식은 천장, 벽, 바닥에 코일을 매립하여 온수 또는 냉수를 공급하며, 일부는 중앙공조기를 통해 덕트로 공급하는 방식

참고

* 특징
① 쾌감도가 높고, 외기 부족현상이 적다.
② 실내공간의 이용율이 높다(방열기 설치 불필요).
③ 열운반 동력을 줄일 수 있다.
④ 매입배관으로 시공 및 수리가 곤란
⑤ 고장 발견이 곤란하고, 시설비가 비싸다.
⑥ 냉방시 패널에 결로 우려가 있다.

18 공기조화기에서 공기여과기 효율 측정 방법 중 변색도법(비색법, NBS법)을 설명하시오.

풀이

필터 상, 하류의 분진을 각각 여과지로 채집하여 광 투과량이 같도록 상, 하류에 통과되는 공기량을 조절하여 계산하는 방법

참고

* 공기여과기(air filter)
공기 중 매연, 분진 등 오염물질을 제거하는 장치
1. 에어필터종류 : 충돌점착식, 건성여과식, 활성탄 흡착식, 전기식
2. 에어필터효율 측정방법
 ① 중량법 : 필터 상류측과 하류측의 분진 중량(mg/m^3) 측정법
 ② 변색도법(비색법, NBS법)
 ③ 계수법(DOP법) : 광산란식 입자계수기를 사용하여 필터의 상, 하류의 미립자에 의한 산란광에서 그 입경과 개수를 계측하여 농도를 측정하여 포집률을 구하는 법
3. 에어 필터의 설치위치
 ① 송풍기의 흡입측이면서, 코일의 앞쪽
 ② 예냉 코일과 냉각 코일 사이
 ③ 고성능 HEPA필터, ULPA필터, 전기식필터 경우 송풍기 출구측

※ 고성능(HEPA)필터 : 0.3μm 정도 입자를 제진효율 99.97% 이상으로 병원수술실, 클린룸 등에 사용
※ 초고성능 필터(ULPA FILTER) : 입경 0.12~0.17μm의 공기 중 미세먼지 입자를 99.9995% 이상 포집할 수 있는 초고성능 FILTER로 클린룸 등에 사용

19 공기 세정기의 용도를 설명하시오.

풀이

에어 와셔(공기세정기)는 공기 중에 물을 분사시켜 공기 중의 먼지나 수용성 가스도 일부 제거하므로 공기를 세정하고 냉수나 온수와 직접 접촉하여 열교환하여 공기를 냉각, 감습 또는 가열, 가습한다. 주로 공기 세정기는 가습을 목적으로 사용된다.

참고

* 구조
① 루버(louver) : 입구 공기의 난류를 공기 흐름을 일정하게(정류) 및 공기를 정화하는 역할
② 엘리미네이터 : 출구공기에 섞여 나가는 비산수를 제거하는 역할
③ 플러딩 노즐(flooding nozzle) : 엘리미네이터의 오염을 방지하기 위해 상부에 물을 분무하여 청소한다.
④ 분무노즐 : 분무수와 공기를 접촉시키는 세정실(sparay chamber)에 몇 개의 스탠드 파이프(stand pipe)를 세우고 분무 노즐로 분무

20 냉각 및 가열 코일(Coil)의 배열형식에 따른 종류를 쓰시오.

> **풀이**
>
> ① 풀 서킷 코일
> ② 더블 풀 서킷 코일
> ③ 하프 서킷 코일

> **참고**
>
> 공기냉각기나 공기가열기의 냉·온수 통로는 관 내의 유속에 따라 코일의 배열방식을 구분하는 데, 관 내의 유속우 1.0~1.5m/s 정도가 적당하고, 경제적인 유속으로는 1.0m/s가 적당하다
> ① 풀 서킷 코일(full circit coil) : 표준 유속의 범위일 때 사용하는 방식
> ② 더블 풀 서킷 코일(double full circit coil) : 코일내 유량이 많을 때에는 통로수를 2배로 하여 유속을 1/2로 □는 방식
> ③ 하프 서킷 코일(half circit coil) : 유량이 적을 때에는 회로수를 1/2로 하여 유속을 2배로 하는 방식
>
>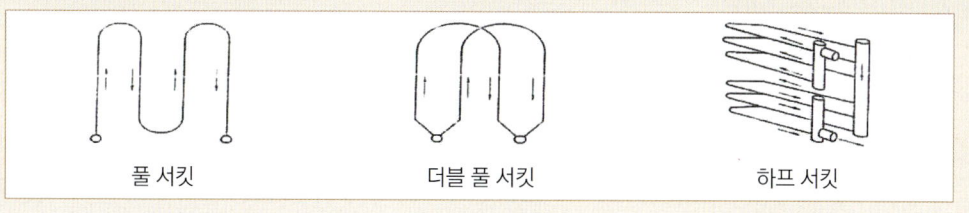

21 송풍기는 압력에 따른 분류를 할 때 블로워의 압력을 쓰시오.

> **풀이**
>
> 0.1~1kg/cm² 정도

> **참고**
>
> *송풍기의 압력에 따른 분류
> ① 팬 : 0.1kg/cm² 미만(송풍기)
> ② 블로워 : 0.1~1kg/cm² 정도
> ③ 압축기 : 1kg/cm² 이상

22 원심식 송풍기의 종류를 보기에서 찾아 번호를 쓰시오.

■보기■
① 베인형　　　② 다익(시로코)형　　　③ 터보형
④ 튜브형　　　⑤ 프로펠러형　　　　⑥ 방사(레이디얼)형
⑦ 익형(다익+터보형 개량)　⑧ 리밋로드형　⑨ 사류식형

[풀이]

②, ③, ⑥, ⑦, ⑧

[참고]

* 송풍기 분류
① 원심식 : 다익(시로코)형, 방사(레이디얼)형, 터보형, 리밋로드형, 익형(다익+터보형 개량)
② 축류식 : 베인형, 튜브형, 프로펠러형
③ 사류식

23 송풍기에서 Q : 송풍량(m³/min), P : 송풍기정압(mmAq), η_f : 송풍기효율, HP : 76(kg·m/s), PS : 75(kg·m/s), kw : 102(kg·m/s)이라 하면 송풍기의 소요동력(축동력 kW)을 계산하는 식을 쓰시오.

[풀이]

$$kW = \frac{Q \Delta P}{102 \times 60 \times \eta_f}$$

24 원심형 송풍기 풍량제어 방법을 쓰시오.

[풀이]

① 흡입, 토출 댐퍼 개도 조절법
② 흡입 베인(vane) 제어법
③ 회전수 제어법
④ 가변 피치(날개각도) 제어법

25 펌프에서 흡입양정이 크거나 회전수가 고속일 경우 흡입관의 마찰저항 증가에 따른 압력 강하로 수중에 다수의 기포가 발생되고 소음 및 진동이 일어나는 현상을 무엇이라 하는가?

풀이

캐비테이션 현상

참고

1. 캐비테이션(공동현상, Cavitation)의 방지대책
    ① 펌프회전수를 낮추어 유속을 느리게 한다
    ② 펌프 위치를 수원과 가깝게 하여 흡입 양정을 작게 한다
    ③ 가급적 만곡부를 줄인다.
    ④ 펌프를 2단(양흡입 펌프) 이상 설치한다.
    ⑤ 흡입관 손실 수두를 줄인다.
2. 맥동 현상(서징현상)
    흡입 관로에 공기나 관내 저항 등으로 펌프 송출압력과 송출유량이 주기적 변동이 일어나는 현상

26 터보펌프의 종류를 쓰시오.

풀이

(1) 원심식 : 볼류트, 터빈
(2) 사류식
(3) 축류식

참고

1. 터보형
    ① 원심식 : 원심형 볼류트펌프, 원심형 터빈펌프
    ② 사류식 : 사류형 볼류트펌프, 사류형 터빈펌프
    ③ 축류식 : 축류펌프
2. 용적형
    ① 왕복식 : 피스톤펌프, 플런저펌프, 다이아프램 펌프
    ② 회전식 : 기어펌프, 베인펌프, 로터리 펌프
3. 특수형
    ① 와류펌프
    ② 수격펌프
    ③ 진공펌프

27 공기조화설비의 구성에서 열원장치를 설명하시오.

풀이

공기 조화기로 냉각, 가열하기 위해 필요한 냉수나 온수, 증기를 만드는 냉동기나 보일러 등

참고

① 열운반장치 : 열운반 장치로 송풍기, 펌프, 덕트, 배관 등
② 공기조화기 : 외기와 환기의 혼합실, 가열코일, 냉각코일, 가습기, 여과기 등
③ 열원장치 : 보일러, 냉동기 등
④ 자동제어장치 : 실내온, 습도조절로 경제적 운전

28 다음 그림에서 A점의 상태습도(%)를 계산하시오.

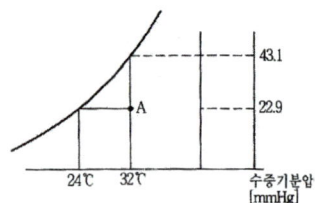

풀이

53.13%

참고

$$상대습도(\%) = \frac{수증기\ 분압\ P_w}{포화수증기의\ 분압\ P_s} \times 100 = \frac{22.9}{43.1} \times 100 = 53.13$$

29 다음 보기에서 냉방부하의 열량 중에서 현열량을 고르시오.

■보기■
① 벽체로부터의 취득열량
② 유리로부터의 취득열량
③ 송풍기에 의한 취득열량
④ 인체의 발생 열량
⑤ 외기의 도입으로 취득열량
⑥ 덕트로부터의 취득열량
⑦ 재열기의 가열에 의한 취득열량

풀이

①, ②, ③, ⑥, ⑦

참고

* 취득 열량 중 현열량 + 잠열량인 열량
① 극간풍에 의한 발생열량
② 기구로부터의 발생열량
③ 인체의 발생 열량
④ 외기의 도입으로 취득열량

30 냉방부하에서 실내 부하를 쓰시오.

풀이

① 벽체를 통한 부하
② 유리창을 통한 부하
③ 틈새바람에 통한 부하
④ 인체 발생 부하
⑤ 기구 및 조명발생 부하(기기 발생 부하)

31 냉각코일이나 에어 와셔(가습기)에서 발생되는 물방울이 기류에 의해 비산되는 것을 방지하는 기기는 무엇인가?

 풀이

엘리미네이터

32 공기 냉각코일(cooling coil) 중 직접 팽창코일(DX코일)을 설명하시오.

풀이

관 내에 냉매를 직접팽창시켜 그 냉매의 증발 잠열을 이용하여 공기를 냉각시키는 것으로 냉동장치의 증발기 역할에 해당한다.

33 송풍기의 풍량제어 방법을 쓰시오.

풀이

① 토출 댐퍼에 의한 제어
② 흡입 댐퍼에 의한 제어
③ 흡입 베인(vane)에 의한 제어
④ 회전수에 의한 제어
⑤ 가변 피치 제어(날개 각도 변화)

34 그림과 같은 공기조화 설비의 계통도가 있다. 아래 물음의 ( ) 내의 비어있는 부분에 번호를 기입하시오.

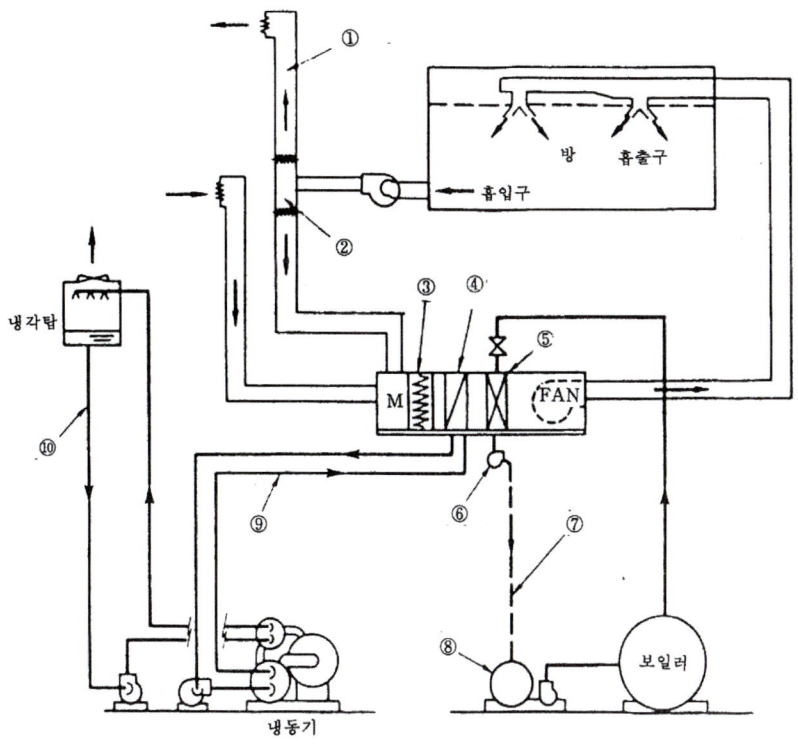

(1) 냉각 코일 ( ) (2) 가열 코일 ( )
(3) 공기 필터 (③) (4) 배출 공기 (①)
(5) 재순환 공기 ( ) (6) 트랩 (⑥)
(7) 응축수 관 (⑦) (8) 응축기에 냉각수 공급 ( )
(9) 냉각코일에 냉각수 공급 (⑦) (10) 응축 수조 ( )

풀이

(1) - ④
(2) - ⑤
(3) - ③
(5) - ②
(8) - ⑩
(10) - ⑧

35. 아네모스탯형(Anemostat) 취출구를 설명하시오.

풀이

취출구란 실내에 공기를 공급하는 기구로서 천장에 설치하여 하향으로 취출하는 아네모스탯형(Anemostat)은 확산형 취출구로 천장에 설치하여 사용(원형, 장방형), 실내공기의 유인성(유인비)이 우수하며, 확산반경이 크고, 도달거리 짧고, 발생소음이 크다.

참고

* 유인비

$$\frac{1차공기량 + 2차공기량}{1차공기량} = \frac{전공기량}{1차공기량}$$

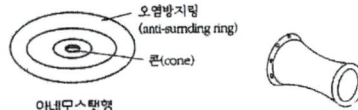

* 천장용 취출구의 종류
① 아네모스탯형
② 웨이형
③ 팬형
④ 라이트 트로피형
⑤ 다공판형

36 다음 그림은 수냉식 팩케이지형 공기조화기 내부도이다. 그림 중 번호의 이름을 쓰시오.

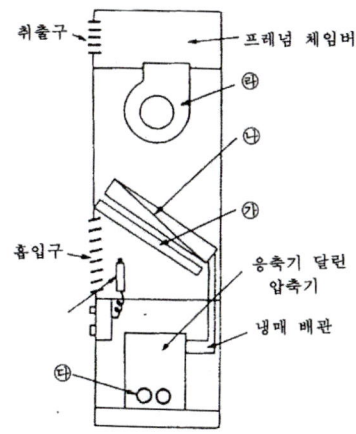

> 풀이

㉮ 에어필터
㉯ 냉각코일
㉰ 냉각수배관
㉱ 휀

37 아래의 도면은 공기조화 싸이클과 냉동싸이클을 조합시킨 일반적인 계통도를 나타낸 것이다. 번호에 해당되는 명칭을 제시한 보기에서 골라 기입하시오.

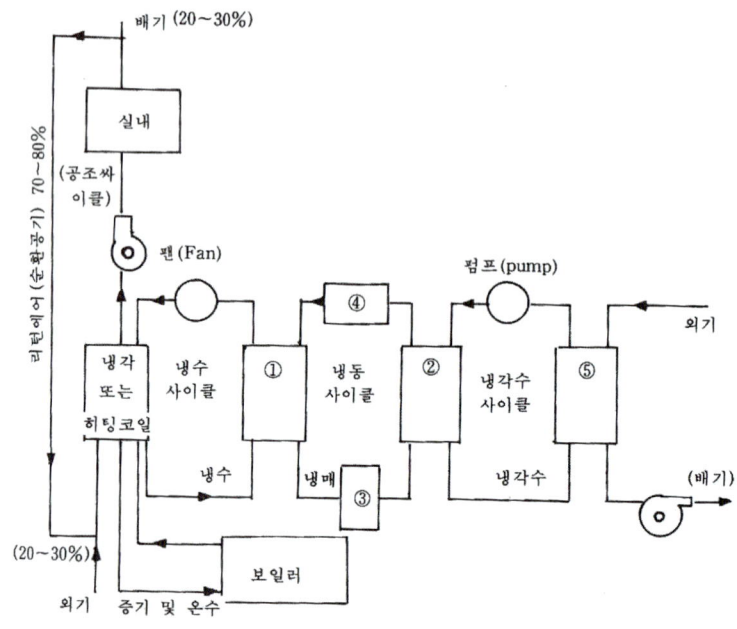

■보기■

팽창밸브	팽창탱크	수액기	응축기	건조기
중간냉각기	발생기	증발기	냉각탑	유분리기
흡수기	액분리기	압축기		

> 풀이

① 증발기
② 응축기
③ 압축기
④ 팽창밸브
⑤ 냉각탑

38 일정 공간에 있는 공기의 오염을 막기 위하여 실외로부터 청정한 공기를 공급하여 실내 오염된 공기(이산화탄소, 먼지, 담배연기 등)를 배기, 교환, 희석하여 쾌적한 공기로 만드는 것을 무엇이라 하는가?

/ 풀이

환기

39 강제환기 방식의 종류를 쓰시오.

/ 풀이

① 제1종 환기(병용식)
② 제2종 환기(압입식)
③ 제3종 환기(흡출식)
④ 제4종 환기(자연식)

/ 참고

* 강제 환기방식 종류
① 제1종 환기(병용식) : 급기팬 + 배기팬(환기효과 가장큼) – 보일러실, 병원수술실 등
② 제2종 환기(압입식) : 급기팬 + 자연배기(실내압은 정압) – 반도체 무균실, 소규모 변전실, 창고 등
③ 제3종 환기(흡출식) : 자연급기 + 배기팬(실내압은 부압) – 화장실, 조리실, 탕비실, 차고 등
④ 제4종 환기(자연식) : 자연급기 + 자연배기(자연중력환기)

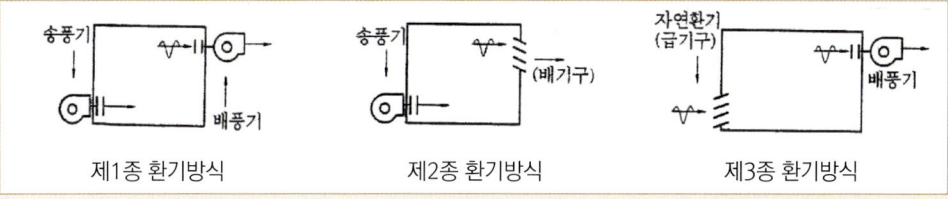

40 콜드 드래프트(cold draft)를 설명하시오.

풀이

인체는 생산된 열량보다 소비되는 열량이 많아지면 추위를 느끼게 된다. 이와 같이 소비되는 열량이 많아져서 추위를 느끼게 되는 현상을 콜드 드래프트라 한다.

참고

* 콜드 드래프트의 원인
① 인체 주위의 공기 온도가 너무 낮을 때
② 기류의 속도가 클 때
③ 주위 벽면의 온도가 낮을 때
④ 습도가 낮을 때
⑤ 동절기 창문의 극간풍이 많을 때

41 건물의 화장실, 소규모 조리장의 환기 설비에 적합한 기계환기 방식을 쓰시오.

풀이

제3종 환기

42 냉난방시 인체에 적당한 공기의 속도를 쓰시오.

풀이

- 냉방 0.12~0.18m/s
- 난방 0.18~0.25m/s

43 공조방식에서 유인 유닛방식을 설명하시오.

풀이

1차공조기에서 나온 1차공기를 고속 덕트로 각 실에 설치된 유인 유닛으로 보내어 노즐로부터 분출하는 1차공기의 유인 작용에 의해 2차 공기인 실내 공기를 유인하여 공급하는 방식

44 공조방식의 2중 덕트방식을 설명하시오.

풀이

중앙기계실의 공조기로 냉, 온풍을 만들어 각각의 덕트(2중덕트)로 공급하며 각 실의 혼합상자에 의해 송풍하는 방식 (종류 : 이중덕트방식, 멀티존방식)

참고

① 부하 특성이 다른 실이나, 존에 적용가능하며, 부하변동에 따라 대응이 빠르다.
② 실의 설계변경이나 용도변경에도 유연성이 있다.
③ 덕트가 2계통으로 설비비가 많이 들고, 덕트 스페이스가 크다.
④ 습도 조절이 어렵다. 혼합상자에 소음, 진동이 있다.
⑤ 냉, 온풍의 혼합으로 에너지 소비가 많다.

45 공조방식의 중앙방식의 특장을 설명하시오.

풀이

① 열원기기가 중앙기계실에 집중되어 유지관리가 편리함
② 송풍량이 많아 실내공기오염이 적다.
③ 대규모 건물용, 외기냉방이 가능하다.
④ 덕트가 대형이며, 덕트스페이스를 많이 차지함

참고

* 개별방식 특징
① 설치 및 취급이 간단하며, 개별제어 및 국소운전이 가능하고, 각 유닛마다 냉동기가 필요하다.
② 실내공기의 오염이 크며, 소음, 진동이 크다.
③ 외기냉방을 할 수 없다.
④ 유닛이 분산되어 관리가 불편하다.

46 판형 열교환기의 사용 용도를 설명하시오.

풀이

고온의 유체와 저온의 유체 사이의 열교환하여 저온의 유체의 온도를 높인다. 또는 저온의 유체와 고온의 유체 사이를 열교환하여 고온의 유체를 저온으로 온도를 낮춘다.

47 축류형 취출구의 설치 위치를 쓰시오.

/ 풀이

① 천장
② 벽면

48 캔버스 이음의 용도를 쓰시오.

/ 풀이

송풍기에서 발생된 진동을 덕트로 전달되지 않도록 하기 위함

/ 참고

캔버스 이음은 부재(部材) 사이에 물리적인 진동이 전달되지 않도록 천으로 만든 이음. 송풍기와 덕트의 이음 따위에 사용된다.

49 버킷식 증기트랩의 작동원리를 쓰시오.

/ 풀이

포화수와 증기간의 비중차를 이용하여 응축수를 배출한다.

50 릴리프 댐퍼의 작동원리를 쓰시오.

/ 풀이

실내의 정압(+)을 유지하고 인접실과의 차압을 유지하므로 외부의 오염된 공기가 클린룸 내로 진입되는 것을 방지한다.

51 다음은 공기조화 부하의 개요 설명이다. 설명 중 ( ) 알맞은 용어를 쓰시오.

공기조화 부하는 공조하고자 하는 실내를 일정하게 온도와 습도를 유지하기 위하여 그 실내공간을 냉방 시에는 외부에서 침입한 열량 및 수분을 (①)하고, 난방 시에는 손실된 열량 및 수분을 (②) 하여야 한다.

> **풀이**
>
> ① 제거
> ② 공급

52 다음 내용의 ( ) 안에 들어갈 용어를 쓰시오.

송풍기 송풍량은 (①)이나 기기취득부하에 의해 구해지며 (②)는(은) 이들 열 부하 외에 외기부하나 재열부하를 합해서 얻어진다.

> **풀이**
>
> ① 실내취득열량
> ② 냉각코일용량

53 에어 필터의 종류를 쓰시오.

> **풀이**
>
> ① 충돌점착식
> ② 건성여과식
> ③ 활성탄 흡착식
> ④ 전기식

57 에어필터 설치 위치를 쓰시오.

> **풀이**
>
> ① 송풍기 흡입측, 코일 앞쪽
> ② 예냉 코일과 냉각 코일 사이
> ③ 고성능 헤파(HEPA) 필터, 울파(ULPA) 필터, 전기식 필터의 경우 송풍기 출구

58 가습장치 종류를 쓰시오.

> 풀이

① 수분무식
② 증기발생식
③ 증기공급식
④ 증발식

59 감습장치 종류를 쓰시오.

> 풀이

① 압축감습
② 냉각감습
③ 흡착감습
④ 흡수강습

59 취출구 허용풍속 종류를 쓰시오.

　　(1) 방송국
　　(2) 영화관
　　(3) 일반사무실
　　(4) 백화점

> 풀이

(1) 1.5~2.5m/s
(2) 1.5m/s
(3) 4~6
(4) 7~10m/s

60 가열 코일의 종류를 쓰시오.

> 풀이

① 전열 코일
② 증기 코일
③ 온수 코일

61 다음은 빙축열 설비 설명이다. 설명 중 ( ) 알맞은 말을 쓰시오.

물체의 온도를 필요한 온도로 낮추어 상온보다 낮은 온도로 열을 제거하는 것을 (①)이라 하며, 물체가 동결하지 않을 정도로 차게 보관하는 것을 (②)이라 한다. 또한 냉각 작용에 의해 물질을 응고점 이하까지 열을 제거하여 고체 상태로 만드는 것을 (③)이라 하여 얼음의 생산을 목적으로 얼리는 조작을 (④)이라 한다.

풀이

① 냉각
② 냉장
③ 동결
④ 제빙

62 스크류(screw) 압축기를 설명하시오.

풀이

암기어와 숫기어의 치형을 갖는 두 개의 로우터에 의해 서로 맞물려 고속으로 역 회전하면서 축 방향으로 가스를 흡입 → 압축 → 토출시키는 압축기로 일명 나사압축기라고도 한다.

참고

* 스크류 압축기의 특징
(1) 장점
 ① 흡입, 토출 밸브가 없어 뱉브의 마모, 진동이 적다.
 ② 냉매의 압력손실이 없어 효율이 양호하다.
 ③ 크랭크축, 피스톤링, 커넥팅로드 등의 마모 부분이 없어 고장률이 적다.
 ④ 소형으로 대용량 가스를 처리할 수 있다.
 ⑤ 1단의 압축비를 크게 할 수 있다(체적 효율이 크다).
(2) 단점
 ① 고속회전이므로 소음이 크다.
 ② 독립된 오일펌프가 필요하며 윤활유의 소비가 많다.
 ③ 경부하 시 동력이 많이 소요된다

63 다음은 방위계수를 나타내고 있다. 빈칸 ( ) 방위계수 값을 쓰시오.

방위	동·서	남	북(지붕)	남동·남서	북동·북서
방위계수	(①)	1	(②)	1.05	(③)

풀이

① 1.1
② 1.2
③ 1.15

64 공기조화기 내의 냉각 코일에서 공조기 내의 공기가 노점온도보다 낮은 냉각 코일을 통과했을 때 다음 물음의 빈칸 ( ) 속에 맞는 표현을 쓰시오.

- 절대 습도의 증감 여부 (①)
- 비체적의 증감 여부 (②)
- 건구 온도의 증감 여부 (③)

풀이

① 감소
② 감소
③ 감소

65 국간풍 산출법을 쓰시오.

풀이

① 크랙(구간길이)법
② 면적법
③ 환기 횟수법

66 개별식 공기조화 방식의 냉매방식에서 패키지 방식을 설명하시오.

풀이

패키지 방식은 냉매를 직접 열매로 사용하는 방식으로 냉동기 및 냉각 코일, 송풍기 등이 내장되어 있는 공조기를 실내에 설치하는 방식

참고

* 개별방식종류

패키지 방식, 룸쿨러 방식, 멀티 유닛방식

① 특징
 - 각 실의 유닛은 써머스탯을 사용하여 수동제어 및 개별제어가 용이(에너지 절약 가능)
 - 유닛을 창문 밑에 설치하면 콜드 드래프트(cold draft)를 방지할 수 있다.
 - 덕트에 비해 유닛에 냉동기를 내장하고 있어 부분 운반이 가능하다.
 - 외기도입이 어려워 실내공기 오염이 심하고, 기기수명이 짧고, 취급용이하다.
 - 팬코일 유닛내 팬으로부터 소음 발생 및 유닛내 누수, 필터 청소가 필요하다.

② 사용처 : 주택, 호텔의 객실, 작은 점포동 소규모 건물, 컴퓨터실, 경비실, 사무실, 빌딩 등

66 라인형 취출구 종류를 쓰시오.

풀이

① 브리즈 라인형
② 캄 라인형
③ T-라인형
④ 슬롯 라인형
⑤ T-바 (T-bar)형

67 날개 방향 조절로 풍량을 조절하고, 주로 벽 걸이용 사용하는 취출구 명칭을 쓰시오.

풀이

베인격자형 취출구

68 어떤 온습도하에서 방에서 느끼는 쾌감과 동일한 쾌감을 얻을 수 있는 바람이 없고(0m/s), 포화상태(100%)인 실내 온도이며 감각온도를 무엇이라 하는가?

> 풀이

유효온도

69 클린룸 등급 기준은 쓰시오.

> 풀이

미연방 규격에 의한 공기 $1ft^3$기당 $0.5\mu m$ 크기의 유해 가스 크기 입자수로 표시

70 수정유효온도(CET : Corrected Effective Temperature)란 온도, 습도, 기류속도의 유효온도에 ( )을 고려한 온도를 말한다. ( ) 안에 맞는 말을 쓰시오.

> 풀이

복사열

71 공기가 차가운 벽이나 천장 바닥 등에 닿으면 공기 중에 함유된 수분이 응축되어 그 표면에 이슬이 맺히며, 또한 다습한 외기를 도입하면 이슬이 맺히는 것을 무슨 현상이라 하는가?

> 풀이

결로현상

72 수조 내의 물속에 잠겨있는 초음파 진동자의 진동에 의해 수면에서 작은 물방울을 발생되고 이를 공기 중에 방출시켜 가습을 행하는 초음파 가습장치는 어떤 방식인가?

> 풀이

분무식(물 공급식)

73 다음 표는 공기의 체적 구성비를 나타내는 표이다. 표의 빈칸에 구성비를 쓰시오.

성분	질소	산소	아르곤	이산화탄소
체적조성(%)	(①)	(②)	0.93%	0.03%

> **풀이**
>
> ① 78.03%
> ② 20.99%

74 다음 표는 공기의 상태변화에 따른 상대습도와 절대습도의 변화표이다. 표의 빈칸에 변화 증감 또는 불변을 쓰시오.

성분	공기의 상태 변화			
	가열	냉각	가습	감습
상대습도의 변화	(①)	증가	(③)	(⑤)
절대습도의 변화	불변	(②)	(④)	(⑥)

> **풀이**
>
> ① 감소
> ② 불변
> ③ 증가
> ④ 증가
> ⑤ 감소
> ⑥ 감소

75 ( ) 안에 맞는 말을 쓰시오.

어떤 물체의 단위체적당 질량을 (①)라 하고, 단위질량당 체적을 (②)이라 한다. ①과 ②는 관계는 (③)가 된다.

> **풀이**
>
> ① 밀도
> ② 비체적
> ③ 역수

76 실내의 장치 노점온도(ADP)를 설명하시오.

> **풀이**
>
> 여름철 실내 상대습도를 유지하기 위하여 강습해야 할 상태의 온도

77 다음 그림의 공조기와 선도를 보고 ① → ②과정 및 ② → ③과정을 설명하시오.

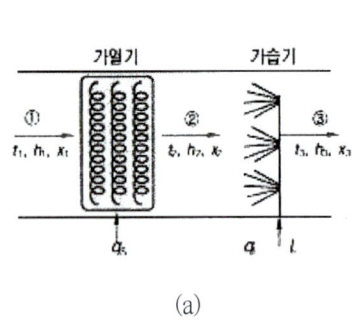

(a)

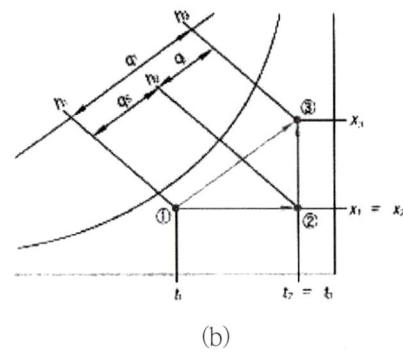

(b)

> **풀이**
>
> ① → ② 과정 : 가열과정
> ② → ③ 과정 : 가습과정

> **참고**
>
> 그림 (a)와 같은 난방 장치는 가열기와 가습기가 있어서, 가열기는 현열만에 의한 가열을, 가습기는 잠열만에 의한 가습을 한다. 이 과정을 그림 (b)와 같이 습공기 선도상에 옮기면, 가열 과정은 ① → ②로, 가습 과정은 ② → ③으로 된다. 따라서, 난방 장치의 전 과정은 ① → ③ 과정이 되므로, 이를 가열가습 과정이라고 한다.

78 다음 그림의 공조기와 선도를 보고 무슨 과정인가를 설명하시오.

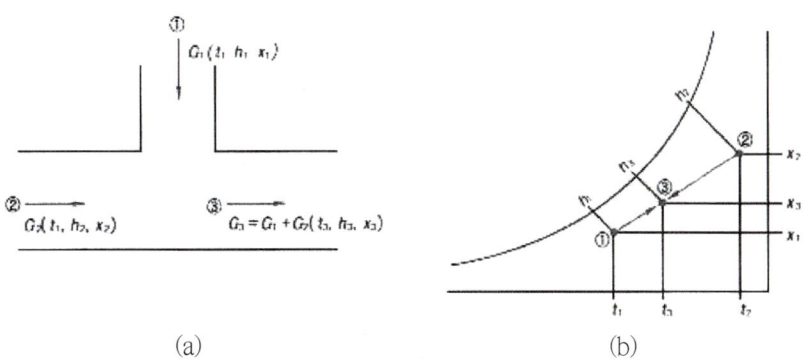

(a)　　　　　　　　　　(b)

> **풀이**
>
> 그림의 (a)와 같은 장치는 상태 ①의 공기 G_1(kg/h)과 상태 ②의 공기 G_2(kg/h)가 혼합되어 ③의 상태로 되는 혼합 프로세스(과정)이다.

79 극간풍(틈새바람)을 줄이기 위한 방법을 쓰시오.

> **풀이**
>
> ① 출입구에 회전문 설치
> ② 2중문 설치(내측문은 수동식)
> ③ 2중문의 중간에 컨벡터 설치
> ④ 에어커튼 설치

80 다음 그림은 무엇을 나타내는 시스템인가?

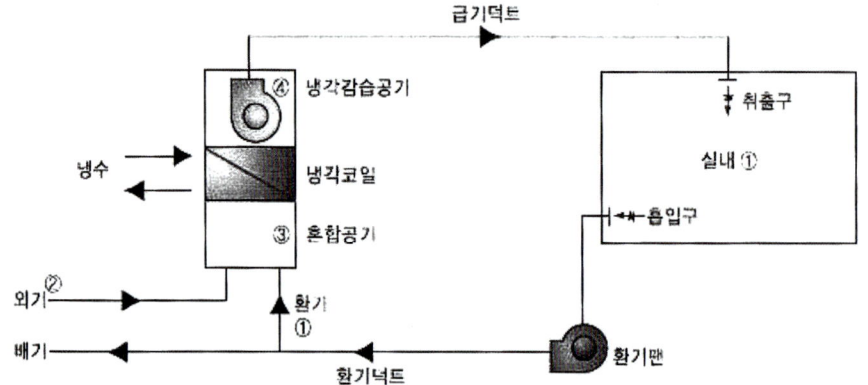

> **풀이**

냉방 시스템

CHAPTER 08 보일러 및 난방설비

1. 기초물리

1) 현열과 잠열

(1) 현열(감열 : Sensibl) : 물질의 상태 변화는 없고, 온도 변화에만 필요한 열량

$$\therefore Q = G \times C \times \Delta t$$

- Q : 열량[kJ]
- G : 질량[kg]
- C : 비열[kJ/kg℃]
- Δt : 온도차[℃]
- r : 잠열

(2) 잠열(Latent heat) : 물질의 온도 변화는 없고, 상태 변화에만 필요한 열량

$$\therefore Qr = G \times r$$

- 물의 비열 : 4.18[kJ/kg℃]
- 얼음의 비열 : 2.1[kJ/kg℃]
- 물의 증발잠열 : 2257[kJl/kg]
- 얼음의 융해잠열 : 약 335[kJ/kg]

2) 증기

(1) 포화수(100℃의 물) : 건조도(x)가 0인 상태(x=0)
(2) 습포화 (100℃의 물과 증기) : 건조도(x)가 0보다는 크고, 1보다는 작다.(0〈x〈1)
(3) 건포화 증기(100℃의 증기) : 건조도(x)가 1인 상태(x=1)
(4) 과열 증기(100℃ 이상의 증기) : 건조도(x)가 1인 상태(x=1)

※ 증기의 속도는 과열증기가 가장 빠르고, 건조도가 1일 때가 가장 양호한 증기이다.

2. 보일러(Boiler)

1) 보일러 : 밀폐된 용기 속에 물 또는 열매체를 넣고 가열하여 온수 또는 증기를 만드는 장치

2) 보일러 3대 구성요소

   (1) 보일러 본체
   (2) 연소장치
   (3) 부속장치

3) 보일러 종류 및 분류

   (1) 원통형(둥근) 보일러
      ① 내분식 : 연소실이 보일러 내에 있는 것
         ⓐ 입형 : 코크란, 입형연관, 입형횡관
         ⓑ 횡형 : ㉮ 노통 : 코르니쉬, 랭커샤   ㉯ 연관 : 기관차, 케와니   ㉰ 노통연관 : 스코치, 하우덴존슨, 노통연관 팩케지
      ② 외분식 : 연소실이 보일러 외부에 설치된 것(횡형연관, 수관보일러 : 일종에 외분식임)

   (2) 수관식 보일러
      ① 자연순환식 : 바브콕, 다꾸마, 쓰너기찌, 야아로우, 2동D형, 3동A형
      ② 강제순환식 : 라몽트, 벨룩스
      ③ 관류 보일러 : 벤숀, 슬저어, 소형관류, 람진, 앳모스

   (3) 주철제 보일러
      ① 온수 : 최고 사용 압력 $0.5MPa(5kg/cm^2)$ 이하
      ② 증기 : 최고 사용 압력 $0.1MPa(1kg/cm^2)$ 이하

   (4) 특수 보일러 : 열매체, 슈미트, 레플러 등
      ① 원통 보일러 : 강도상 유리하도록 원통으로 제작

장점	① 구조간단, 취급용이 ② 청소, 검사용이 ③ 보유 수량이 많아 부하 변동에 응하기가 쉽다. ④ 급수처리가 수관식 보일러에 비해 까다롭지 않다.
단점	① 고압, 대용량에 부적당하다. ② 전열 면적이 적어 효율이 낮다. ③ 보유수량이 많아 파열시 피해가 크다. ④ 증발시간이 오래 걸린다.

② 입형 보일러(Vertical tube boiler) : 코크란, 입형연관, 입형횡관

특징	① 노통에 비해 전열면적이 크다. ② 노통에 비해 증발량이 많고, 효율이 높다. ③ 같은 용량이면 노통에 비해 설치면적을 적게 차지한다. ④ 구조가 복잡하고, 내부청소가 어렵다. ⑤ 연관 부분에 누설이나 고장이 많다.

③ 노통 연관 보일러 : 스코치, 하우덴 죤슨, 노통 연관 팩케지

장점	① 원통 보일러 중 효율이 가장 좋다. ② 보유수량에 비해 전열면적이 크다. ③ 증기 발생 시간이 짧다. ④ 수관 보일러에 비해 가격이 저렴하다.
단점	① 고압 대용량에 부적당하다. ② 습증기 발생 우려가 있다. ③ 파열 시 피해가 크다. ④ 통풍 시설이 복잡하다.

④ 수관 보일러

장점	① 고압, 대용량에 적당 ② 보일러 효율이 가장 높다. ③ 파열시 피해가 적다. ④ 증발량이 많고, 증발시간이 빠르다. ⑤ 보일러수 순환이 양호하다. ⑥ 연소실의 설계가 다양하다.
단점	① 급수처리가 까다롭다. ② 청소, 검사가 곤란 ③ 보유수량이 적어 부하변동에 응하기가 어렵다. ④ 가격이 비싸다. ⑤ 취급에 기술을 요한다.

⑤ 관류보일러 : 드럼이 없이 관으로만 이루어짐(벤숀, 슬저어, 소형관류, 람진, 앳모스)

특징	① 드럼이 없고, 순환비가 1이다. ② 수관을 자유롭게 배치할 수 있다. ③ 전열면적에 비해 보유 수량이 작아 증기 발생이 빠르다. ④ 급수처리가 까다롭다. ⑤ 관의 배열이 콤팩트하므로 청소, 검사가 곤란하다.

⑥ 주철제 보일러

특징	① 분해, 조립, 운반이 편리하다. ② 섹션수 증감으로 용량 증감이 가능하다. ③ 내식, 내열성에 강하다. ④ 저압으로 파열시 피해가 적다. ⑤ 인장, 충격에 약하다. ⑥ 열에 의한 부동팽창의 우려가 있다. ⑦ 청소, 검사가 곤란하다.

3. 보일러 부속장치

1) 주증기 밸브 : 동 상부에 설치하며, 구조는 주로 앵글형 글로우브 밸브를 설치한다(단, 과열기가 설치된 경우에는 과열기 축구 측에 부착한다).

(1) 정지밸브
① 글로우브 밸브(Glove valve, Stop valve) : 일명 옥형밸브이며, 기밀도가 양호하여 가스, 증기용으로 사용되며 유량조절용으로 사용된다.
② 슬루우스밸브(Sluice valve, Gate valve) : 일명 게이트밸브이며, 유량조절용이 아니고, 주로 개폐용으로 사용된다.

(2) 역류방지(체크) 밸브(Check valve) : 역류를 방지하기 위한 밸브
① 스윙식(Swing) : 수직, 수평배관에 사용
② 리프트식(Lift) : 수평배관에만 사용

(3) 콕크(Cocks) : 90° 회전만으로 개폐할 수 있다.
(4) 앵글밸브(Angle valve) : 유체의 흐름방향을 직각으로 전환

2) 신축이음(Expansion joint) : 열에 의한 수축 팽창을 완화시켜 장치의 파손 및 누설을 방지하기 위하여 설치한다. 고압인 경우 10m, 저압인 경우 30m, 동관의 경우는 20m마다 설치한다.

(1) 슬리이브식(Sleeve type) : 저압의 증기 배관과 온수관에 주로 사용되며, 슬리이브의 미끄럼을 이용하여 신축작용을 한다. (단식과 복식이 있다)

(2) 벨로우즈식(Bellows type) : 벨로우즈(주름통)의 변형으로 신축작용을 한다.

(3) 만곡관(곡관형, 루우프형)(Loop type) : 관을 구부려 신축곡관을 만든 형식으로 가장 고온, 고압용으로 사용한다. 곡관의 곡률 반경은 6배 이상으로 하고, 응력을 수반하는 결점이 있다.

(4) 스위블형(Swivle) : 2개 이상의 엘부우를 이용하여 신축을 흡수하는 형식으로 온수 또는 저압 증기의 경우 주관에서 지관을 분기할 때 주로 사용된다.

3) 감압밸브(Pressure reducing valve) : 고압배관과 저압배관의 사이에 설치.

(1) 감압밸브 설치목적
① 고압의 증기를 저압(사용압)으로 사용할 경우.
② 증기의 압력을 일정하게 유지해야 할 경우.
③ 고압과 저압의 증기를 동시에 사용할 경우.
  ◆ 종류 : 스프링형, 다이야프램형, 벨루우즈형, 추형, 피스톤형

4) 증기 트랩(Steam traps) : 관 말단에 설치하여 증기관내에 고인 응축수를 배출하여 수격작용 및 부식 방지를 위해 설치한다.

(1) 트랩의 구비조건
① 내식성, 내열성이 크고, 마찰저항이 적을 것   ② 동작이 확실할 것
③ 정지 후에도 물빠짐이 좋을 것   ④ 응축수를 연속적으로 배출할 수 있을 것

(2) 트랩의 종류
① 기계적 트랩 : 포화수와 포화증기간의 비중차를 이용한 형식.(즉, 부력이용) [플로우트식(레버, 자유), 바켓식(상향, 하향)]
② 온도조절 트랩 : 포화수와 포화증기간의 온도차를 이용한 형식.(바이메탈, 벨로우즈식)
③ 열역학적 트랩 : 포화수와 포화증기간의 열역학적 특성차를 이용한 형식(오리피스식, 디스크식)

플로우트식 증기트랩(다량트랩)

5) 증기 헤더(Steam header) : 일종의 분배기로 증기를 한 곳에 모았다가 소비처로 증기공급 및 증기압과 증기량을 일정하게 공급시켜 준다.(크기는 헤더에 부착된 가장 큰 증기관의 2배로 한다.)

6) 증기 축열기(Steam accumulator) : 저부하시 잉여 증기를 저장하였다가 과부하시(응급시 대비) 여분의 증기를 보충하기 위한 장치이다.

7) 자동온도 조절 밸브 : 사용하고자 하는 온도로 일정하게 유지하기 위한 밸브

8) 급수내관 : 찬물로 인한 국부적인 부동팽창방지, 설치 위치 : 안전저수위 약 50mm 아래 설치

9) 기수분리기 : 습증기 발생 방지 및 증기의 건조도 상승을 위해 수관보일러의 상승관 속에 설치함
   (1) 싸이크론형 : 원심력 이용
   (2) 스크레버형 : 장애판 이용
   (3) 건조스크린형 : 금속망 이용
   (4) 배플형 : 방향전환 이용

10) 비수방지관 : 주로 원통 보일러의 주증기관 끝에 설치되며, 습증기 발생 방지를 위해 설치함.(비수방 지관에 뚫린 구멍의 총 면적은 주증기관 면적의 1.5배로 한다.)

11) 폐열회수 장치(여열장치)
   (1) 과열기 : 연소가스의 여열을 이용하여 포화증기를 과열증기로 변화시켜 주는 장치(증기의 건조도 상승)
   (2) 재열기 : 과열기와 같은 역할을 하며, 과열기에서 발생된 증기의 일부를 회수하고, 고압터빈에서 사용된 증기를 회수 재 가열하여 증기의 건조도를 상승시킨다.
   (3) 절탄기 : 연소가스의 여열을 이용하여 급수를 예열시키는 장치
   (4) 공기예열기 : 연소가스의 여열을 이용하여 공기를 예열시키는 장치
      ◆ 설치순서 : 증발관 → 과열기 → 재열기 → 절탄기 → 공기예열기

12) 안전장치

(1) 안전밸브 : 보일러내의 증기압이 설정압력 초과 시 압력을 외부로 배출시켜 파열을 방지하기 위한 장치

- ◆ 종류 : ① 스프링식(보일러에 사용 됨)　② 중추식　③ 지렛대식
- ◆ 설치 위치 : 기관 본체 증기부에 수직으로 부착
- ◆ 설치 개수 : 2개 이상.(단, 전열면적이 50[m^2] 미만의 경우에는 1개를 설치한다.
- ◆ 안전 밸브의 작동 : 최고 사용압 이하에서 작동하며, 2개 설치 시 한 개는 최고 사용압의 1.03배에서 작동한다.
- ◆ 안전 밸브의 크기 : 전열면적에 비례하고, 증기압에 반비례한다. 안전밸브의 지름은 25A 이상으로 할 것

13) 화염검출기 : 운전 중 실화, 불 착화 등의 경우 연소실내로 진입되는 연료를 차단시켜 미연소 가스로 인한 폭발을 방지하기 위해서 설치한다.

- ◆ 화염검출기 종류
  - ① 프레임 아이(Flame eye) : 화염의 발광체 이용(연소실에 설치) [광학적 성질 이용]
  - ② 프레임 로드(Flame rod) : 화염의 이온화 이용(연소실에 설치) [전기 전도성 이용]
  - ③ 스택 스위치(Stack switch) : 화염의 발열체 이용(연도에 설치) [열적변화 이용]

14) 방폭문(폭발구) : 연소실 내의 미연소가스로 인한 폭발이 발생시 폭발가스를 연소실 밖으로 도피시켜 보일러의 파열을 방지하기 위한 장치이다.(연소실 후부에 설치)

15) 댐퍼(Damper)

(1) 설치목적
① 통풍력 조절　　② 연소가스 흐름 차단　　③ 연소가스 흐름 전환(주연도 부연도)

(2) 종류
① 회전식　② 승강식

16) **집진장치** : 배기가스 중에 포함된 매연을 처리하여 대기 오염을 방지하기 위해 설치되며 입자가 큰 경우는 중력식, 원심력식, 여과식을 설치하고, 입자가 작은 경우에는 전기식, 여과식, 습식 집진장치를 설치한다.

   (1) 건식 집진장치
      ① 중력식
      ② 원심력식(싸이크론식, 멀티크론식 : 효율이 싸이크론식에 비해 높다.)
      ③ 여과식(백 필터식) : 여포(여과제)를 설치하여 매연을 포집하는 형식이다.
      ④ 관성력식

   (2) 습식 집진장치(세정식)
      ① 유수식   ② 가압수식   ③ 회전식

   (3) 전기식(코트렐) 집진장치 : 집진 입자의 크기는 0.5 이하의 미립자도 집진이 가능하며 효율은 99.5% 정도로 효율이 대단히 높다.

17) **매연**

   (1) 매연 발생원인
      ① 연료와 공기의 혼합이 부적당할 경우
      ② 통풍력이 부족 또는 과다할 경우
      ③ 연소장치 불량 및 취급자 기술 미숙
      ④ 연소실 온도가 낮거나 용적이 작을 경우

   (2) 매연농도 측정 방법
      ① 링겔만 농도표에 의한 방법
      ② 매연 포집 중량법
      ③ 광전관식 매연농도계에 의한 방법

   (3) 링겔만 매연농도계 : 종류는 농도번호(No) 0~5번까지 총 6종류가 있으며 굴뚝에서 관측자와의 거리는 30~40[m], 농도표와 관측자는 16[m] 유지하고, 굴뚝 상단 30~45[cm] 떨어진 부분의 연기색과 농도표를 비교하여 측정한다.

4. 보일러 열정산

1) **목적** : 열의 손실과 열설비의 성능 파악, 열설비의 구축자료, 조업방법 개선 등을 제공받기 위한 목적(열정산시 입열과 출열은 같아야 함)

    (1) 입열 항목
        ① 연료의 발열량(저위발열량)   ② 연료의 현열   ③ 공기의 현열   ④ 노내분입 증기열

    (2) 출열 항목
        ① 유효출열(피열물이 가지고 나가는 열)
        ② 배기가스에 의한 손실열
        ③ 미연소 가스에 의한 손실열
        ④ 방산(노벽을 통한)에 의한 손실열
          ※ 손실열 중에서 배기가스에 의한 손실열이 가장 크다.

    (3) 보일러의 용량 표시방법
        ① 최대연속 증발량   ② 보일러 마력   ③ 전열 면적
        ④ 상당 증발량   ⑤ 정격 용량   ⑥ 정격 출력   ⑦ 상당 방열면적(EDR)

    (4) 상당증발량(환산, 기준, 표준)
        표준 대기압상태에서 100[℃]의 포화수를 100[℃]의 건포화 증기로 1시간 동안에 증발 시킨량

$$\therefore G_e = \frac{Ga \times (h_2 - h_1)}{2257} \text{(kg/h)}$$

        G_e : 상당 증발량[kg/h]
        G_a : 매시간당 증발량[kg/h]
        h_2 : 증기 엔탈피[kJ/h]
        h_1 : 급수 엔탈피[kJ/h]
        2257 : 100℃ 물의 증발잠연[kJ/kg]

    (5) 증발계수

$$\therefore 증발계수 = \frac{h_2 - h_1}{539} \text{(단위없음)} \quad 즉, \left[\frac{상당증발량}{매시간당증발량}\right]$$

    (6) 증발율

$$\therefore 상당\ 증발율 = \frac{G}{A} \text{(kg/m}^2\text{h)} \quad \therefore 매시간당\ 증발율 = \frac{Ga}{A} \text{(kg/m}^2\text{h)}, \quad A : 전열면적[\text{m}^2]$$

(7) 보일러 마력

표준 대기압(1atm)하에서 100℃의 물 15.65kg를 1시간에 100℃의 증기로 변화시킬 수 있는 능력

$$\therefore 1보일러마력(B-HP) = \frac{G}{15.65}$$

※ 보일러 1마력이 차지하는 열량은 약 353225kJ이며, 상당 증발량은 15.65kg이다.

(8) 보일러 효율

보일러의 효율은 보일러에 공급되는 입열과 실제 사용할 수 있는 유효열과의 비율로 표시된다. 즉, 효율은 입열과 유효출열의 비이다.

※ 보일러 효율의 계산
① 입출열에 의한 계산
② 손실열에 의한 계산

$$\therefore 효율 = \frac{Ga \times (h_2 - h_1)}{Gf \times Hl} \times 100(\%) = \frac{G_e \times 2257}{Gf \times Hl} \times 100(\%)$$

- G_e : 상당 증발량[kg/h],　　Hl : 연료의 저위발열량[kg/h]
- G_a : 매시간당 증발량[kg/h],　Gf : 연료사용량 [kg/h]
- h_2 : 증기 엔탈피[kg/h]
- h_1 : 급수 엔탈피[kg/h]

= 전열 효율(%) × 연소 효율(%)

$$\therefore 연소효율 = \frac{연소열}{입열} \times 100 \quad \therefore 전열효율 = \frac{유효출열}{연소열} \times 100$$

5. 방열기

1) 방열기의 설치 : 외기와 접하는 창 아래에 설치(실내공기 대류작용에 의한 순환 양호)

2) 방열기종류 : 주철제, 강판제, 강관제, 알루미늄제

   (1) 방열기의 종류 및 도시기호
- 2주형 : II
- 3주형 : III
- 3세주형 : 3
- 5세주형 : 5
- 벽걸이 수직형 : W-V
- 벽걸이 수평형 : W-H
- 길드 방열기(G) : 1m 정도의 주철제 파이프에 방열면적을 키우기 위해 열전도율이 핀을 여러 개 끼운 것

      ※ 방열기 도시법
- 종별 – 형 × 쪽수
- 종별 – 높이 × 쪽수

   (2) 주형 방열기 : 벽에서 50 - 60[mm] 이격

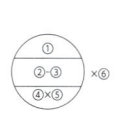 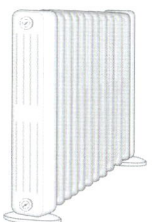 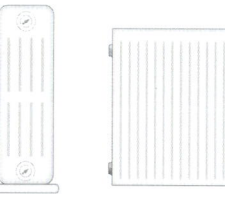

① 쪽수(절수, 섹션수)
② 종별
③ 형(치수,높이)
④ 유입관경
⑤ 유출관경
⑥ 조의 수

   (3) 벽걸이 형 방열기 : 바닥에서 150[mm] 높게 설치

   (4) 대류 방열기(콘벡터, 베이스보드) : 대류작용의 촉진을 위해 철제 캐비넷 속에 핀튜브를 넣은 것으로 열효율이 좋아 널리 사용, 높이가 낮은 것을 베이스보드히터, 바닥에서 90[mm] 이상 높게 설치

   (5) 관 방열기 : 관을 조립하여 관 표면을 방열면으로 한 것으로 고압용

   (6) 팬 코일 유닛(fan coil unit) : 냉온수 코일, 팬, 에어 필터를 내장한 유닛으로 여름에는 코일에 냉수를 통과시켜 공기를 냉각, 감습하고, 겨울에는 온수를 통과시켜 공기를 가열하는 방식

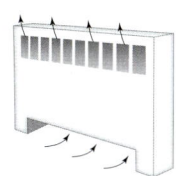 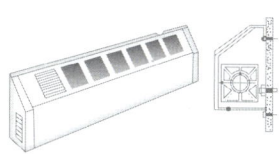

3) 방열량 계산

(1) EDR(상당방열면적) : 방열기의 방열면적당 보일러 능력, 레이팅(Rating)이라고도 함(증기 : 2721kJ/m²h, W/m², 온수 : 1885kJ/m²h, W/m²)

(2) 방열기 방열량 계산

① $Q(kJ/m^2 h, W/m^2) = 표준방열량 \times \dfrac{\dfrac{방열기입구온도 + 방열기출구온도}{2} - 실내온도}{62}$

   ▶ 표준방열량[증기 : 2721kJ/m²h, W/m², 온수: 1885kJ/m²h, W/m²]
   ▶ 보정온도계수[증기 : 81(102-21), 온수 : 62 (80-18)]

② $Q(kcal/m^2 h) = 방열기방열계수 \times (\dfrac{방열기입구온도 + 방열기출구온도}{2} - 실내온도) \times 방열기방열면적(m^2)$

(3) 방열기 쪽수(N) = $\dfrac{난방부하(kcal/m^2 h), (W/m^2)}{표준방열량(kcal/m^2), (W/m^2) \times 방열기쪽당면적(m^2)}$

   ▶ 표준방열량(증기 : 650 kcal/m²h, 온수 : 450 kcal/m²h)

(4) 보일러 용량결정

① 정격출력 : 난방부하 + 급탕부하 + 배관부하 + 예열(시동)부하
② 상용출력 : 난방부하 + 급탕부하 + 배관부하

$$K = \dfrac{(H_1 + H_2)(1+\alpha)\beta}{k} \text{ [kcal/h], [W]}$$

K : 보일러용량(정격출력)[kcal/h]
H_1 : 난방부하[kcal/h]
H_2 : 급탕부하[kcal/h]
α : 배관손실계수 온수난방 $\alpha = 35[\%]$
　　　　대규모 증기난방 $\alpha = 25[\%]$
β : 예열부하
k : 출력저하계수

6. 팽창탱크

1) 설치 목적

온도상승에 의한 체적팽창흡수, 보충수 공급, 공기배출 및 공기침입 방지로 배관파손, 열손실 방지 목적

(1) 팽창탱크 설치 시 주의 사항
① 최고부위의 방열기나 방열코일 높이보다 (1m) 이상 높게 설치한다.
② 팽창관의 끝부분은 팽창탱크 바닥면 보다 (25mm) 정도 높게 배관한다.
③ 재료는 (100℃) 이상에서 견딜 수 있는 재료를 사용한다.
④ 밀폐식의 경우 배관계통내의 압력이 제한 압력 이상으로 되면 자동적으로 과잉수를 배출시킬 수 있도록 방출 밸브를 설치해야 한다.
⑤ 팽창관이나 안전관에는 밸브, 체크밸브 등을 설치해서는 안된다.

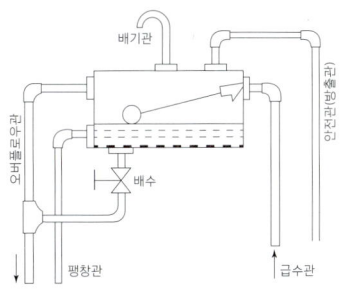

(2) 팽창탱크 종류 및 부대설비
① 개방식 : 보통온수(100℃ 이하), 일반 주택 등에 사용, 용량은 온수팽창량의 2~2.5배
▶ 주변배관 : 급수관, 배수관, 방출관(안전관), 배기관, 오버플로우관(물 넘쳐 흐르는 관), 팽창관

② 밀폐식 : 100℃ 이상의 고온수 난방에 사용, 높이 제한을 받지 않는다.
▶ 주변배관 : 급수관, 배수관, 방출관(안전관), 수위계, 압력계, 압축공기관

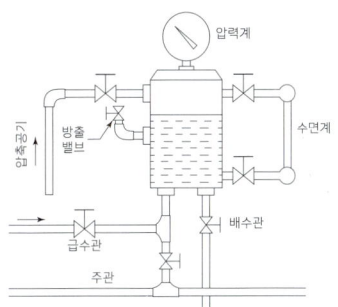

7. 난방설비

1) 배관방법에 따른 분류

(1) 단관식 : 증기관과 응축수관이 1개
(2) 복관식 : 증기관과 응축수관이 각각 구분

2) 증기공급(순환방향) 방법에 따른 분류

(1) 상향공급식 : 송수주관보다 방열기가 높을 때 상향 분기한 배관
(2) 하향공급식 : 송수주관보다 방열기가 낮을 때 하향 분기한 배관

3) 배관의 구배에 따른 분류

(1) 단관중력 환수식

상향공급식(역류관) : 1/50 - 1/100
하향공급식(순류관) : 1/100 - 1/200

(2) 복관중력 환수식

건식 환수관 : 1/200(환수관이 보일러 수면보다 높은 경우, 응축수 체류할 곳에 열동식 트랩설치)
습식 환수관 : 환수관을 보일러 수면보다 낮게 배관

(3) 진공 환수식 : 1/200 - 1/300 : 응축수를 끌어 올리기 위해 리프트 피팅 설치

※ 하트포트 접속 : 저압증기난방의 습식 환수방식에 있어 증기관과 환수관 사이에 저수위 사고 방지를 위해 표준수면에서 50[mm] 아래로 균형관 설치
※ 냉각관(냉각레그) ; 건식 환수방식의 관말에 설치하여 관내 응축수에서 생긴 플래시증기로 인해 보일러에 수격작용을 방지하기 위해 설치
※ 주관과 수직으로 100[mm] 이상 내리고, 하부로 150[mm] 이상 연장하여 관내 슬러지등을 제거할 목적으로 드레인 포켓을 만들어 준다.

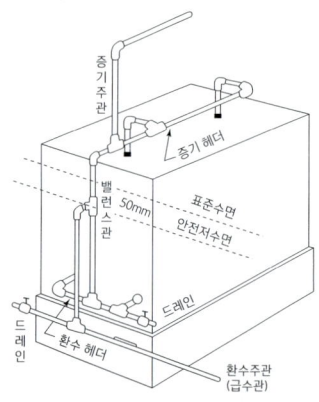
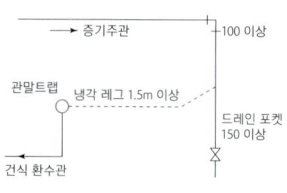

※ 리프트 피팅 : 진공 펌프에 의해 응축수를 원활히 끌어 올리기 위해서 펌프 입구측에 설치
※ 리프트 피팅의 높이는 1.5[m] 이내 설치(1.6m 이하 1단, 3.2m 이하 2단)
※ 역환수(리버스 리턴)[reverse-return] 배관방식 : 난방배관에 사용하는 배관이며 각 기기에 접속되는 배관 길이를 일정하게 함으로써 배관저항이 균등하여 각 기기는 일정한 유량이 흐르게 하여 각 기기의 온도를 일정하게 하는 배관방식

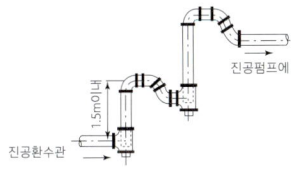

8. 난방 방식의 분류

1) 증기난방 증기압력에 따른 분류

   (1) 고압증기 난방 : $1kgf/cm^2$ 이상
   (2) 중압증기 난방 : $0.35 \sim 1kgf/cm^2$
   (3) 저압증기 난방 : $0.1 \sim 0.35kgf/cm^2$

2) 난방 방식의 분류

   (1) 개별식 난방법 : 석탄, 가스, 석유, 전열 등의 난로에 의한 소규모 난방
   (2) 중앙식 난방법
      ① 직접 난방법 : 실내에 방열기를 설치하여 배관을 통해 증기. 온수를 공급하여 난방
      ② 간접 난방법(공기조화에 의한 덕트난방) : 열기에 의해 공기가 온풍이 되어 덕트시설을 통하여 공기의 습도, 청정도, 온도를 조절한다.
      ③ 복사난방(방사난방) : 천정이나 벽, 바닥 등에 코일을 매설하여 온수 등 열매체를 이용하여 복사열에 의해 실내를 난방
   (3) 지역난방 : 고압의 증기 또는 고온수 등을 이용하여 일정 지역의 다수건물(신도시등)에 공급하여 난방하는 방식, 각 건물에 보일러가 필요없이 유효면적이 넓고, 연료비가 절감되고, 대기오염이 감소한다.

(4) 복사 난방의 장단점 3가지

① 장점 : 쾌감도가 좋다. 실내공간의 이용율이 높다(방열기 설치 불필요). 동일 방열량에 대한 열손실이 적다.

② 단점 : 매입배관이므로 시공/수리 곤란. 외기온도 변화에 대한 조절이 곤란. 고장 발견이 곤란하고 시설비가 비싸다.

※ 증기난방(증기잠열 이용)과 비교한 온수(온수현열 이용)난방의 장점
① 난방부하에 따라 온도조절이 쉽다.
② 쾌감도가 좋고 화상위험이 없다.
③ 가열시간은 길지만 잘 식지 않으므로 배관의 동결우려가 적다.
④ 취급이 용이하고 소규모 주택에 적합하다.

(5) 온수난방 배관시공

※ 배관 기울기 : 1/250

※ 온수온도에 따른 분류
① 보통온수식 : 85℃ ~ 90℃
② 고온수식 : 100℃이상

※ 고온수식 온수난방의 특징
① 온도차가 크므로 난방 순환수량을 적게 할 수 있다.
② 보유열량이 크므로 보일러의 용량을 축소시킬 수 있다.
③ 내부 압력이 높아 관지름을 작게 할 수 있어 경제적이다.

※ 온수난방 구분
※ 온수난방의 장단점
① 장점 : 방열량 조절 용이, 동결의 우려가 적다 취급이 용이하고 화상의 우려가 적다, 쾌감도가 좋다.
② 단점 : 배관이 굵어 설비비가 고가, 건축물 높이에 제한을 받는다, 예열시간이 길다.

※ 온수 보일러 수압시험 압력 : 최고사용압력 X 2배(0.2Mpa 이하시 0.2 Mpa로 한다.)
→ 30분간하여 변형 또는 누설이 없을 것

※ 온수난방 방식 분류

분류기준	온수 난방법 분류
온수온도	보통온수식(85~90℃), 고온수식(100℃이상)
배관방식	단관식, 복관식
온수공급방식	상향공급식, 하향공급식
온수순환방식	자연(중력)순환식, 강제 순환식

9. 온풍난방

가열한 공기를 실내에 공급하는 간접 난방으로 타 난방방식에 비해 열용량이 적고 예열시간이 짧다.

1) 온풍난방의 특징

(1) 예열시간이 짧고 신속하게 목표온도에 도달할 수 있다.
(2) 송풍 온도가 높아 덕트 직경이 작아진다(중앙난방의 간접난방법은 덕트가 큼).
(3) 외기도입이 가능하며, 습도조절이 가능하다(신선한 공기 공급가능).
(4) 온수난방에 비하여 설치비용이 저렴하다.
(5) 패키지형이어서 시공이 간편(배관·방열관(방열체)등이 필요없기 때문에 작업성이 우수)
(6) 중간 열매를 사용하지 않으므로 열효율이 높다.
(7) 누수 동결 우려가 없다.

※ 단점
① 정지할 경우 온도가 급격히 강하한다.
② 불완전연소시 시설 내 공기의 환기가 필요하다.

2) 온풍난방기 설치 시 유의사항

(1) 기기점검, 수리에 필요한 공간을 확보한다.
(2) 인화성 물질을 취급하는 실내에는 설치하지 않는다.
(3) 실내의 공기온도 분포를 좋게 하기 위하여 창의 위치 등을 고려하여 설치한다.
(4) 배기통식 온풍난방기 설치 시 실내에는 바닥 가까이 흡입구, 천장 가까이에 환기구를 설치한다.

10. 보일러사고 원인

① 제작상원인 : 재료불량, 설계불량, 구조불량, 강도불량
② 취급상불량 : 압력초과, 저수위, 급수처리불량, 부식, 과열, 미연소가스 폭발

1) 보일러손상

(1) 압궤 : 노통이나 화실 등이 외부압력에 의해 오목하게 들어가는 현상
(2) 팽출 : 과열된 부분이 내압에 의해 부풀어 오르는 현상
(3) 라미네이션 : 보일러 강판이나 관이 2장의 층으로 갈라지는 현상
(4) 브리스터 : 보일러 강판이나 관이 2장의 층으로 갈라지면서 화염에 접합 부분이 부풀어 오르는 현상

2) 저수위 사고 방지책

(1) 저수위 시 즉시 연료공급 중지 후 서서히 급수
(2) 분출밸브 누설이 없도록 한다.
(3) 분출작업은 부하가 적을 때
(4) 수면계수위 수시로 감시

3) 스케일종류

(1) 염류 : 칼슘염(연질스케일), 황산염(온도상승에 따라 경질 스케일 만드는 성분)
(2) 마그네슘
(3) 규산염(실리카)
(4) 산화철
(5) 유지분(포밍, 캐리오버 원인)

4) 스케일로 인한 영향

(1) 전열량 감소로 보일러 효율저하
(2) 전열면 국부과열로 파열사고 위험
(3) 연료소비량 증대
(4) 관수순환 악화

5) 보일러 스케일 방지책

(1) 청정제를 사용한다. 약품 첨가로 스케일 성분 고착방지(관내처리)
(2) 급수 중의 불순물을 제거한다. 염류 등 불순물 제거(관외처리)
(3) 수질분석을 통한 급수의 한계 값을 유지한다(농축방지 위해 분출).

6) 연소가스폭발 원인

(1) 노내 미연소가스 충만 시
(2) 착화가 늦어졌을 경우
(3) 공기보다 연료 먼저 공급 시
(4) 소화후 연료공급 시

7) 역화(Back fire) : 연소실 내 미연소가스가 폭발하는 현상

(1) 역화(Back fire)원인
  ① 연소실내 미연소가스가 차 있을 때
  ② 점화 실패 시
  ③ 가동 중 실화로 연소가스 누설 시
  ④ 점화 시간이 늦어졌을 때
  ⑤ 노내환기 불 충분 시

(2) 연소가스의 폭발방지
  ① 사전 대책 : 노내 환기   ② 사후 대책 : 방폭문 부착

(3) 노내환기
  ① 점화 전 : 프리 퍼어지(Pre purge)
  ② 점화 후 : 포스트 퍼어지(Post purge)
    ☞ 보일러 사고통계 중 가장 많은 사고 : 가스폭발사고, 그 다음이 저수위사고

11. 수압 시험

균열 유무를 확인, 기밀도 확인, 이음부의 누설정도 확인 목적

1) 수압 시험 대상

(1) 수입한 보일러
(2) 구조 검사증 발급일로부터 1년 이상 경과한 것으로, 부식 등 상태가 불량한 보일러
(3) 내부의 검사를 받아야 하는 보일러
(4) 최고 사용 압력이 1kg/cm² 이하인 보일러

2) 수압 시험 압력

(1) 강철제 보일러
　① 최고사용압력 0.43MPa 이하 : 최고사용압력의 2배의 압력 (시험압력이 0.2MPa 미만인 경우는 0.2MPa)
　② 최고 사용압력 0.43MPa ~ 1.5MPa 이하일 때 : 최고사용압력의 1.3배에 0.3MPa를 더한 압력
　③ 최고사용압력 1.5MPa 초과 시 : 최고사용압력의 1.5배의 압력

(2) 주철제보일러
　① 최고사용압력 0.43MPa 이하 : 최고사용압력의 2배의 압력(시험압력이 0.2MPa 미만인 경우는 0.2MPa)
　② 최고사용압력 0.43MPa 초과 시 : 최고사용압력의 1.3배에 0.3MPa를 더한 압력

3) 수압 시험 방법

(1) 공기를 빼고 물을 채운 후 천천히 압력을 가하여 규정된 수압에 도달된 후 30분이 지난 뒤에 검사를 실시하여 끝날 때까지 그 상태를 유지
(2) 시험 수압은 규정된 압력의 6% 이상을 초과하지 않도록 함
(3) 수압 시험 중 또는 시험 후에도 물이 동결되지 않도록 조치함

필답 예상문제

01 15℃의 물 160kg에 75℃의 온수 몇 kg을 혼합하면 40℃의 온수를 얻을 수 있는지 구하시오.

풀이

$160 \times 1 \times (40 - 15) = x \times 1 \times (75 - 40)$
$\therefore x = 114.29 \text{kg}$

02 아래에서 설명하는 증기트랩의 종류를 쓰시오.

- 열교환기와 같이 많은 양의 응축수가 연속적으로 발생되는 곳에 적합하다.
- 구조상 공기의 배제가 곤란하여, 공기를 배제하기 위한 벨로즈를 내장한 형식도 있다.
- 에어벤트(air vent)를 별도로 설치하여야 한다.
- 동파의 우려가 있으며 수격작용이 심한 곳에는 사용하기 곤란하다.

풀이

플로트식 트랩

03 비동력 급수장치인 인젝터에 대한 설명이다. 인젝터의 각 밸브 및 핸들을 작동 순서대로 번호를 쓰시오.

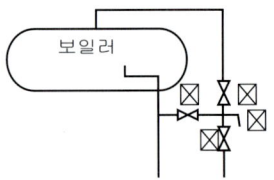

■보기■
① 급수 밸브를 연다.
② 증기 밸브를 연다.
③ 출구 정지 밸브를 연다.
④ 핸들을 연다.

풀이

③ → ① → ② → ④

참고

* 인젝터 작동순서
① 출구 정지 밸브를 연다.
② 급수 밸브를 연다.
③ 증기 밸브를 연다.
④ 핸들을 연다.

04 다음 보일러 설비에 해당되는 기기 및 부속명을 〈보기〉에서 골라 각각 2개씩 적으시오.

■보기■
화장치   인젝터   과열기   분연장치   급수내관   절탄기   방폭문   안전변

🔍 **풀이**

(1) 급수장치 : ① 인젝터, ② 급수내관
(2) 연소장치 : ① 분연장치, ② 점화장치
(3) 폐열회수장치 : ① 과열기, ② 절탄기
(4) 안전장치 : ① 방폭문, ② 안전변

📝 **참고**

1. 급수장치
   인젝터, 급수내관, 급수밸브, 급수펌프 등
2. 연소장치
   점화장치, 버너, 화격자, 분연장치, 연소실, 연도 등
3. 폐열회수장치
   과열기, 재열기, 절탄기, 공기예열기
4. 안전장치
   안전 밸브, 방폭문, 방출 밸브, 화염검출기, 저수위경보장치

05 보일러에 부착되는 안전장치의 종류를 5가지만 쓰시오.

🔍 **풀이**

① 안전 밸브
② 증기압력 제한기
③ 저수위 경보장치
④ 가용전
⑤ 방폭문

06 다음 그림은 연소가스 흐름 방향에 따른 과열기의 형태이다. 각각 어떤 형식의 과열기인지 쓰시오.

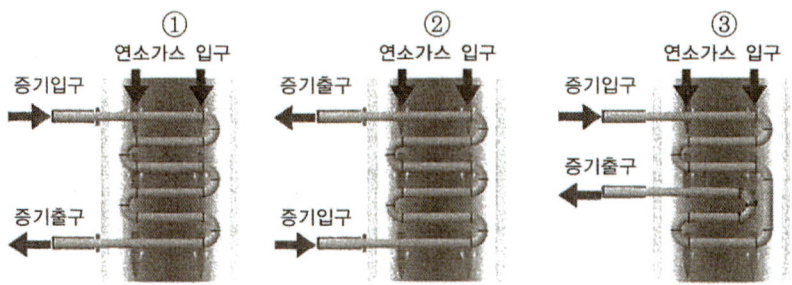

🔑 **풀이**

① 병류형
② 향류형
③ 혼류형

07 〈보기〉의 설명을 읽고 내용에 알맞은 장치의 명칭을 쓰시오.

■보기■

① 고압수관 보일러에서 기수 드럼에 부착하여 송수관을 통하여 상승하는 증기 중에 혼입된 수분을 분리하기 위한 내부의 부속기구
② 둥근 보일러 동 내부의 증기 취출구에 부착하여 송기 시 비수 발생을 막고 캐리오버 현상을 방지하기 위한 다수의 구멍이 많이 뚫린 횡관을 설치한 것
③ 주증기 밸브에서 나온 증기를 잠시 저장한 후 각 소요처에 증가량을 조절하여 보내주는 설비
④ 여분의 발생증기를 일시 저장하는 기구이며 잉여분의 저축한 증기를 과부하 시에 방출하여 증기의 부족량을 보충하는 기구
⑤ 증기계통이나 증기관 방열기 등에서 고인 응축수를 연속 자동으로 외부로 배출하는 기구

🔑 **풀이**

① 기수 분리기
② 비수 방지관
③ 증기 헤더
④ 증기 축열기
⑤ 증기 트랩

08 다음 각 보일러설비에 해당되는 기기 및 부속명을 〈보기〉에서 골라 모두 쓰시오.

■보기■
점화장치   인젝터   과열기   분연장치   급수내관   절탄기   방폭문   안전밸브

(1) 급수장치
(2) 연소장치
(3) 폐열회수장치
(4) 안전장치

풀이

(1) 인젝터, 급수내관
(2) 점화장치, 분연장치
(3) 과열기, 절탄기
(4) 방폭문, 안전밸브

09 다음은 보일러 버너의 화염 여부를 검출하는 화염검출기 종류를 열거한 것이다. 각 검출기의 원리를 아래 〈보기〉에서 찾아 그 번호를 쓰시오.

■보기■
① 화염의 이온화를 이용하여 전기 전도성으로 작동
② 광전관을 통해 화염의 적외선을 검출하여 작동
③ 연도에 설치되어 가스 온도 차에 의한 바이메탈을 이용

(1) 플레임 아이
(2) 플레임 로드
(3) 스택 스위치

풀이

(1) ②
(2) ①
(3) ③

10 보일러 운전과 조작 등에 관한 용어를 〈보기〉에 골라 답란에 각각 쓰시오.

■보기■
프라이밍   역화   캐리오버   프리퍼지   포밍   포스트퍼지

(1) 보일러를 점화할 때는 점화순서에 따라 해야 하며, 연소가스 폭발 및 (   )에 주의해야 한다.
(2) 보일러 운전이 끝난 후, 노내와 연도에 있는 가연성 가스를 송풍기로 취출시키는 것을 (   )(이)라고 한다.
(3) 보일러 용수 중의 용해물이나 고형물, 유지분 등에 의해 보일러수가 증기에 혼입되어 증기관으로 운반되는 현상을 (   )(이)라고 한다.
(4) 보일러 점화 전, 댐퍼를 열고 노내와 연도에 있는 가연성 가스를 송풍기로 취출하는 것을 (   )(이)라고 한다.
(5) 관수의 격렬한 비등에 의하여 기포가 수면을 교란하며 물방울이 비산하는 현상을 (   )(이)라고 한다.

풀이

(1) 역화
(2) 포스트퍼지
(3) 캐리오버
(4) 프리퍼지
(5) 프라이밍

11 통풍방식에는 자연통풍과 기계적 방법에 의한 압입통풍, 흡입통풍, 평형통풍이 있다. 통풍방식은 각각 어느 통풍방식의 특징을 설명하는지 쓰시오.

(1) 노앞과 연돌하부에 송풍기를 두어 노내압을 대기압보다 -3~-5mmAq 정도가 되도록 약간 낮게 조절한다.
(2) 연소용 공기를 송풍기로 노입구에서 대기압보다 높은 압력으로 밀어 넣고 굴뚝의 통풍작용과 같이 통풍을 유지하는 방법이다.
(3) 연돌의 끝이나 연돌하부에 송풍기를 설치하여 연소가스를 빨아내는 것으로 연소가스의 압력은 대기압 이하가 된다.
(4) 연돌 내의 연소가스와 외부공기의 밀도 차로 발생하는 20~30mmAq의 통풍력이 발생한다.

> 풀이

(1) 평형통풍
(2) 압입통풍
(3) 흡입통풍
(4) 자연통풍

12 보일러의 급수제어방식(FWC, Feed Water Control) 중 급수제어를 위한 3요소식의 필요 요소 3가지를 쓰시오.

> 풀이

수위, 증기량, 급수량

> 참고

* 급수제어(FWC : Feed Water Control)
급수의 양을 자동으로 보충하여 조절하는 제어장치
① 단요소식(수위만 검출)
② 2요소식(수위와 증기량 검출)
③ 3요소식(수위 · 증기량 · 급수량 검출)

13 다음 각 ( ) 안에 알맞은 용어를 쓰시오.

원심력에 의하여 양수되는 원심식 펌프로서 안내날개가 없는 것을 (①) 펌프라고 하며, 안내날개가 있는 것을 (②) 펌프라고 한다.

> 풀이

① 볼류트
② 터빈

> 참고

* 원심펌프
① 볼류트 펌프(20m 이하의 저양정용)
② 터빈 펌프(안내깃이 있으며, 20m 이상의 고양정용으로 사용됨)

14 다음 온수난방 방식에 대한 설명으로서 ① ~ ⑤에 알맞은 용어를 각각 쓰시오.

온수난방 방식은 분류 방법에 따라 여러 가지가 있는데 온수의 온도에 따라 분류하면 저온수 난방과 (①) 난방이 있으며, 온수의 순환 방법에 따라 (②)식과 (③)식으로 구분할 수 있으며, 온수의 공급 방향에 따라 (④)식과 (⑤)식이 있다.

> **풀이**
>
> ① 고온수
> ② 자연순환
> ③ 강제순환
> ④ 상향
> ⑤ 하향

> **참고**
>
> * 온수난방 방식
> - 온수 순환방식에 따른 분류 : 자연 순환식, 강제 순환식
> - 배관방식에 따른 분류 : 단관식, 복관식
> - 온수 순환방향에 따른 분류 : 상향식, 하향식
> - 온수의 온도에 따른 분류 : 저온수 난방, 고온수 난방

15 프로판 가스의 연소화학식에 알맞은 수를 쓰시오.

$$C_3H_8 + (①)O_2 \rightarrow 3CO_2 + (②)H_2O + 2,4370 kcal/Nm^3$$

> **풀이**
>
> ① 5
> ② 4

> **참고**
>
> * 프로판(C_3H_8)의 완전연소 반응식
> $C_3H_8 + 5O_2 \rightarrow 3CO_2 + 4H_2O + 2,4370 kcal/Nm^3$

16 다음과 같은 조건에서 오일버너의 연료 소비량은 몇 kg/h인지 계산하시오.
- 연료의 발열량 : 41,860kJ/kg
- 보일러 정격출력 : 85,390kJ
- 보일러 효율 : 85%
- 연료의 비중 : 무

풀이

$$\frac{85,390}{41,860 \times 0.85} = 2.4 \text{kg/h}$$

17 강철제 가스용 온수보일러의 전열면적이 12m²이고, 보일러의 최고사용압력이 0.25MPa일 때, 수압시험 압력(MPa)은 얼마로 해야 하는지 쓰시오.

풀이

0.25 × 2 = 0.5MPa
∴ 0.5MPa

참고

* **수압시험압력**
① 최고사용압력이 0.43MPa 이하 : 최고사용압력의 2배로 수압시험을 실시함
② 최고사용압력이 0.43~1.5MPa 이하 : 최고사용압력의 1.3배에 0.3을 더한 압력으로 수압시험을 실시함
③ 최고사용압력이 1.5MPa 이상 : 최고사용압력의 1.5배로 수압시험을 실시함

18 다음 그림은 온수보일러 설치 개략도이다. 아래 물음에 답하시오.

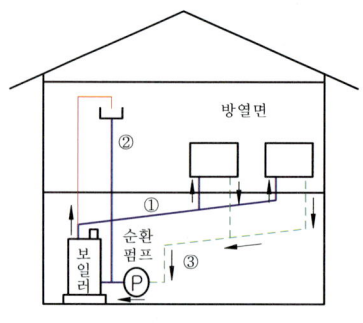

278p 34번

(1) 온수의 공급방향에 따라 분류할 때, 위의 그림은 어떤 방식인지 쓰시오.
(2) 위의 그림에서 ①~③은 용도상 어떤 관을 의미하는지 쓰시오.

> **풀이**
>
> (1) 상향식
> (2) ① 송수주관, ② 팽창관, ③ 환수주관

19 다음 중 온수난방과 관련된 사항으로 옳게 설명된 것을 골라 그 번호를 모두 쓰시오.

■보기■

① 운전이 정지되면 전체 배관 내에 공기가 채워진다.
② 물의 현열을 이용한다.
③ 대규모의 아파트 단지에 적합하다.
④ 운전정지 후 일정시간 방열이 지속된다.
⑤ 예열부하가 크다.
⑥ 열매체의 잠열과 현열을 이용하는 난방법이다.
⑦ 방열기 표면 온도가 낮아 쾌감도가 높고, 화상의 위험이 적다.
⑧ 배관 방식에 따라 중력 순환식과 강제 순환식 온수난방으로 구분한다.
⑨ 방열기를 이용한 온수난방은 대류 난방법에 속한다.

> **풀이**
>
> ②, ④, ⑤, ⑦, ⑨

20 다음 보기의 내용은 난방배관에 대해 설명한 것이다. (   ) 안에 들어갈 알맞은 말을 써 넣으시오.

(1) 집단주택 등 소속구 내의 각 건물 혹은 시가지에서 특정 지역 전부에 걸쳐 특정의 보일러에서 열매체를 보내 전체를 난방하는 일종의 중앙식 난방법은 (   ) 난방법이다.
(2) 응축수 환수법에 따라 증기난방법을 분류하면 중력 환수식, 기계 환수식, (   )으로 나눌 수 있다.
(3) 보통 고온수 난방은 (   )℃ 이상의 고온수를 사용하며, 밀폐식 팽창탱크를 설치한다.

풀이

(1) 지역난방
(2) 진공 환수식
(3) 100

참고

보통 온수는 85~90℃이고 개방식 팽창탱크를, 고온수는 100℃ 이상으로 밀폐식 팽창탱크를 사용한다.

공조 전기 및 자동제어 일반

1. 전기 일반 (용어)

① **단락** : 2개 이상의 전선이 서로 접촉하여 열이 발생하여 녹아 버리는 현상
② **지락** : 누전전류의 일부가 대기로 흐르게 되는 것
③ **혼촉** : 고압선과 저압 가공선이 병가된 경우 접촉으로 발생되는 것과 1, 2차 코일의 절연파괴로 발생
④ **누전** : 전류가 설계된 부분 이외의 곳에 흐르는 현상

1) 전격(감전)에 영향을 주는 요인

(1) 통전 전류의 세기　　(2) 통전 경로　　(3) 통전시간
(4) 전원의 종류　　　　(5) 인체저항　　(6) 통전 전압의 크기, 주파수, 파형
(7) 전격 시 심장박동 주기의 위상

2) 전기량(1C : 쿨롱) : 1A의 전류가 1초 동안 흘렀을 때, 도선의 단면을 지나간 전하의 양

3) 전류[A] : 1초 동안 1쿨롱[C]의 전하가 이동할 때의 전류 크기(1암페어[A])

▶ 전류$(I) = \dfrac{Q}{t}$ [A]

4) 전압[V] : 도체에 1쿨롱[C]의 전하가 이동하여 1[j]의 일을 하였을 때 1볼트(V)라 함

▶ 전압$(V) = \dfrac{W}{Q}$ [V]

5) 전력[W] : 단위 시간 당 전류가 할 수 있는 일의 양을 말한다. [W]

▶ 전력$(P) = I \cdot V = I^2 \cdot R = \dfrac{V^2}{R}$

6) 저항[Ω], 전류[A]를 알 때 열량[J](H)식 : $H = I^2RT[J]$

7) 저항접속

   (1) 직렬 합성저항(등가저항) : $R = R_1 + R_2$

   (2) 병렬 합성저항(등가저항) : $R = \dfrac{R_1 R_2}{R_1 + R_2}$

   ▶ 합성정전용량 :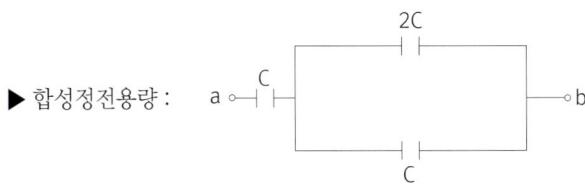

   ▶ 도체의 저항(R)은 물체의 고유저항(ρ)과 길이(l)에 비례하고 단면적(A)에 반비례한다.
   $R = \rho \cdot \dfrac{l}{A}$

2. 전기 법칙

1) **옴의 법칙** : 전류 I는 전압 V에 비례하고, 저항 R에 반비례한다.

   $\left(I = \dfrac{V}{R}\right)$ I : 전류, V : 전압, R : 저항

2) **키르히 호프법칙**

   (1) **키르히 호프 제1법칙(전류 평형의 법칙)** : 회로 내 들어오는 전류와 나가는 전류의 총합은 0이다.

   (2) **키르히 호프 제2법칙(전압 평형의 법칙)** : 폐회로에서 기전력의 합과 전압강하의 합은 같다.

3) **쿨롱의 법칙** : 두 전하 사이에 작용하는 힘은 두 전하의 전기량 제곱에 비례하고, 두 전하 사이 거리의 제곱에 반비례

4) **플레밍의 왼손법칙** : 전자기력의 방향 결정 법칙(전동기 원리)

5) **플레밍의 오른손법칙** : 유도기전력의 방향 결정 법칙(발전기 원리)

6) **암페어의 오른나사법칙** : 전류에 의한 자기장의 방향 결정 법칙

7) **렌쯔의 법칙** : 유도 기전력

8) **패러데이 법칙** : 발전기 원리

3. 전기 기계 기구

1) **콘덴서 (축전기)** : 두 정전유도를 이용한 전기량을 축적하기 위한 장치

2) **배율기** : 전압계의 측정범위를 넓히기 위해 직렬 연결

3) **분류기** : 전류계의 측정범위를 넓히기 위해 병렬 연결

4) **용량분압기** : 높은 전압을 재기 위하여 기본 회로와 병렬로 연결하여 전압을 나누는 장치. 저항 분압기와 용량 분압기가 있다.

5) **휘스톤브리지** : 검류계가 평형이 되어 전류가 흐르지 않을 때 미지의 저항 측정가능

6) **멀티 테스터기(회로시험기) 기능**

   (1) 직류전압(DC) 측정   (2) 교류전압(AC) 측정   (3) 직류전류 측정   (4) 저항 측정

7) **전압계(Voltmeter)** : 전압을 측정하는 기구로 전압의 크기와 부호가 시간에 따라서 변하는지 여부에 따라 교류 전압계(ac voltmeter), 직류전압계(dc voltmeter)로 구분

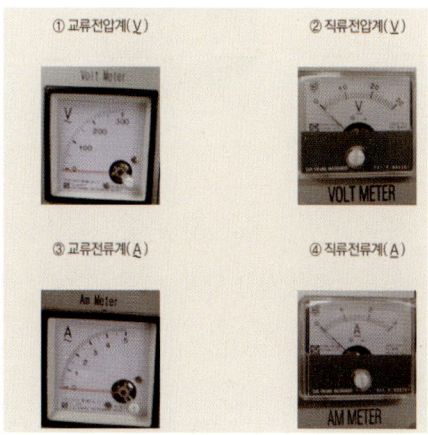

8) **절연 저항계** : 절연상태 측정 계기

9) **검류계** : 매우 약한 전류의 유무를 측정하는 계기

10) **전류계** : 전기회로의 전류를 측정하는 기기

11) **접지저항계** : 접지전극과 대지간의 저항 측정용 계기

12) 단상 유도전동기 기동방법에 따른 분류

   (1) **콘덴서 기동형** : 기동권선 회로에 직렬로 콘덴서를 연결해서 주권선의 지상전류와 콘덴서의 진상전류로 인해 두 전류 사이의 상차각이 커져서 분상 기동형보다 더 큰 기동토크를 얻음

   (2) **분상 기동형** : 권선을 주권선과 기동권선으로 나누어 기동시에만 기동권선이 연결되도록 한 것

   (3) **반발 기동형** : 고정자에는 단상의 주권선이 감겨 있고 회전자는 직류 전동기의 전기자와 거의 같은 권선과 정류자로 되어 있다(기동 토크가 가장 큼).

   (4) **세이딩코일형** : 자극의 일부를 나누어 여기에 코일을 감은 것, 수십 와트 이하의 소형 전동기용

13) **퓨즈(fuse) 재질** : 납 과주석, 아연과 주석의 합금(미소전류용 퓨즈 : 가는 텅스텐선)

14) **와이어 스트리퍼** : 전선의 피복을 제거하거나 절단할 때 사용하는 공구

15) 배전(선)용 차단기 : 과전류를 차단하여 전기기구를 보호

16) 변류기의 종류

(1) **영상용 변류기(ZCT)** : 지락사고 시 지락전류를 검출한다.(접지선에 감아서 사용) 즉, 접지선에 과전류가 흐를 때 전류차단하여 사고 방지

(2) **계기용 변류기(CT)** : 1차측 대전류를 소전류로 변환하는 장치

4. 교류회로

시간변화에 따른 전류크기와 방향이 주기적으로 변하는 전류 ▶ 교류주기$(T) = \dfrac{1}{주파수(f)}$

① **최대값** : 교류 순시값 중 $\dfrac{\pi}{2}, \dfrac{3}{2}\pi$ 일 때 값, ∴ 최대값 $V_m = \sqrt{2} \times V$ (실효값)

② **순시값** : 교류가 순간 순간 임의적으로 변하는 값

③ **실효값** : 직류의 크기와 같은 일을 하는 교류 크기값(전압이 앞서면 +, 뒤지면 -로 표시)

④ **평균값** : 반파의 평균값

⑤ **파고율** : $\dfrac{최대값}{실효값} = \sqrt{2} = 1.414$

⑥ **역률** : 피상전력에 대한 유효전력의 비율. 전기기기에 실제로 걸리는 전압과 전류가 얼마나 유효하게 일을 하는가 하는 비율을 의미

$= \dfrac{소비전력}{전원입력} = \dfrac{유효전력}{피상전력} = \dfrac{유효전력}{전압 \times 전류}$

▶ 역률계 : 전기기기에 실제로 걸리는 전압과 전류가 얼마나 유효하게 나오는가를 계측

⑦ 컨덕턴스(저항)만의 회로[컨덕턴스(전도도)] : 전기저항의 역수, 단위(Siemens, 기호 S)[지멘스], [℧][모오], 전류와 전압은 동상 $G = \frac{1}{저항(R)}$
   ▶ 임피던스 : 교류저항으로 전류의 흐름을 방해하는 것, 단위[Ω][오옴], 저항이 클수록 전류가 흐르기 어렵다.

⑧ 인덕턴스(코일)만의 회로 : 전류가 전압보다 $90°(\frac{\pi}{2})$ 뒤진다.
⑨ 캐피시턴스(콘덴서)만의 회로 : 전류가 전압보다 $90°(\frac{\pi}{2})$ 앞선다.
   ▶ 교류회로의 3정수
   ① 저항(R) : 소비소자   ② 인덕턴스(L) : 코일   ③ 캐피시턴스(C) : 콘덴서(축적소자)

⑩ 동기속도 : 교류를 전원으로 하는 회전기(전동기와 발전기)에 있어서 자계에 교류 전류를 인가할 때, 고정자에 생기는 회전 자계의 회전속도
   ▶ $N = \frac{120 \cdot f}{P}$ [rpm]
   동기 속도 N(rpm)은 교류전원의 주파수 f (Hz)와 자극의 수 p에 의해 결정

⑪ 각속도(rad/sec) : 축에 대해 자전이나 공전하는 물체의 시간당 각의 변화량, 혹은 두 물체 사이의 단위시간당 각변위량
   ▶ $w = 2\pi f$[rad/sec], 여기서 f : 주파수

5. 자동제어

① 불연속동작
㉮ 2 위치동작(on - off 동작) ㉯ 다위치동작 ㉰ 불연속 속도동작

② 연속동작
㉮ 비례동작(P동작) ㉯ 적분동작(I동작) ㉰ 미분동작(D동작)
㉱ 복합동작 : P.I.D 의 동작 중 2개 이상 조합된 동작으로 실제 자동제어에 적용

1) 피드백 제어 : 목표값과 출력값을 비교하여 목표값에 가깝도록 되돌려 수정하는 제어(폐회로 구성)
   ※ 피드백회로 4대 구성요소 : 검출부 → 비교부 → 조절부 → 조작부

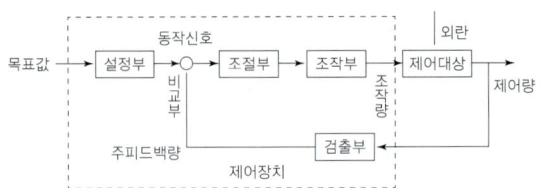

2) 시퀀스제어 : 미리 정해진 순서에 따라 제어의 각 단계를 순서대로 진행시키는 제어

    (1) 종류 : 자동판매기, 교통신호, 중전화, 컴퓨터, 승강기, 전기세탁기, 전기압력밥솥, 네온사인
    (2) 시퀀스도 : 전기기기의 동작을 동작순서에 따라 표시한 회로도

3) 프로세스(process)제어 : 온도, 압력, 유량, 습도 등의 상태량 제어

4) 접점

    (1) a접점 : 버튼을 누르면 전기가 통하는 접점(NO)
    (2) b접점 : 버튼을 누르면 전기가 통하지 않는 접점(NC)
    (3) c접점 : 가동접점부를 공유하는 a+b 접점을 조합한 접점(공통접점)
        ▶ 8핀 릴레이(타이머) 내부 회로도
        ① 2~7 : coil(코일) 접점   ② 1~3 : a 접점   ③ 5~8 : b 접점   ④ 6~8 : a 접점

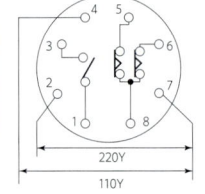

5) 자기유지 회로 : 입력신호가 계전기에 가해지면 입력 신호가 제거되어도 계전기 동작을 계속 유지시키는 회로

    ▶ 유지형스위치 : 한 번 조작하면 반대조작할 때까지 그 접점을 개폐 상태로 유지되는 접점 스위치(가정용 백열전등 스위치)

6) **플리커 회로** : 설정한 시간에 따라 ON/OFF를 반복하는 회로로 시간적으로 변화하지 않는 일정한 입력 신호를 단속 신호로 변환하는 회로로서 경보용 부저 신호에 많이 사용

7) **무접점 릴레이 소자의 장단점**

(1) 장점
① 동작속도가 빠르고.오작동이 적다.
② 수명이 길다.
③ 회로변경이 용이하다.
④ 장치의 소형화가 가능하다.

(2) 단점
① 노이즈, 서지(Surge)에 약하다.
② 온도 변화에 약하다.
③ 신뢰성이 떨어진다.
④ 별도의 전원을 필요로 한다.

6. 논리회로

명칭	논리기호	설명
AND회로 (논리곱)	$X = A \cdot B$	2개의 입력 A와 B가 모두 1일 때만 출력이 1이 되는 회로
OR회로 (논리합)	$X = A + B$	입력 A 또는 B의 어느 한 쪽이든가 양자가 1일 때 출력이 1인 회로
NOT회로 (논리부정)	$X = \overline{A}$	입력이 1일 때 출력은 0, 입력이 0일 때 출력이 1인 회로
NAND 회로 (논리곱부정)	$X = \overline{A \cdot B}$	AND 회로에 NOT 회로를 접속한 회로 즉, 입력신호가 모두 1일 때만 출력신호가 0인회로
NOR 회로 (논리합부정)	$X = \overline{A + B}$	OR 회로에 NOT 회로를 접속한 회로

게이트	논리기호	논리식	진리표
AND	A, B → F	$F = A \cdot B = AB$	A B | F 0 0 | 0 0 1 | 0 1 0 | 0 1 1 | 1
OR	A, B → F	$F = A + B$	A B | F 0 0 | 0 0 1 | 1 1 0 | 1 1 1 | 1
NOT (=Inverter)	A → F	$F = \overline{A}$	A | F 0 | 1 1 | 0
NAND (Not AND)	A, B → F	$F = \overline{AB}$	A B | F 0 0 | 1 0 1 | 1 1 0 | 1 1 1 | 0
NOR (Not OR)	A, B → F	$F = \overline{A+B}$	A B | F 0 0 | 1 0 1 | 0 1 0 | 0 1 1 | 0
KOR (Exclusive OR)	A, B → F	$F = A \oplus B$ $= \overline{A}B + A\overline{B}$	A B | F 0 0 | 0 0 1 | 1 1 0 | 1 1 1 | 0
XNOR (Exclusive NOR)	A, B → F	$F = A \odot B$ $= \overline{AB} + A\overline{B}$	A B | F 0 0 | 1 0 1 | 0 1 0 | 0 1 1 | 1
Buffer	A → F	$F = A$	A | F 0 | 0 1 | 1

필답 예상문제

01 전격(감전)에 영향을 주는 요인 3가지만 쓰시오.

풀이

① 통전 전류의 세기
② 통전 경로
③ 통전시간

참고

그 외
④ 전원의 종류
⑤ 인체저항
⑥ 통전 전압의 크기, 주파수, 파형
⑦ 전격시 심장박동 주기의 위상

02 멀티 테스터기(회로시험기) 기능 4가지를 쓰시오.

풀이

① 직류전압(DC) 측정
② 교류전압(AC) 측정
③ 직류전류 측정
④ 저항 측정

03 전선의 피복을 제거하거나 절단할 때 사용하는 공구 명칭을 쓰시오.

풀이

와이어 스트리퍼

04 다음 내용에 맞는 것을 보기에서 골라 번호를 쓰시오.

■보기■
① 롱로즈 플라이어   ② 터미널 압착기   ③ 스트리퍼   ④ 전자개폐기   ⑤ 릴레이

(1) 코일에 전류가 인가되면 전자력에 의해 접점이 개폐되며 열동형 과부하 차단장치를 부착할 것
(2) 전선의 절단 및 피복을 벗기는데 사용하는 공구
(3) 전선용 터미널에 전선을 삽입하여 압착 고정하는 공구

풀이

(1) ④
(2) ③
(3) ②

05 1차측 대전류를 소전류로 변환하는 장치 명칭을 쓰시오.

풀이

변류기(CT)

참고

* 변류기의 종류
    - 영상용 변류기(ZCT) : 지락사고 시 지락전류를 검출한다.(접지선에 감아서 사용) 즉, 접지선에 과전류가 흐를 때 전류차단하여 사고 방지
    - 계기용 변류기(CT) : 1차측 대전류를 소전류로 변환하는 장치

06 다음 그림과 같은 회로는 무슨 회로인지 쓰시오.

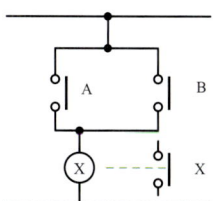

> **풀이**

OR 회로

> **참고**

신호 A 또는 B가 들어올 때 출력이 나오는 OR 회로이다.

07 퓨즈(fuse)의 재료로 사용하는 것 3가지를 쓰시오.

> **풀이**

납, 주석, 아연

> **참고**

* 퓨즈(fuse)의 재질
납과 주석, 아연과 주석의 합금(미소전류용 퓨즈 : 가는 텅스텐선), 구리는 용융온도가 비교적 높아 퓨즈 재질로 사용하지 않음

08 8핀 릴레이 소켓 및 내부회로도이다. a b접점을 각각 번호로 있는 대로 쓰시오.

 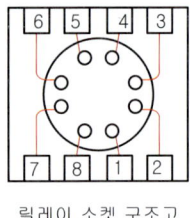 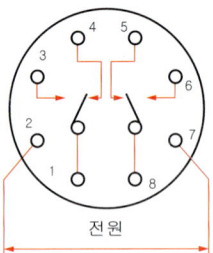

릴레이 소켓 구조고 　　　　전원

풀이

a접점 : 1-3번, 8-6번
b접점 : 1-4번, 8-5번

참고

* 8핀 릴레이 접점 번호
① 2-7 : 코일 접점
② a접점 : 1-3번, 8-6번
③ b접점 : 1-4번, 8-5번

09 다음 시퀀스도는 PBS_1을 누르면 접점 X_1, X_2가 ON되어 계전기 ⓧ가 PBS_2를 누를 때까지 계속 작동한다. 이런 회로의 명칭을 쓰시오.

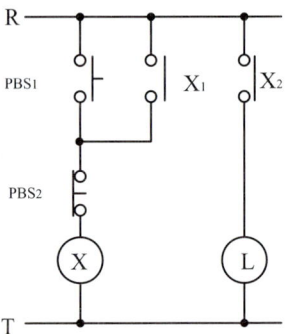

풀이

자기유지회로

> **참고**
>
> * 시퀀스도 설명
> 1. PBS₁을 누르면 접점 X₁, X₂가 ON되어 계전기 ⓧ가 PBS₂를 누를 때까지 계속 작동하며, 이때 X₂가 ON되어 L(램프)이 ON된다.
> 2. PBS₂를 OFF하면 계전기 ⓧ가 OFF되며, 이때 X₂가 OFF되어 L(램프)이 OFF된다.

10 다음과 같은 논리소자 기호로 나타내며 입력 A 또는 B의 어느 한쪽이든 양자가 1일 때 출력이 1이 되는 회로로서 병렬접속에 사용하는 논리회로의 명칭을 쓰시오.

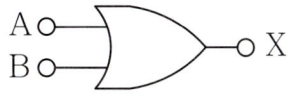

> **풀이**
>
> OR 회로(논리합, OR gate)

> **참고**
>
> * 논리회로
>
> | 명칭 | 논리기호 | 설명 |
> |---|---|---|
> | AND 회로 (논리곱) | $X = A \cdot B$ | 2개의 입력 A와 B가 모두 1일 때만 출력이 1이 되는 회로 |
> | OR 회로 (논리합) | $X = A + B$ | 입력 A 또는 B의 어느 한쪽이든 양자가 1일 때 출력이 1인 회로 |
> | NOT 회로 (논리부정) | $X = \overline{A}$ | 입력이 1일 때 출력은 0, 입력이 0일 때 출력이 1인 회로 |
> | NAND 회로 (논리곱부정) | $X = \overline{A \cdot B}$ | AND 회로에 NOT 회로를 접속한 회로 즉 입력신호가 모두 1일 때만 출력신호가 0인 회로 |
> | NOR 회로 (논리합부정) | $X = \overline{A + B}$ | OR 회로에 NOT 회로를 접속한 회로 |

11 다음은 전기배선용 도시기호이다. 각각 무엇을 나타내는지 쓰시오.

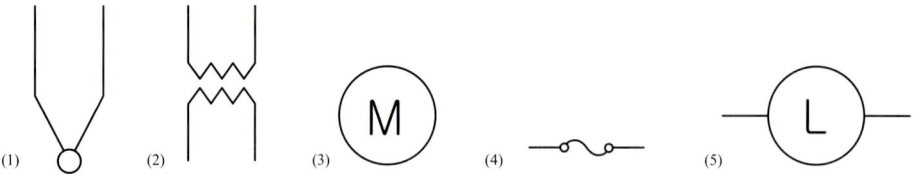

풀이

(1) 단자에서 합선
(2) 변압기
(3) 전동기(모터)
(4) 퓨즈
(5) 램프

참고

1. 합선(단락, 쇼트)
   전기 회로의 두 점 사이의 절연이 잘 안 되어서 두 점 사이가 접속되는 것
2. 변압기(transfomer)
   유도성 전기 전도체를 통해 전기 에너지를 한 회로에서 다른 회로로 전달하는 장치
3. 전동기(motor)
   전력을 이용하여 회전운동의 힘을 얻는 기계
4. 퓨즈(fuse)
   과전류, 단락 전류가 흘렀을 때 퓨즈 엘리먼트가 용단되어 회로를 자동 단락시켜 주는 역할을 하고 퓨즈는 납, 주석 등 가용체로 되어 있으며, 종류에는 포장형과 비포장형이 있다.
5. 램프
   전원의 유무, 시퀀스 제어회로의 동작 상황을 나타내기 위한 것으로 배전반이나 스위치 박스에 부착하여 사용한다.

12 다음 물음에 답하시오.

정해진 순서에 따라 제어단계를 순차적으로 진행하는 (①) 제어, 결과에 따라 출력을 가감하여 결과에 맞도록 수정하는 (②) 제어

풀이

① 시퀀스
② 피드백

참고

1. 시퀀스 제어(sequence control system)
   피드백 제어에 의하지 않고 정해진 순서에 따라 제어단계를 순차적으로 진행하는 방식
2. 피드백 제어(feed-back control system)
   자동 제어 방식의 기본적인 것으로 신호에 의하여 주어진 목표값과 조작한 결과인 제어량이 원인이 되어 제어 동작을 되돌려 진행하는 것으로, 출력 측의 신호를 입력 측으로 돌려보내는 조작으로 폐회로를 구성한다. 즉, 결과에 따라 출력을 가감하여 결과에 맞도록 수정하여 진행하는 방식

13 피드백 자동제어 회로에서 기본 제어장치의 4개부를 쓰시오.

풀이

① 비교부
② 조절부
③ 조작부
④ 검출부

14 다음 자동제어 방식에 맞는 용어를 쓰시오.

(1) 보일러의 기본 제어로 제어량과 결과치의 비교로 정정 동작을 하는 제어 보일러의 기본 제어로 제어량과 결과치의 비교로 정정 동작을 하는 제어
(2) 구비조건에 맞지 않을 때 작동정지를 시키는 제어
(3) 점화나 소화과정과 같이 미리 정해진 순서를 순차적으로 진행하는 제어

> **풀이**
>
> (1) 피드백 제어
> (2) 인터록
> (3) 시퀀스 제어

> **참고**
>
> 1. **피드백 제어**
>   자동 제어 방식의 기본적인 것으로 신호에 의하여 주어진 목표값과 조작한 결과인 제어량이 원인이 되어 제어 동작을 되돌려 진행하는 것으로 출력 측의 신호를 입력 측으로 돌려보내는 조작으로 폐회로를 구성한다. 즉, 보일러의 기본 제어로 제어량과 결과치의 비교로 정정 동작을 하는 제어
> 2. **시퀀스 제어**
>   피드백 제어에 의하지 않고 정해진 순서에 따라 제어단계를 순차적으로 진행하는 방식
> 3. **인터록 제어**
>   운전 조작상태에서 조건이 불충분하거나 다음의 진행에 미루어 불합리한 동작으로 변화하게 될 때 동작을 다음 단계에 도달하기 전에 기관을 정지하는 제어방식

15 다음 그림은 보일러 자동 피드백 제어의 회로구성을 나타낸 것이다. ①~⑤에 해당하는 제어요소를 각각 쓰시오.

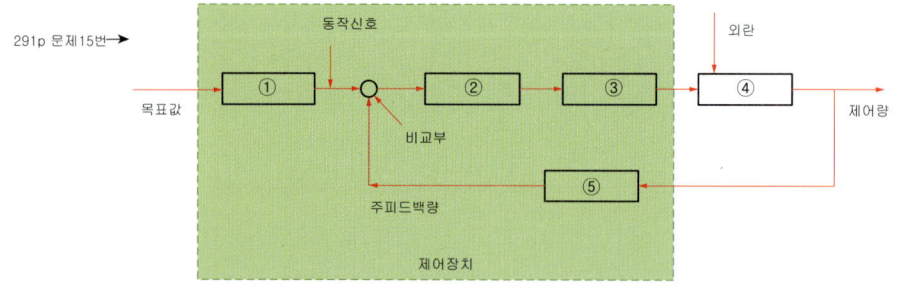

> **풀이**
>
> ① 설정부, ② 조절부, ③ 조작부, ④ 제어대상, ⑤ 검출부

MEMO

공조냉동
기계 기능사
산업기사
실기 이론

PART 03 배관일반

이 장에서는 배관일반 분야에서 출제될 수 있는 필답 내용을 수록하였습니다.

CHAPTER 01	배관재료
CHAPTER 02	배관공작
CHAPTER 03	배관 제도 및 도시법
CHAPTER 04	난방배관 시공

PART 03

배관 일반

CHAPTER 01 배관재료

1. 강관

1) 특징
(1) 접합작업 용이(나사식, 용접식, 플랜지식)
(2) 내압성 양호.
(3) 가볍고 인장강도가 크다.
(4) 내충격성 굴요성이 크다.

2) K/S에 의한 용도 분류

(1) 배관용
   ① SPP : 배관용 탄소강관 : $10kg/cm^2$ (1Mpa) 이하 사용
   ② SPPS : 압력 배관용 탄소강관 : $10 \sim 100kg/cm^2$ (1~10Mpa) 사용, 350℃ 이하사용
   ③ SPPH : 고압 배관용 탄소강관 : $100kg/cm^2$ (10Mpa) 이상 사용
   ④ SPHT : 고온 배관용 탄소강관 : 350℃ 이상 고온에 사용 (클리이프 강도 고려)
   ⑤ SPLT : 저온 배관용 탄소강관
   ⑥ STS×T : 배관용스테인리스강관 : 내식용 · 내열용 및 고온 · 저온 배관용에도 사용(STS 304 TP 등으로 표시)

(2) 열전달용(열교환기용)
   ① STLT : 저온 열교환기용 탄소강관
   ② STHB : 보일러, 열교환기용 탄소강관

(3) 수도용 : SPPW : 수도용 아연도금 강관

(4) 구조용 : STA : 구조용 합금 강관
   ※ 일반용 탄소강관(SPP) $1m^2$당 400g이상 아연(Zn) 도금한 것을 백관, 1차 방청 도장만한 것을 흑관이라함. 또한 관1본의 길이는 6m이다.

3) 스케줄번호(Sch. No) : 관의 두께를 나타내는 번호

$10 \times \dfrac{P}{S}$ [P : 사용압력 kg/cm², S : 허용응력 kg/mm² = 인장강도/안전율(4)]

4) 강관이음법 3가지

(1) 나사이음

(2) 용접이음

(3) 플랜지이음 : 보수, 점검을 위한 관의 해체, 교환에 사용(관경65A 이상시 플랜지이음, 관경 50A 이하는 유니언)

※ 제조 방법 표시
- 단접관 : -B-
- 전기 저항용접관 : -E-
- 아크용접관 : -A-
- 이음매 없는관 : -S-

5) 신축이음 : 온도변화에 따른 배관의 신축에 의한 손상을 방지하기위함

(1) 신축이음 종류

① 루우프형(곡관형)
  - 옥외고압배관용
  - 구부림의 반지름은 관지름의 6배 이상
  - 설치장소 크다.
  - 응력 발생 크다.

② 벨로우즈형(주름통형, 팩렉스형, 파형)
  - 설치장소 적다.
  - 응력, 누설 적다.
  - 신축에 의한 피로현상 때문에 스테인레스제 사용

③ 슬리이브형(미끄럼형)
  - 응력 발생이 적다.
  - 직관의 선 팽창만 흡수한다.
  - 저압증기관에 사용(과열증기 배관에 사용 부적합)

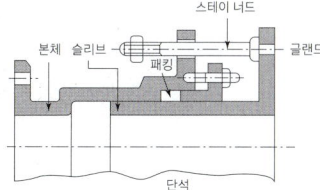

④ 스위블형 : 2-3 개의 엘보를 사용하여 관의 신축조절
(방열기 인입관이나 저압 온수관에 사용)

⑤ 볼죠인트형 : 볼죠인트 신축이음재와 오프셋 배관을 이용한 평면상 및 입체적 변위의 신축흡수(증기, 물, 기름배관 등 220℃까지 사용가능하며, 설치공간이 적다.)
※ 볼죠인트 신축이음재 종류 : 나사식, 용접식, 플랜지식
※ 신축량 계산식 : $l = \varepsilon * L * \Delta t$
l : 신축량 mm, ε : 선팽창계수, L : 배관길이 mm, Δt : 온도차 ℃

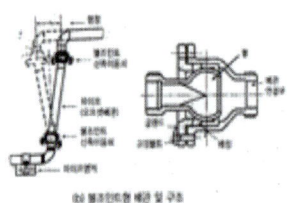

※ 플렉시블 이음 : 진동 충격을 완화시켜 장치 및 배관의 파손 방지 목적

(2) 밸브 종류
① 체크밸브 : 유체 흐름의 역류 방지 목적
 - 스윙식 : 수직, 수평 배관 모두 사용가능
 - 리프트식 : 수평 배관만 사용 가능
 ※ 체크밸브종류 : 리프트식, 스윙식, 볼형, 해머리스형, 이중플레이트형

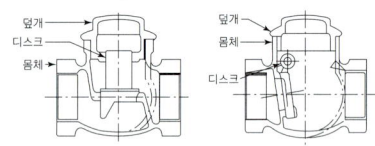

② 글로우브 밸브(옥형변) : 유량 조절용 밸브, 유체 저항 크다
③ 슬루우스 밸브(게이트, 사절밸브) : 유체의 개폐용 밸브, 유체 저항적다.
④ 글로우브형 앵글 밸브 : 흐름을 직각으로 전환하며, 유량조절
⑤ 콕(볼)밸브 : 90° 회전에 의한 개폐(개폐시간이 빠르다, 유체저항 적다.)

 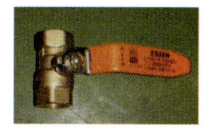

※ 버터플라이 밸브 : 냉수공급 및 차단용

⑥ 여과기(스트레이너) : 관내 불순물제거
· 여과기 종류 : Y형, U형, V형,복식형
· 여과기 스크린 종류 : 다공패널, 금속망형
　※ 복식형 : 여과기는 단식과 복식이있으며, 예비여과기를 갖지못할 때 복식사용, 복식은 출입구에
　　　압력계를 설치하여 규정압력이하시 청소 및 교체함

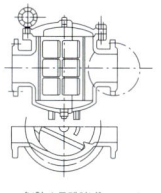 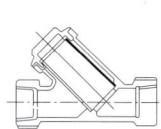 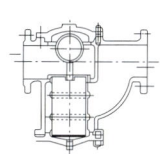

[V형 스트레이너]　　　[Y형 스트레이너]　　　[U형 스트레이너]

※ 배이패스 회로 : 보일러 배관에서 순환펌프, 유량계, 수량계, 감압밸브 등의 고장이나 보수 수리에
　　대비하여 설치하는 배관

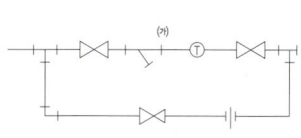 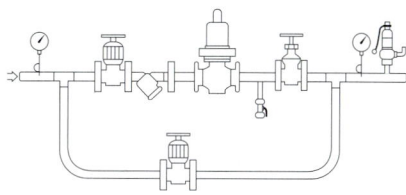

(3) 나사이음 부속의 사용처 별 분류

① 배관 방향 바꿀 때 : 엘보우, 벤드
② 관을 분기 할때 : T . Y . 크로스(+)
③ 같은관(동경)직선 연결시 : 소켓, 유니온, 니플, 플랜지
④ 이경관 연결시 : 레듀샤, 줄임티이, 붓싱, 이경 엘보우
⑤ 관끝을 막을 때 : 플러그, 캡

2. 동관

1) 동관종류

(1) **타프피치동(Tcup)** : 전기전도성이 좋아 열교환기용, 고온에서 수소취성현상 있음
(2) **인탈산동(Dcup)** : 일반배관용으로 용접용에 적합, 공조기, 열교환기용, 수소취성현상 없음
(3) **황동관** : 동과 아연(Zn)의 합금(내식성우수함)

2) 동관특징

(1) 전성, 연성이 풍부하여 가공용이(전성 : 잘 펴지는 성질, 연성 : 잘 늘어나는 성질)
(2) 전기 및 열전도성이 양호, 열교환기용으로 사용
(3) 연수에 부식되는 성질(증류수, 증기관 사용 부적합)
(4) 알카리에 강하나 산성에는 약하다.
(5) 가벼우나 외부 충격에 약하다.
(6) 가격이 비싸다.

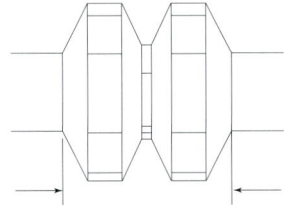 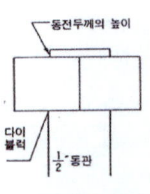

[플레어링 작업]

3) 동관 이음법

(1) **플레어 이음(압축이음)** : 동관의 점검, 보수시 용이한 이음법
(2) **용접이음**(원리:모세관현상)
(3) **플랜지이음**
　　※ 동관표준치수 : K, L, M 형 (K :가장두껍다 의료용배관, L : 급배수관,냉난방용, M: 급배수관)

4) 동관이음쇠

(1) **CM아답터** : 한쪽은 수나사로 되어 있고 강관 부속에 나사 이음되고, 다른 한쪽은 동관이 삽입되어 용접하도록 되어있는 이음쇠
(2) **CF아답터** : 한쪽은 암나사로 되어 있고, 강관의 수나사와 연결되고, 다른 한쪽은 동관이 삽입되어 용접하도록 구성되어 있는 이음쇠

5) 동관용접

(1) **연납과 경납의 구분온도** : 연납 : 450°C이하, 경납 : (700~850°C)
(2) **경납용접재 종류 3가지** : 인동납, 은납, 황동납
(3) **연납(동관)이음시 작업 공구 5가지** : 튜브벤더, 튜브커터, 리이머, 확관기, 싸이징툴, 쇠톱, 샌드페이퍼

3. 연관

1) 특징

(1) 전성·연성이 동관보다 가장우수, 가공용이
(2) 내식성이 크다.
(3) 중량이 무거워 수평배관에 사용 곤란
(4) 해수나 천연수에 사용
(5) 용도에 따라(1종 : 화학 공업용) (2종 : 일반용) (3종 : 가스용)

2) 연관 이음법

(1) 플라스턴 접합법
  ① 수전소켓접합 ② 맨더린 접합 ③ 지관 접합 ④ 직선접합 ⑤ 맞대기 접합
(2) 연관용융온도 : 327℃
(3) 플라스턴용융온도 : 232℃

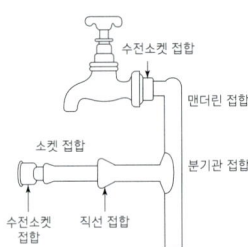

〈각종 접합의 예〉

4. 주철관

1) 종류

(1) **수도용 수직형** : 보통압관(정수두 75m 이하사용), 저압관(정수두 45m이하)
(2) **수도용 원심력 사형 주철관** : 고압관(정수두 100m이하), 보통압관(정수두 75m이하)
(3) **원심력 몰탈라이닝주철관** : 부식방지위해 몰탈 바른다(시멘트:1, 세골재:3.5).
(4) **덕타일(구상흑연) 주철관** : 땅속, 지상에 배관하여 압력상태, 무압력 상태에서 물 수송 등에 사용

2) 특징

(1) 내식성, 내구력이 좋다(특히 부식이적어 매설배관용).
(2) 부식이 적어 매설 배관용
(3) 급・배수, 오수관 등 사용처 다양
(4) 강도 크다.

3) 주철관 접합 방법

(1) **소켓접합** : 누설방지를 위해서 얀(yarn)과 얀이탈방지를 위해서 납물을 부어 넣는다.(연납이음)(급수관 : 1/3 야안, 2/3 납, 배수관 2/3 야안, 1/3 납)
(2) **기계적접합** : 플랜지와 소켓의 장점을 위한 접합
(3) **빅토리접합** : 고무링 사용
(4) **플랜지접합** : 볼트 너트 사용
(5) **타이톤접합** : 소켓형과 원형의고무링 사용
(6) **노허브(No-hub)이음** : 직관을 임의의 길이로 절단하고, 고무로 된 슬리브 커플링을 절단면 양쪽에 끼우고 스테인리스강 커플링 조임 밴드로 조임하는 방법

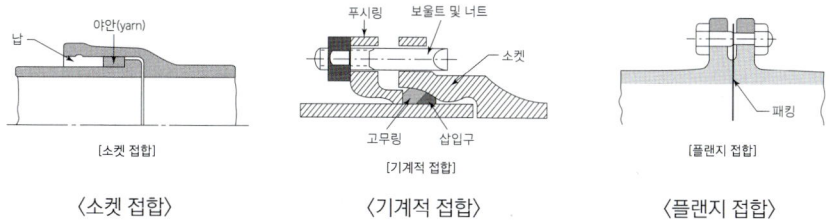

〈소켓 접합〉　　　〈기계적 접합〉　　　〈플랜지 접합〉

5. 폴리에틸렌관

1) **폴리에틸렌관(PE관 : Poly ethylene)** : 최고사용압력 0.4MPa(4kg/cm^2)이하 지하가스매설 배관용
   (1) 버트융착 (맞대기융착) : PE관 열융착의 직선 연결법
   (2) 소켓융착 (전자식 융착) : PE관 직선 연결법으로 전자 소켓 사용하는 방법
   (3) 새들융착 : 주관에 가지관 분기시 연결법

2) **PE관 맞대기 주요 융착공정**
   (1) 면취
   (2) 가열 후 용융압착
   (3) 냉각
   ※ PE관 열융착법에서 융착상태 적합여부 판단 : 비드폭 (좌우대칭의 둥글고, 균일하게)

3) **가교화폴리에틸렌관** : 일명 엑셀파이프, 고밀도 폴이에틸렌을 특수 반응 성형시켜 만든 관으로 내식성, 내약품성, 내구성, 유연성(인장강도)이 뛰어남(100℃이하 사용)

6. 경질염화비닐관(P.V.C관)

아세틸렌에 염화수소를 첨가하여 압출성형한 관, 사용온도 : 5~50℃정도, 가볍다, 내식성, 시공용이, 온도변화가 심한곳에 노출 배관시 30~40m마다 신축이음

7. 폴리부틸렌관 (polybuthylene)

PB파이프, 95℃이하의 물 수송관으로 에이콘 파이프(acorn pipe)로도 알려져있다. 이음 부속은 캡, 오-링(O-ring), 와셔, 그립링의 순서로 구성되며, 용접이나 나사이음이 필요없이 푸시 피트 방식으로 시공한다.

CHAPTER 02 배관공작

1. 배관공작용 공구/기계

1) 관절단용 공구

(1) **쇠톱** : 8"(200[mm]), 10"(250[mm]), 12"(300[mm]) 3종류

  크기 : 피팅홀(구멍과 구멍의 거리)의 간격

(2) **기계톱** : 활모양의 프레임에 톱날을 끼워 왕복 절삭

(3) **고속 숫돌 절단기** : 두께가 0.5 - 3[mm] 정도의 얇은 연삭원판을 고속회전 시켜 재료를 절단

(4) **띠톱기계** : 띠톱날을 회전시켜 재료 절단

(5) **파이프 커터** : 관 절단용 공구

  종류 : 1매날, 3매날, 링크형

  ※ 링크형 커터 : 주철관 절단용 공구

2) 리이머 : 관 절단후 생기는 거스러미 제거

3) 파이프렌치 : 관의 결합 및 해체시 사용

(1) **관 직경 200[mm] 이상은 체인식 파이프렌치 사용**

(2) **크기** : 입(죠우)을 최대로 벌렸을때의 전장

4) 파이프 바이스 : 관의 조립, 열간 벤딩시 고정

(1) 파이프 바이스크기표시 : 호칭번호(조우의 폭, 물릴수 있는 관경의 크기)

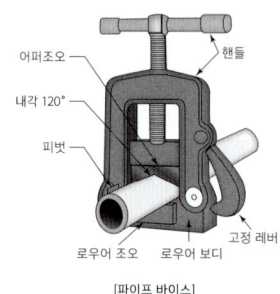

[파이프 바이스]

2. 관벤딩용 기계

1) 수동벤딩

(1) 냉간(상온)벤딩 : 상온 상태에서 벤딩

(2) 열간벤딩 : 관에 마른모래를 채운후 가열하여 단계적으로 벤딩

① 가열온도
강관 : 800~900℃, 동관 : 600~700℃

2) 기계벤딩

(1) 램식벤더 : 현장용으로 유압펌프를 이용한 굽힘
(2) 로우터리식 벤더 : 공장용으로 강관, 스텐인리스관, 동관 등 종류에 관계없이 대량생산용이며, 파이프에 심봉 넣고 구부린다.

3) 굽힘(벤딩)작업의 장점

(1) 연결용 이음쇠 불필요하다.   (2) 재료의 절약
(3) 작업공장 줄어든다.   (4) 접합작업 불필요
(5) 관내 마찰저항 손실 적다.

4) 용접접합종류/특징

   (1) **맞대기용접** : 보조물없이 3~4개소 가접후 맞대고 용접

   (2) **슬리브 용접** : 슬리브 길이가 관지름의 1.2~1.7배로하여 관 외부에 끼우고 용접

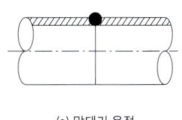
(a) 맞대기 용접

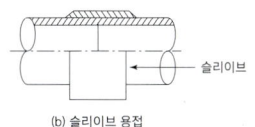
(b) 슬리이브 용접

5) 용접이음 장점

   (1) 접합부 강도 크며, 누수 염려 없다.
   (2) 보온피복 용이
   (3) 관내 돌출부가 없어 마찰 손실 적다.
   (4) 부속이 적게 들고 재료비 절감
   (5) 가공이 쉬워 공정이 단축된다.

3. 동관용 공구

1) **플레어링툴** : 동관의 압축이나 접합용으로 나팔관 모양으로 만드는 공구

2) **사이징툴** : 동관 끝을 원형으로 교정하는 공구

3) **벤더** : 벤딩용 공구
       ※동관전용 벤더의 최소곡률 반지름은 관지름의 약 4~5배가 되도록 구부린다.

4) **리이머** : 동관 거스러미 제거용 공구

5) **튜브커터** : 동관 절단용 공구

6) **티뽑기** : 분기관 성형시 사용

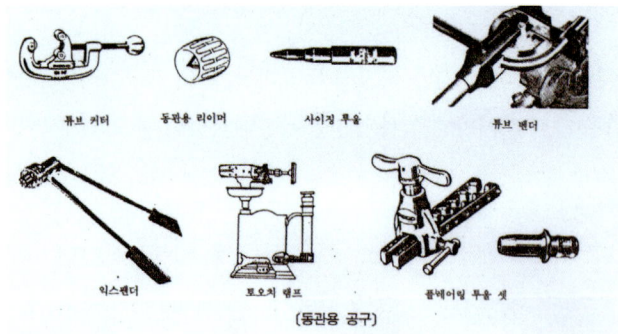

[동관용 공구]

7) 냉동라쳇렌치 : 냉동기계(압축기나 냉매배관 밸브)의 볼트, 너트를 연속적으로 조이거나 푸는 공구로 좁은 공간에서 쉽게 열고 닫을 수 있도록 라쳇렌치의 양쪽에 사각형 구멍이 있다.

4. 연관용 공구

1) **봄보올** : 주관에 구멍 뚫는 공구
2) **드레서** : 연관 표면의 산화피막 제거
3) **벤드벤** : 굽힘 작업에 사용하는 공구
4) **터어핀** : 관 끝에 끼우고 나무망치로 정형하는 공구
5) **마아레트** : 나무망치

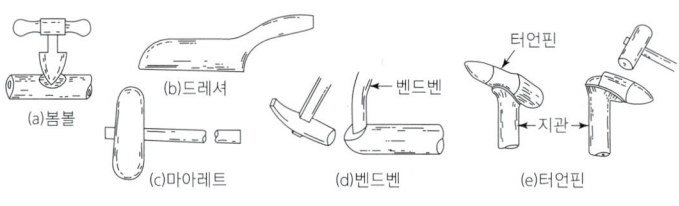

[연관용 공구]

5. 주철관용 공구

1) **링크형 파이프 커터** : 주철관 절단 공구
2) **클립** : 소켓 접합시 납물 비산 방지용 공구
3) **코킹정** : 소켓 접합시 다지기 작업용 공구
4) **납 용해용 공구** : 냄비, 파이어 포트, 납물용 국자, 산화납 제거기

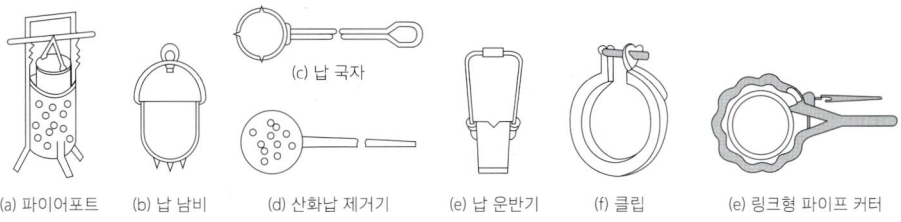

(a) 파이어포트 (b) 납 냄비 (c) 납 국자 (d) 산화납 제거기 (e) 납 운반기 (f) 클립 (e) 링크형 파이프 커터

[주철관용 공구]

5) **기타공구**
① 코어드릴 : 각종 설비 및 배관 연결, 전기공사를 위해 철근 콘크리트 구조물에 직경 25~300mm 까지 뚫는 공구
② 열풍용접기 : PVC관의 접합, 용접, 벤딩시 사용

6. 나사절삭과 관길이 산출

1) **나사 절삭기** : 파이프에 나사를 가공하는 기기

(1) 자연적 냉동법
① **오스타형** : 4개의 체이서와 3개의 조우
② **리드형** : 2개의 체이서와 4개의 조우

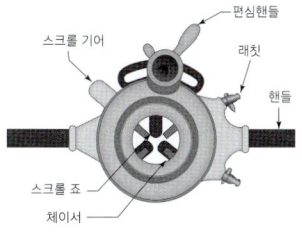

〈오스타형 수동나사 절삭기〉

(2) 동력용

① 다이헤드식
② 오스터식
③ 호브식

※ 다이헤드식 동력나사 절삭기가 할 수 있는 작업 : 나사절삭, 관절단, 리이머 기능

2) 관길이 산출식

(1) 직관길이 산출

$l = L - 2(A - a)$

l : 실제 절단길이, L : 전체 길이, A : 부속 중심길이, a : 삽입길이

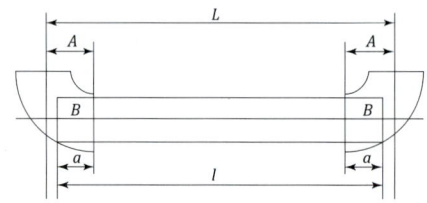

(2) 45° 길이 산출식

$l = B \times \sqrt{2}(1.414) - 2(A - a)$

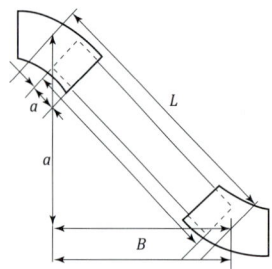

(3) 나사 삽입길이 및 부속 중심길이

구분	삽입길이	부속중심 및 여유수치(mm)	
		부속중심길이(90° 엘보우 = 티이)	45° 엘보우 = 유니언
$a \to b$	11mm	27(여유수치 : 16mm)	21(여유수치 : 10mm)
$b \to c$	13mm	32(여유수치 : 19mm)	25(여유수치 : 12mm)
$c \to d$	15mm	38(여유수치 : 23mm)	29(여유수치 : 14mm)
$f \to a$	7mm	46(여유수치 : 29mm)	35(여유수치 : 16mm)

(4) 곡관부 길이 산출식

$l = 2 \cdot \pi \cdot R \cdot \theta / 360$

R : 곡관의 반지름, θ : 각도

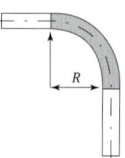 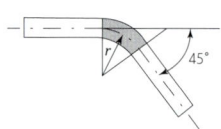

7. 배관 지지쇠

1) 행거 : 배관 하중을 위에서 끌어당겨 지지(리지드, 스프링, 콘스탄트)

2) 써포오트 : 배관 하중을 밑에서 떠받쳐 지지(리지드, 스프링, 로울러)

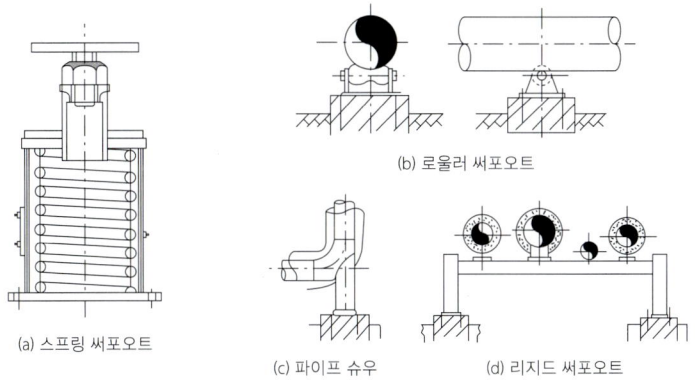

[써포오트의 종류]

3) 리스트레인트 : 열팽창에 의한 배관의 이동을 구속(앵커, 스톱, 가이드)

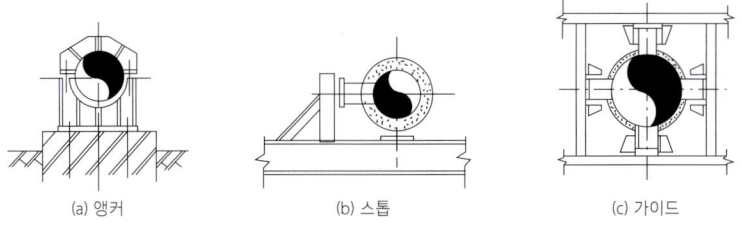

[리스트레인트의 종류]

4) 브레이스 : 펌프, 압축기 등에서 발생되는 진동, 충격 등을 흡수 완화

8. 패킹

회전부, 접합부로부터 기밀 유지하기 위함(일명 가스킷)

1) 플랜지 패킹

① 고무 패킹(탄성은 우수하나 흡수성 없다, 기름에 침식, 100[℃] 이하 사용)
② 석면 조인트시트(450℃ 고온 배관 사용)
③ 합성수지 패킹(테프론 -260℃~260℃의 내열성) ④ 오일시일 패킹(한지를 내유가공)

2) 나사용 패킹

① 페인트
② 일산화연
③ 액상 합성수지
④ 테프론

3) 글랜드패킹

① 석면각형 패킹(대형 밸브 그랜드용)
② 석면 얀 패킹(소형 밸브 그랜드용)
③ 아마존 패킹(압축기 그랜드용)
④ 모울드 패킹(밸브, 펌프 그랜드용)

9. 방청도료

1) **광명단 도료** : 녹방지 위해 페인트 밑칠용에 사용
2) **산화철 도료**
3) **알루미늄 도료(은분)** : 열반사 특성 양호(방열기에 사용), 400~500℃의 내열성, 방청효과 좋다

 10. 보온재

1) **사용온도에 따른 구분**
   (1) **보냉재** : 100℃ 이하, 보온재 : (유기질 : 100~200℃), (무기질 : 200~800℃)
   (2) **단열재** : 800~1200℃
      ① **내화단열재** : 1200~1500℃
      ② **내화재** : 1580℃ 이상

2) **유기질 보온재의 종류**
   (1) **펠트류** : 양모, 우모 : 실내, 천장내 급수, 배수관 표면에 결로 방지(방로)를 위해 사용
   (2) **텍스류** : 톱밥, 목재를 압축성형한 것
   (3) **폼류** : 염화비닐폼, 폴리스틸폼(일명 스치로폴로 체적의 97~98%기공, 열차단능력 좋고, 내수성 강함)
   (4) **탄화콜크류**

3) **무기질 보온재의 종류**
   (1) **석면** : 진동받는 장치의 보온재 사용
   (2) **규조토** : 압축강도, 마모저항, 스폴링(spalling : 로재가 열응력을 받아 균열 또는 쪼개지는 현상) 저항에 약하다. 500℃ 이하의 파이프, 탱크, 노벽 등에 사용(진동있는 곳 사용 곤란)
   (3) **탄산마그네슘** : 탄산마그네슘 85%, 석면 15% 배합
   (4) **유리섬유(글라스울)** : 유리 미분에 카본 등의 발포제를 넣고 900℃ 정도 가열하여 제조한 유리솜 보온재

(5) 규산칼슘
(6) 암면 : 안산암, 현무암, 석회석 등을 원료로 하여 용융, 압축 가공한 것으로 400℃ 이하의 관, 덕트, 탱크 등에 사용
(7) 퍼얼라이트
(8) 실리카화이버, 세라믹화이버(1300℃ 이상)

4) 보온재 구비조건
(1) 열전도율 작을 것
(2) 부피, 비중 작을 것
(3) 열독립 기포의 고다공질이며 균일할 것
(4) 열흡습, 흡수성이 적을 것

5) **열전도율**은(비중 작을수록, 온도차 작을수록, 기공층 많을수록, 두께가 두꺼울수록) = 작아진다.

※ 보온효율 = $\dfrac{Q_0 - Q}{Q_0} \times 100$ (Q_0 : 나관의 손실 열량, Q : 보온관의 손실열량)

CHAPTER 03 배관 제도 및 도시법

1. 배관도 종류

1) **관계통도** : 하나의 실선으로 복잡한 관창치를 알기 쉽도록 계통적으로 간략히 그린 도면
2) **관장치도** : 밸브, 콕, 부속 설치 위치를 명시한 도면
3) **관제작도** : 관장치도를 세분화한 도면
4) **PID(Piping Instrument Diagram)** : 관 장치의 설계, 제작, 시공, 운전, 조작, 공정 수정 등에 도움을 주기 위해 주 계통의 라인, 계기, 제어기 및 장치기기 등에서 필요한 자료를 도시한 도면
5) **등각투상도** : 물체의 옆면 모서리가 수평선과 30°가 되도록 회전시켜, 세 모서리가 이루는 각이 모두 120°가 되도록 그린 투상도

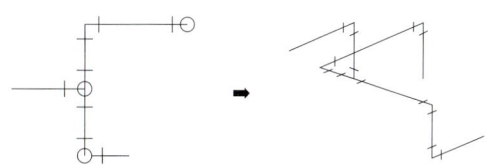
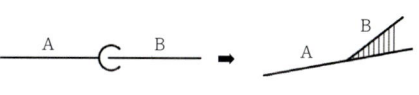

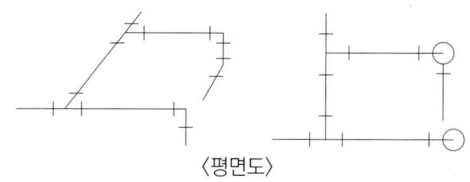
〈평면도〉

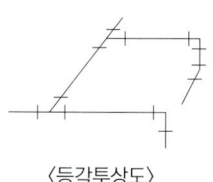
〈등각투상도〉

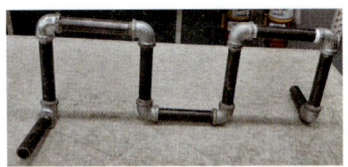
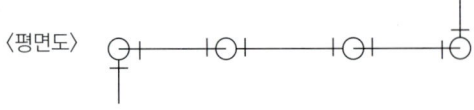

⟨평면도⟩

⟨평면도 : 위에서 본 도시기호⟩

⟨정면도⟩

2. 치수기입법

치수는 [mm]로 표시하고 치수선에는 숫자만 표시

3. 높이표시

1) EL 표시 : 관중심 기준

2) BOP : 지름이 서로 다른 관에서 아래 면을 기준하여 표시

3) TOP : 배관의 윗면 기준

4) GL : 포장된 지표면 기준

5) FL : 각층 바닥면 기준

4. 유체의 표시

1) A : 공기(백색)
2) G : 가스(황색)
3) O : 유류
4) S : 수증기(적색)
5) W : 물(청색)

밸브표시

종류	기호
옥형변(글로브 밸브)	
사질변(슬로우스 밸브)	
앵글 밸브	
볼 밸브	
역지변(체크 밸브)	
안전밸브(스프링식)	
공기빼기 밸브	

관 입체적 표시

굽은상태	실제모양	도시기호
파이프A가 앞쪽으로 수직으로 구부러질 때		
파이프B가 뒤쪽으로 수직으로 구부러질 때		
파이프C가 뒤쪽으로 구부러져서 D에 접속될 때		

관접속 상태

접속상태	실제모양	도시기호
접속하지 않을 때		
접속하고 있을 때		
분기하고 있을 때		

관이음 방법

이음종류	연결방법	도시 기호	이음종류	연결방법	도시 기호
관이음	나사형		신축이음	루우프형	
	용접형			슬리브형	
	플랜지형			벨로즈형	
	턱걸이형			스위블형	
	납땜형				

가는 엘보 표시   오는 엘보 표시

CHAPTER 04 난방배관 시공

1. 증기난방 배관 시공

1) 난방 방식의 분류

(1) **개별식 난방법** : 석탄, 가스, 석유, 전열 등의 난로에 의한 소규모 난방

(2) **중앙식 난방법**
   ① **직접 난방법** : 실내에 방열기를 설치하여 배관을 통해 증기. 온수를 공급하여 난방.
   ② **간접 난방법(공기조화에 의한 덕트난방)** : 열기에 의해 공기가 온풍이 되어 덕트시설을 통하여 공기의 습도. 청정도. 온도를 조절한다.
   ③ **복사난방(방사난방)** : 천정이나 벽, 바닥 등에 코일을 매설하여 온수 등 열매체를 이용하여 복사열에 의해 실내를 난방

(3) **지역난방** : 고압의 증기 또는 고온수 등을 이용하여 일정 지역의 다수건물(신도시 등)에 공급하여 난방하는 방식 : 각 건물에 보일러가 필요없이 유효면적이 넓고, 연료비가 절감되고, 대기오염이 감소한다.

(4) **복사 난방의 장.단점 3가지**
   ① **장점** : 쾌감도가 좋다. 실내공간의 이용률이 높다(방열기 설치 불필요). 동일 방열량에 대한 열손실이 적다.
   ② **단점** : 매입배관이므로 시공/수리 곤란. 외기온도 변화에 대한 조절이 곤란. 고장 발견이 곤란하고 시설비가 비싸다.

   ※ 증기난방(증기잠열 이용)과 비교한 온수(온수현열 이용) 난방의 장점
   - 난방부하에 따라 온도조절이 쉽다.
   - 쾌감도가 좋고 화상위험이 없다.
   - 가열시간은 길지만 잘 식지 않으므로 배관의 동결 우려가 적다.
   - 취급이 용이하고 소규모 주택에 적합하다.

   ※ 배관방법에 따른 분류
   - 단관식 : 증기관과 응축수관이 1개
   - 복관식 : 증기관과 응축수관이 각각 구분

※ 증기공급(순환방향) 방법에 따른 분류
　- 상향공급식 : 송수주관보다 방열기가 높을 때 상향 분기한 배관
　- 하향공급식 : 송수주관보다 방열기가 낮을 때 하향 분기한 배관

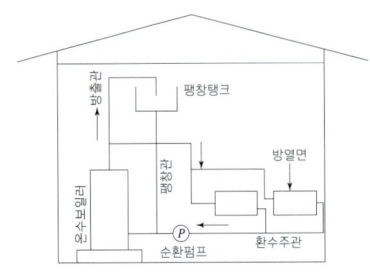

※ 리버스 리턴[reverse- return] 배관방식
　난방배관에 사용하는 배관이며 각 기기에 접속되는 배관길이를 일정하게 함으로써 배관저항이 균등하여 각 기기는 일정한 유량이 흐르게 하여 각 기기의 온도를 일정하게 하는 배관방식.

※ 배관의 구배
　- 단관중력 환수식
　　· 상향공급식(역류관) : 1/50~1/100
　　· 하향공급식(순류관) : 1/100~1/200
　- 복관중력 환수식
　　· 건식 환수관 1/200(환수관이 보일러 수면보다 높은 경우, 응축수 체류할 곳에 열동식 트랩 설치)
　　· 습식 환수관 : 환수관을 보일러 수면보다 낮게 배관
　- 진공 환수식 : 1/200~1/300 : 응축수 끓어 올리기 위해 리프트 피팅 설치

※ 냉각관(냉각레그)
　건식 환수방식의 관말에 설치하여 관내 응축수에서 생긴 플래시 증기로 인해 보일러에 수격작용을 방지하기 위해 설치
　- 주관과 수직으로 100[mm] 이상 수직으로 내리고, 하부로 150[mm] 이상 연장하여 관내 슬러지 등을 제거할 목적으로 드레인 포켓을 만들어 준다.

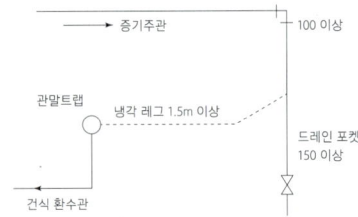

※ 리프트 피팅
　- 진공 펌프에 의해 응축수를 원활히 끌어 올리기 위해서 펌프 입구측에 설치
　- 리프트 피팅의 높이는 1.5[m] 이내 설치(1.6m 이하 1단, 3.2m 이하 2단)

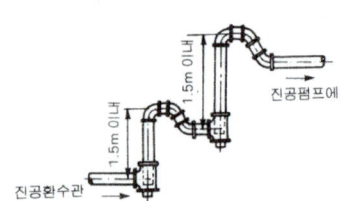

2. 온수난방 배관 시공

1) 배관 기울기 : 1/250

2) 온수온도에 따른 분류
(1) 보통온수식 : 85~90℃
(2) 고온수식 : 100℃ 이상

3) 온수공급방식 분류(공급방향, 순환방향)
(1) **상향순환식** : 송수주관을 상향구배로 하고, 방열면이 보일러보다 높을 때, 온수를 순환시키는 배관 방식
(2) **하향순환식** : 방열면이 보일러보다 낮을 때, 송수주관을 최상층 천정에 배관하여 수직관을 하향 분기한 방식

4) 응축수 순환방식 분류
(1) **중력순환식** : 보일러를 최하위 방열기보다 낮게 설치(환수되는 온수의 비중차에 의한 순환방식)
(2) **강제순환식** : 순환 펌프에 의한 강제순환 방식(센트리퓨갈펌프, 축류형펌프, 하이드로레이터)

5) 온수난방 구분

분류기준	온수난방법 분류
온수온도	보통온수식(85~90℃), 고온수식(100℃ 이상)
배관방식	단관식, 복관식
온수공급방식(순환방향, 공급방향)	상향공급식, 하향공급식
온수순환방식	자연(중력) 순환식, 강제 순환식

6) 온수난방의 장·단점

(1) **장점**
① 방열량 조절 용이
② 동결의 우려가 적다.
③ 취급이 용이하고 화상의 우려가 적다.
④ 쾌감도가 좋다.

(2) 단점
① 배관이 굵어 설비비가 고가
② 건축물 높이에 제한을 받는다.
③ 예열시간이 길다.

3. 방열기

1) 방열기의 설치
외기와 접하는 창 아래에 설치(실내공기 대류작용에 의한 순환 양호)

2) 방열기 종류 : 주철제, 강판제, 강관제, 알루미늄제

(1) 방열기의 종류 및 도시기호
① 2주형 : Ⅱ
② 3주형 : Ⅲ
③ 3세주형 : 3
④ 5세주형 : 5
⑤ 벽걸이 수직형 : W-H
⑥ 벽걸이 수평형 : W-H
⑦ 길드 방열기(G) : 1m 정도의 주철제 파이프에 방열면적을 키기 위해 열전도율이 핀을 여러 개 끼운 것

※ 방열기 도시법
- 종별 - 형 × 쪽수
- 종별 - 높이 × 쪽수

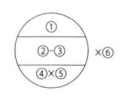

① 쪽수(절수, 섹션수)
② 종별
③ 형(치수,높이)
④ 유입관경
⑤ 유출관경
⑥ 조의 수

(2) 주형 방열기 : 벽에서 50 - 60[mm] 이격

(3) **벽걸이형 방열기** : 바닥에서 150[mm] 높게 설치
(4) **대류 방열기(콘벡터, 베이스보드)** : 대류작용의 촉진을 위해 철제 캐비닛 속에 핀튜브를 넣은 것으로 열효율이 좋아 널리 사용, 높이가 낮은 것을 베이스보드히터, 바닥에서 90[mm] 이상 높게 설치

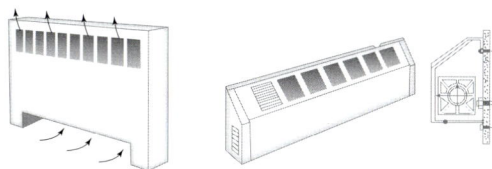

(5) **관 방열기** : 관을 조립하여 관 표면을 방열면으로 한 것으로 고압용
(6) **팬 코일 유닛(fan coil unit)** : 냉온수 코일, 팬, 에어필터를 내장한 유닛으로 여름에는 코일에 냉수를 통과시켜 공기를 냉각, 감습하고, 겨울에는 온수를 통과시켜 공기를 가열하는 방식

　※ 배관의 시공방법
　　① 편심 이음 : 편심 레듀셔를 이용
　　　- 상향 기울기 : 관의 윗면을 수평하게 연결
　　　- 하향 기울기 : 관의 밑면을 수평하게 연결

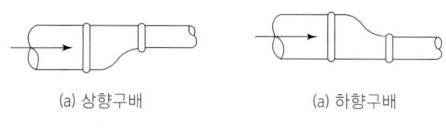

(a) 상향구배　　　　(a) 하향구배

[편심조인트]

　　② 공기빼기 밸브 : 공기가 체류할 만한 곳에 설치(방열기 상단)

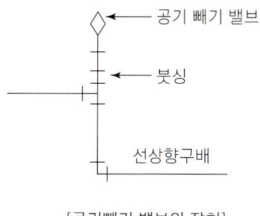

[공기빼기 밸브의 장치]

4. 방열량 계산

1) EDR(상당방열면적)

방열기의 방열면적당 보일러 능력, 레이팅(Rating)이라고도 함.
(증기 : 650 kcal/m² h , 온수 : 450kcal/m² h)

2) 방열기 방열량 계산

(1) $Q(kcal/m^2 h) = 표준방열량 \times \dfrac{\dfrac{방열기입구온도 + 방열기출구온도}{2} - 실내온도}{62}$

 ▶ 표준방열량(증기 : 650kcal/m² h, 온수 : 450kcal/m² h)
 ▶ 보정온도계수(증기 : 81, 온수 : 62)

(2) $Q(kcal/m^2 h) = 방열기방열계수 \times (\dfrac{방열기입구온도 + 방열기출구온도}{2} - 실내온도) \times 방열기방열면적(m^2)$

(3) 방열기 쪽수(N) = $\dfrac{난방부하(Q)(kcal/h)}{표준방열량(kcal/m^2 h) \times 방열기쪽당면적(m^2)}$

 ▶ 표준방열량(증기 : 650 kcal/m² h, 온수: 450 kcal/m² h)

 5. 팽창탱크

1) 설치목적

온도상승에 의한 체적팽창흡수, 보충수 공급, 공기배출 및 공기침입 방지로 배관 파손, 열손실 방지 목적

2) 팽창탱크 설치시 주의 사항

① 최고부위의 방열기나 방열코일 높이보다 (1m) 이상 높게 설치한다.
② 팽창관의 끝부분은 팽창탱크 바닥면보다 (25mm) 정도 높게 배관한다.
③ 재료는 (100°C) 이상에서 견딜 수 있는 재료를 사용한다.

④ 밀폐식의 경우 배관 계통내의 압력이 제한 압력 이상으로 되면 자동적으로(과잉수)를 배출시킬 수 있도록 (방출 밸브)를 설치해야 한다.
⑤ 팽창관이나 안전관에는 밸브. 체크밸브 등을 설치해서는 안된다.

3) 팽창탱크 종류 및 부대설비

(1) **개방식** : 보통온수(100°C 이하), 일반 주택 등에 사용. 용량은 온수팽창량의 2~2.5배
▶ 주변 배관 : 급수관, 배수관, 방출관(안전관), 배기관, 오버플루우관(물넘처 흐르는 관), 팽창관

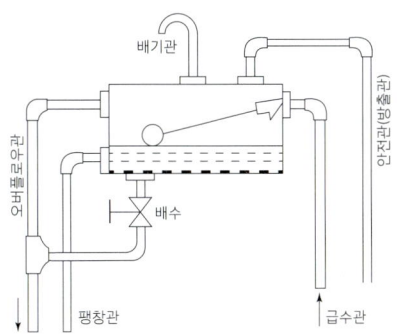

(2) **밀폐식** : 100°C 이상의 고온수 난방에 사용. 높이 제한을 받지 않는다.
▶ 주변 배관 : 급수관, 배수관, 방출관(안전관), 수위계, □압력계, 압축공기관

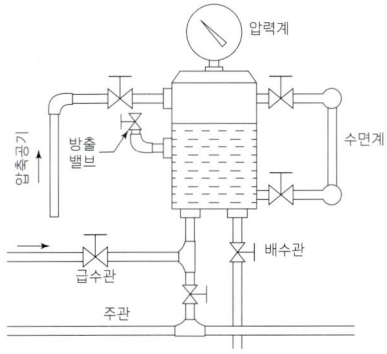

필답 예상문제

01 신축이음의 종류를 4가지만 쓰시오.

풀이

① 슬리브형
② 벨로즈형
③ 루프형
④ 스위블 이음

02 온도 10℃, 길이 15m인 강관이 있다. 강관 내에 온수가 통과하면서 강관의 온도가 85℃가 되었다면 열팽창에 의해 관의 늘어난 길이(mm)를 구하시오. (단, 강관의 평균 선팽창계수는 0.0002mm/mm · ℃이다.)

풀이

225mm

참고

* 열팽창에 의한 늘어난 길이
선팽창계수 × 길이 × 온도차
$0.0002 \times 15,000 \times (85 - 10) = 225$

03 아래 그림(①, ②)은 체크밸브의 단면을 단략하게 도시한 것이다. 각 물음에 답하시오.

(1) 구조를 보고 ①, ② 체크밸브의 형식을 쓰시오.

(2) 구조상 수평배관에만 사용 가능한 밸브는 ①, ② 중 어느 것인지 그 번호를 쓰시오.

풀이

(1) ① 리프트식
　　② 스윙식
(2) ①

참고

*** 체크밸브(역류방지밸브)**
유체의 역류를 방지하기 위해 설치되며, 스윙식은 수직, 수평배관에 사용이 가능하나 리프트식은 수평배관에만 사용이 가능하다.

04 온수보일러의 순환펌프 설치 방법에 대한 설명이다. (   ) 안에 알맞은 말을 〈보기〉에서 골라 써 넣으시오.

■보기■
송수주관, 최대, 온수공급관, 여과기, 수평, 바이패스, 최소, 트랩, 환수주관, 수직

순환펌프에는 하향식 구조 및 자연순환이 곤란한 구조를 제외하고는 (①) 회로를 설치해야 하며, 펌프와 전원콘센트 간의 거리는 가능한 한 (②)(으)로 하고, 누전 등의 위험이 없어야 하며, 순환펌프의 모터 부분을 (③)(으)로 설치한다. 또한 펌프의 흡입 측에는 (④)을(를) 설치해야 하며, (⑤)에 설치한다.

풀이

① 바이패스
② 최소
③ 수평
④ 여과기
⑤ 환수주관

05 다음 파이프 관의 각 이음 기호를 도시하시오.

(1) 나사 이음
(2) 플랜지 이음
(3) 유니언 이음

풀이

(1) ―┼―
(2) ―╫―
(3) ―┤├―

06 어떤 장치 내의 물을 가열하여 온도를 높이는 경우 물의 팽창량(L)을 구하는 식에 대하여 아래 기호를 사용하여 나타내시오. (단, V = 가열 전 장치 내 전수량(L), ρ_1 : 가열 후 물(온수)의 밀도(kg/L), ρ_2 : 가열 전 물(온수)의 밀도(kg/L)이다.)

풀이

물의 팽창량(L)

$$\left(\frac{1}{\rho_1} - \frac{1}{\rho_2}\right) \times V$$

참고

물의 팽창량(L) = $\left(\dfrac{1}{\rho_1} - \dfrac{1}{\rho_2}\right) \times V$

07 다음에 주어진 배관 부속품 및 기호를 이용하여, 유체의 흐름방향을 고려하여 유량계의 바이패스(by-pass) 회로 배관을 완성하시오.

- 유량계(F1) : 1개
- 스트레이너() : 1개 유니언 : 3개
- 엘보 : 2개
- 밸브(⋈) : 3개
- 유니언 : 3개
- 티 : 2개

풀이

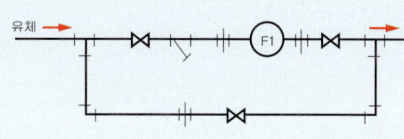

08 다음 동관의 접합 방법과 관련된 설명의 ( )에 알맞은 용어를 아래에 쓰시오.

기계의 점검, 보수 또는 관을 분해할 경우를 대비한 접합 방법은 (①) 접합이며, 용접 접합은 (②) 현상을 이용한 것으로 연납 용접과 경납 용접으로 나눌 수 있다. 이 중 용접 강도가 큰 것은 (③) 용접이며, 경납 용접의 용접체는 (④)(⑤)가(이) 사용된다.

풀이

① 플레어
② 모세관
③ 경납
④ 붕사
⑤ 붕산

09 동관을 두께별 및 재질별로 분류한 다음의 ( ) 속에 알맞은 말을 쓰시오.

(1) 두께별 : K형, (①)형, (②)형
(2) 재질별 : 연질, (③)질, (④)질, (⑤)질

풀이

(1) ① L, ② M
(2) ③ 반연질, ④ 반경질, ⑤ 경질

참고

- 두께별 : K형, L형, M형(두꺼운 순서 : K 〉 L 〉 M)
- 재질별 : 연질(O), 반연질(OL), 반경질(1/2H), 경질(H)

10 다음 동관 작업 시 사용되는 공구 명칭을 각각 쓰시오.

(1) 동관의 끝 부분을 원형으로 정형하는 공구
(2) 동관의 관 끝 직경을 크게 확대하는 데 사용하는 공구
(3) 동관을 압축 이음하기 위하여 관 끝을 나팔 모양으로 만드는 데 사용하는 공구

풀이

(1) 사이징 툴
(2) 익스팬더(확관기)
(3) 플레어링 툴

참고

1. 토치램프
   납땜, 동관접합, 벤딩 등의 작업을 하기 위해 가열용으로 사용하는 가열공구
2. 사이징 툴
   동관의 끝을 정확하게 원형으로 가공하는 공구
3. 튜브 벤더
   동관 굽힘용 공구
4. 익스팬더(확관기)
   동관 확관용 공구
5. 플레어링 툴
   동관을 압착 이음하기 위하여 관 끝을 나팔 모양으로 만드는 데 사용하는 공구

11 수동 롤러(로터리)형으로 강관을 180° 굽힘 작업하였는데, 강관의 탄성 때문에 벤딩이 약간 펴지는 현상이 발생하였다. 이를 고려하여 굽힘 각도 180°보다 3~5°를 더 구부려 작업하는데, 이렇게 벤딩이 펴지는 현상을 무엇이라고 하는지 쓰시오.

풀이

스프링 백 현상

참고

강관을 구부림 작업했을 때 탄성 때문에 벤딩이 펴지는 현상을 스프링 백 현상이라 한다.

12 배관 시공 시 관을 배열해 놓고 수평을 맞출 필요가 있을 때 사용하는 측정기의 명칭을 쓰시오.

> **풀이**
>
> 수평계

13 다음은 PB(Polybutylene)의 연결방법에 대한 설명이다. 가~라 안에 적합한 답을 아래 〈보기〉에서 골라 그 번호를 쓰시오.

■보기■
① 그랩 링(grab ring)　　② 푸스 파트(push-fit)
③ 오-링(O-ring)　　④ 압착 이음(pressure fit)
⑤ 서포트 슬리브(support sleeve)　　⑥ 얀(yarn)

PB관 이음부속은 캡(cap), (가), 와셔(washer), (나)의 순서로 구성되며, 용접이나 나사이음이 필요없이 (다)방식으로 시공한다. 부속에 관을 연결할 때는 절단된 관의 끝부분 속으로 (라)를 밀어 넣어야 한다.

> **풀이**
>
> 가. ③
> 나. ①
> 다. ④
> 라. ⑤

> **참고**
>
>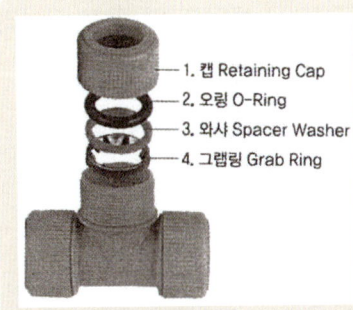

14 강관과 비교한 동관의 특징을 설명한 것이다. (　) 속에 단어 중 옳은 것을 표시하시오.

동관은 강관에 비하여 유연성이 (크고, 작고), 유체 흐름에 대한 마찰저항이 (크다, 작다). 또한, 내식성이 (작으며, 크며), 열전도율이 (크고, 작고), 같은 호칭경으로 비교할 경우 무게가 (가볍다, 무겁다).

풀이

동관은 강관에 비하여 유연성이 (크고), 유체 흐름에 대한 마찰저항이 (작다). 또한, 내식성이 (크며), 열전도율이 (크고), 같은 호칭경으로 비교할 경우 무게가 (가볍다).

15 아래 그림은 스테인리스 강관 배관 시공법을 도시한 것이다. 청동 주물 본체 이음식에 스테인리스 강관을 삽입하고, 동합금체 링을 캡 너트로 조여 접속하는 방식의 결합법은 무엇인가?

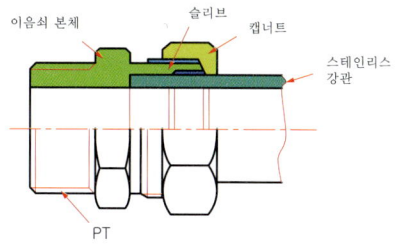

풀이

MR 조인트 이음

참고

* MR 조인트 이음
관의 나사 가공, 프레스 가공, 용접을 하지 않고 청동, 주물제 이음새 본체에 스테인리스 강관을 삽입하고, 동합금제 링을 캡 너트로 죄어 고정시켜 접속하는 결합 방법

16 강관 공작용 기계에서 동력나사의 절삭기의 종류 3가지를 쓰시오.

> **풀이**

① 다이헤드형
② 오스터형
③ 호브형

17 다음은 강관의 굽힘 가공에 대한 설명이다. (　) 안에 알맞은 용어를 쓰시오.

강관의 굽힘 가공에 사용되는 파이프 벤딩 머신은 센터 포머, 엔드 포머, 램실린더 유압펌프 등으로 구성된 이동식 현장용인 (①)식과, 공장에서 동일 모양으로 다량의 강관을 벤딩할 때 사용되는 (②)식으로 구분된다.

> **풀이**

① 램
② 로터리

18 보온재의 구비조건을 5가지만 쓰시오.

> **풀이**

① 열전도율이 작을 것
② 독립성 다공질일 것
③ 흡수, 흡습성이 작을 것
④ 기계적 압축강도가 있을 것
⑤ 시공성이 우수할 것

> **참고**

* 보온재의 구비조건
① 독립기포의 다공질일 것
② 시공성이 우수할 것
③ 열전도율이 작을 것
④ 기계적 압축강도가 있을 것
⑤ 비중(밀도)이 작을 것
⑥ 흡수, 흡습성이 작을 것

19 동관 접합 방식의 종류를 3가지만 쓰시오.

> **풀이**
>
> 플레어 접합(압축 이음), 납땜 접합, 용접 접합

> **참고**
>
> * 동관 접합의 종류
> ① 플레어 접합(압축 이음)
> ② 납땜 접합(연납땜, 경납땜)
> ③ 용접 접합
> ④ 플랜지 접합

20 호칭지름 15A의 관으로 다음 그림과 같이 나사이음을 할 때 중심간의 길이를 600mm로 하려면 관의 절단 길이(l)는 몇 mm로 해야 하는지 구하시오. (단, 호칭 15A 엘보의 중심선에서 단면까지의 길이는 27mm, 나사에 물리는 최소 길이는 11mm이다.)

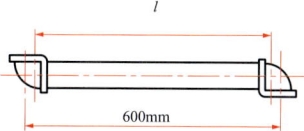

> **풀이**
>
> 600 − 2(27 − 11) = 568mm

21 아래 그림과 같이 지름 20A인 강관을 2개의 45° 엘보로 결합하고자 한다. 관의 실제 길이는 몇 mm로 절단해야 하는지 구하시오. (단, 엘보의 나사 물림부 길이는 15mm이고, 엘보 중심에서 끝단까지의 길이는 25mm이다.)

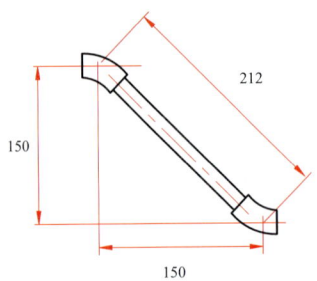

> **풀이**
>
> 212 − 2(25 − 15) = 192mm

22 호칭지름 20A의 강관을 곡률반경 100mm로 90° 굽힘할 때 곡관부의 길이(mm)를 구하시오.

> **풀이**
>
> $2\pi r \times \dfrac{각도}{360}, \pi D \times \dfrac{각도}{360}$
>
> $3.14 \times 200 \times \dfrac{90}{360} = 157\text{mm}$

23 보온재의 종류 중 유기질 보온재는 일반적으로 낮은 온도에 사용되고, 무기질 보온재는 상대적으로 높은 온도의 몰체에 사용된다. 다음 보온재에서 유기질인 경우 "유", 무기질인 경우에는 "무" 자를 ( ) 안에 쓰시오.

① 우모 펠트 : ( )
② 그라스 울 : ( )
③ 암면 : ( )
④ 탄화 코르크 : ( )
⑤ 규조토 : ( )

> **풀이**
> ① 유
> ② 무
> ③ 무
> ④ 유
> ⑤ 무

24 내화물의 기본 제조공정 5단계를 순서에 맞게 쓰시오.

> **풀이**
> 분쇄 → 혼련 → 성형 → 건조 → 소성

> **참고**
> 일반적으로 내화물은 분쇄 → 혼련 → 성형 → 건조 → 소성 등의 기본 공정을 거쳐 제조된다.

25 배관계에 걸리는 하중을 위해서 걸어 당겨 지지하는 장치인 행거의 종류를 3가지만 쓰시오.

풀이

① 리지드
② 스프링
③ 콘스탄트

참고

1. 행거(hanger)
   배관 중량을 위(천장)에서 지지할 목적으로 사용된다.

2. 행거의 종류
   - 리지드 행거 : I빔 턴버클을 이용 지지하는 것으로 수직방향으로 변위가 없는 곳에 사용
   - 스프링 행거 : 턴버클 대신에 스프링을 사용
   - 콘스탄트 행거 : 배관의 상하이동에 관계없이 관지지력이 일정한 것

26 하수관 등에서 발생한 유해가스나 악취 등이 실내로 들어오는 것을 방지하기 위해 설치하는 트랩의 종류를 5가지만 쓰시오.

풀이

① S트랩
② P트랩
③ U트랩
④ 드럼트랩
⑤ 벨트랩

27 16℃의 물이 들어가 96℃의 물로 되는 온수 보일러가 있다. 보일러의 개방식 팽창탱크 크기(l)를 구하시오. (단, 방열기 출구의 온수 밀도 ρ_r = 0.99897kg/l, 방열기 입구의 온수 밀도 ρ_f = 0.96122kg/l, 전수량은 1,500l, α = 2이다.)

풀이

$$2 \times \left(\frac{1}{0.96122} - \frac{1}{0.99897}\right) \times 1500 = 117.94 l$$

28 난방배관 시공 시 증기주관에서 입하관을 분기할 때의 이상적인 배관 시공도를 그리시오. (단, 사용 이음쇠는 티 1개, 90° 엘보 3개이다.)

> 풀이

29 다음의 배관 등각투상도를 보고 아래 답란에 '평면도'로 나타내시오. (단, 각 연결부위는 나사접합이다.)

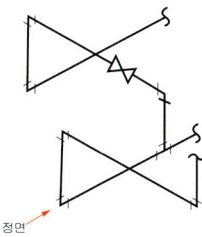

> 풀이

30 다음 보일러 시공, 작업도면을 보고, A-A'의 단면도를 아래 사각형 내에 그리시오. (단, 단면도의 높이는 170mm로 하고, 각 부속 사이의 관경 및 치수도 기입하시오.)

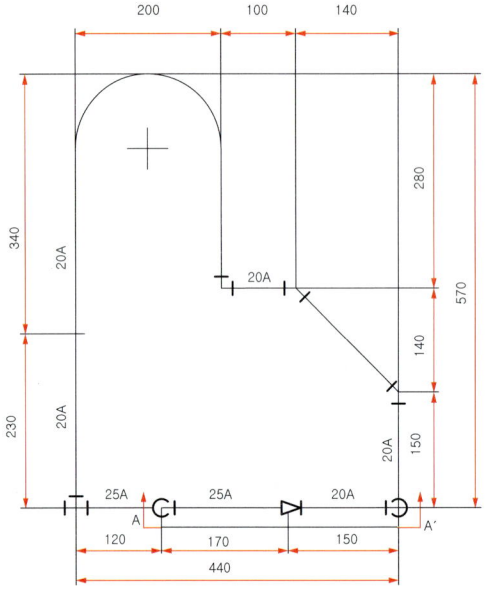

풀이

31 배관 조립의 정면도를 그리시오.

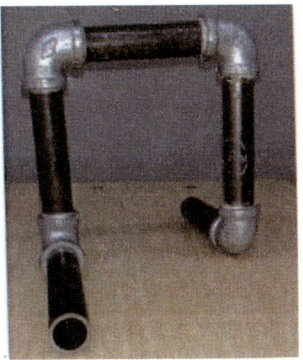

📝 **풀이**

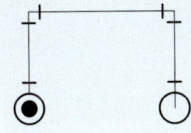

32 배관의 관 높이 표시기호에 대하여 각각 설명하시오.

　(1) G.L(Ground Line)

　(2) B.O.P(Bottom of Pipe)

📝 **풀이**

(1) 포장된 지면을 기준으로 하여 배관장치의 높이를 표시할 때 적용된다.
(2) 지름이 서로 다른 관의 높이 표시방법으로 관 바깥지름의 아랫면까지의 높이를 기준으로 표시한 것

📌 **참고**

1. E.L 표시
   배관의 높이를 관의 중심을 기준으로 표시한 것
2. B.O.P
   지름이 서로 다른 관의 높이 표시방법으로 관 바깥지름의 아랫면까지의 높이를 기준으로 표시한 것
3. T.O.P
   관의 바깥지름의 윗면을 기준으로 표시한 것
4. G.L
   포장된 지면을 기준으로 하여 배관장치의 높이를 표시할 때 적용된다.
5. F.L
   각층 바닥을 기준으로 하여 높이를 표시한 것

33 다음의 방열기 도면 표시를 보고 아래 〈보기〉 설명의 ①~⑤에 알맞은 숫자를 쓰시오.

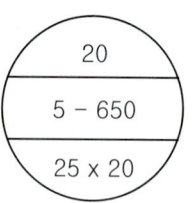

■보기■
위의 방열기는 (①)세주형, 높이 (②)mm, (③)섹션을 조합하였고, 유입관의 지름이 (④) mm, 유출관의 지름은 (⑤)mm이다.

풀이

① 5세주형
② 650
③ 20
④ 25
⑤ 20

34 다음 그림은 온수보일러 설치 개략도이다. 아래 물음에 답하시오.

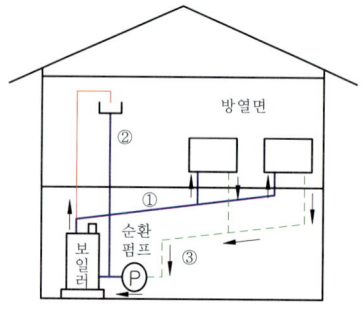

(1) 온수의 공급방향에 따라 분류할 때, 위의 그림은 어떤 방식인지 쓰시오.

(2) 위의 그림에서 ①~③은 용도상 어떤 관을 의미하는지 쓰시오.

풀이

(1) 상향식
(2) ① 송수주관
　　② 팽창관
　　③ 환수주관

35 다음 설명은 각각 어떤 난방법인지 쓰시오.

(1) 지하실 등 특정 장소에서 공기를 가열하고, 이 공기를 덕트(duct)를 통해서 각 방에 보내어 난방하는 방법
(2) 방을 형성하고 있는 벽, 바닥, 천장 등에 패널을 매입하고 여기에서 나오는 열에 의해 난방하는 방법

풀이

(1) 간접 난방
(2) 복사 난방(방사 난방)

참고

1. 직접 난방
   난방개소에 방열기를 설치하여 난방하는 형식
2. 간접 난방
   공조기를 설치, 이 공기를 덕트를 통해서 난방개소에 공급하여 난방하는 형식
3. 방사(복사) 난방
   벽, 바닥, 천장 등에 패널을 매입하고 여기에서 나오는 열에 의해 난방하는 방법

36 다음 중 온수난방과 관련된 사항으로 옳게 설명된 것을 골라 그 번호를 모두 쓰시오.

■보기■

① 운전이 정지되면 전체 배관 내에 공기가 채워진다.
② 물의 현열을 이용한다.
③ 대규모의 아파트 단지에 적합하다.
④ 운전정지 후 일정시간 방열이 지속된다.
⑤ 예열부하가 크다.
⑥ 열매체의 잠열과 현열을 이용하는 난방법이다.
⑦ 방열기 표면 온도가 낮아 쾌감도가 높고, 화상의 위험이 적다.
⑧ 배관 방식에 따라 중력 순환식과 강제 순환식 온수난방으로 구분한다.
⑨ 방열기를 이용한 온수난방은 대류 난방법에 속한다.

풀이

②, ④, ⑤, ⑦, ⑨

37 지역난방(distric heating system)에 대하여 설명하시오.

> **풀이**
>
> 열공급시설의 열발생처에서 고압의 증기, 고온수를 생산하여 일정 지역을 대상으로 공급함으로써 사용처에서는 열의 생산설비(보일러) 없이 공급라인을 통해 직접 또는 열교환기 등으로 저압의 증기, 저온수로 바꾸어 난방 및 급탕을 이용하는 집단난방 방식

38 온수가 배관 내 흐를 때 관 내부와 마찰을 일으켜 압력손실을 가져오게 되는데, 이러한 손실을 줄이기 위하여 다음 각 요소를 어떻게 해야 하는지 쓰시오.
  (1) 굽힘 개소
  (2) 관경
  (3) 배관 길이
  (4) 유속
  (5) 유체 점도

> **풀이**
>
> (1) 적게
> (2) 크게
> (3) 짧게
> (4) 느리게
> (5) 낮게

39 자연순환식 온수배관은 온수의 밀도차에 의해 생기는 순환력을 이용하므로 배관(마찰)저항을 가능한 한 최소화해야 한다. 주로 저항이 많이 발생하는 배관부위 3곳을 쓰시오.

> **풀이**
>
> ① 주관에서 분기되는 부분
> ② 배관에서 부속품이 설치된 곳
> ③ 곡관부(방열관 등)

40 여러 개의 온수방열기가 연결된 경우 배관의 순환율을 같게 하여 건물 내의 각실 온도를 일정하게 유지시키는 배관 방식을 쓰시오.

> **풀이**
>
> 역귀환 방식(리버스 리턴 방식)

41 온수보일러의 정격출력 계산 시에 고려되는 부하의 종류를 3가지만 쓰시오.

> **풀이**
>
> ① 난방부하
> ② 급탕부하
> ③ 배관부하

> **참고**
>
> – 정격출력 = 난방부하 + 급탕부하 + 배관부하 + 예열부하(시동부하)
> – 상용출력 = 난방부하 + 급탕부하 + 배관부하

42 난방부하가 21kW인 사무실의 방열면적(m^2)을 구하시오. (단, 방열기의 방열량은 523.3W/m^2이다.)

> **풀이**
>
> 방열면적 = $\dfrac{난방부하}{방열기 방열량}$ = $\dfrac{21,000}{523.3}$ = 40.13m^2

43 다음은 팽창 탱크에 연결되는 관에 대한 설명이다. 각 설명에 해당하는 관의 명칭을 아래 보기에서 골라 쓰시오.

■보기■
팽창관   오버플로관   압축공기관   급수관   배기관   배수관   회수관

(1) 팽창 탱크 내의 물이 일정 수위보다 더 올라갈 때 그 물을 배출하는 관
(2) 보일러와 팽창 탱크를 연결하며 밸브나 체크 밸브를 설치하지 않는 관
(3) 팽창 탱크 내에 물을 공급해 주는 관
(4) 팽창 탱크 내의 물을 완전히 빼내기 위하여 설치하는 관

풀이

(1) 오버플로관
(2) 팽창관
(3) 급수관
(4) 배수관

---

44 다음은 개방식 팽창 탱크의 배관도면이다. ①~⑤의 관 명칭을 쓰시오.

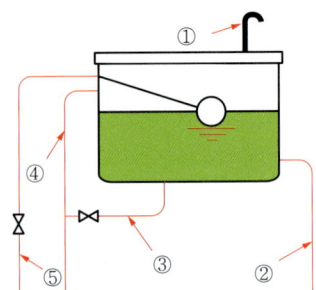

풀이

① 배기관
② 팽창관
③ 배수관(드레인관)
④ 오버플로관
⑤ 급수관

> 참고

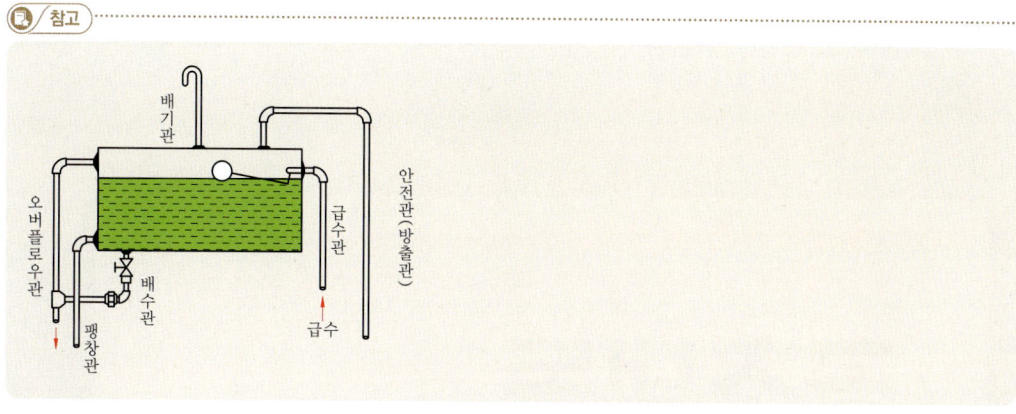

45 다음은 온수 온돌의 시공층 단면도이다. 다음 물음에 답하시오.

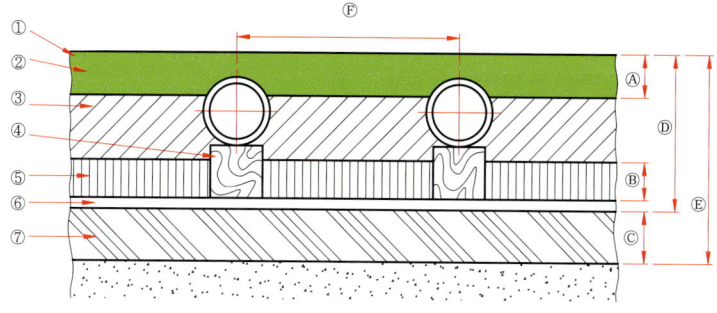

(1) 도면의 ①~⑦까지의 명칭을 각각 쓰시오.

(2) 도면의 ⓐ~ⓔ의 두께는 몇 cm가 적당한지 각각 쓰시오.

(3) 방열관의 피치(ⓕ)는 몇 cm가 적당한가?

> 풀이

(1) ① 장판 ② 시멘트 모르타르층
    ③ 자갈층 ④ 받침재
    ⑤ 보온재 ⑥ 방수층
    ⑦ 콘크리트층

(2) ⓐ 2~3cm ⓑ 3cm 이상
    ⓒ 3cm 이상 ⓓ 13cm 이상
    ⓔ 16~20cm

(3) 20±2cm

공조냉동
기계 기능사
산업기사
동관 작업
이론 및 실기

PART 04 동관 작업

이 장은 동관 작업을 할 수 있는 작업방법을 상세히 설명 수록하였습니다.

CHAPTER 01	공조냉동기계기능사/산업기사 동관 작업 이론
CHAPTER 02	동관 작업 실기
CHAPTER 03	공조냉동기계기능사 동관 작업
CHAPTER 04	공조냉동기계산업기사 동관 작업

PART 04

동관 작업

CHAPTER 01 공조냉동기계기능사/산업기사 동관 작업 이론

1. 가스 용접 기초

1) 가스 용접

가스 용접은 산소 - 프로판 또는 산소 - 아세틸렌을 사용한 가연성 가스와 산소의 연소반응열을 이용하는데 산소 - 아세틸렌을 사용해야 강관을 용접(약 3000[℃] 이상)할 수 있다.

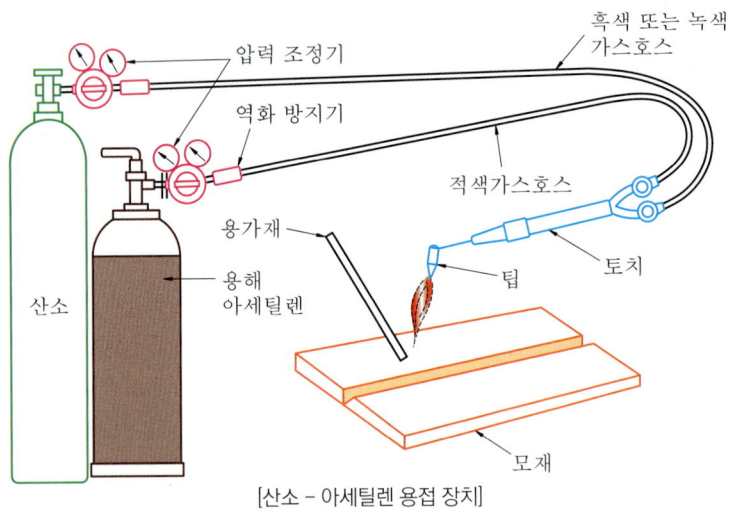

[산소 - 아세틸렌 용접 장치]

2) 용접용 가스 종류 및 특징

가스 용접에 사용되는 조연(지연)성 가스는 산소(O_2), 가연성 가스는 아세틸렌(C_2H_2), 프로판(C_3H_8), 수소(H_2) 등을 사용한다.

(1) 산소 특징

① 공기 중 약 21% 함유되어 있는 조연성 가스
② 산소 농도가 증가하면 연소 속도, 화염 온도 상승, 폭발 범위 증대, 착화 온도, 점화원 에너지 등이 감소하여 위험성이 증가한다.

③ 용기 및 배관(호스) 색상 : 녹색(공업용), 백색(의료용)
④ 이음매 없는 용기로 35[℃]에서 15[Mpa](150[kgf/cm^2])으로 충전된 압축가스
⑤ 산소 조정압력은 0.1~0.5[Mpa](1~5[kgf/cm^2]) 정도 사용

(2) 아세틸렌 특징

① 가연성 가스로 용기 속에 목탄, 규조토 등 다공성 물질을 채운 후 아세톤 등의 용제에 용해되어 충전된 용해가스로 용접용기
② 15[℃]에서 최고충전압력은 1.56[Mpa](15.65[kgf/cm^2])으로 충전
③ 용기 및 배관(호스) 색상 : 황색(적색)
④ 아세틸렌 조정압력은 0.02~0.04[Mpa](0.2~0.4[kgf/cm^2]) 정도 사용

3) 산소 – 아세틸렌 불꽃

(1) 불꽃 구성

산소와 아세틸렌을 1:1로 혼합하여 연소시키면 그림과 같이 세 부분으로 구성된다.

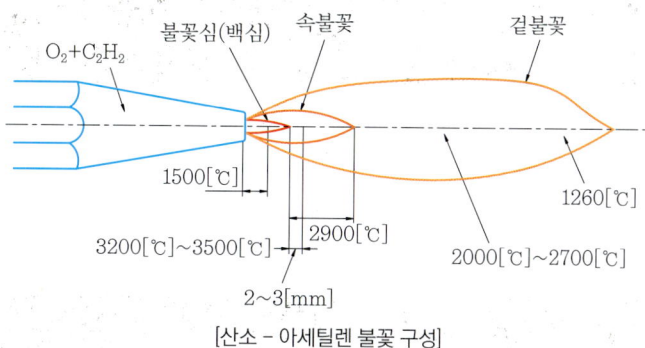

[산소 – 아세틸렌 불꽃 구성]

① 백심(불꽃심) : 환원성의 백색 불꽃으로 1500[℃] 정도
② 속불꽃 : 3200~3500[℃]의 고온을 발생하는 부분으로 무색에 가깝다.
③ 겉불꽃 : 불꽃의 가장 자리를 이루며 2000[℃] 정도

(2) 불꽃 종류

아세틸렌과 산소를 연소시킬 때 공급되는 산소량에 따라 탄화 불꽃, 중성 불꽃, 산화 불꽃으로 구분

① 탄화 불꽃(아세틸렌 과잉 불꽃)

아세틸렌의 양이 산소보다 많을 때 생기는 불꽃으로 알루미늄, 스테인레스강 용접 시 사용

② 중성 불꽃(표준 불꽃)

산소와 아세틸렌이 약 1:1 비율로 혼합될 때 얻어지며 모든 일반 용접에 이용

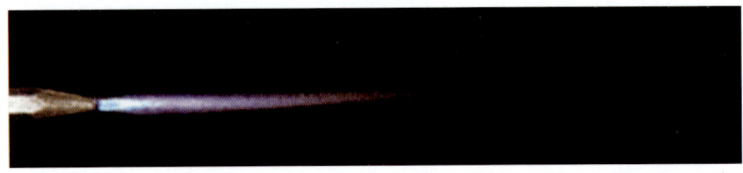

③ 산화 불꽃(산소 과잉 불꽃)

산소의 양이 아세틸렌의 양보다 많은 불꽃으로 금속을 산화시키는 성질이 있어 구리, 황동 등의 용접에 사용

4) 가스 용접 토치

용접용 토치는 아세틸렌 가스와 산소를 일정하게 혼합한 가스를 연소시켜 불꽃을 형성, 용접 작업에 사용하는 기구로 손잡이, 혼합실, 팁으로 구성되어 있다.

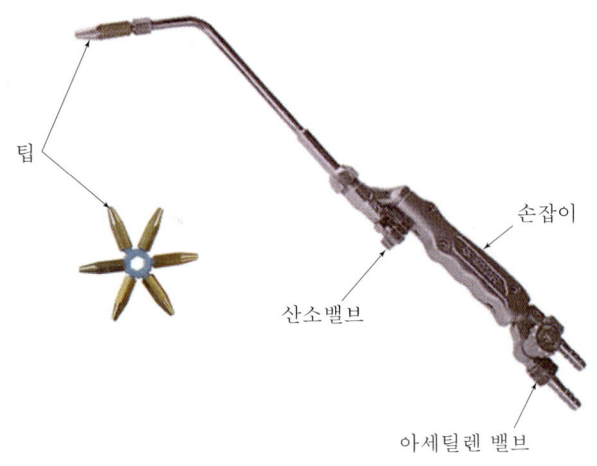

[토치의 구조]

(1) 토치의 종류

① **독일식(불변압식)** : 팁의 능력은 용접하는 강판의 두께를 나타냄
   예) 연강판 두께 1[mm]인 경우 팁 번호 1번, 2번(두께 2[mm]), 3번(두께 3[mm]) 등
② **프랑스식(가변압식)** : 1시간 동안 표준 불꽃을 이용해 용접할 때 아세틸렌 가스의 소비량으로 표시(ℓ)
   예) 팁 번호가 100번이면 아세틸렌 소비량이 100, ℓ 팁 번호가 200번이면 아세틸렌 소비량이 200 ℓ

5) 압력 조정기

감압 조정기라고도 하며 산소는 0.1~0.5[Mpa](1~5[kgf/cm^2]) 정도, 아세틸렌은 0.02~0.04[Mpa](0.2~0.4[kgf/cm^2]) 정도로 조정하여 사용한다. 산소용은 오른나사, 가연성인 아세틸렌용은 왼나사로 되어 있어 용기에 장착할 때 혼동을 피한다.

용기에서 고압의 아세틸렌 가스 또는 산소가 그림에서와 같이 고압실로 들어와 고압력계에 용기 내의 압력을 지시하고, 이때 고압실의 압력과 밸브 스프링의 힘의 균형에 의하여 저압실로 유동하고, 저압실의 공간이 커 팽창하므로 압력이 강하한다. 조정 핸들을 돌려 스프링을 크게 밀어 밸브를 많이 열면 저압실에 보다 많은 고압의 가스가 유입된다.

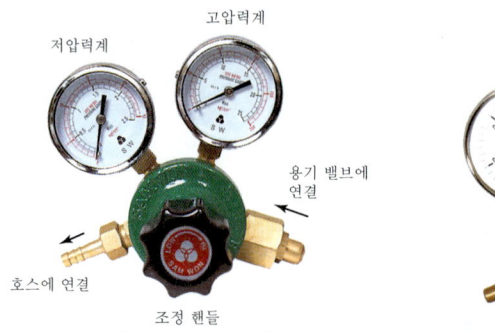
[산소 압력 조정기]

[아세틸렌 압력 조정기]

6) 가스 용접용 보호구 및 공구

(1) 보안경 및 차광 렌즈

보안경은 용접 작업 중 유해한 적외선과 자외선 또는 스패터나 불티 등이 눈에 들어가는 것을 방지하기 위해 사용하고 차광 렌즈의 능력은 차광 번호로 결정된다.

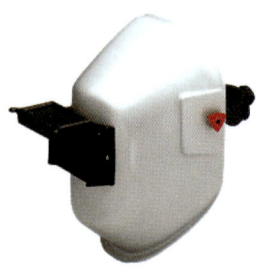

(2) 점화 라이터 및 팁 크리너

팁 크리너는 팁 구멍이 그을음이나 슬래그 등으로 막혀 불꽃을 형성하지 못할 때 사용하며 주의할 점은 구멍이 커지지 않도록 하기 위해 팁 구멍보다 지름이 작은 팁으로 사용한다.

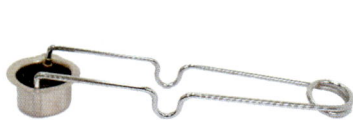

(3) 보호 장갑 및 앞치마

7) 가스 용접 재료

(1) 용접봉

용접봉은 용접부에 공급되어 모재 간극을 메우는 융접재로 용가재라고 하며, 보통 비피복 용접봉이지만 아크 용접봉과 같이 피복된 용접봉도 있고 용제를 심선 내부에 넣은 복합 심선을 사용할 때도 있다.

용접봉의 지름은 1~6[mm]이고, 길이는 300~900[mm] 정도이며, 용접 능률의 관점에서 다음 표의 것을 기준으로 하거나, 모재의 두께가 1[mm] 이상일 때에는 D=T/2+1의 값을 사용한다(D[mm] : 용접봉의 지름, T(mm) : 모재 두께).

[연강판의 두께와 용접봉의 지름]

모재의 두께[mm]	2.5 이하	2.5~6.0	5~8	7~10	9~15
용접봉의 지름[mm]	1.0~1.6	1.6~3.2	3.2~4.0	4~5	4~6

(2) 용제

금속이 가열되어 공기 중의 산소와 접촉하면 산화물 등이 생겨 비중이 작은 것은 위에 슬래그(Slag)로 부유하나, 비중이 큰 것은 용착금속 내에 들어가 불량 용접의 원인이 된다. 그러므로 산화물 등의 용융온도를 낮게 하여 슬래그(Slag)로 부유시키거나, 용접 중 접합면을 공기와 차단하여 산화작용을 못하게 하는 용제를 사용한다.

[금속 용접 시 적당한 용제]

용접금속	용 제
연 강	사용하지 않는다.
반 경 강	중탄산 소다 + 탄산 소다
주 철	탄산나트륨 15[%], 붕사 15[%], 중탄산나트륨 70[%]
구 리 합 금	붕사 75[%], 염화리튬 25[%]

(3) 납땜 종류

① 연납

용융온도 450[℃] 이하의 용접으로 연납땜에 사용하는 용가제로 주석-납, 납-카드뮴납, 납-은납 등이 있는데 주석-납을 가장 많이 사용한다.

② 경납

용융 온도 450[℃] 이상의 용접으로 종류로는 은납, 구리납, 황동납, 알루미늄납 등이 있다.

㉠ 은납 : 구리, 은, 아연을 주성분으로 한 합금으로 융점은 황동납보다 낮고 유동성이 좋다.
㉡ 황동납 : 구리와 아연의 합금으로 융점은 820~935[℃] 정도이다. 황동납은 은납에 비해 저렴하므로 공업용으로 많이 사용한다.
㉢ 인동납 : 구리가 주성분이며 소량의 은, 인을 포함한 합금이다. 일반적으로 구리 및 구리 합금의 땜납에 사용

(4) 경납용 용제

① 붕사
은납땜이나 황동납땜에서는 붕사만 사용하나 일반적으로 붕산이나 기타 알칼리 금속의 불화물, 염화물 등과 혼합하여 사용한다.

② 붕산
일반적으로 붕산 70[%], 붕사 30[%]의 것이 많이 사용되며 용해도가 875[℃]이다.

③ 붕산염
붕산소다를 사용하며 작용은 붕사와 비슷하다.

2. 가스 용접 준비

1) 작업 준비를 한다.

① 산소 및 아세틸렌 용기와 압력 조정기, 고무 호스, 가스용접 토치, 스패너 등의 용접장비와 공구를 준비한다.
② 가스 누설 검사용 비눗물과 붓을 준비한다.
③ 산소 및 아세틸렌 용기의 고압 밸브를 시계 반대 방향으로 열어 압력 조정기 설치부의 먼지를 불어내고 깨끗한 헝겊으로 닦는다.
④ 고압 밸브를 열 때는 밸브 출구 앞쪽에 작업자가 서 있지 않도록 주의한다.

2) 용기에 압력 조정기를 부착한다.

① 용기 밸브를 살짝 열었다 닫아 실병 유무를 확인한다.
② 압력 조정기 이상 유무를 확인한다.
③ 산소 압력 조정기를 용기 접속 나사부에 맞추고 시계 방향으로 회전시킨 후 스패너로 단단히 조인다.
④ 아세틸렌 압력 조정기의 체결부는 왼 나사이므로 용기 고압 밸브에 맞추고 시계 반대 방향으로 회전시켜 부착한다.
⑤ 압력 조정기 부착 전에 조절 손잡이를 반시계 방향으로 돌려 풀어준다.

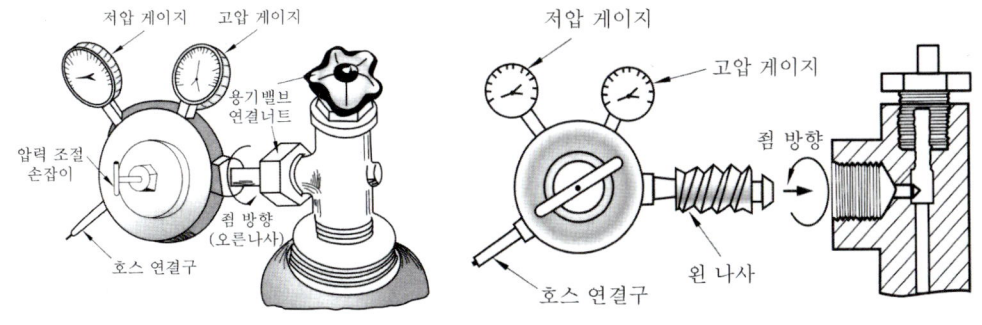

[산소 압력 조정기]   [아세틸렌 압력 조정기]

3) 압력 조정기에 가스 호스를 연결한다.

① 녹색이나 검은색 호스의 한쪽 끝에 호스 밴드를 끼운 후 산소압력 조정기 호스 연결구에 호스를 결합한 후 호스 밴드로 조인다.
② 적색 호스 한쪽 끝에 호스 밴드를 끼운 다음 아세틸렌 압력 조정기의 호스 연결구에 호스를 결합하고 호스 밴드를 단단히 조인다.

4) 호스 내의 먼지 등을 불어 낸다.

① 용기 고압 밸브를 시계 반대 방향으로 1/4~1/2 회전하여 연다.
② 압력 조정기 조절 손잡이를 천천히 돌리면서 가스를 방출시켜 호스 내의 먼지 등을 불어낸다.
③ 압력 조정기의 조절 손잡이를 풀기 전에 고압 밸브를 열어서는 안 된다.

5) 용접 토치에 호스를 연결한다.

① 산소 호스를 용접 토치의 산소라고 표시된 호스에, 적색(황색) 호스는 아세틸렌이라 표시된 호스 입구에 연결시킨다.
② 저압식 토치를 사용할 경우 산소 호스를 접속하여 산소를 방출시키면서 아세틸렌 입구 흡입 상태를 확인 후 아세틸렌 호스를 연결하도록 한다.

6) 가스 누설 검사 및 정비한다.

① 모든 접속부에 비눗물을 사용하여 가스 누설 유무를 검사한다.
② 용기 밸브에서 가스가 새는 경우에는 꼭지 밑에 있는 조절 너트를 돌려 조여 준다.
③ 산소나 아세틸렌 용기 조절 너트는 시계 방향으로 돌렸을 때 조여진다.
④ 용기와 압력 조정기, 압력 조정기 호스 연결부의 가스 누설을 정비한다.
⑤ 용접 토치 연결부와 밸브에서의 가스 누설부를 정비한다.

3. 가스 용접 불꽃 조절하기

1) 작업 준비를 한다.

① 압력 조정기 조절 손잡이를 풀어준다.
② 산소 압력 조정기의 조절 손잡이를 시계 방향으로 회전시켜 저압 게이지 눈금 바늘이 0.1~0.5[Mpa](1~5[kg/cm^2]) 정도, 아세틸렌 압력 조정기는 0.02~0.04[Mpa](0.2~0.4[kg/cm^2]) 정도로 조절한다.

2) 토치에 점화한다.

① 토치의 산소 밸브를 약간 열어주는 동시에 아세틸렌 밸브를 1/5~1/4 회전하여 열면서 점화 라이터로 점화한다.
② 점화 시에 아세틸렌만 열고 점화하면 그을음이 많이 발생하며, 산소를 많이 방출하고 점화하면 폭음이 일어난다.

3) 불꽃을 조절한다.

① 토치에 점화 후 산소 밸브를 조금씩 열어서 불꽃을 조절한다.
② 산소를 증가시키면 불꽃은 날개 모양의 푸르스름한 속불꽃이 점점 짧아지는 탄화불꽃이다.
③ 산소를 더욱 증가시키면 날개 모양의 푸르스름한 녹불꽃이 백심 불꽃과 일치하며 백심 불꽃이 청백색의 바깥 불꽃에 둘러싸인 중성 불꽃이다.
④ 산소를 더욱 증가시키면 백심 불꽃의 길이가 짧아지고 바깥 불꽃이 어두워지며 가스의 분출 소리가 심해지는데 이 불꽃이 산화 불꽃이다.

4) 정리 정돈한다.

① 아세틸렌 및 산소 용기의 밸브를 잠근다.
② 토치 밸브를 열어 호스 내의 잔여 가스를 방출한다.
③ 압력 조정기의 조절 손잡이를 반시계 방향으로 풀어준다.
④ 사용했던 공구를 정리하고 주위를 깨끗이 정리한다.

4. 동관 플레어 이음하기

1) 동관의 플레어(기계적) 이음

① 동관의 기계적 접합은 플레어 접합 방법이 주로 사용되나, 압축링식 접합과 큰 파이프의 경우 플랜지 접합 방법도 이용된다.
② 기계적 이음은 화재 위험이 있는 작업 환경이나 파이프 내의 수분 등으로 용접 작업이 불가능한 경우 또는 밸브, 방열기 등과 같이 분해 결합이 필요한 부위의 이음에 이용된다.

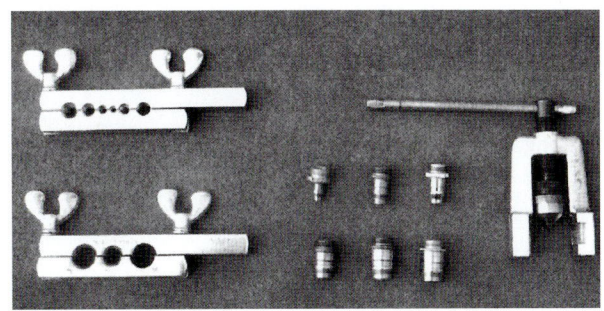

[플레어 공구]

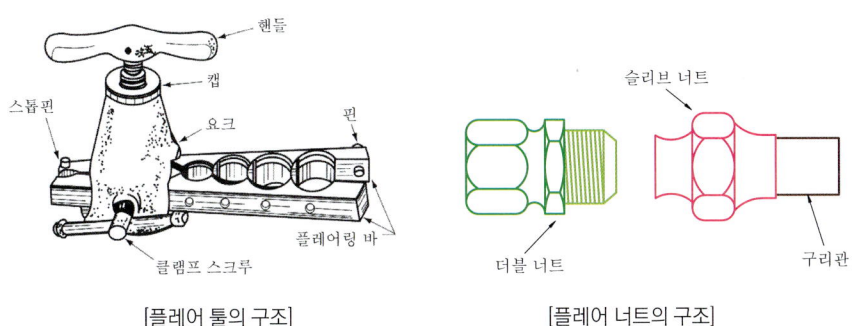

[플레어 툴의 구조]   [플레어 너트의 구조]

③ 동관 끝을 절단한다.
　㉠ 도면 치수에 맞게 동관 끝을 쇠톱 또는 동관 커터로 동관 축에 직각이 되게 절단한다.
　㉡ 리머를 이용하여 끝손질한다.
④ 동관 끝을 연화시킨다.
　㉠ 플레어 이음하고자 하는 동관 끝 부분은 필요 시 산소-아세틸렌 토치를 이용하여 재질을 연화시킨다.
　㉡ 가열 온도가 동관의 용융 온도보다 높아 동관이 용융되지 않도록 주의해야 하며, 가열한 부위에 화상을 입지 않도록 주의하여 작업에 임한다.

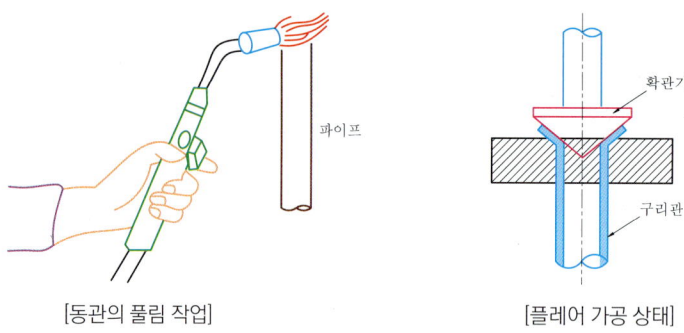

[동관의 풀림 작업]　　　　　　　[플레어 가공 상태]

⑤ 동관을 고정한다.
　㉠ 필요 시 플레어 너트를 먼저 동관에 끼운다.
　㉡ 플레어링 바(Flaring Bar)를 요크(Yoke)와 결합한다. 이때 방향에 주의한다.
　　 (나팔관 모양이 원뿔 쪽으로 향하도록 한다.)
　㉢ 동관을 지름에 맞는 홈에 넣고, 플레어링 바의 윗면과 동관 끝을 2[mm] 정도 높게 일치시킨 다음 클램프 나사를 돌려 고정한다.

⑥ 나팔관 모양을 만든다.
　㉠ 캡을 화살표 방향으로 돌리고, 손잡이를 시계 방향으로 조인다.
　㉡ 손잡이 끝의 원추는 처음에 타원의 궤도로 움직여 파이프 끝을 벌려 놓는다.
　㉢ 캡을 다시 화살표 반대 방향으로 돌리고, 계속하여 시계 방향으로 손잡이를 조여 원추는 정확한 원의 궤도를 움직여 파이프 끝을 접시 모양으로 완전하게 가공한다.

⑦ 동관을 풀어낸다.
　㉠ 죔나사 손잡이를 조일 때의 반대로 돌려 올려 준다.
　㉡ 플레어 툴을 풀어 동관을 떼어낸다.

⑧ 나팔관을 접합한다.
　㉠ 접촉되는 면이 매끈하지 못하고, 굴곡이 있거나 이물질이 끼어 있으면 누수 염려가 있으므로 점검 및 청소를 한다.
　㉡ 확관된 동관 끝을 플레어 어댑터의 테이퍼면에 밀착시키고 플레어 너트를 조여 접합한다.
　㉢ 접합이 끝나면 치수가 도면과 맞는지 검사한다.

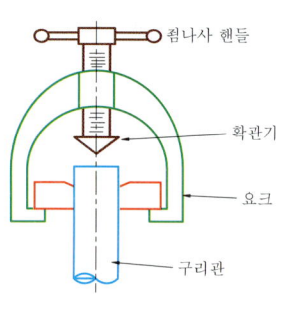

[플레어 공구에 동관 고정]

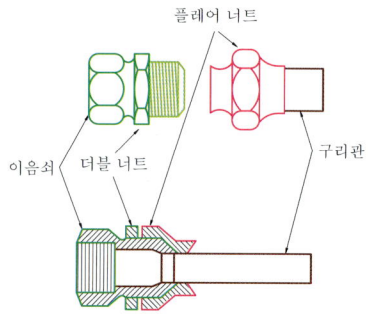

[플레어 조립 상태]

CHAPTER 02 동관 작업 실기

1) 동관 작업 채점 기준표(50점)

주요항목	세부항목	항목별채점방법	배점
동관 작업 (50점)	치수측정 (1, 2, 3, 4, 5, 6, 7, 8, 9, 10, 11, 12)	치수오차 ±2[mm] 이내는 각 1점, 기타 0점 12개소×1 = 12점	12
	용접상태	용접 상태는 은납, 황동, 가스용접으로 구분하여 채점합니다. 1) 은납 용접 상태 　상 : 용접 상태가 양호하고 용접 결함이 전혀 없으면 5점 　중 : 용접 상태가 보통이고 용접 결함이 2개소 이하이면 3점 　하 : 기타 1점	5
		2) 황동 용접 상태 　상 : 비드가 균일 양호하고 용접 결함이 없으면 4점 　중 : 비드가 보통이고 용접 결함이 없으면 2점 　하 : 기타 1점	4
		3) 가스 용접 상태 　상 : 비드가 균일 양호하고 용접 결함이 없으면 4점 　중 : 비드 상태가 보통이고 용접 결함이 1개소 있으면 2점 　하 : 기타 1점	4
	스웨이징(Ⅰ부분)	스웨이징 상태(10[mm])가 정상이면 4점, 비정상이면 0점	4
		작품의 균형 및 동관 외관을 보아 상, 중, 하로 구분하여 채점합니다. 　상 : 작품 균형 및 동관 벤딩 상태가 양호하고 동관의 쭈그러짐 등의 흠 자국이 없으면 4점 　중 : 작품 균형이 보통이고 동관 벤팅 불량 상태가 2개소 이하이고 동관의 쭈그러짐 등의 흠자국이 2개소 이하이면 2점 　하 : 기타 1점	4
	기밀시험	Z 부분의 너트를 풀어 기밀시험(3[kg/cm^2])을 하여 용접부나 프레아 접속부 등에서 기포가 발생하면 오작 처리, 이상이 없으면 10점	10
	모세관 유통시험	Z 부분의 너트를 풀어 모세관 유통시험을 하여 공기가 통과하지 않으면 해당 항목 0점, 이상이 없으면 5점	5
	안전 수칙 준수	복장 상태, 정리 정돈, 안전보호구 착용 등 안전수칙을 준수하였으면 2점, 그렇지 않으면 0점	2

2) 동관 작업시간

① 공조냉동기계기능사 : 1시간 55분, 연장시간 없음(연장시간 사용 시 미완성 처리됨)
② 공조냉동기계산업기사 : 2시간 35분, 연장시간 없음(연장시간 사용 시 미완성 처리됨)

3) 수검자 유의 사항

① 실기시험은 동관 작업(50점) 및 필답(50점)으로 구분 시행합니다.
② 수험자는 시험 시작 전에 지급된 재료에 이상 유무를 확인하여야 합니다.
　　(시험 시작 후, 파손된 재료 및 오동작 되는 재료는 수험자의 부주의로 간주합니다.)
③ 수검자는 시험위원의 지시에 따라야 합니다.
④ 시험 중 수험자는 반드시 안전수칙을 준수해야 하며, 작업 복장 상태, 공구 정리정돈 등이 채점대상이 됩니다.
⑤ 본인이 지참한 공구 이외의 공구를 타인으로부터 빌려 사용할 수 없습니다.
⑥ 작업이 완료된 수검자는 문제지와 작품을 시험위원에게 제출해야 합니다.
⑦ 다음에 해당하는 경우에는 오작 및 미완성 작품으로 처리하여 불합격 처리됩니다.

(1) 오작품

① 치수 오차가 한 부분이라도 ±10[mm]를 초과한 경우
② 각 용접부에 용접 이외의 작업을 했을 경우
③ 기밀 시험에서 기밀이 유지되지 않은 경우
④ 지급된 재료 이외의 다른 재료를 사용했을 경우
⑤ 도면과 상이한 경우

(2) 미완성 작품

① 제한 시간(표준 시간) 내에 작품을 제출하지 못했을 경우

4) 동관 작품용 공구

(1) 후레아 툴 세트
동관의 스웨이징(확관), 후레아 작업, 절단, 리머 등을 할 수 있는 공구

(2) 동관 벤딩기
3/8" 벤딩기 및 1/2" 벤딩기로 기능사는 3/8" 벤딩기만 필요하고, 산업기사는 3/8" 벤딩기와 1/2" 벤딩기 모두 필요하며, 동관 벤딩에 필요한 공구이다.

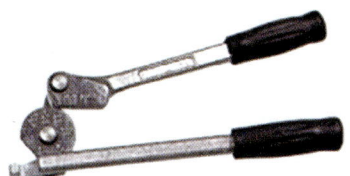 

(3) 평줄 및 둥근줄
평줄은 동관 및 강관의 거친면을 다듬질하는데 사용하며, 둥근줄은 1/2" 동관의 구멍을 뚫을 때 사용하는 공구이다.

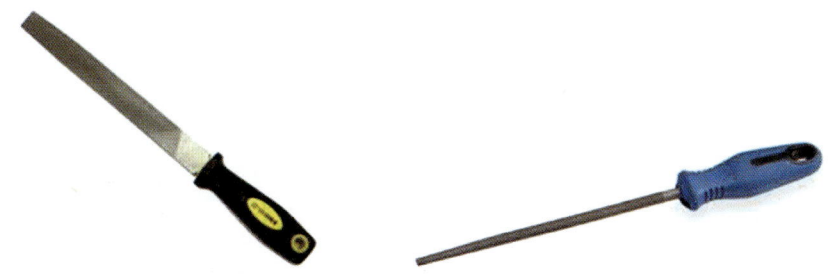

(4) 드릴링 머신

강관에 구멍을 뚫을 때 사용하는 Ø13[mm] 드릴을 사용하는데 시험 장소에 구비되어 있는 공구이다.

(5) 가스 점화기

가스용접 시 점화하기 위한 공구이다.

(6) 플라이어 및 집게

가열된 강관이나 동관을 냉각시키기 위한 이동용 공구이다.

국가기술자격 실기시험문제

자격종목	공조냉동기계기능사	과제명	동관 작업

※ 문제지는 시험종료 후 본인이 가져갈 수 있습니다.

비번호		시험일시		시험장명	

※ 시험시간 : 1시간 55분

1. 요구사항

1) 지급된 재료를 사용하여 도면과 같은 배관작업을 하시오.
   (단, 수험자는 작업 중에 구멍을 뚫고 접속시키는 부분이 있을 때에는 구멍을 뚫은 후 반드시 시험위원의 확인을 받아야 합니다.)
   - 용접 시에는 용접봉을 사용하여 용접해야 하나, 필요시 제살용접도 가능합니다.
   - 시험 종료 후 작품의 기밀여부를 감독위원으로부터 확인받아야 합니다.

2. 수험자 유의사항

1) 수험자 인적사항 및 계산식을 포함한 답안작성은 흑색 필기구만 사용해야 하며, 그 외 연필류, 빨간색, 청색 등 필기구 및 수정테이프(액)를 사용해 작성한 답항은 0점 처리되오니 불이익을 당하지 않도록 유의해 주시기 바랍니다.
2) 시험시간 내에 작품을 제출하여야 합니다.
3) 실기시험은 동관작업(50점) 및 필답(50점)으로 구분 시행합니다.
4) 수험자는 시험위원의 지시에 따라야 합니다.
5) 수험자가 지참한 공구와 지정된 시설만을 사용하며, 안전수칙을 준수하여야 합니다.
6) 수험자는 시험시작 전 지급된 재료의 이상유무를 확인 후 지급 재료가 불량품일 경우에만 교환이 가능하고, 기타 가공, 조립 잘못으로 인한 파손이나 불량 재료 발생 시 교환할 수 없으며, 지급된 재료만을 사용하여야 합니다.
7) 재료의 재 지급은 허용되지 않으며, 잔여재료는 작업이 완료된 후 작품과 함께 동시에 제출하고 작업대 주위를 깨끗하게 청소하여야 합니다.
8) 수험자 지참공구목록에 명시되어 있지 않은 공구 및 도구는 사용이 불가합니다. 특히, 용접용 지그(턴 테이블(회전형)형, 강관부 압연강판(엽전)의 내·외접용 등)사용 불가
9) 시험 중 수험자는 반드시 안전수칙을 준수해야 하며, 작업 복장상태, 공구 정리 정돈, 안전 보호구 착용 등 안전수칙 준수는 채점 대상이 됩니다.
10) 다음 사항에 대해서는 채점 대상에서 제외하니 특히 유의하시기 바랍니다.

가) 기권
(1) 수험자 본인이 수험 도중 시험에 대한 포기의사를 표하는 경우
(2) 실기시험 과정 중 1개 과정이라도 불참한 경우

나) 미완성
(1) 시험시간 내 작품을 제출하지 못했을 경우

다) 오작품
(1) 치수오차가 한 부분이라도 ± 10mm를 초과한 경우
(2) 각 용접부에 용접이외의 작업을 했을 경우(각 용접부 이외의 개소에 용접한 경우 포함)
(3) 기밀시험 시 3 kg/cm^2(0.3 MPa)에서 기밀이 유지되지 않은 경우(용접부, 플레어 접속부 등)
(4) 지급된 재료이외의 다른 재료를 사용했을 경우
(5) 도면과 상이한 작품인 경우

※ 국가기술자격 시험문제는 저작권법상 보호되는 저작물이고, 저작권자는 한국산업인력공단입니다. 문제의 일부 또는 전부를 무단 복제, 배포, (전자) 출판 하는 등 저작권을 침해하는 일체의 행위를 금합니다.

〈국가기술자격 부정행위 예방 캠페인 : " 부정행위, 묵인하면 계속됩니다." 〉

지급재료목록

자격종목 : 공조냉동기계기능사

일련번호	재료명	규격	단위	수량	비고
1	일반배관용탄소강관(흑파이프)	25A×110	개	1	
2	일반구조용 압연강판	ø26×t2.0	장	1	
3	일반구조용 압연강판	ø29×t2.0	장	1	
4	동관(연질)	3/8˝(인치)×1300	개	1	
5	동관(연질)	1/2˝(인치)×410	개	1	
6	플레어 너트	1/2˝(인치)동관용	개	2	
7	니플(플레어볼트)	1/2˝(인치)동관용	개	1	
8	모세관	ø2.0×60	개	1	
9	가스 용접봉	ø2.6×500	개	1	
10	은납 용접봉	ø2.4×500	개	1	
11	황동 용접봉	ø2.4×450	개	1	
12	2구멍 분배관		개	1	
13	붕사	황동용접용	g	15	

※ 국가기술자격 실기시험 지급재료는 시험종료 후(기권, 결시자 포함) 수험자에게 지급하지 않습니다.

CHAPTER 03 공조냉동기계기능사 동관 작업

1. 공조냉동기계기능사 동관 작품 사진

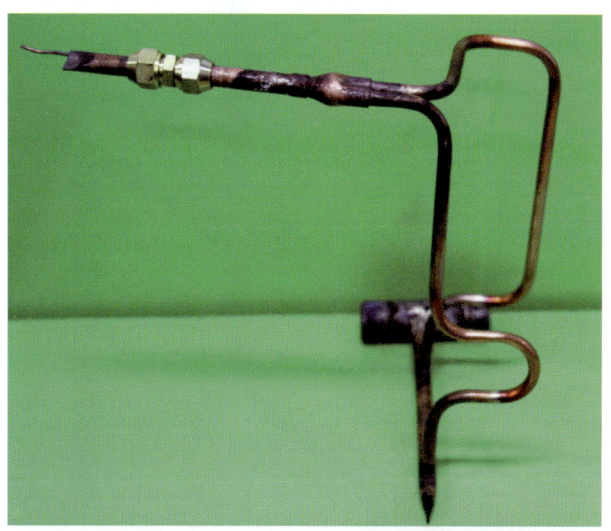

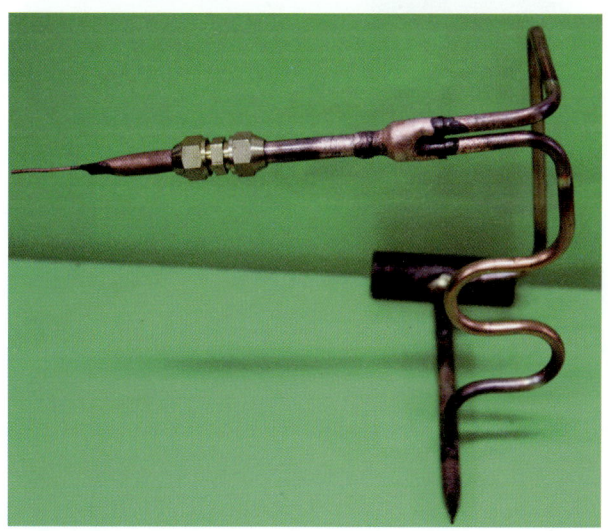

2. 출제 도면 형태 1

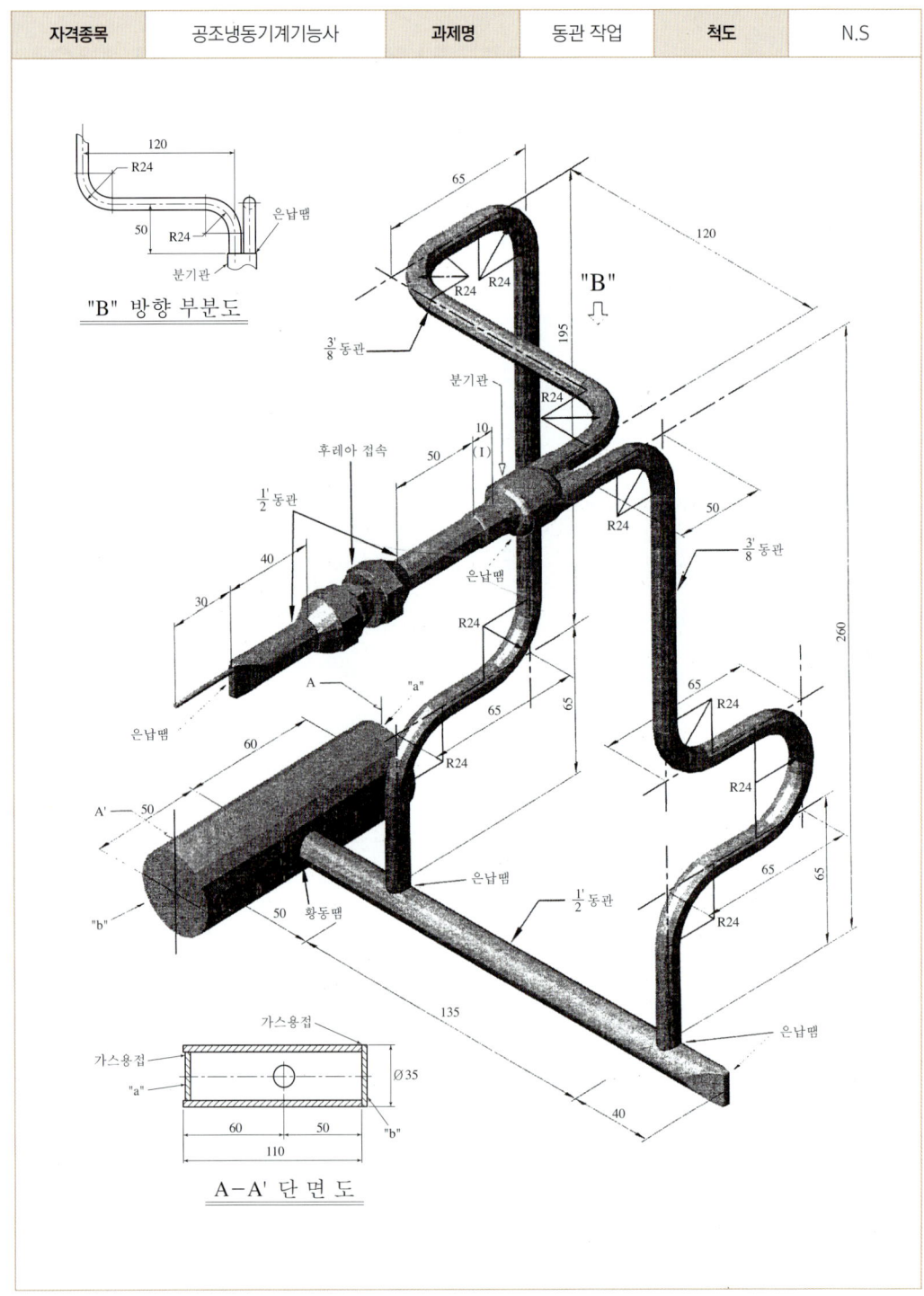

3. 동관 작업순서

1) 강관 작업

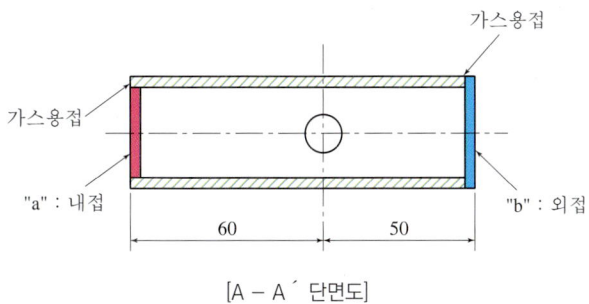

[A – A´ 단면도]

① 25A[mm] 강관의 110[mm] 길이를 50[mm]와 60[mm] 사이 드릴로 구멍을 뚫기 위해서 외접부분의 2[mm] 올라오는 부분을 감안하여 48[mm] 부분을 표시하여 구멍을 뚫는다.
② 내접 부분의 60[mm] 부분은 내접이 2[mm] 정도 들어가게 가접하여 용접한다. 용접방법은 25A 강관의 표면을 녹여 용접하는 방법과 연강용접봉을 사용하여 용접하는 방법이 있다.
③ "a" 내접

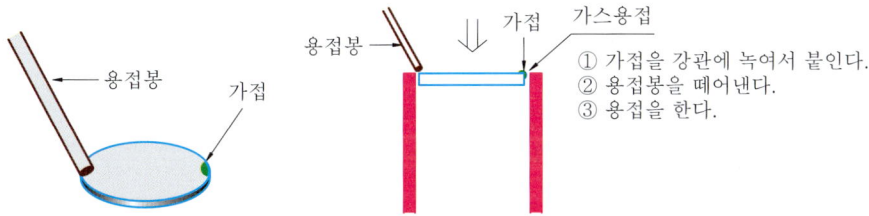

㉠ 가접을 강관에 녹여서 붙인다.(이때 내접외경 밖으로 가접하지 않도록 해야 25A 강관 안으로 내접할 수 있다.)
㉡ 용접봉을 가열하여 끊어낸다.
㉢ 용접을 적당한 비드폭과 일정한 속도에 맞게 진행한다.
※ 용접할 때에는 강관을 충분히 가열한 후 용접한다.

④ "b" 외접 : 외접을 할 때에는 강관부터 가열을 하고 강관의 표면을 녹여 용접하면 비드폭이 일정하고 속도가 빠르다.(용접봉으로 용접해도 가능하나 비드폭이 일정치 않고, 용접속도가 느릴 수 있다.)

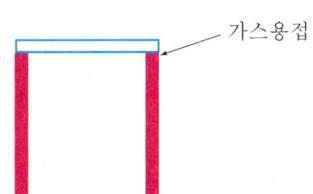

2) 황동 용접 및 동관 작업

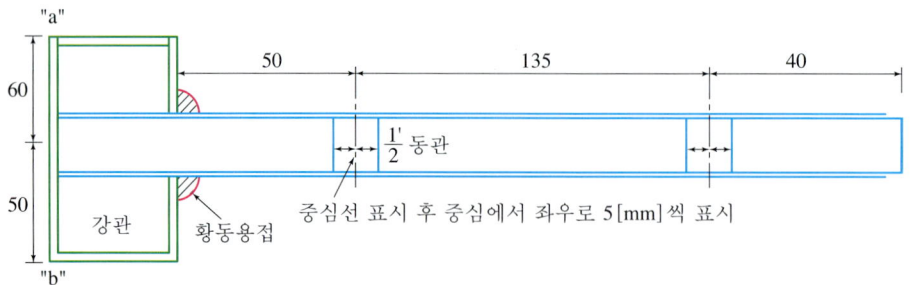

① 25A 강관에 구멍을 뚫은 자리에 가열한 후 붕사를 바르고, 1/2" 동관을 강관 구멍에 삽입한 후 황동 용접을 한다. 이때 강관에 직접 속불꽃으로 가열하고, 동관은 간접가열이 되도록 하면서 황동 용접을 한다.

② 황동 용접이 끝나면 냉각수로 강관을 식히는데 냉각수가 강관 안으로 들어가지 않게 식혀야 동관 용접 시 수증기에 의한 용융온도가 낮아지는 문제로 동관 용접이 안 되는 현상을 방지할 수 있다.

③ 1/2" 동관을 강관외면으로 치수대로 표시한 후 끝 부분을 절단한다.

④ 1/2" 동관에 구멍을 뚫을 시 내·외접 방향을 도면과 같이 "b" 부분이 외접이 되게 하여, 둥근 줄로 중심선을 기점으로 하여 좌우 5[mm] 정도 갈아내고, 3/8" 동관을 끼워본 후 꼭 끼이는 정도까지 갈아낸다.

⑤ 도면에서 주어진 방향인 수직으로 세워서 수평바이스나 벤치로 누른다.
　(누른 부분은 꼭 동관 용접을 하여 누수되는 일이 없도록 한다.)

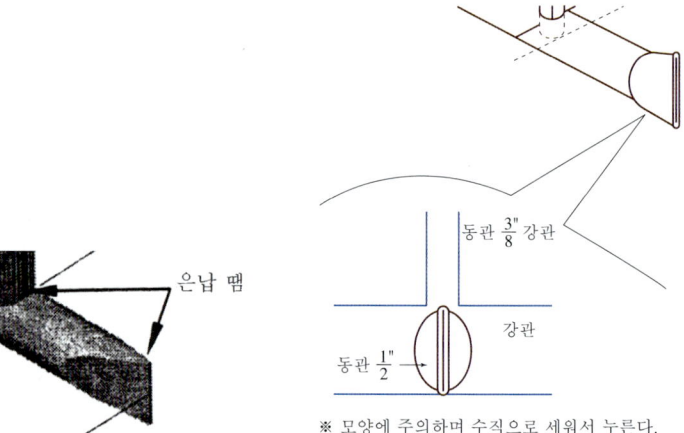

3) 동관 벤딩 작업

(1) 오른쪽 3/8" 동관 부분

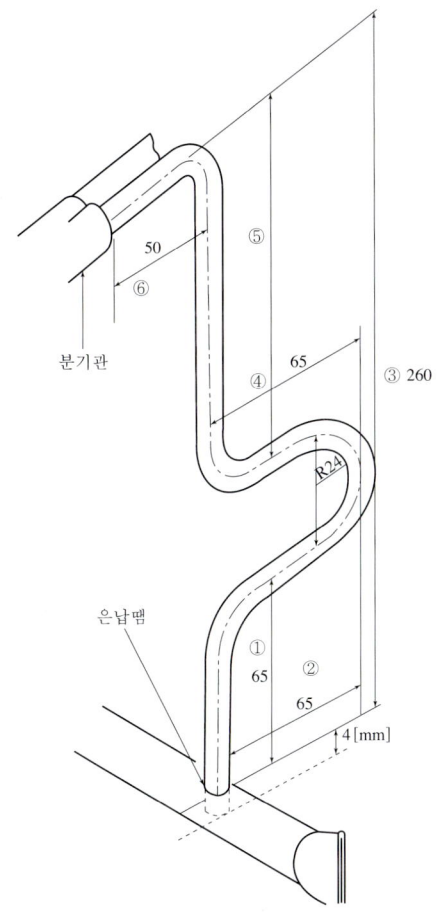

① 세로 65 부분

(65+4)-24=45[mm]를 자로 재서 90[°] 벤딩한다. 여기서 4[mm]는 1/2" 동관 중심선 밑에 들어가는 치수이다.

24[mm]는 벤딩기와 3/8" 동관의 반지름

② 가로 65 부분

65-(24+24)=17[mm] (①번 90[°] 벤딩 끝난 부분에서 직선길이 17[mm] 잰 후 180[°] 벤딩)

③ 260 부분

260-{(180[°] 벤딩부 높이 24+24=48[mm])+(①번 65[mm])}=147[mm]가 ⑤번 치수

④ 가로 65 부분

65-(24+24)=17[mm](②번 180[°] 벤딩 끝난 부분에서 직선길이 17[mm]를 잰 후 90[°] 벤딩)

⑤ 147

147[mm]에서 24+24를 뺀 99[mm](④번 90[°] 벤딩 끝난 부분에서 직선길이 99[mm]를 잰 후 90[°] 벤딩)

⑥ 50 부분

분기관에 들어가는 부분 10[mm]+50[mm]=60[mm], 60[mm]-24[mm]=36[mm](⑤번 90[°] 벤딩 끝난 부분에서 36[mm] 잰 후 절단)

※ 분배관이 수평이 되게 은납 용접해야 오작 처리가 안됨

(2) 왼쪽 3/8" 동관

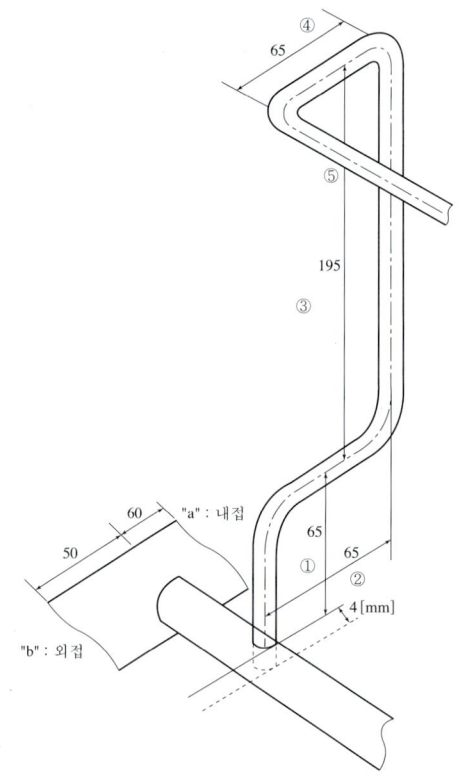

① 세로 65 부분

(65+4)-24=45[mm]를 자로 재서 90[°] 벤딩, 여기서 4[mm]는 1/2" 동관 중심선 밑에 들어가는 치수, 24[mm]는 벤딩기와 3/8" 동관의 반지름

② 가로 65 부분

65-(24+24)=17[mm](①번 90[°] 벤딩 끝난 부분에서 직선길이 17[mm] 잰 후 90[°] 벤딩)

③ 195 부분

195-(24+24)=147[mm](②번 90[°] 벤딩 끝난 부분에서 직선길이 147[mm] 잰 후 90[°] 벤딩)

④ 가로 65 부분

65-(24+24)=17[mm](③번 90[°] 벤딩 끝난 부분에서 직선길이 17[mm]를 잰 후 90[°] 벤딩)

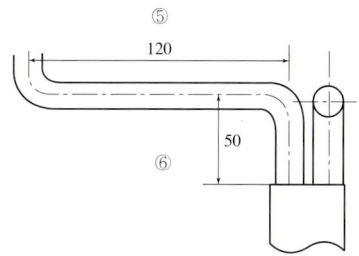

⑤ 120 부분

120-(24+24)=72[mm](④번 90[°] 벤딩 끝난 부분에서 직선길이 72[mm]를 잰 후 90[°] 벤딩)

⑥ 50 부분

분기관에 들어가는 부분 10[mm]+50[mm]=60[mm], 60[mm]-24[mm]=36[mm]

(⑤번 90[°] 벤딩 끝난 부분에서 36mm 잰 후 절단)

※ 분배관이 수평이 되게 은납 용접해야 오작 처리가 안됨

(3) 후레아 접속 부분

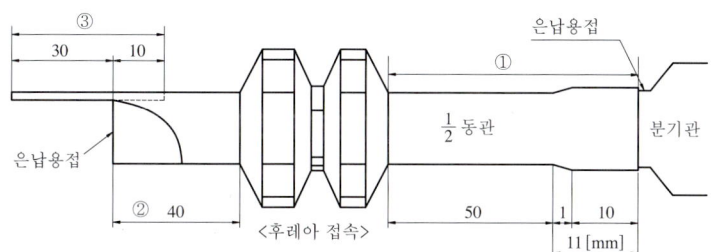

※ 완성된 동관 작품에서 후레아 볼트 및 너트는 손으로 돌려 가볍게 조립 후 제출하면 감독위원이 모세관 유통시험 및 작품의 기밀시험을 하게 된다.

(4) 후레아링 작업

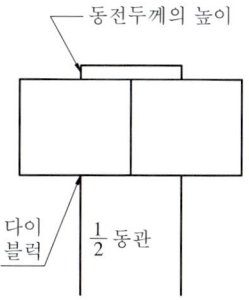

①번 1/2" 동관 한쪽 끝 부분을 후레아링 툴셑 1/2" 부분에 끼우고 동전 두께 높이 정도 (2[mm]) 나오게 물려 조인 다음, 화살촉 모양의 후레아툴을 이용하여 나팔 모양으로 만든 다음, 후레아 볼트 및 너트와 연결한 후 50[mm]와 11[mm]의 총치수 61[mm]의 치수를 잰 후 동관 커터기로 절단한다.

②번 부분도 1/2" 동관 한쪽 끝 부분을 후레아링 툴셑 1/2" 부분에 끼우고 동전 두께 높이 정도(2[mm]) 나오게 물려 조인 다음, 화살촉 모양의 후레아툴을 이용하여 나팔 모양으로 만든 다음, 후레아 볼트 및 너트와 연결한 후 40[mm] 치수를 잰 후 동관 커터기로 절단한다.

(5) 스웨이징 작업

①번의 61[mm]의 치수를 잰 후 동관 커터기로 절단하고, 후레아 툴셑 1/2" 부분에 끼우고 11[mm] 나오게 물려 조인 다음, 스웨이징하는 후레아툴을 이용하여 스웨이징(확관)한다. 이때 스웨이징 부분이 10[mm]가 되어야 4점을 받을 수 있다.

(6) 모세관 작업

모세관을 관 끝에 10[mm] 정도 넣은 후 관 아래 부분을 플라이어나 벤치로 아래와 같이 모세관이 막히지 않도록 물린 다음, 은납 용접한다. 모세관 30[mm]를 자로 잰 후 모세관이 막히지 않도록 절단한다.

이때 모세관에서 공기가 유통되어야 5점을 얻을 수 있다.

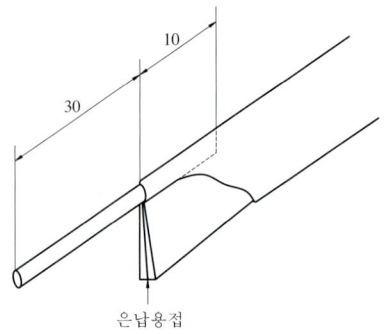

4. 출제 도면 형태 2

| 자격종목 | 공조냉동기계기능사 | 과제명 | 동관 작업 | 척도 | N.S |

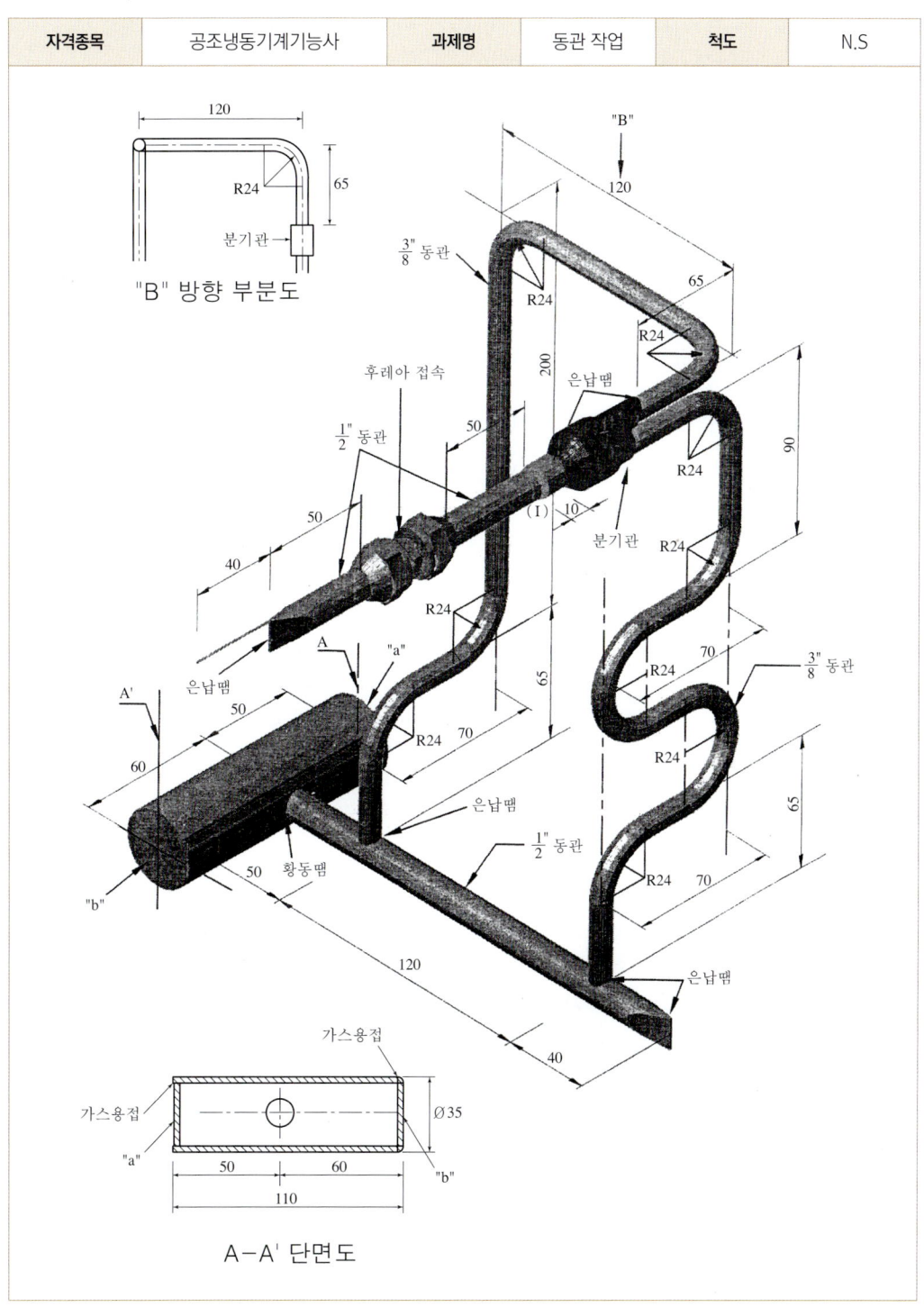

5. 동관 작업 순서

1) 강관 작업

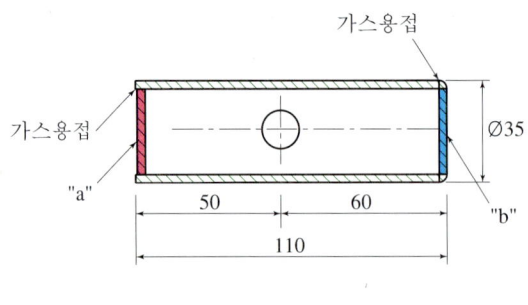

[A – A´ 단면도]

① 25A([mm]) 강관의 110[mm] 길이를 60[mm]와 50[mm] 사이 드릴로 구멍을 뚫기 위해서 외접 부분의 2[mm] 올라오는 부분을 감안하여 58[mm] 부분을 표시하여 구멍을 뚫는다.
② 내접 부분의 50[mm] 부분은 내접이 2[mm] 정도 들어가게 가접하여 용접한다. 용접 방법은 25A 강관의 표면을 녹여 용접하는 방법과 연강용접봉을 사용하여 용접하는 방법이 있다.
③ "a" 내접

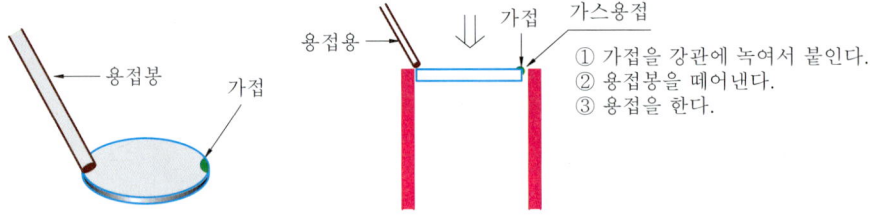

㉠ 가접을 강관에 녹여서 붙인다.(이때 내접외경 밖으로 가접하지 않도록 해야 25A 강관 안으로 내접할 수 있다.)
㉡ 용접봉을 가열하여 끊어낸다.
㉢ 용접을 적당한 비드폭과 일정한 속도에 맞게 진행한다.
※ 용접할 때에는 강관을 충분히 가열한 후 용접한다.

④ "b" 외접 : 외접을 할 때에는 강관부터 가열을 하고 강관의 표면을 녹여 용접하면 비드폭이 일정하고 속도가 빠르다.(용접봉으로 용접해도 가능하나 비드폭이 일정치 않고, 용접 속도가 느릴 수 있다.)

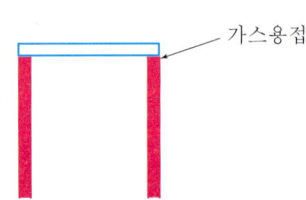

2) 황동 용접 및 동관 작업

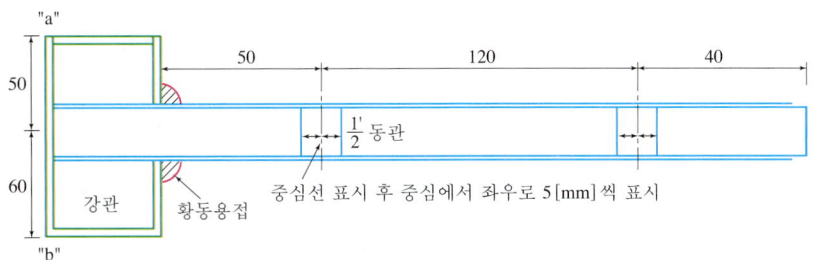

① 25A 강관에 구멍을 뚫은 자리에 가열한 후 붕사를 바르고, 1/2" 동관을 강관 구멍에 삽입한 후 황동 용접을 한다. 이때 강관에 직접 속불꽃으로 가열하고, 동관은 간접가열이 되도록 하면서 황동 용접을 한다.

② 황동 용접이 끝나면 냉각수로 강관을 식히는데 냉각수가 강관 안으로 들어가지 않게 식혀야 동관 용접 시 수증기에 의한 용융온도가 낮아지는 문제로 동관 용접이 안 되는 현상을 방지할 수 있다.

③ 1/2" 동관을 강관외면으로 치수대로 표시한 후 끝부분을 절단한다.

④ 1/2" 동관에 구멍을 뚫을 시 내·외접 방향을 도면과 같이 "b" 부분이 외접이 되게 하여, 둥근 줄로 중심선을 기점으로 하여 좌우 5[mm] 정도 갈아내고, 3/8" 동관을 끼워본 후 꼭 끼이는 정도까지 갈아낸다.

⑤ 도면에서 주어진 방향인 수직으로 세워서 수평바이스나 벤치로 누른다.(누른 부분은 동관 용접 시 꼭 동관 용접을 하여 누수되는 일이 없도록 한다.)

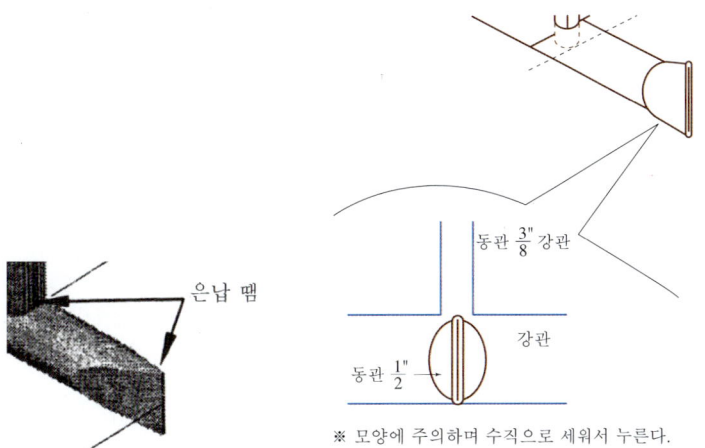

※ 모양에 주의하며 수직으로 세워서 누른다.

3) 동관 벤딩 작업

(1) 오른쪽 3/8" 동관 부분

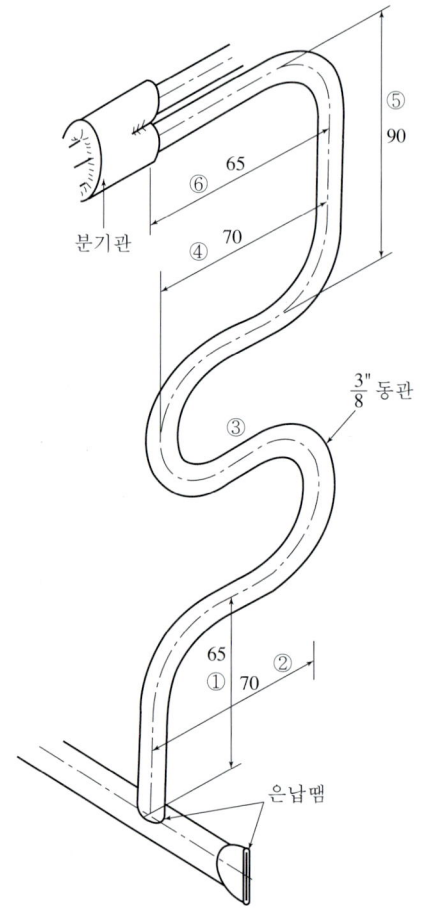

① 세로 65 부분

(65+4)-24=45[mm]를 자로 재서 90[°] 벤딩한다. 여기서 4[mm]는 1/2" 동관 중심선 밑에 들어가는 치수이다.

24[mm]는 벤딩기와 3/8" 동관의 반지름

② 가로 70 부분

70-(24+24)=22[mm](①번 90[°] 벤딩 끝난 부분에서 직선길이 22[mm] 잰 후 180[°] 벤딩)

③ 가로 70 부분

70-(24+24)=22[mm](②번 180[°] 벤딩 끝난 부분에서 직선길이 22[mm] 잰 후 180[°] 벤딩)

④ 가로 70 부분

70-(24+24)=22[mm](③번 180[°] 벤딩 끝난 부분에서 직선길이 22[mm]를 잰 후 90[°]벤딩)

⑤ 90 부분

90-(24+24)=42[mm](④번 90[°] 벤딩 끝난 부분에서 직선길이 42[mm]를 잰 후 90[°] 벤딩)

⑥ 65 부분

분기관에 들어가는 부분 10[mm]+65[mm]=75[mm], 75[mm]-24[mm]=51[mm](⑤번 90[°] 벤딩 끝난 부분에서 51[mm] 잰 후 절단)

※ 분배관이 수직이 되게 은납 용접해야 오작 처리가 안됨

(2) 왼쪽 3/8" 동관

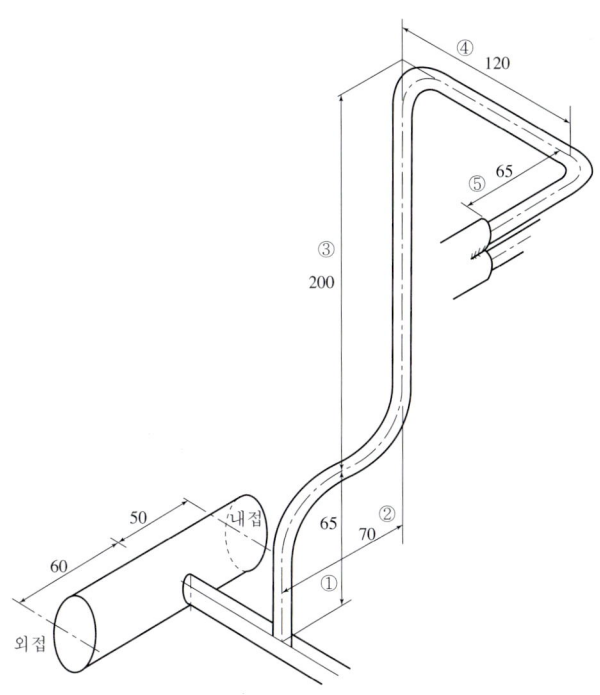

① 세로 65 부분

(65+4)-24=45[mm]를 자로재서 90[°] 벤딩. 여기서 4[mm]는 1/2" 동관 중심선 밑에 들어 가는 치수, 24[mm]는 벤딩기와 3/8" 동관의 반지름

② 가로 70 부분

70-(24+24)=17[mm](①번 90[°] 벤딩 끝난 부분에서 직선길이 17[mm] 잰 후 90[°] 벤딩)

③ 200 부분

200-(24+24)=152[mm](②번 90[°] 벤딩 끝난 부분에서 직선길이 152[mm] 잰 후 90[°] 벤딩)

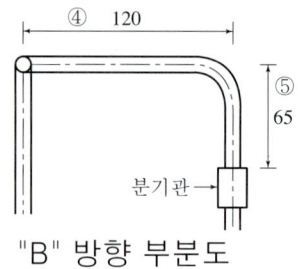

"B" 방향 부분도

④ 120 부분
  120-(24+24)=72[mm](③번 90[°] 벤딩 끝난부분에서 직선길이 72[mm]를 잰 후 90[°] 벤딩)
⑤ 65 부분
  분기관에 들어가는 부분 10[mm]+65[mm]=75[mm], 75[mm]-24[mm]=51[mm](④번 90[°] 벤딩 끝난 부분에서 51[mm] 잰 후 절단)
  ※ 분배관이 수직이 되게 은납 용접해야 오작 처리가 안됨

(3) 후레아 접속 부분

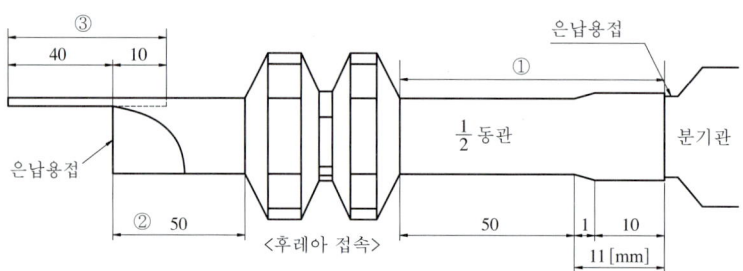

※ 완성된 동관 작품에서 후레아 볼트 및 너트는 손으로 돌려 가볍게 조립 후 제출하면 감독위원이 모세관 유통시험 및 작품의 기밀시험을 하게 된다.

(4) 후레아링 작업

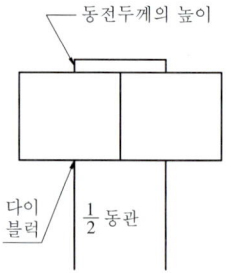

①번 1/2" 동관 한쪽 끝 부분을 후레아링 툴셋 1/2" 부분에 끼우고 동전 두께 높이 정도 (2[mm]) 나오게 물려 조인 다음, 화살촉 모양의 후레아툴을 이용하여 나팔 모양으로 만든 다

음, 후레아 볼트 및 너트와 연결한 후 50[mm]와 11[mm]의 총치수 61[mm]의 치수를 잰 후 동관 커터기로 절단한다.

②번 부분도 1/2" 동관 한쪽 끝 부분을 후레아링 툴셋 1/2" 부분에 끼우고 동전 두께 높이 정도(2[mm]) 나오게 물려 조인 다음, 화살촉 모양의 후레아툴을 이용하여 나팔 모양으로 만든 다음, 후레아 볼트 및 너트와 연결한 후 50[mm] 치수를 잰 후 동관 커터기로 절단한다.

(5) 스웨이징 작업

①번의 61[mm]의 치수를 잰 후 동관 커터기로 절단하고, 후레아 툴셋 1/2" 부분에 끼우고 11[mm] 나오게 물려 조인 다음, 스웨이징하는 후레아툴을 이용하여 스웨이징(확관)한다. 이때 스웨이징 부분이 10[mm]가 되어야 4점을 받을 수 있다.

(6) 모세관 작업

모세관을 관 끝에 10[mm] 정도 넣은 후 관 아래 부분을 플라이어나 벤치로 아래와 같이 모세관이 막히지 않도록 물린 다음, 은납 용접한다. 모세관 40[mm]를 자로 잰 후 모세관이 막히지 않도록 절단한다.

이때 모세관에서 공기가 유통되어야 5점을 얻을 수 있다.

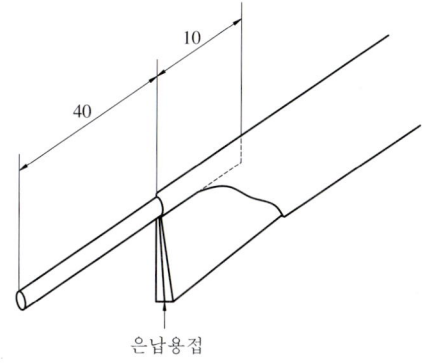

은납용접

공조냉동기계산업기사 동관 작업

 1. 동관 작업 실기 방법

1) 동관 작업 채점 기준표(40점)

주요항목	세부항목	항목별채점방법	배점
동관 작업 (40점)	치수 측정 (1, 2, 3, 4, 5, 6, 7, 8,)	치수오차 ±3[mm] 이내는 각 1점, 기타 0점 8개소 × 1 = 8점	8
	용접상태	용접 상태는 은납, 황동, 가스용접으로 구분하여 채점합니다. 1) 은납 용접 상태 　상 : 용접 상태가 양호하고 용접 결함이 전혀 없으면 5점 　중 : 용접 상태가 보통이고 용접 결함이 2개소 이하이면 3점 　하 : 기타 1점	5
		2) 황동 용접 상태 　상 : 비드가 균일 양호하고 용접 결함이 없으면 3점 　중 : 비드가 보통이고 용접 결함이 없으면 2점 　하 : 기타 1점	3
		3) 가스 용접 상태 　상 : 비드가 균일 양호하고 용접 결함이 없으면 3점 　중 : 비드 상태가 보통이고 용접 결함이 1개소 있으면 2점 　하 : 기타 1점	3
	스웨이징(Ⅰ부분)	스웨이징 상태(10[mm])가 정상이면 1점, 비정상이면 0점	1
	외관상태	작품의 균형 및 동관 외관을 보아 상, 중, 하로 구분하여 채점합니다. 　상 : 작품 균형 및 동관 벤딩 상태가 양호하고 동관의 쭈그러짐 등의 흠 자국이 없으면 3점 　중 : 작품 균형이 보통이고 동관 벤팅 불량상태가 2개소 이하이고 동관의 쭈그러짐 등의 흠 자국이 2개소 이하이면 2점 　하 : 기타 1점	3
	기밀시험	후레아 접속 부분의 너트를 풀어 기밀시험(3[kg/cm^2])을 하여 용접부나 프레아 접속부 등에서 기포가 발생하면 오작 처리, 이상이 없으면 10점	10

동관 작업 (40점)	모세관 유통시험	후레아 접속 부분의 너트를 풀어 모세관 유통시험을 하여 공기가 통과하지 않으면 해당 항목 0점, 이상이 없으면 3점	3
	B 벤딩 상태	B 벤딩 상태가 5[mm] 이상 공간이 있으면 해당 항목 0점, 이상이 없으면 2점	2
	안전수칙 준수	복장 상태, 정리 정돈, 안전보호구 착용등 안전수칙을 준수하였으면 2점, 그렇지 않으면 0점	2

2) 산업기사 동관 작업 시간

시험시간 : 2시간 35분, 연장시간 없음(연장시간 사용시 미완성 처리됨)

3) 수검자 유의 사항

① 실기시험은 동관 작업(40점) 및 필답(60점)으로 구분 시행합니다.
② 수험자는 시험 시작 전에 지급된 재료의 이상 유무를 확인하여야 합니다.
　(시험 시작 후, 파손된 재료 및 오동작 되는 재료는 수험자의 부주의로 간주합니다.)
③ 수검자는 시험위원의 지시에 따라야 합니다.
④ 시험 중 수험자는 반드시 안전수칙을 준수해야 하며, 작업 복장 상태, 공구 정리 정돈 등이 채점대상이 됩니다.
⑤ 본인이 지참한 공구 이외의 공구를 타인으로부터 빌려 사용할 수 없습니다.
⑥ 작업이 완료된 수검자는 문제지와 작품을 시험위원에게 제출해야 합니다.
⑦ 다음에 해당하는 경우에는 오작 및 미완성 작품으로 처리하여 불합격 처리됩니다.

(1) 오작품

① 치수 오차가 한 부분이라도 ±10[mm]를 초과한 경우
② 각 용접부에 용접 이외의 작업을 했을 경우
③ 기밀 시험에서 기밀이 유지되지 않은 경우
④ 지급된 재료 이외의 다른 재료를 사용했을 경우
⑤ 도면과 상이한 경우

(2) 미완성 작품

① 제한 시간(표준 시간) 내에 작품을 제출하지 못했을 경우

국가기술자격 실기시험문제

자격종목	공조냉동기계산업기사	과제명	동관 작업

※ 문제지는 시험종료 후 본인이 가져갈 수 있습니다.

비번호		시험일시		시험장명	

※ 시험시간 : 2시간 35분

1. 요구사항

1) 지급된 재료를 사용하여 도면과 같은 배관작업을 하시오.
   (단, 수험자는 작업 중에 구멍을 뚫고 접속시키는 부분이 있을 때에는 구멍을 뚫은 후 반드시 시험위원의 확인을 받아야 합니다.)
- 용접 시에는 용접봉을 사용하여 용접해야 하나, 필요시 제살용접도 가능합니다.
- 시험 종료 후 작품의 기밀여부를 감독위원으로부터 확인받아야 합니다.

2. 수험자 유의사항

1) 수험자 인적사항 및 계산식을 포함한 답안작성은 흑색 필기구만 사용해야 하며, 그 외 연필류, 빨간색, 청색 등 필기구 및 수정테이프(액)를 사용해 작성한 답항은 0점 처리되오니 불이익을 당하지 않도록 유의해 주시기 바랍니다.
2) 시험시간 내에 작품을 제출하여야 합니다.
3) 실기시험은 동관작업(40점) 및 필답(60점)으로 구분 시행합니다.
4) 수험자는 시험위원의 지시에 따라야 합니다.
5) 수험자가 지참한 공구와 지정된 시설만을 사용하며, 안전수칙을 준수하여야 합니다.
6) 수험자는 시험시작 전 지급된 재료의 이상유무를 확인 후 지급 재료가 불량품일 경우에만 교환이 가능하고, 기타 가공, 조립 잘못으로 인한 파손이나 불량 재료 발생 시 교환할 수 없으며, 지급된 재료만을 사용하여야 합니다.
7) 재료의 재 지급은 허용되지 않으며, 잔여재료는 작업이 완료된 후 작품과 함께 동시에 제출하고 작업대 주위를 깨끗하게 청소하여야 합니다.
8) 수험자 지참공구목록에 명시되어 있지 않은 공구 및 도구는 사용이 불가합니다. 특히, 용접용 지그(턴 테이블(회전형)형, 강관부 압연강판(엽전)의 내·외접용 등)사용 불가
9) 작업형 시험(동관작업 및 동영상) 전 과정에 응시하지 아니하거나, 응시하더라도 동관작업 점수가 0점 또는 채점 대상 제외 사항에 해당되는 경우 불합격 처리됩니다.
10) 시험 중 수험자는 반드시 안전수칙을 준수해야 하며, 작업 복장상태, 공구 정리 정돈, 안전 보호구 착용 등 안전수칙 준수는 채점 대상이 됩니다.
11) 다음 사항에 대해서는 채점 대상에서 제외하니 특히 유의하시기 바랍니다.

가) 기권
(1) 수험자 본인이 수험 도중 시험에 대한 포기의사를 표하는 경우
(2) 실기시험 과정 중 1개 과정이라도 불참한 경우

나) 미완성
(1) 시험시간 내 작품을 제출하지 못했을 경우

다) 오작품
(1) 치수오차가 한 부분이라도 ±10mm를 초과한 경우
(2) 각 용접부에 용접이외의 작업을 했을 경우(각 용접부 이외의 개소에 용접한 경우 포함)
(3) 기밀시험 시 3 kg/cm^2(0.3 MPa)에서 기밀이 유지되지 않은 경우(용접부, 플레어 접속부 등)
(4) 지급된 재료이외의 다른 재료를 사용했을 경우
(5) 도면과 상이한 작품인 경우

※ 국가기술자격 시험문제는 저작권법상 보호되는 저작물이고, 저작권자는 한국산업인력공단입니다. 문제의 일부 또는 전부를 무단 복제, 배포, (전자) 출판하는 등 저작권을 침해하는 일체의 행위를 금합니다.

〈국가기술자격 부정행위 예방 캠페인 : " 부정행위, 묵인하면 계속됩니다." 〉

지급재료목록

자격종목 : 공조냉동기계산업기사

일련번호	재료명	규격	단위	수량	비고
1	일반배관용탄소강관(흑파이프)	25A×110	개	1	
2	일반구조용 압연강판	ø26×t2.0	장	1	
3	일반구조용 압연강판	ø34×t2.0	장	1	
4	동관(연질)	3/8˝(인치)×1400	개	1	
5	동관(연질)	1/2˝(인치)×550	개	1	
6	플레어 너트	1/2˝(인치)동관용	개	2	
7	니플(플레어볼트)	1/2˝(인치)동관용	개	1	
8	모세관	ø2.0×60	개	1	
9	가스 용접봉	ø2.6×500	개	1	
10	은납 용접봉	ø2.4×500	개	1	
11	3구멍 분배관		개	1	
12	붕사	황동용접용	g	15	
13	황동 용접봉	ø2.4×450	개	1	

※ 국가기술자격 실기시험 지급재료는 시험종료 후(기권, 결시자 포함) 수험자에게 지급하지 않습니다.

2. 공조냉동기계산업기사 동관 작품 사진

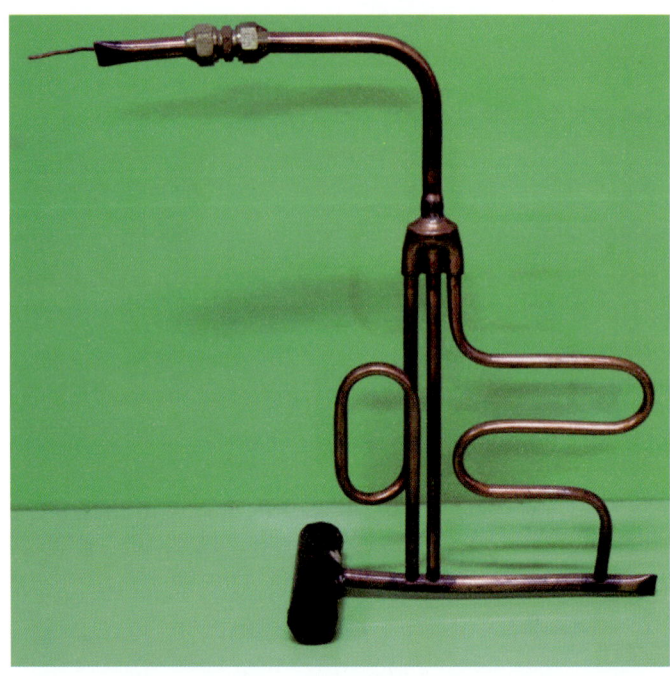

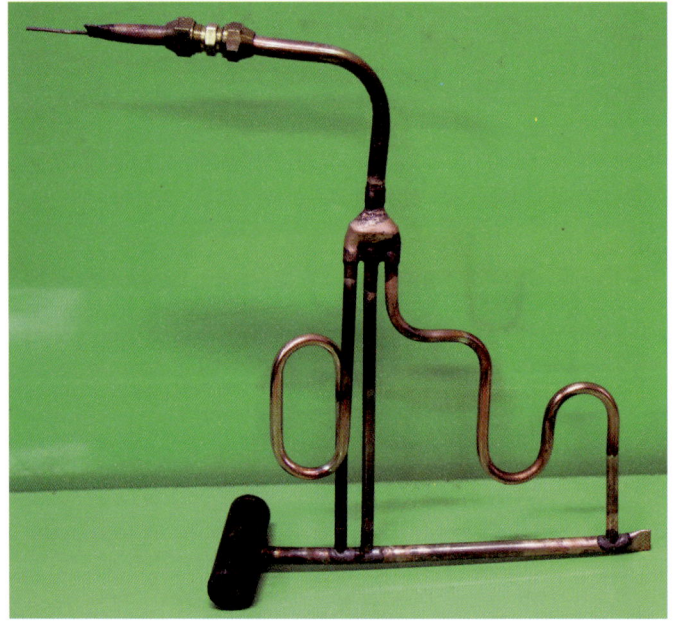

3. 산업기사 출제 도면 형태 1

| 자격종목 | 공조냉동기계산업기사 | 과제명 | 동관 작업 | 척도 | N.S |

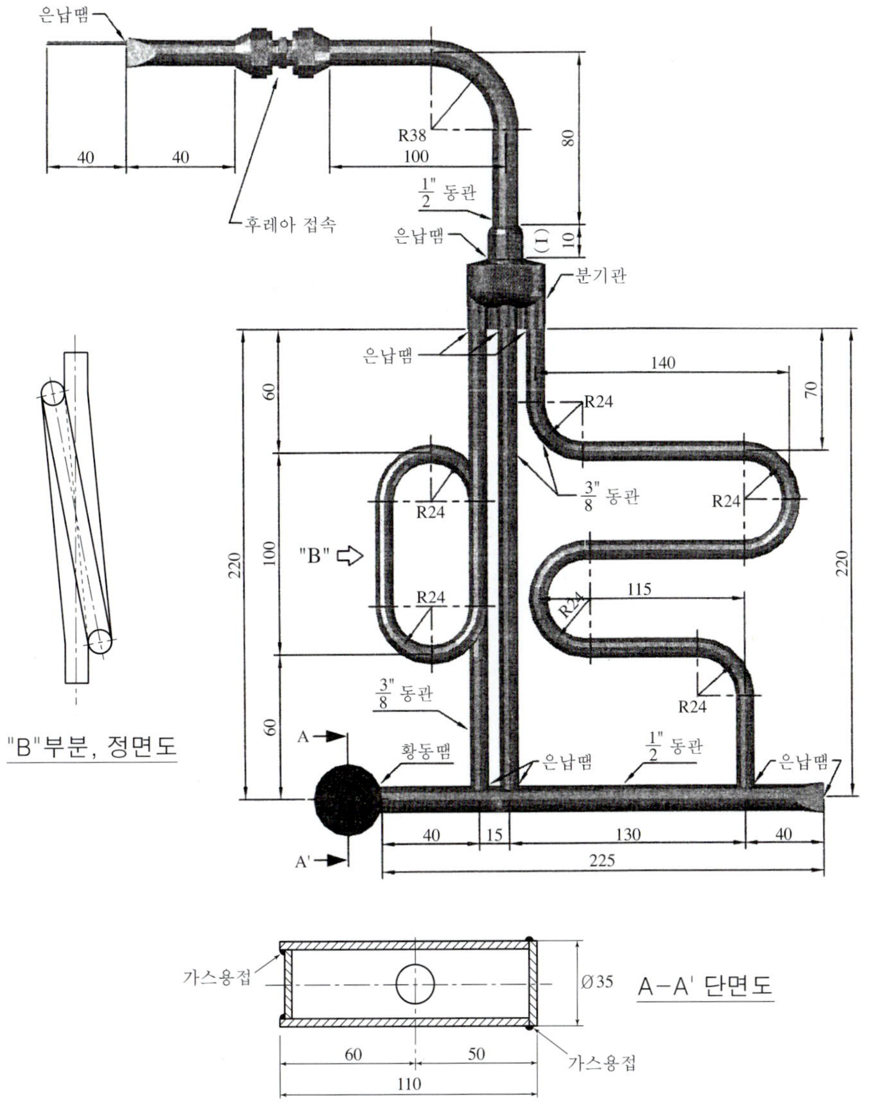

4. 동관 작업 순서

1) 강관 작업

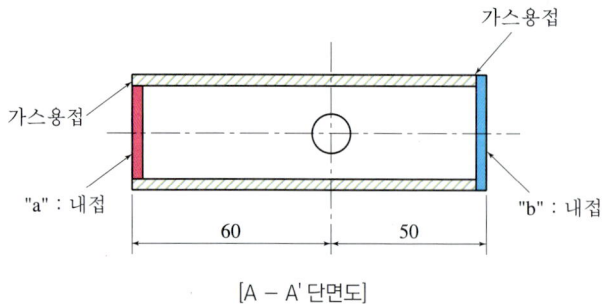

[A – A' 단면도]

① 25A[mm] 강관의 110[mm] 길이를 50[mm]와 60[mm] 사이 드릴로 구멍을 뚫기 위해서 외접부분의 2[mm] 올라오는 부분을 감안하여 48[mm] 부분을 표시하여 구멍을 뚫는다.
② 내접부분의 60[mm] 부분은 내접이 2[mm] 정도 들어가게 가접하여 용접한다. 용접 방법은 25A 강관의 표면을 녹여 용접하는 방법과 연강용접봉을 사용하여 용접하는 방법이 있다.
③ "a" 내접

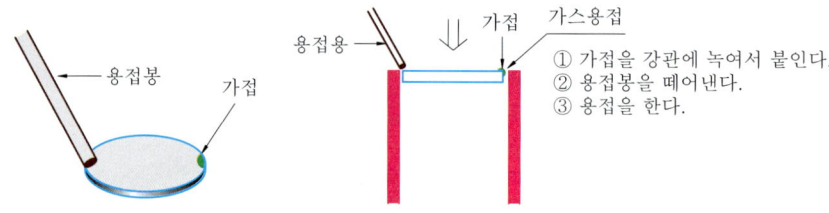

㉠ 가접을 강관에 녹여서 붙인다.(이때 내접외경 밖으로 가접하지 않도록 해야 25A 강관 안으로 내접할 수 있다.)
㉡ 용접봉을 가열하여 끊어낸다.
㉢ 용접을 적당한 비드폭과 일정한 속도에 맞게 진행한다.
※ 용접할 때에는 강관을 충분히 가열한 후 용접한다.

④ "b" 외접 : 외접을 할 때에는 강관부터 가열을 하고 강관의 표면을 녹여 용접하면 비드폭이 일정하고 속도가 빠르다.(용접봉으로 용접해도 가능하나 비드폭이 일정치 않고, 용접 속도가 느릴 수 있다.)

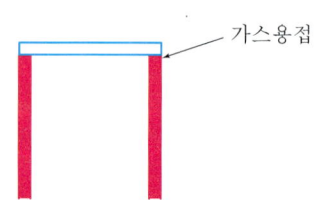

2) 황동 용접 및 동관 작업

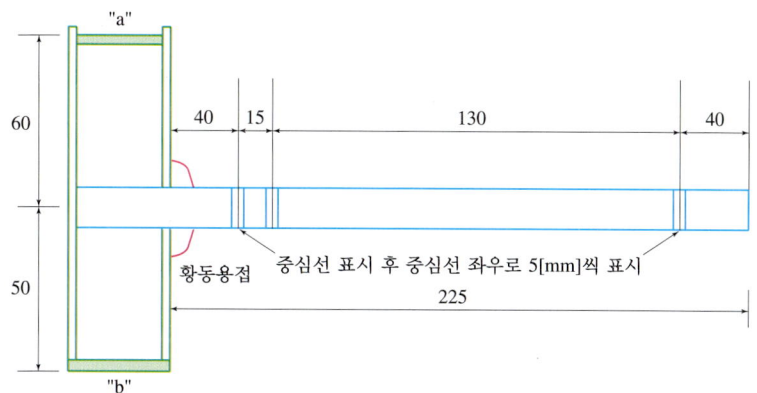

① 25A 강관에 구멍을 뚫은 자리를 가열한 후 봉사를 바르고, 1/2" 동관을 강관 구멍에 삽입한 후 황동 용접을 한다. 이때 강관에 직접 속불꽃으로 가열하고, 동관은 간접가열이 되도록 하면서 황동 용접을 한다.
② 황동 용접이 끝나면 냉각수로 강관을 식히는데 냉각수가 강관 안으로 들어가지 않게 식혀야 동관 용접 시 수증기에 의한 용융온도가 낮아지는 문제로 동관 용접이 안 되는 현상을 방지할 수 있다.
③ 1/2" 동관을 강관외면으로 치수대로 표시한 후 끝 부분을 절단한다.
④ 1/2" 동관에 구멍을 뚫을시 내·외접 방향을 도면과 같이 "b" 부분이 외접이 되게 하여, 둥근 줄로 중심선을 기점으로 하여 좌우 5[mm] 정도 갈아내고, 3/8" 동관을 끼워본 후 꼭 끼이는 정도까지 갈아낸다.
⑤ 도면에서 주어진 방향인 수직으로 세워서 수평바이스나 벤치로 누른다.(누른 부분은 꼭 동관 용접을 하여 누수되는 일이 없도록 한다.)

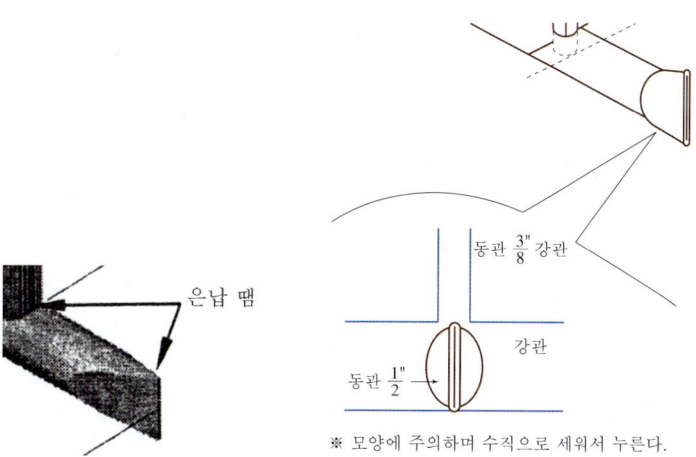

3) 동관 벤딩 작업

(1) 왼쪽 3/8" 동관 부분

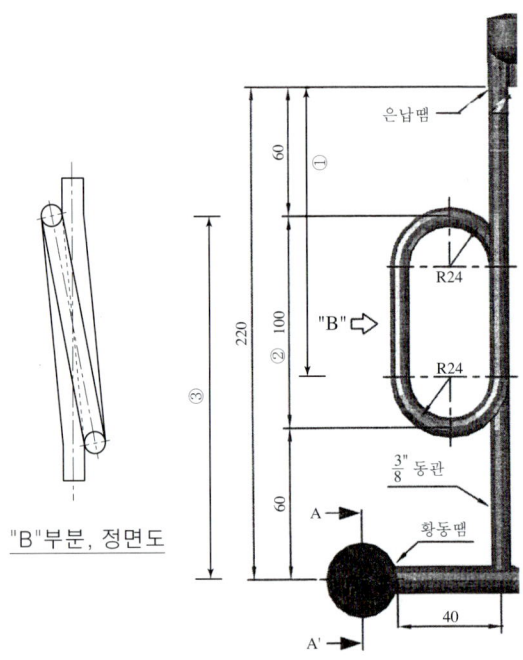

① 세로 60과 100 부분

　(분기관에 들어가는 부분) 10+60+100-(24)=146[mm]를 잰 후 표시하고 180[°] 벤딩

② 세로 100 부분

　100-(24+24)=52[mm](①번 180[°] 벤딩 끝난 부분에서 직선길이 52[mm] 잰 후 180[°] 벤딩)

③ 100과 60 부분

　100+60+4(1/2" 동관 중심선 밑에 들어가는 길이)-(24)=140[mm](②번 180[°] 벤딩 끝난 부분에서 직선길이 140[mm] 잰 후 동관 커터기로 절단)

※ ③번 180[°] 벤딩시 주의사항은 ①번 3/8" 동관을 벤딩기 위로 하고 벤딩해야 오작 처리 안 됨
※ B 벤딩 부분의 벤딩이 끝난 후 동관을 벤딩기에서 빼내기 어려운데 약간 벌린 후 빼고, 5[mm] 이하의 틈이 되게 손으로 누르면서 사이가 벌어지지 않도록 붙인다.

(2) 중간 3/8" 동관 부분

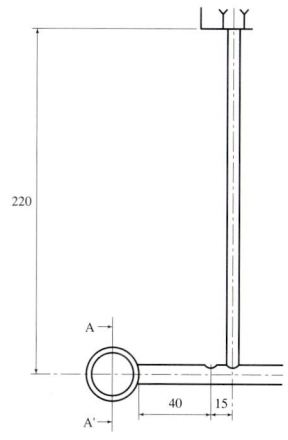

① 220 부분

분기관에 들어가는 부분

10+220+4(1/2" 동관 중심선 밑에 들어가는 길이)=234[mm] 잰 후 절단

(3) 오른쪽 3/8" 동관 부분

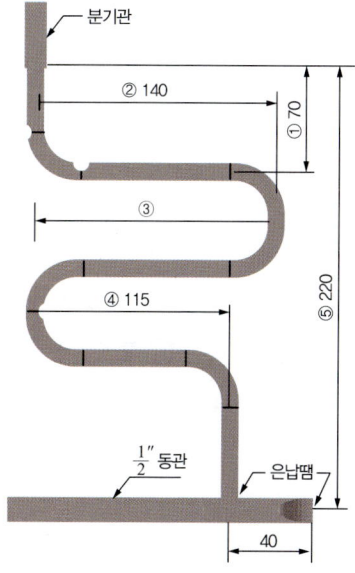

① 70 부분

10[mm](분기관에 들어가는 부분)+70[mm]−24=56[mm] 잰 후 90[°] 벤딩

② 140 부분

    140-(24+24)=92[mm](①번 90[°] 벤딩 끝난 부분에서 직선길이 92[mm] 잰 후 180[°] 벤딩)

③ 치수 안주어진 부분(④의 115+24=139mm)

    139-(24+24)=91[mm](②번 180[°] 벤딩 끝난 부분에서 직선길이 91[mm] 잰 후 180[°] 벤딩)

④ 115 부분

    115-(24+24)=67[mm](③번 180[°] 벤딩 끝난 부분에서 직선길이 67[mm]를 잰 후 90[°] 벤딩)

⑤ 220 부분

    220-(70+48+48)=54[mm]

    (④번 90[°] 벤딩 끝난 부분에서 직선길이 54[mm]+4[mm](1/2" 동관 중심선 밑에 들어가는 길이)-(24)=34[mm] 잰 후 절단

(4) 후레아 접속 부분

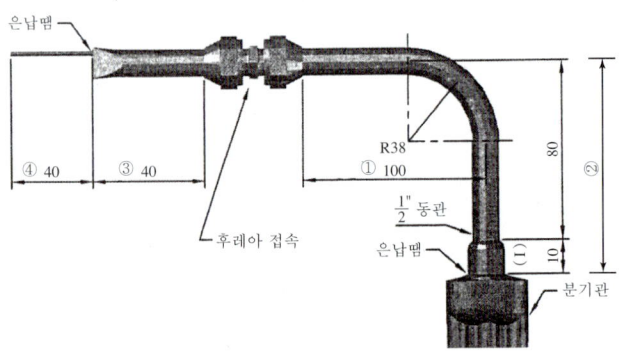

※ 완성된 동관 작품에서 후레아 볼트 및 너트는 손으로 돌려 가볍게 조립 후 제출하면 감독위원이 모세관 유통시험 및 작품의 기밀시험을 하게 된다.

(5) 후레아링 작업

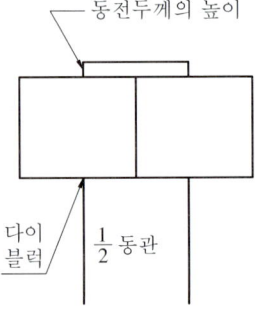

①번 1/2" 동관 한쪽 끝 부분을 후레아링 툴셑 1/2" 부분에 끼우고 동전 두께 높이 정도

(2[mm]) 나오게 물려 조인 다음, 화살촉 모양의 후레아툴을 이용하여 나팔 모양으로 만든 다음, 후레아 볼트 및 너트와 연결한 후 100-38(1/2" 동관 반지름)=62[mm]를 마킹 후 90[°]벤딩(이때 1/2" 동관 벤딩기 사용)

③번 부분도 1/2" 동관 한쪽 끝 부분을 후레아링 툴셀 1/2" 부분에 끼우고 동전 두께 높이 정도(2[mm]) 나오게 물려 조인 다음, 화살촉 모양의 후레아툴을 이용하여 나팔 모양으로 만든 다음, 후레아 볼트 및 너트와 연결한 후 40[mm] 치수를 잰 후 동관 커터기로 절단한다.

(6) 스웨이징 작업

②번 80+11(스웨이징 시 1[mm] 적어지는 치수 감안)=91-24=67(①번 90[°]벤딩 끝난 부분에서) 치수를 잰 후 동관 커터기로 절단하고, 후레아 툴셀 1/2" 부분에 끼우고 11[mm] 나오게 물려 조인 다음, 스웨이징하는 후레아툴을 이용하여 스웨이징(확관)한다. 이때 스웨이징 부분이 10[mm]가 되어야 3점을 받을 수 있다.

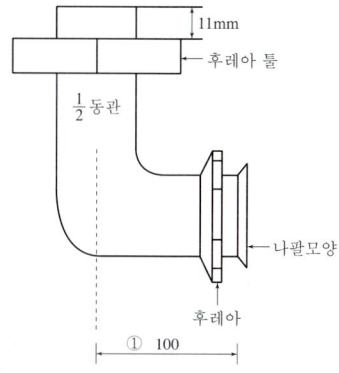

(7) 모세관 작업

모세관을 관 끝에 10[mm] 정도 넣은 후 관 아래 부분을 플라이어 또는 벤치로 아래와 같이 모세관이 막히지 않도록 물린 다음, 은납 용접한다. 모세관 40[mm]를 자로 잰 후 모세관 구멍이 막히지 않도록 절단한다.

이때 모세관에서 공기가 유통되어야 5점을 얻을 수 있다.

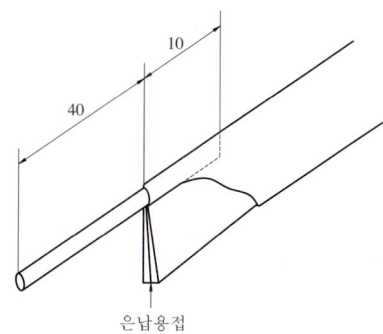

5. 산업기사 출제 도면 형태 2

| 자격종목 | 공조냉동기계산업기사 | 과제명 | 동관 작업 | 척도 | N.S |

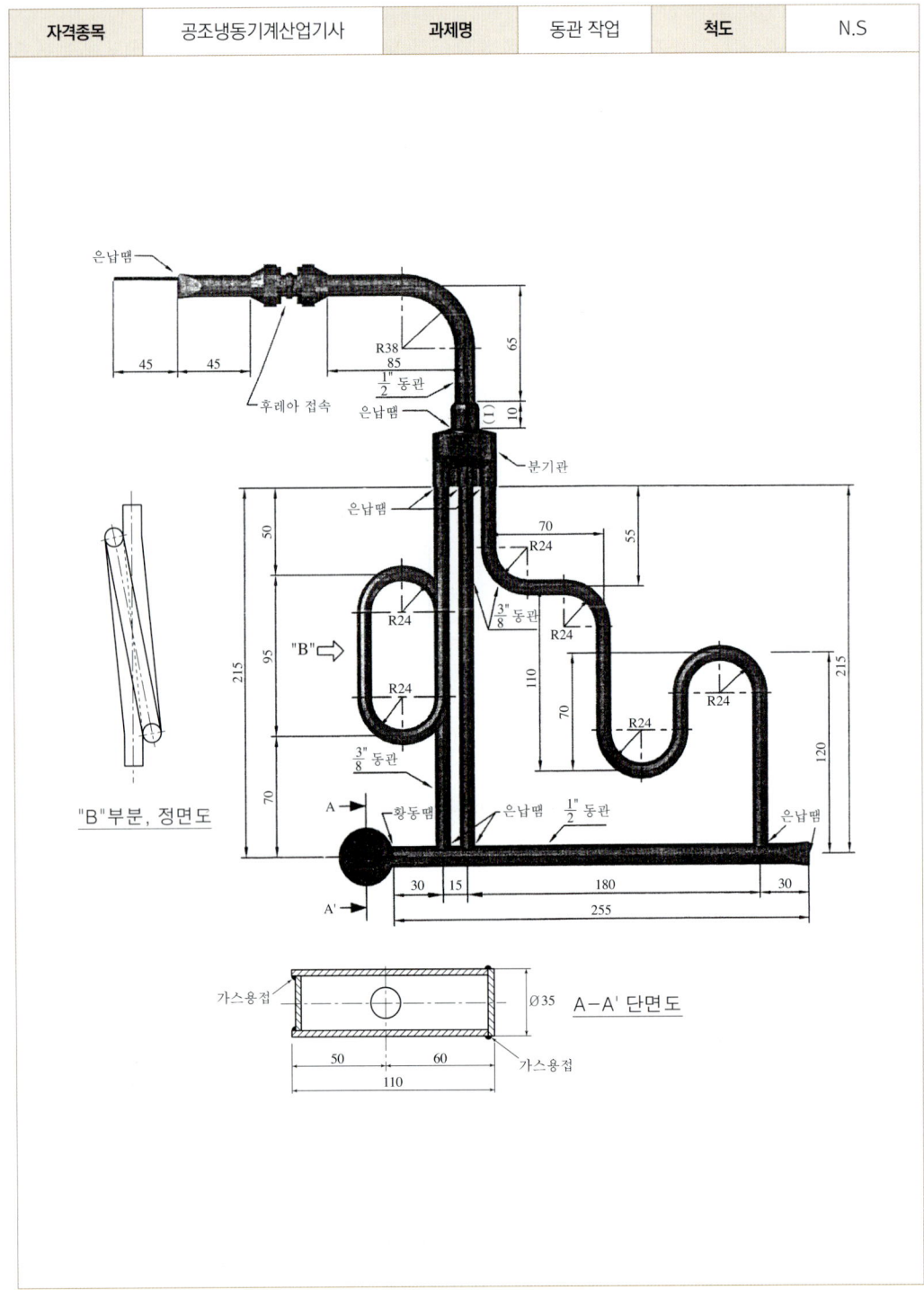

6. 동관 작업 순서

1) 강관 작업

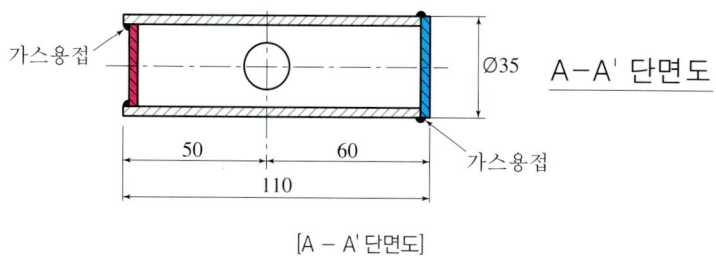

[A – A' 단면도]

① 25A[mm] 강관의 110[mm] 길이를 60[mm]와 50[mm] 사이 드릴로 구멍을 뚫기 위해서 외접부분의 2[mm] 올라오는 부분을 감안하여 58[mm] 부분을 표시하여 구멍을 뚫는다.
② 내접 부분의 50[mm] 부분은 내접이 2[mm] 정도 들어가게 가접하여 용접한다. 용접 방법은 25A 강관의 표면을 녹여 용접하는 방법과 연강용접봉을 사용하여 용접하는 방법이 있다.
③ "a" 내접

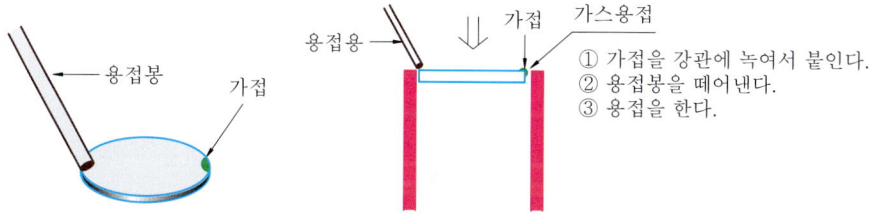

㉠ 가접을 강관에 녹여서 붙인다.(이때 내접외경 밖으로 가접하지 않도록 해야 25A 강관 안으로 내접할 수 있다.)
㉡ 용접봉을 가열하여 끊어낸다.
㉢ 용접을 적당한 비드폭과 일정한 속도에 맞게 진행한다.
※ 용접할 때에는 강관을 충분히 가열한 후 용접한다.

④ "b" 외접 : 외접을 할 때에는 강관부터 가열을 하고 강관의 표면을 녹여 용접하면 비드폭이 일정하고 속도가 빠르다.(용접봉으로 용접해도 가능하나 비드폭이 일정치 않고, 용접 속도가 느릴 수 있다.)

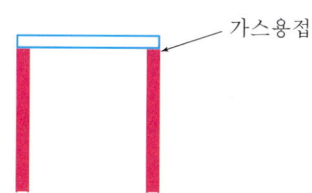

2) 황동 용접 및 동관 작업

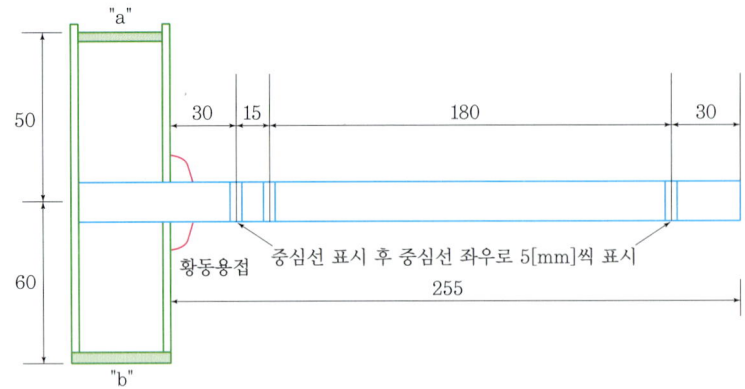

① 25A 강관에 구멍을 뚫은 자리를 가열한 후 붕사를 바르고, 1/2" 동관을 강관 구멍에 삽입한 후 황동 용접을 한다. 이때 강관에 직접 속불꽃으로 가열하고, 동관은 간접가열이 되도록 하면서 황동 용접을 한다.
② 황동 용접이 끝나면 냉각수로 강관을 식히는데 냉각수가 강관 안으로 들어가지 않게 식혀야 동관 용접 시 수증기에 의한 용융온도가 낮아지는 문제로 동관 용접이 안 되는 현상을 방지할 수 있다.
③ 1/2" 동관을 강관외면으로 치수대로 표시한 후 끝 부분을 절단한다.
④ 1/2" 동관에 구멍을 뚫을 시 내·외접 방향을 도면과 같이 "b" 부분이 외접이 되게 하여, 둥근 줄로 중심선을 기점으로 하여 좌우 5[mm] 정도 갈아내고, 3/8" 동관을 끼워본 후 꼭 끼이는 정도까지 갈아낸다.
⑤ 도면에서 주어진 방향인 수직으로 세워서 수평바이스나 벤치로 누른다.(누른 부분은 동관 용접 시 꼭 동관 용접을 하여 누수되는 일이 없도록 한다.)

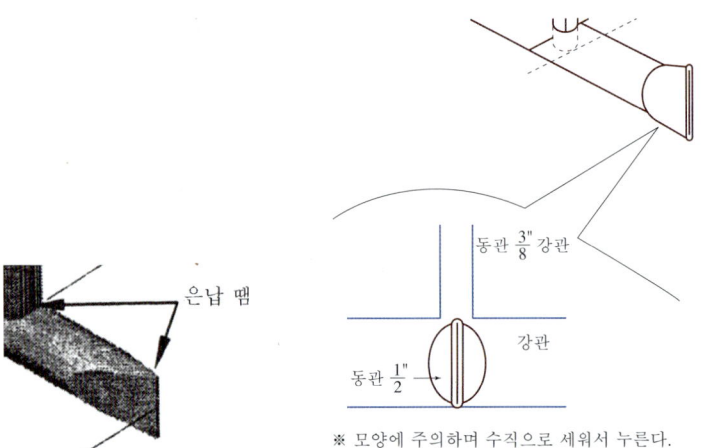

3) 동관 벤딩 작업

(1) 왼쪽 3/8" 동관 부분

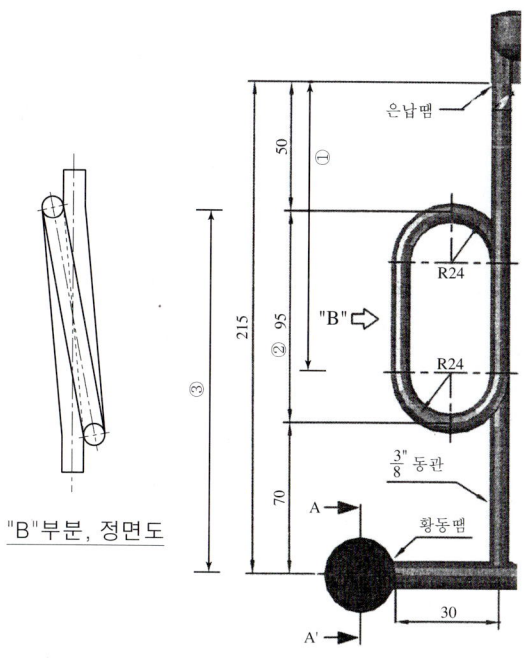

① 세로 50과 95 부분

(분기관에 들어가는 부분)10+50+95-(24)=131[mm]를 잰 후 표시하고, 180[°] 벤딩

② 세로 95 부분

95-(24+24)=47[mm](①번 180[°] 벤딩 끝난 부분에서 직선길이 47[mm] 잰 후 180[°] 벤딩)

③ 95와 70 부분

95+70+4(1/2" 동관 중심선 밑에 들어가는 길이)-(24)=145[mm]

(②번 180[°] 벤딩 끝난 부분에서 직선길이 145[mm] 잰 후 동관 커터기로 절단)

※ ③번 180[°] 벤딩시 주의사항은 ①번 3/8" 동관을 벤딩기 위로하고 벤딩해야 오작처리 안 됨

※ B 벤딩 부분의 벤딩이 끝난 후 동관을 벤딩기에서 빼내기 어려운데 약간 벌린 후 빼고, 5[mm] 이하의 틈이 되게 손으로 누르면서 사이가 벌어지지 않도록 붙인다.

(2) 중간 3/8" 동관 부분

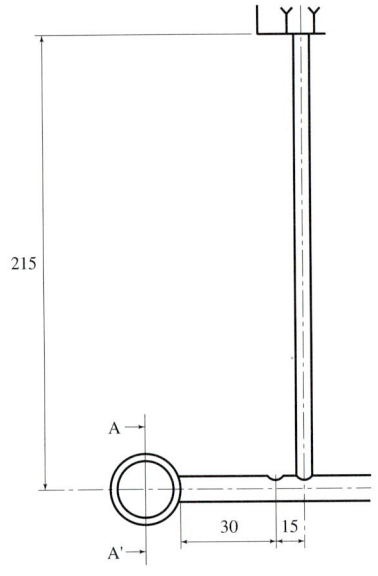

① 215 부분
(분기관에 들어가는 부분)10+215+4(1/2" 동관 중심선 밑에 들어가는 길이)=229[mm] 잰 후 절단

(3) 오른쪽 3/8" 동관 부분

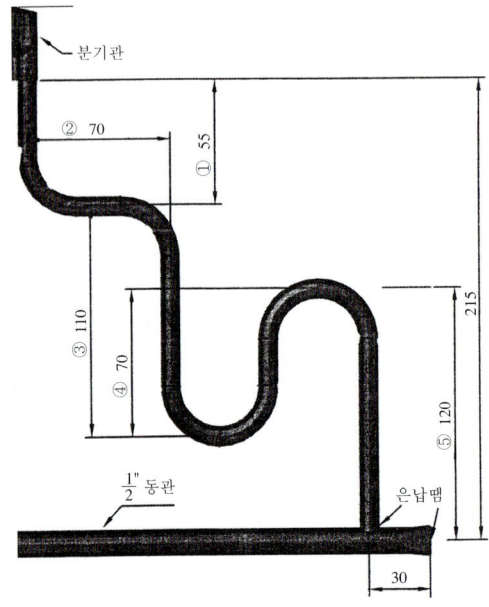

① 55 부분

　　10(분기관에 들어가는 부분)+55-24=41[mm]잰 후 90[°] 벤딩

② 70 부분

　　70-(24+24)=22[mm](①번 90[°] 벤딩 끝난 부분에서 직선길이 22[mm] 잰 후 90[°] 벤딩)

③ 110 부분

　　110-(24+24)=62[mm](②번 90[°] 벤딩 끝난 부분에서 직선길이 62[mm] 잰 후 180[°] 벤딩)

④ 70 부분

　　70-(24+24)=22[mm](③번 180[°] 벤딩 끝난 부분에서 직선길이 22[mm]를 잰 후 180[°]벤딩)

⑤ 120 부분

　　120+4(1/2" 동관 중심선 밑에 들어가는 길이)-24=100[mm]

　　(④번 180[°] 벤딩 끝난 부분에서 직선길이 100[mm] 잰 후 절단)

(4) 후레아 접속 부분

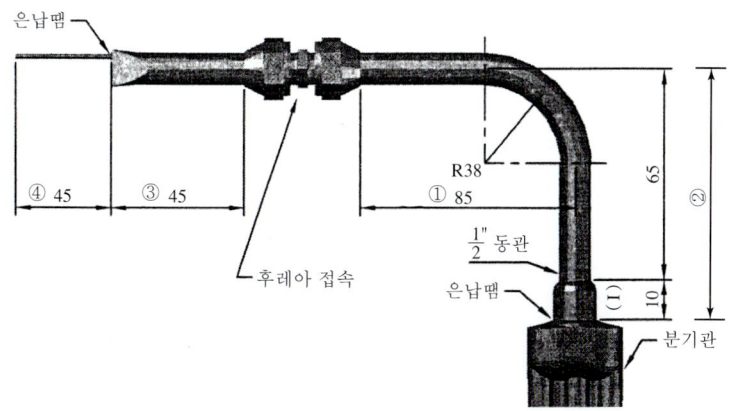

※ 완성된 동관 작품에서 후레아 볼트 및 너트는 손으로 돌려 가볍게 조립 후 제출하면 감독위원이 모세관 유통시험 및 작품의 기밀시험을 하게 된다.

(5) 후레아링 작업

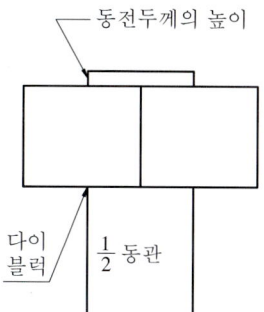

①번 1/2" 동관 한쪽 끝 부분을 후레아링 툴셀 1/2" 부분에 끼우고 동전 두께 높이 정도(2[mm]) 나오게 물려 조인 다음, 화살촉 모양의 후레아툴을 이용하여 나팔 모양으로 만든 다음, 후레아 볼트 및 너트와 연결한 후 85-38(1/2" 동관 반지름)=47[mm]를 마킹 후 90[°] 벤딩(이때 1/2" 동관 벤딩기 사용)

③번 부분도 1/2" 동관 한쪽 끝 부분을 후레아링 툴셀 1/2" 부분에 끼우고 동전 두께 높이 정도(2[mm]) 나오게 물려 조인 다음, 화살촉 모양의 후레아툴을 이용하여 나팔 모양으로 만든 다음, 후레아 볼트 및 너트와 연결한 후 45[mm] 치수를 잰 후 동관 커터기로 절단한다.

(6) 스웨이징 작업

②번 65+11(스웨이징 시 1[mm] 적어지는 치수 감안)=72-24=48(①번 90[°] 벤딩 끝난 부분에서) 치수를 잰 후 동관 커터기로 절단하고, 후레아 툴셀 1/2" 부분에 끼우고 11[mm] 나오게 물려 조인 다음, 스웨이징하는 후레아툴을 이용하여 스웨이징(확관)한다. 이때 스웨이징 부분이 10[mm]가 되어야 3점을 받을 수 있다.

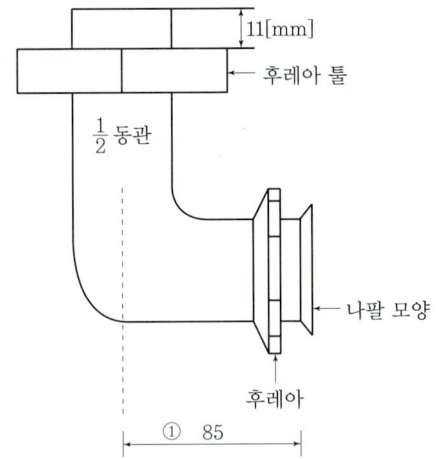

(7) 모세관 작업

모세관을 관 끝에 10[mm] 정도 넣은 후 관 아래 부분을 플라이어 또는 벤치로 아래와 같이 모세관이 막히지 않도록 물린 다음, 은납 용접한다. 모세관 45[mm]를 자로 잰 후 모세관 구멍이 막히지 않도록 절단한다.

이때 모세관에서 공기가 유통되어야 5점을 얻을 수 있다.

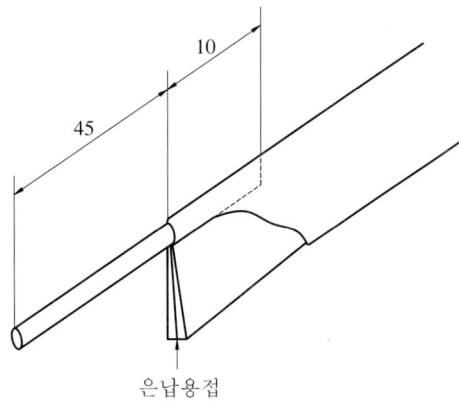

공조냉동 기계 기능사 산업기사 전기 제어회로 이론 및 실기

PART 05 전기 제어회로 실기

이 장에서는 전기 제어회로 이론 및 제어회로 도면을 수록하였습니다.

CHAPTER 01　전기 기초이론
CHAPTER 02　기능사 제어회로 도면
CHAPTER 03　산업기사 제어회로 도면

PART 05

전기 제어회로

CHAPTER 01 전기 기초이론

1. 시퀀스 제어의 개요

1) 시퀀스 제어 정의
미리 정해진 순서에 따라 제어의 각 단계를 순차적으로 진행시키는 것(Seguential Contral)

2) 시퀀스 제어의 분류
(1) **순서제어** : 제어의 각 단계를 순차적으로 실행하는데 있어 각각의 동작이 완료된 사실을 확인 후 다음 단계의 동작을 실행해 나가는 것(컨베이어 시스템)
(2) **시한제어** : 제어의 각 단계를 순차적으로 실행하는데 있어 각각의 동작을 시간의 경과에 따라 작업 단계를 진행시키는 것(가정용 세탁기, 네온사인, 신호등)
(3) **조건제어** : 제어의 각 단계를 입력 조건에 따라서 순차적으로 실행하는 것(엘리베이터)

3) 시퀀스 제어계의 구성
(1) **조작부** : 사람의 의지를 시퀀스 제어계로 전달하는 것(누름 버튼스위치, 단극 스위치, 리미트 스위치)
(2) **명령처리부** : (시퀀스 제어장치)
　　　　　　　주어지는 지령을 처리하고 분석하는 곳(릴레이, 타이머, 카운터)
(3) **구동용 기기** : 명령 치부의 지령을 증폭시켜 제어 대상 기기를 구동시킨다.(전자접촉기, 전자개폐기)
(4) **제어 대상 기기** : 제어의 대상이 되는 것(전동기, 솔레노이드)
(5) **검출부** : 제어 대상 기기의 상태를 검출하는 것(리미트 스위치, 근접 스위치)
(6) **표시부** : 제어 대상 기기의 동작 상태나 고장상황을 표시(램프, 부저등)

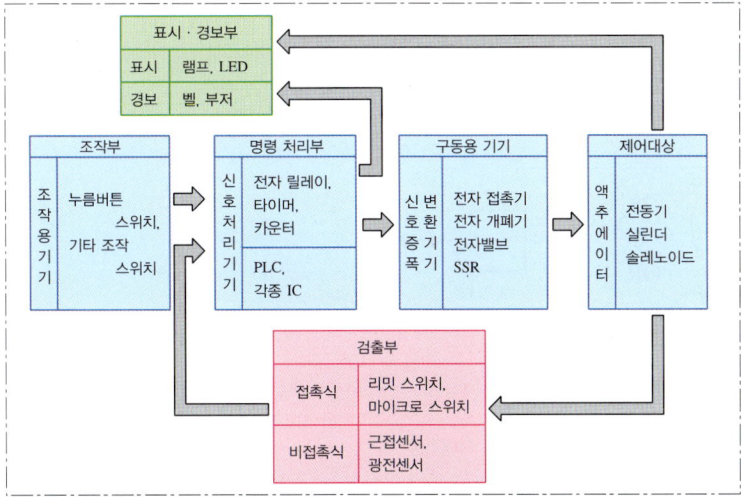

[시퀀스 제어 시스템의 일반적인 구성]

5) 시퀀스 제어 방식 분류

(1) 유접점 시퀀스(Relay Sequence) : 릴레이 및 타이머의 접점을 이용한 제어

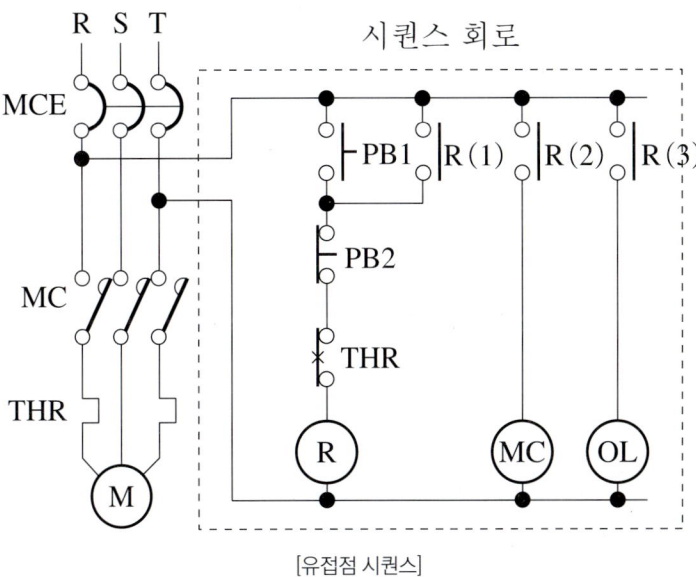

[유접점 시퀀스]

(2) 무접점 시퀀스(Logic Sequence) : 반도체 소자를 이용한 것

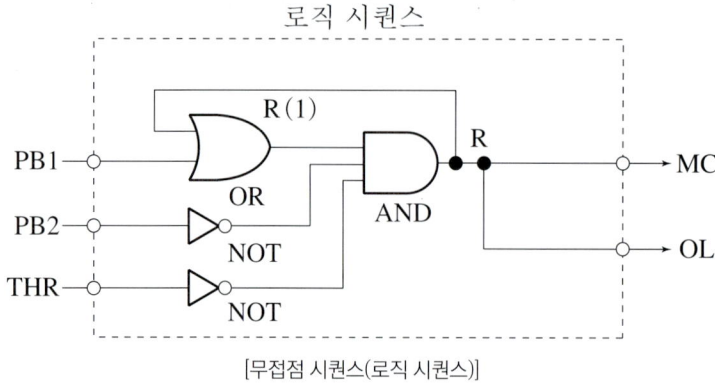

[무접점 시퀀스(로직 시퀀스)]

2. 시퀀스 기초

1) 접점의 개요

(1) 접점 : 전류를 통전(공급) 및 단전(차단)시키는 역할을 하는 것
  ① 단자 2개가 모여서 이루어진다.
  ② 고정 접점 : 전선을 접속한다.(단자이용)
  ③ 가동 접점 : 조작력에 의해 고정 접점과 접촉한다.
  ④ 조작력 : 접점을 동작(ON, OFF) 시키는 힘{사람의 힘, 전자석(전기)}

(2) 전선 : 전기 에너지를 전달한다.(전류, 전압 이송)
(3) 단자 : 전기 기계 기구와 전선을 접속하는 곳

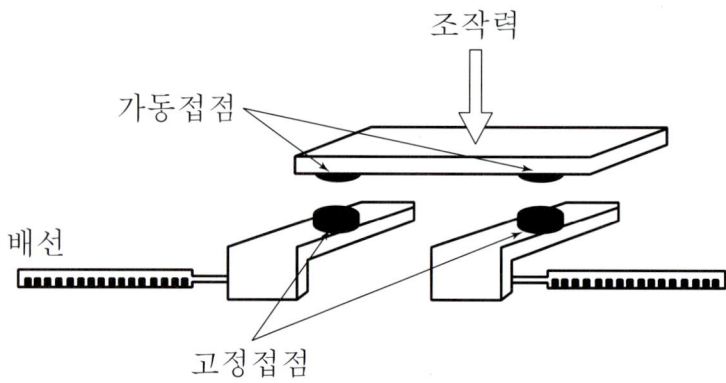

접점의 기능

2) 접점의 종류

(1) a 접점 : 항상 열려 있는 접점(Normally Open Contact, NO), 작동하는 접점(Arbeit Contact), 만드는 접점(Make Contact)이라 한다.

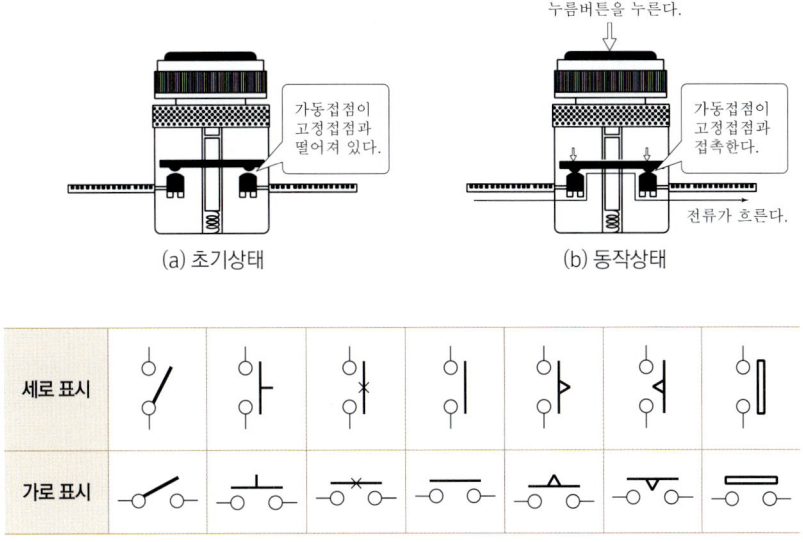

[a 접점 표시법]

(2) b 접점 : 초기 상태에서 닫혀 있는 접점(Normally Close Contact, NC), 끊어지는 접점(Break Contact)

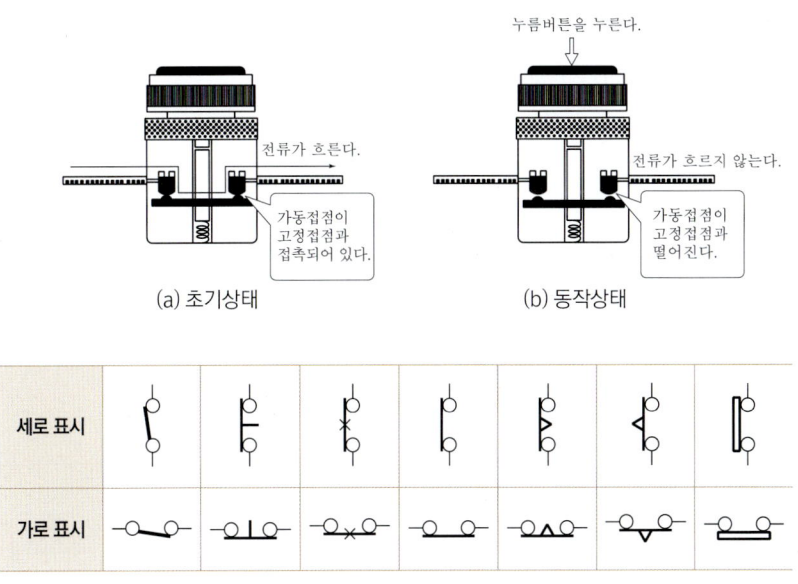

[b 접점 표시법]

(3) c 접점 : a접점과 b접점이 가동점을 공유한 전환점(Change Over Contact)

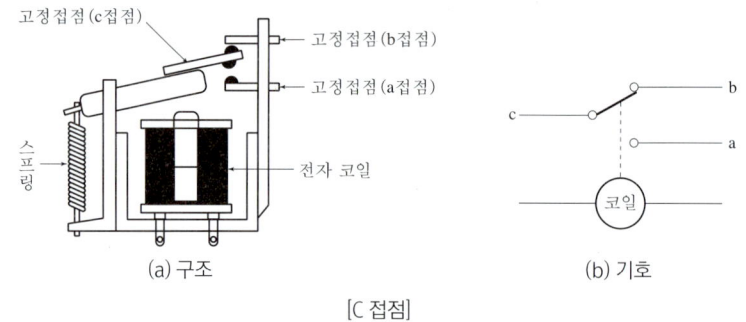

[C 접점]

[c 접점 표시법]

3) 접점의 분류

(1) **자동복귀 접점**(누르고 있을 때만 동작함)
　　▶ 동작 : 사람의 힘, 전자력 ▶ 복귀 : 스프링에 의한 복귀

(2) **수동 복귀 접점**(단극 스위치, 열동계전기 접점)
　　▶ 동작 : 사람의 힘, 전자력 ▶ 복귀 : 외력에 의함

(3) **수동 조작 접점** : 손으로 눌러서 조작하는 것(푸시 버튼스위치)

(4) **자동 조작 접점** : 전기 신호에 의해 자유로이 개폐(릴레이, 전자접촉기)

(5) **한시 접점** : 타이머 등 한시 계전기의 개로 또는 폐로하는데 시간이 걸리는 접점

(6) **기계적 접점** : 기계적 운동부분과 접촉하여 조작하는 것(리미트 스위치, 마이크로 스위치)

항목	a 접점		b 접점	
	가로 표시	세로 표시	가로 표시	세로 표시
수동 복귀 (보통 접점)				
자동 복귀 (누름 버튼스위치)				
수동 복귀 (열동계전기)				
자동 복귀 (계전기나 전자접촉기 보조접점)				
한시 동작 (타이머)				
한시 복귀				
기계적 접점				
전자접촉기 (주접점)				

[접점의 기호 및 표시]

4) 시퀀스 제어 용어

(1) **개로(Open)** : 전기회로의 일부를 스위치, 릴레이 등으로 여는 것

(2) **폐로(Close)** : 전기회로의 일부를 스위치, 릴레이 등으로 닫는 것

(3) **동작** : 어떤 원인을 주어서 소정의 동작을 하도록 하는 것

(4) **복귀** : 동작 이전의 상태로 되돌리는 것

(5) **여자** : 전자 릴레이, 접자 접촉기 등의 코일에 전류가 흘러 전자석으로 되는 것

(6) **소자** : 전자코일에 흐르는 전류를 차단하여 자력을 잃게 하는 것

(7) **기동** : 기기 또는 장치가 정지 상태에서 운전 상태로 되기까지 과정

(8) **운전** : 기기 또는 장치가 소정 동작을 하고 있는 상태

(9) 제동 : 기기 운전 상태를 억제하는 것

(10) 정지 : 기기 또는 장치를 운전 상태에서 정지 상태로 하는 것

(11) 인칭 : 기계의 순간 동작 운동을 얻기 위해 미소시간의 조작을 1회 반복하여 행하는 것

(12) 연동 : 복수의 동작을 관련시키는 것으로 어떤 조건이 갖추어졌을 때 동작을 진행시키는 것

3. 시퀀스 제어기기

1) 조작용 기기

(1) 누름 버튼스위치(Push Button Swich : 약호 PBS)

▶ 동작(조작력) : 사람의 힘 ▶ 복귀 : 스프링의 힘

① 수동조작 자동복귀형
② 녹색(기동), 적색(정지, 비상 스위치), 황색(리셋)을 의미함

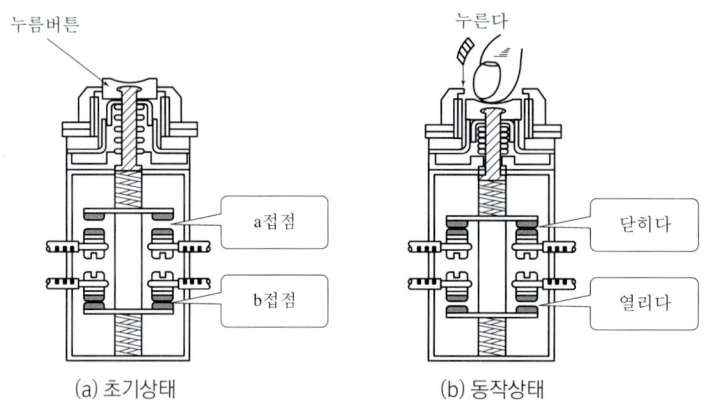

[누름 버튼스위치의 구조원리]

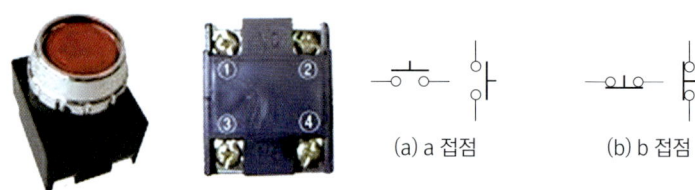

③ ②번 b접점 : (Normally Close Contact, NC)
④ ④번 a접점 : (Normally Open Contact, NO)

(2) 조광형 푸시 버튼스위치 : 스위치 기능과 램프의 역할을 가지고 있는 스위치

(3) 셀렉터 스위치(Selector Switch), 선택 스위치
동작 및 복귀 시 조작력이 필요로 하는 것
▶ 셀렉터 스위치 종류 : 2단, 3단, 4단 등

[2단 셀렉터 스위치]   [3단 셀렉터 스위치]

왼쪽   오른쪽   왼쪽   중립   오른쪽

b 접점

a 접점

NC(Normal Close) : b 접점
NO(Normal Open) : a 접점

(4) 리미트 스위치(Limit Swich), 마이크로 스위치

마이크로 스위치를 물, 기름, 먼지, 외력 등으로부터 보호하기 위해 금속 케이스에 넣은 것으로 접촉자에 움직이는 물체가 닿으면 접점이 개폐된다.(시험은 단자대, 푸시 버튼스위치 대용으로 사용)

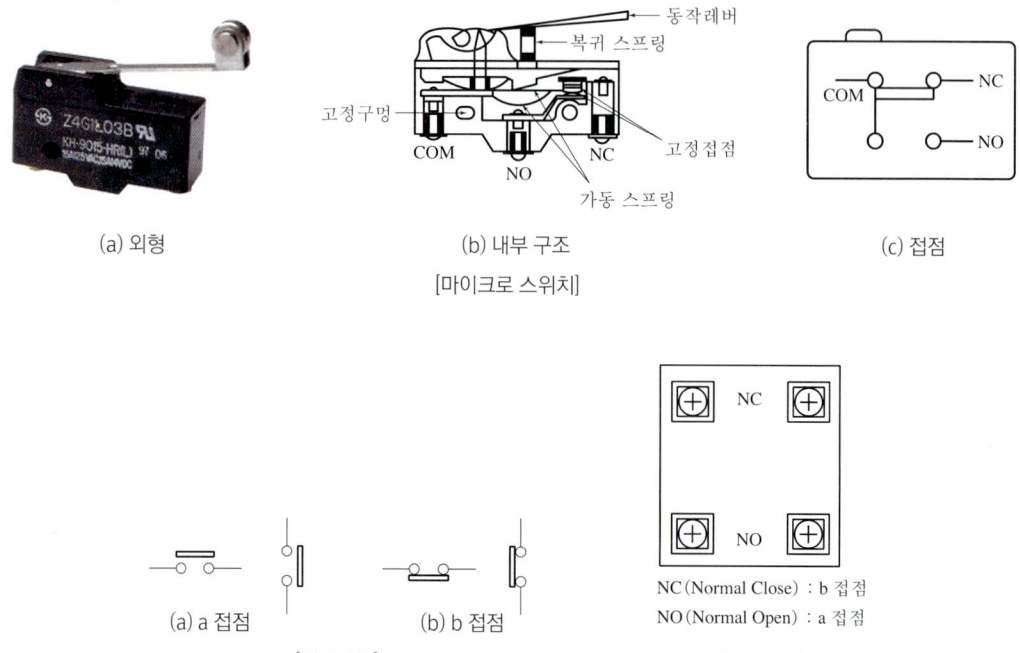

2) 신호처리 기기

(1) 릴레이(Relay), 전자 계전기

전자 코일에 전원을 주어 형성된 자력을 이용하여 접점을 개폐시키는 기능으로 8핀(2a, 2b), 11핀(3a, 3b), 14핀(4a, 4b)이 있으며, 기호는 R, Ry, X 등으로 표시한다.

❀ **릴레이의 구조와 동작원리**

① 구조 : 솔레노이드 코일, 복귀형 스프링, 접점부(a, b접점)
② 동작원리
　▶ 동작 : 코일의 전자력에 의하여 동작
　▶ 복귀 : 코일에 인가되었던 전류 차단 시 전자력 소멸, 스프링에 의해 복귀

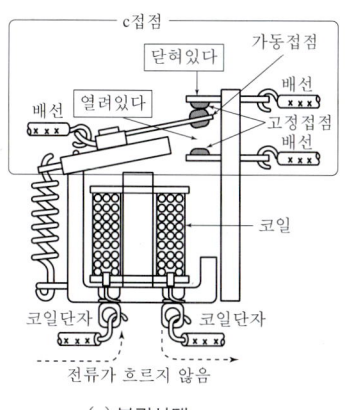
(a) 복귀상태

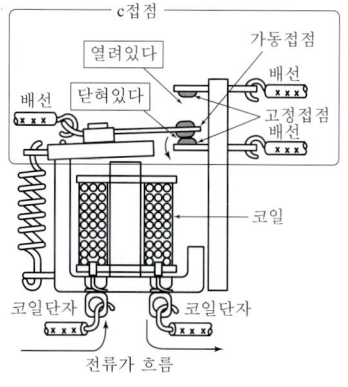
(b) 동작상태

① 접점 번호

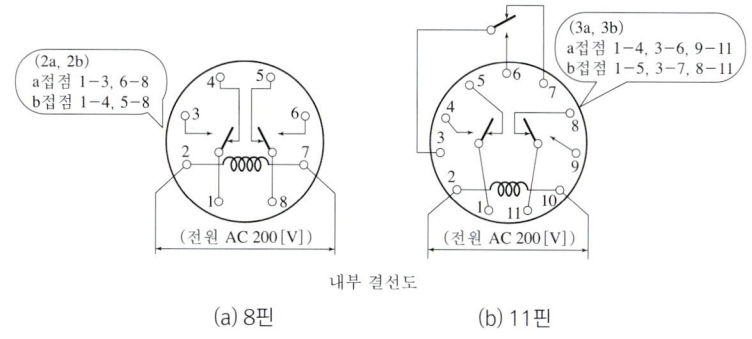

(a) 8핀   (b) 11핀

내부 결선도

② 접점 표시

a 접점
①-③, ⑧-⑥단자

b 접점
①-④, ⑧-⑤단자

Ry 전원
②-⑦단자

③ 릴레이 및 소켓 종류

[8핀 릴레이 소켓]

[11핀 릴레이 소켓]

[14핀 릴레이 소켓]

[8핀 릴레이 소켓]

[11핀 릴레이 소켓]

[14핀 릴레이 소켓]

(2) 후리커 릴레이(Flicker Relay : 점멸기)

전원이 투입되면 a접점과 b접점이 교대 점멸되며 점멸시간을 조절할 수 있고, 경보 신호용 및 교대 점멸용 등으로 사용한다.

(a) 후리커 릴레이 외형

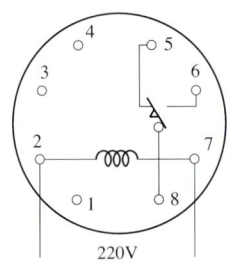
(b) 후리커 릴레이 내부 회로도

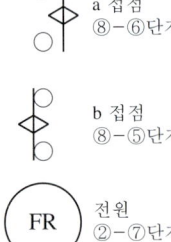
(c) 후리커 릴레이 접점표시

(3) 타이머(Timer)

입력신호가 주어지고 일정 시간 경과 후에 접점을 개폐시키는 것

① 한시 동작 순시 복귀 : 설정 시간 경과 후 접점이 동작하며, 신호 차단 시 순간적으로 복귀되는 동작
② 순시 동작 한시 복귀 : 순간적으로 접점이 동작하며, 입력신호가 소자하면 접점이 설정 시간 후 복귀되는 동작
③ 한시 동작 한시 복귀 : 설정 시간 경과한 후 접점이 동작하며, 설정 시간 경과한 후 접점이 복귀되는 동작

 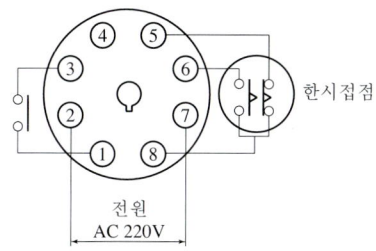

(a) 타이머 외관 (b) 타이머 내부 회로도

[타이머의 형태]

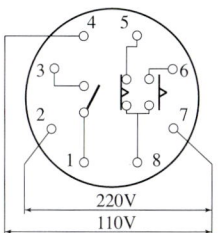 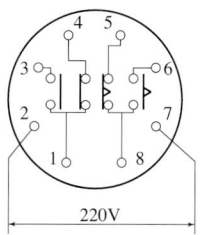 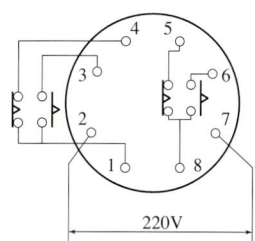

(a) 기존 타이머 (b) 순시접점으로 이용한 경우 (c) 한시접점만 만든 경우

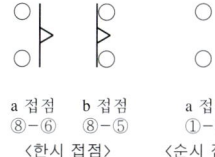

a 접점　　b 접점　　a 접점
⑧-⑥　　⑧-⑤　　①-③
〈한시 접점〉　　〈순시 접점〉

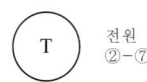

전원
②-⑦단자

[타이머 접점표시]

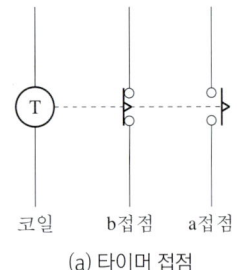

(a) 타이머 접점

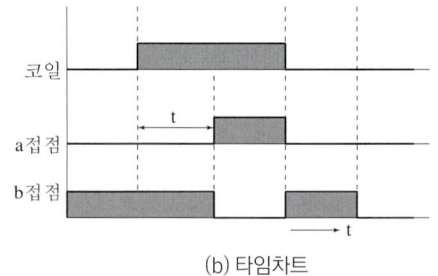

(b) 타임차트

[한시 동작 순서 복귀형]

3) 구동용 기기

(1) 전자접촉기(Electro Magnetic Contact : 약호 MC)

① 구성 : 주 접점부, 보조 접점부, 조작 전자석(전자 코일)부
   ㉠ 주 접점부 : 많은 전력을 소비하는 전동기등의 회로에 사용
   ㉡ 보조 접점부 : 적은 전력을 소비하는 접점(릴레이, 타이머 등)으로 사용하며, 주 회로의 조작 및 보조 회로에 사용
   ㉢ 조작 전자석(전자 코일)부 : 전원이 인가되는 부분으로 전자석에 의해 동작된다.

② 코일에 전류가 인가되면 전자력에 의하여 접점이 개폐된다.
③ 대 전류제어(250V 10A 이상 부하에 사용), 개폐 빈도가 많을 때, 긴 수명이 요구된다.
④ 시험용은 20핀(5a, 2b) 전자접촉기 소켓 사용

[전자접촉기]

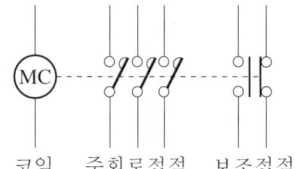

[전자접촉기의 표시 기호]

(2) 전자개폐기(Thermal Overload Relay)

전자접촉기에 서머릴레이(Thermal Overload Relay)의 열동형 과부하 차단 장치를 부착한 것을 말한다.

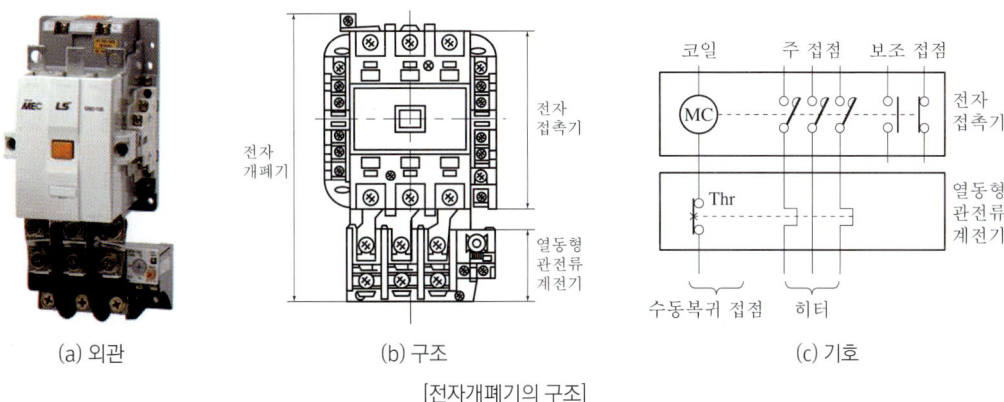

(a) 외관   (b) 구조   (c) 기호

[전자개폐기의 구조]

4) 기타 기구

(1) 퓨즈(Fuse)

전기 회로에 장착되어 회로상에 규정된 전류보다 큰 전류가 발생 시 전류를 차단하여 회로를 보호하는 장치(퓨즈 재질 : 납, 주석 등)

(a) 유리형   (b) 통형

[퓨즈]

(2) 단자대(Therminal Block) : TB

콘트롤반과 조작반의 전선을 연결하는 것으로 단자대에 접속하는 방법은 압착단자, 링고리, 누르판 압착 방법이 있고 단자대는 고정식과 조립식이 있다.

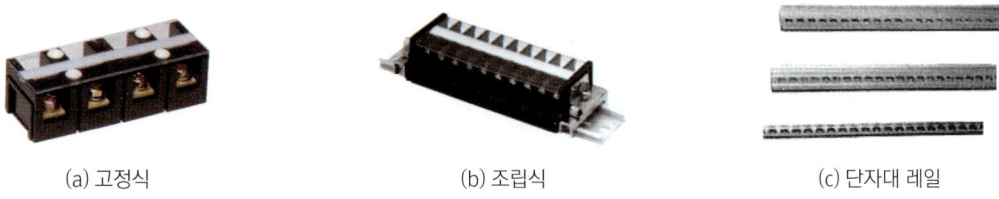

(a) 고정식   (b) 조립식   (c) 단자대 레일

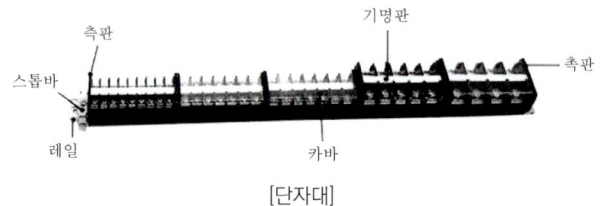

[단자대]

(3) 파일롯 램프(표시등) : PL

전원의 유무, 시퀀스 제어 회로의 동작 상황을 나타내기 위한 것으로 누름 버튼 스위치에 부착된 것도 있고 배전반이나 스위치박스에 부착하여 사용한다.

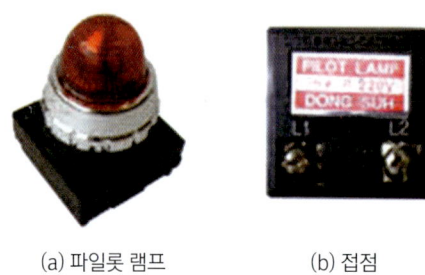

(a) 파일롯 램프   (b) 접점

(4) 부저(Buzzer) : Bz

시퀀스 제어회로의 고장이나 중요한 상황 시 소리로 이상 유무를 알리는 것으로 비상등과 교대 점멸로 사용되며 노출형과 매입형이 있다.

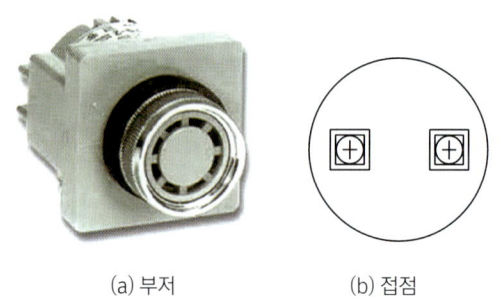

(a) 부저   (b) 접점

(5) 리셉터클(Receptacle)

전구 소켓의 일종으로, 백열전구를 나사모양으로 돌려서 꽂는다.

(a) 리셉터클   (b) 접점

5) 공조냉동 기초 공구

(1) 스트리퍼
전선의 절단 및 피복을 벗기는데 사용하는 공구

[수동 와이어 스트리퍼]

[자동 와이어 스트리퍼]

(2) 터미널 압착기
전선용 터미널에 전선을 삽입하여 압착 고정하는 공구

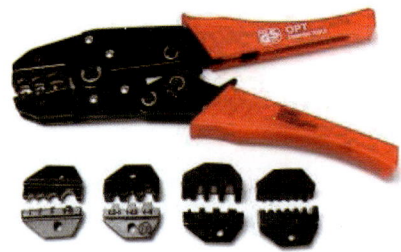

(3) 롱로즈 플라이어
물체를 무는 부분이 길고 가늘어 가는 구리선이나 철사를 끊거나 좁은 장소에서 세공할 때 사용하는 공구

[롱로즈 플라이어]

(4) 니퍼
철선, 강선, 동선 등을 절단하는 데 이용되는 공구이며, 필요에 따라 전선의 피복을 벗기는데도 사용한다.

[니퍼]

(5) 펜치
작은 물건을 쥐거나 철사를 구부리고 자르는데 사용하는 공구

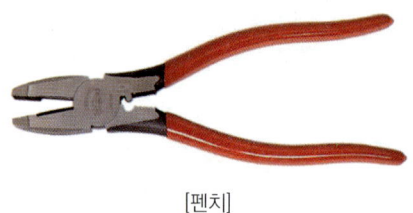

[펜치]

(6) 플라이어
작은 물건을 잡을 때 주로 사용하는 공구

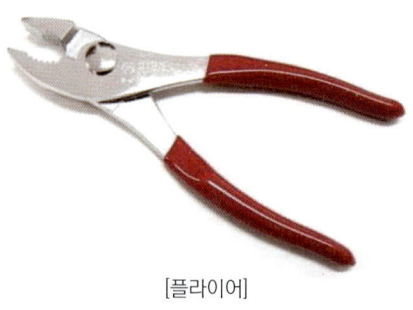

[플라이어]

(7) 냉동 라쳇 렌치
주로 냉동기계(압축기나 냉매배관 밸브)의 조작밸브를 좁은 공간에서 쉽게 열고 닫을 수 있도록 만든 공구

[냉동 라쳇 렌치]

(9) 리이머
거스러미를 제거하는데 사용되는 공구

[리이머]

CHAPTER 02 기능사 제어회로 도면

1. 제어회로 도면 1

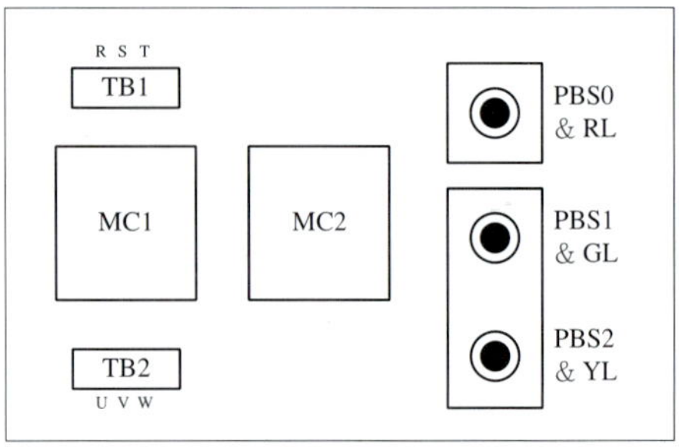

[기구 배치도]

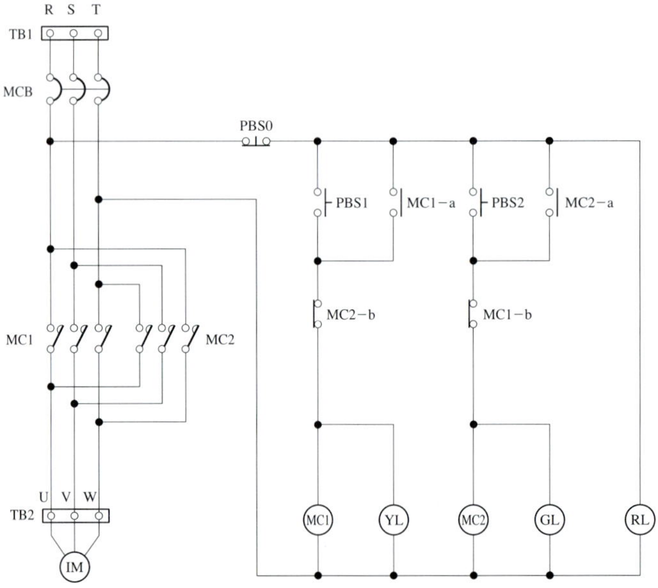

[회로도]

1) 동작 설명

(1) 전원을 인가하면 RL램프가 점등된다.
(2) PBS1을 누르면 MC1이 여자되어 전동기가 정회전하고 YL램프가 점등된다.
(3) PBS0을 누르면 MC1이 소자되어 전동기가 정지하고 YL램프가 소등된다.
(4) PBS2를 누르면 MC2가 여자되어 전동기가 역회전하고 GL램프가 점등된다.
(5) PBS0을 누르면 MC2가 소자되어 전동기가 정지하고 GL램프가 소등된다.

2. 제어회로 도면 2

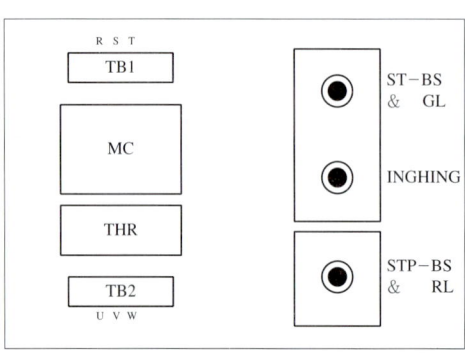

[기구 배치도]

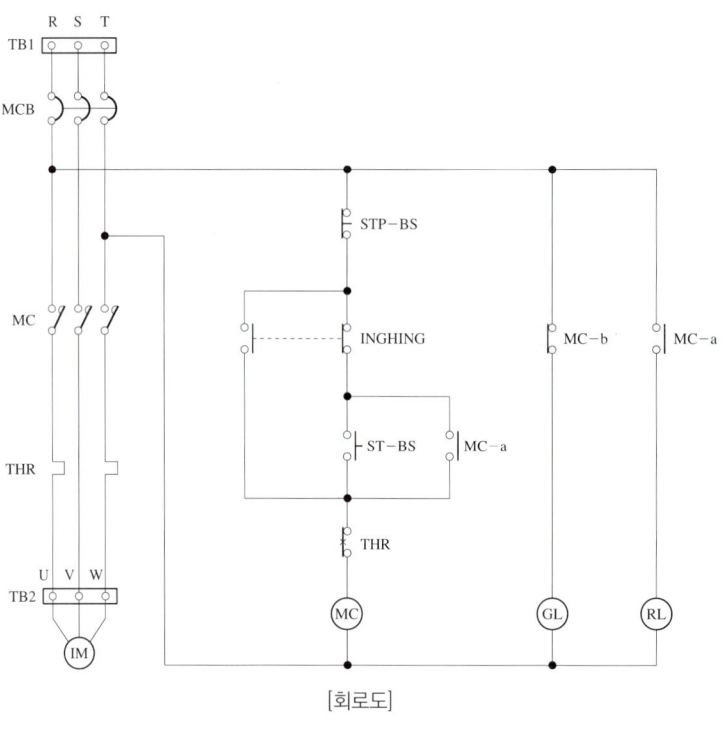

[회로도]

1) 동작 설명

(1) 전원을 인가하면 GL램프가 점등된다.

(2) INCHING 스위치를 누르는 동안만 MC가 여자(자기 유지)되어 RL램프가 점등되고, GL램프는 소등된다. INCHING 스위치를 놓으면 MC가 소자(자기 유지 해제)되어 원상태로 GL램프는 점등되고, RL램프는 소등된다.

(3) ST-BS를 누르면 MC가 여자(자기 유지)되어 모터가 계속 회전하며 RL램프가 점등되고, GL램프는 소등된다.

(4) STP-BS를 누르면 운전이 정지되어 RL램프가 소등되고, GL램프는 점등되면서 모든 동작이 정지된다.

3. 제어회로 도면 3

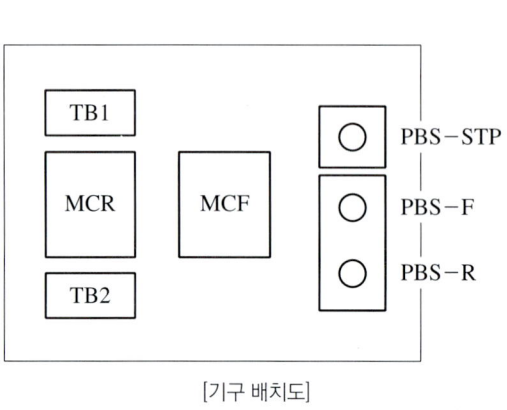

[기구 배치도]

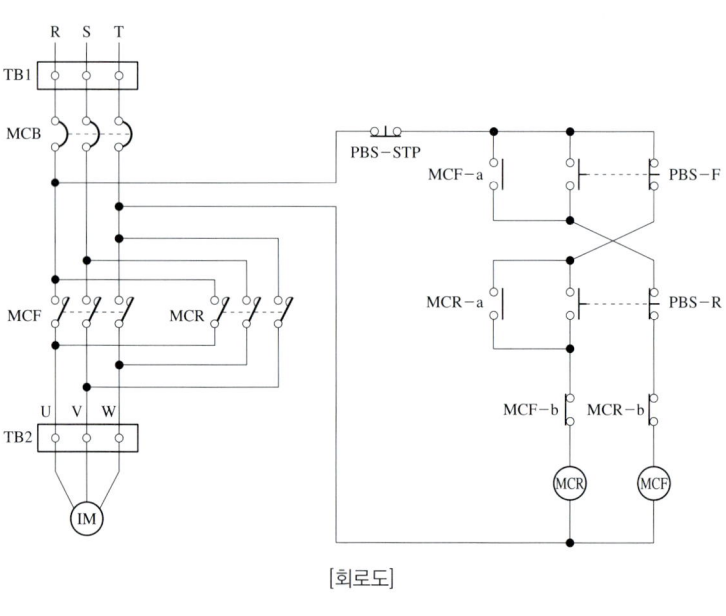

[회로도]

1) 동작 설명

(1) 푸시버튼 스위치(PBS-F)을 누르면 MCF가 여자(자기 유지)되어 전동기를 정회전 기동시킨다.
(2) 푸시버튼 스위치(PBS-STP)을 누르면 전동기가 정지한다.
(3) 푸시버튼 스위치(PBS-R)을 누르면 MCR이 여자(자기 유지)되어 전동기를 역회전 기동시킨다.
(4) PBS-STP를 누르면 전동기가 정지한다.

4. 제어회로 도면 4

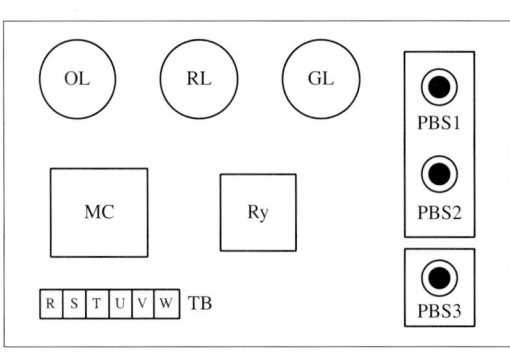

[기구 배치도]

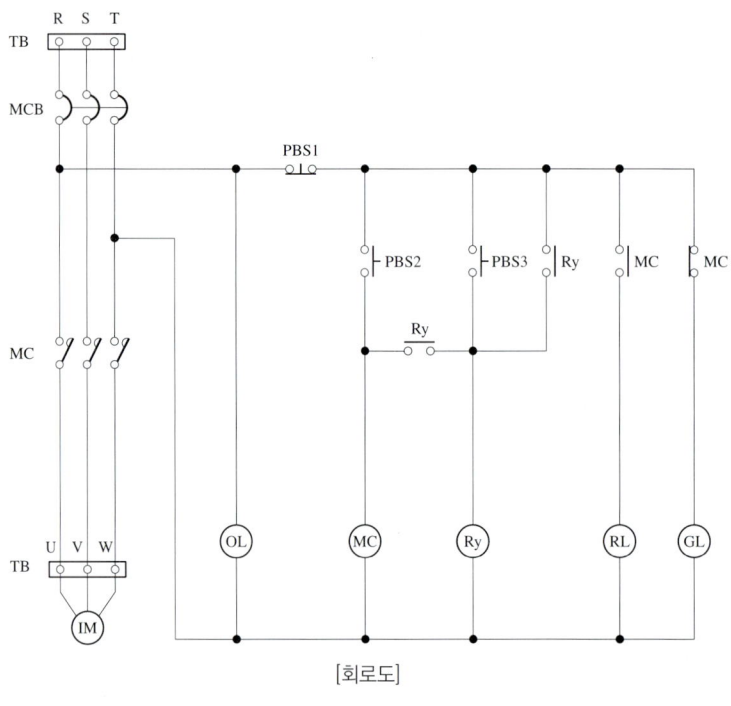

[회로도]

1) 동작 설명

(1) 전원을 투입하면 OL램프는 상시등으로 항상 점등되고, GL램프도 점등된다.

(2) PBS2를 누르면 MC가 여자(자기 유지)되어 전동기가 기동하며, GL램프는 소등되고, RL램프는 점등된다.(PBS2를 누르는 동안만 전동기가 기동된다.)

(3) PBS3을 누르면 Ry가 여자(자기 유지)되며, Ry-a접점이 닫혀 자기 유지되고 또 다른 Ry-a 접점이 닫혀 MC가 여자(자기 유지)되어 전동기가 기동된다. 이때 GL램프는 소등되고, RL램프는 점등된다.

(4) PBS1을 누르면 모든 동작은 정지된다.

(5) OL는 상시등으로 전원이 투입되면 항상 점등된다.

5. 제어회로 도면 5

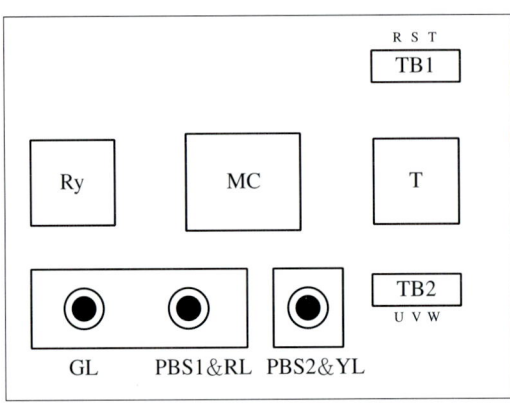

[기구 배치도]

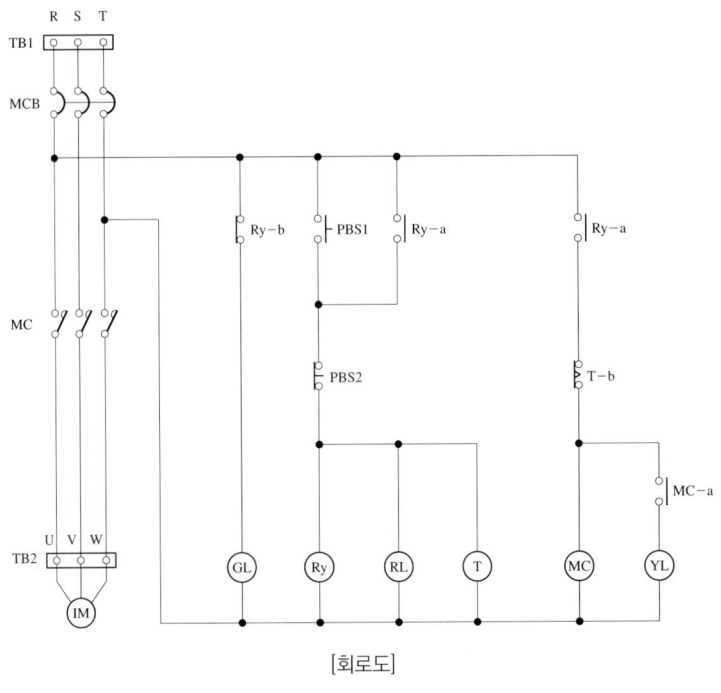

[회로도]

1) 동작 설명

(1) 전원을 공급하면 Ry-b접점에 의해 GL램프가 점등된다.

(2) PBS1을 누르면 Ry(릴레이)가 여자(자기 유지)되고 b접점이 a접점으로 변하면서 GL램프가 소등되고 RL램프가 점등된다.

(3) MC가 여자되며 YL램프도 점등된다. T(타이머)의 t초 후 시간이 지나면서, MC가 소자되고 YL램프도 소등된다.

(4) PBS2를 누르면 모든 동작은 처음상태로 된다.

6. 제어회로 도면 6

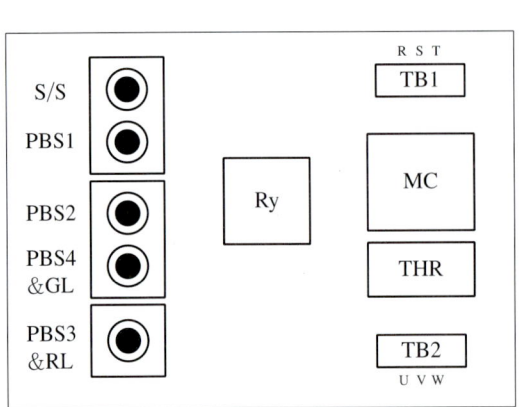

[기구 배치도]

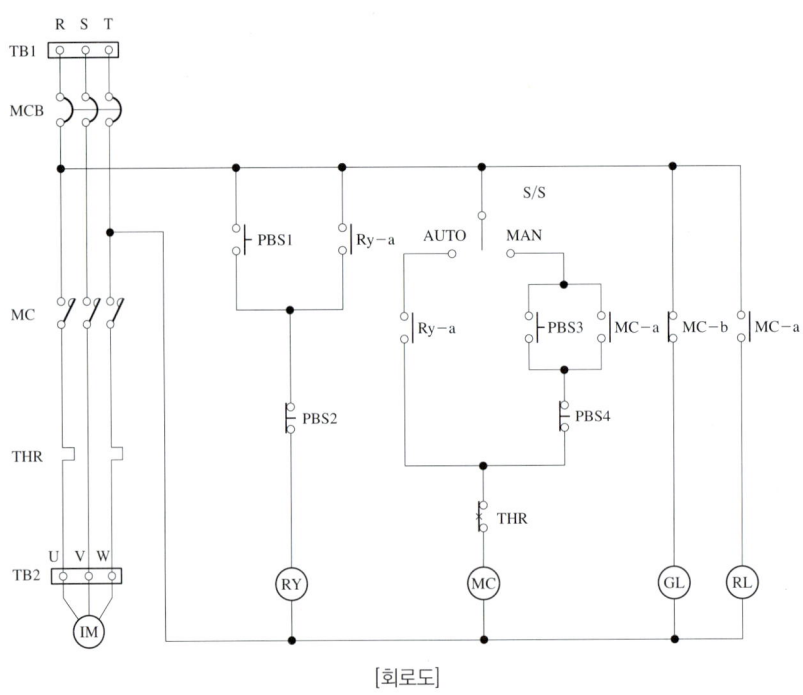

[회로도]

1) 동작 설명

(1) 전원을 공급하면 GL램프가 점등된다.

(2) S/S(셀럭터 스위치)가 AUTO(자동)일 때

　① PBS1을 누르면 S/S(셀럭터 스위치)가 AUTO(자동) 상태에서 Ry-a접점이 여자(자기 유지)되면서, MC도 여자(자기 유지)되어 전동기가 작동한다. 이때 GL램프가 소등되고, RL램프가 점등된다.

　② PBS2를 누르면 Ry가 소자(자기 유지 해제)되고, MC도 소자(자기 유지 해제)되어 전동기가 멈춘다. 이때 RL램프가 소등되고, GL램프가 점등된다.

(3) S/S(셀럭터 스위치)가 MAN(수동)일 때

　㉠ PBS3를 누르면 MC가 여자(자기 유지)되어 전동기가 작동하며, 이때 GL램프가 소등되고, RL램프가 점등된다.

　㉡ PBS4를 누르면 MC가 소자(자기 유지 해제)되어 전동기가 멈추며 모든 동작은 처음 상태로 된다. 이때 RL램프가 소등되고, GL램프가 점등된다.

(4) 전동기가 작동 중 과부하가 걸리면 THR이 작동하여 MC가 소자(자기 유지 해제)되어 전동기가 멈춘다.

7. 제어회로 도면 7

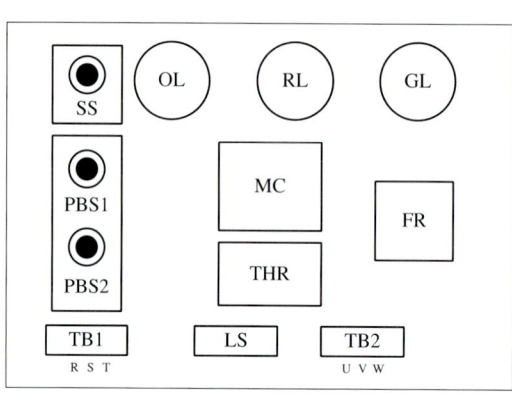

[기구 배치도]

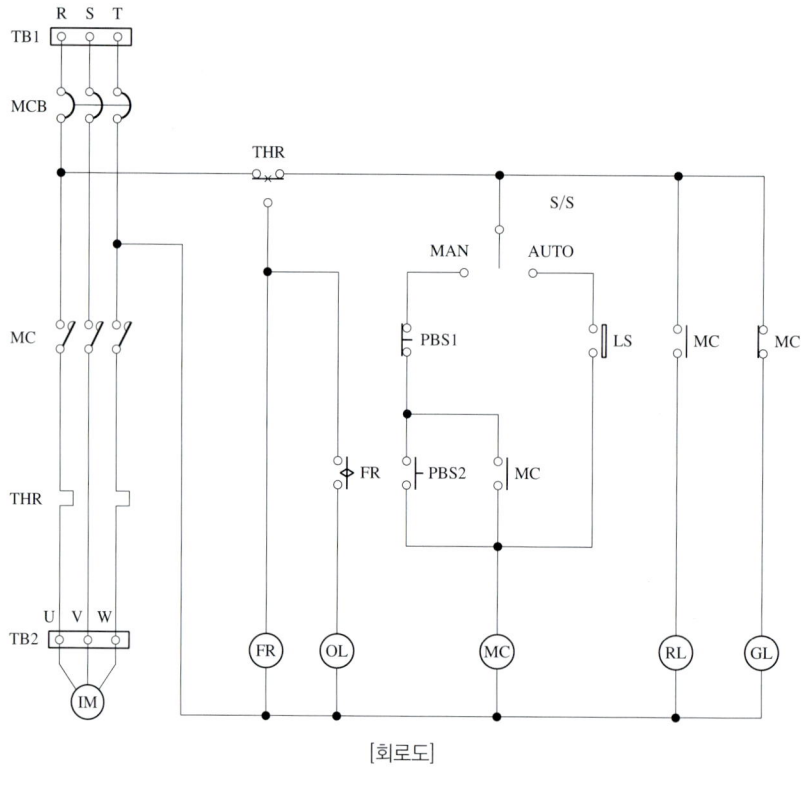

[회로도]

1) 동작 설명

(1) 전원을 공급하면 GL램프가 점등된다.

(2) S/S(셀럭터 스위치)가 AUTO(자동)일 때
① LS(리미트 스위치)가 붙을 때만 MC가 여자(자기 유지)되어 전동기가 작동한다.
② 이때 GL램프가 소등되고, RL램프는 점등된다.

(3) S/S(셀럭터 스위치)가 MAN(수동)일 때
① PBS2를 누르면 MC가 여자(자기 유지)되어 전동기가 작동하며, 이때 GL램프가 소등되고, RL램프가 점등된다.
② PBS1을 누르면 MC가 소자(자기 유지 해제)되어 전동기가 멈추며 RL램프가 소등되고, GL램프가 점등된다.

(4) 전동기가 작동중 과부하가 걸리면 THR이 작동하여 MC가 소자(자기 유지 해제)되어 전동기는 멈추고, FR(후리커 릴레이)가 여자(자기 유지)되며, OL램프가 점등과 소등이 반복된다.

8. 제어회로 도면 8

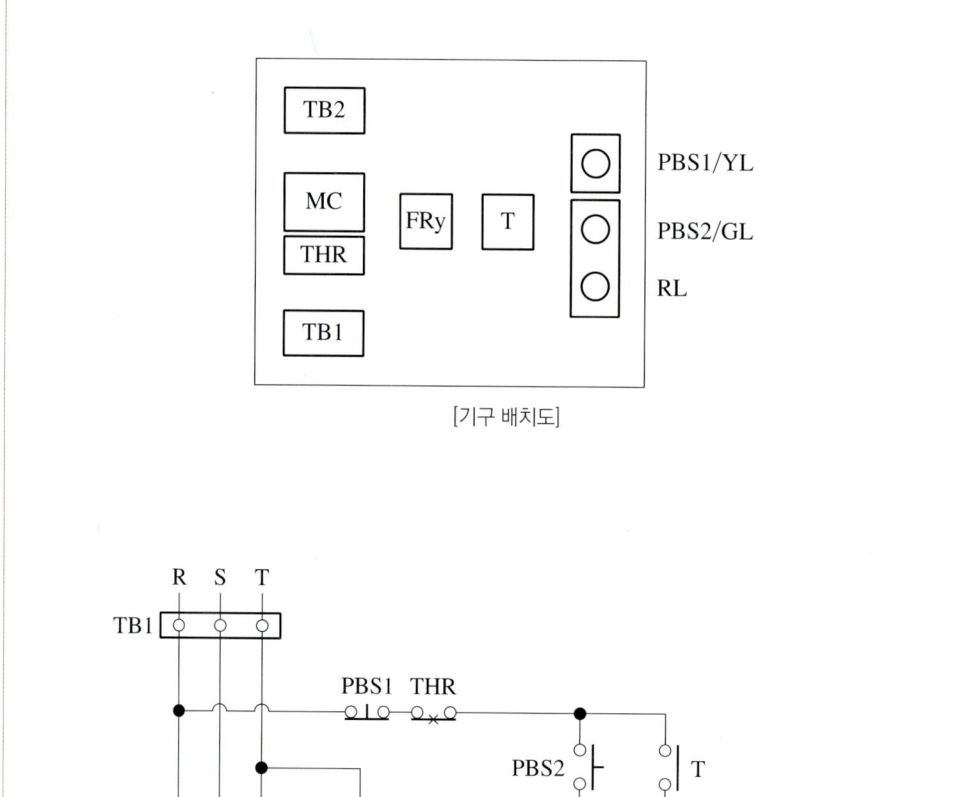

[기구 배치도]

[회로도]

1) 동작 설명

(1) PBS2를 누르면 T(타이머)와 FR(후리커 릴레이)가 여자(자기 유지)되고, YL램프와 RL램프가 FR(후리커 릴레이) 설정 시간만큼 교대로 점등과 소등이 반복된다.

(2) T(타이머) 설정 시간이 지나면 YL램프와 RL램프는 소등되고, 전동기가 작동하며 GL램프가 점등된다.

(3) PBS1을 누르면 전동기가 멈추며, GL램프가 소등된다.

(4) 전동기가 작동 중 과부하가 걸리면 THR이 작동하여 전동기가 멈춘다.

CHAPTER 03 산업기사 제어회로 도면

1. 제어회로 도면 1

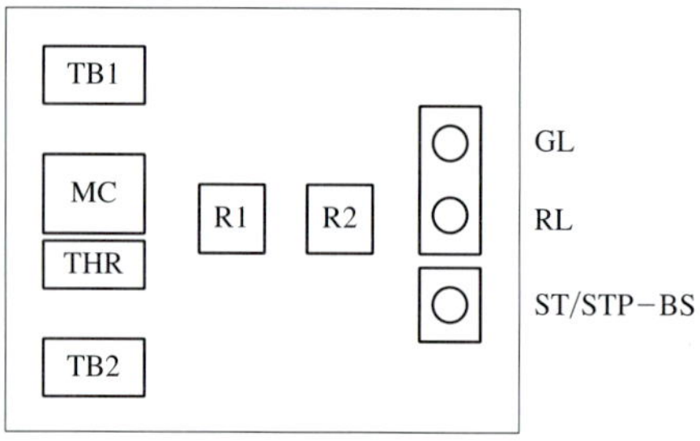

[기구 배치도]

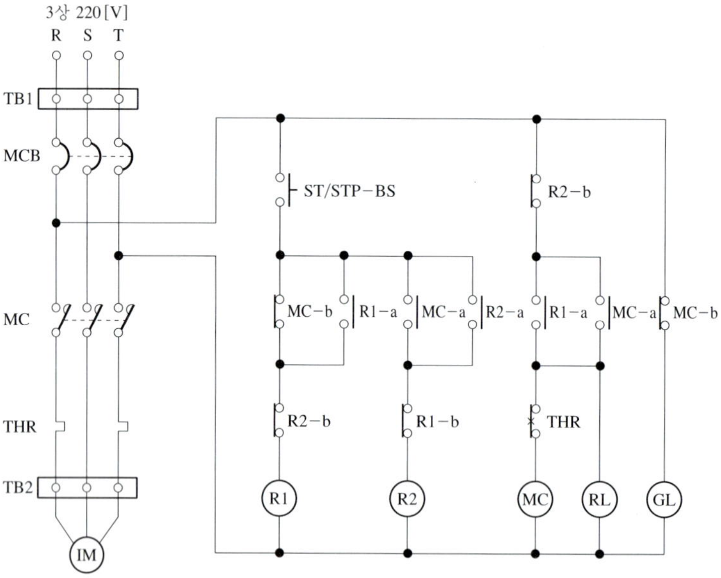

[회로도]

1) 동작 설명

(1) 전원을 투입하면 GL램프가 점등된다.

(2) ST/STP-BS(기동 및 정지용 버튼 스위치)를 한 번 누르면 R1(릴레이1) 여자(자기 유지)되어 MC가 여자(자기 유지)되며 MC-a접점에 의해 전동기가 가동되며, GL램프가 소등되고, RL램프는 점등된다.

(3) ST/STP-BS(기동 및 정지용 버튼 스위치)을 다시 한 번 누르면 R2(릴레이2)가 동작하고, R2-b접점은 열려(소자) MC가 소자되어 전동기가 멈춘다. 이때 RL램프가 소등되고, GL램프는 점등된다.

(4) THR(열동계전기)이 작동하면 정지 버튼 조작처럼 R2(릴레이2)가 동작하고, R2-b접점은 열려(소자) MC가 소자되어 전동기가 멈춘다. 이때 RL램프가 소등되고, GL램프는 점등된다.

2. 제어회로 도면 2

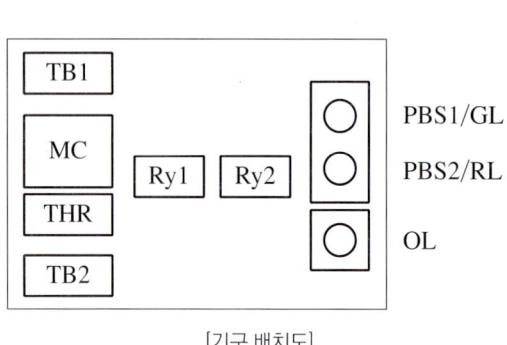

[기구 배치도]

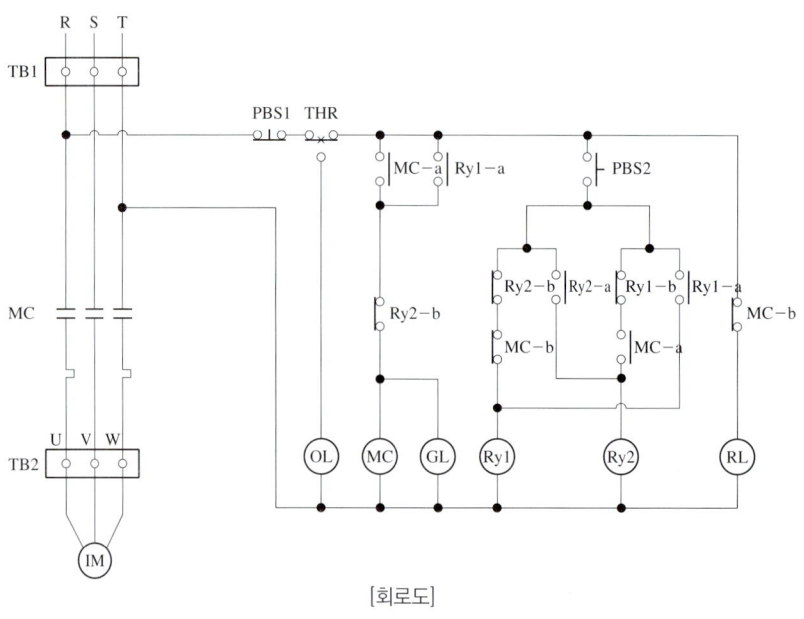

[회로도]

1) **동작 설명**

   (1) 전원을 투입하면 RL램프가 점등된다.
   (2) PBS1을 누르면 모든 동작이 정지된다.
   (3) PBS2을 누르면 Ry1(릴레이1)이 여자(자기 유지)되어 MC가 여자(자기 유지)되고 MC-a 접점에 의해 전동기가 가동되며, GL램프가 점등되고, RL램프가 소등된다.
   (4) PBS2을 다시 한 번 누르면 Ry2(릴레이2)-b접점이 열려(소자) MC가 소자되어 전동기가 멈추며, GL램프가 소등, RL램프는 점등된다.
   (5) THR(열동계전기)이 작동하면 전동기가 멈추고, RL램프는 소등, OL램프가 점등된다.

3. 제어회로 도면 3

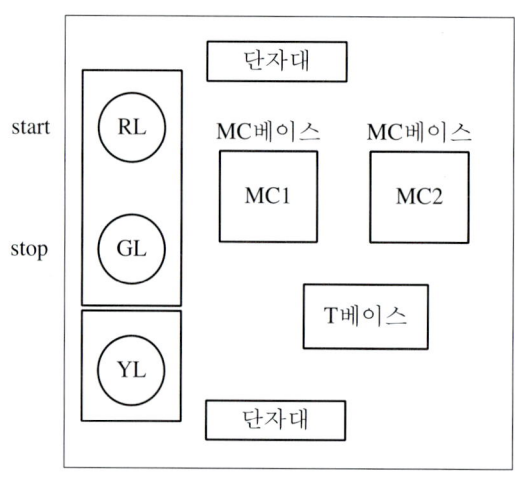

[기구 배치도]

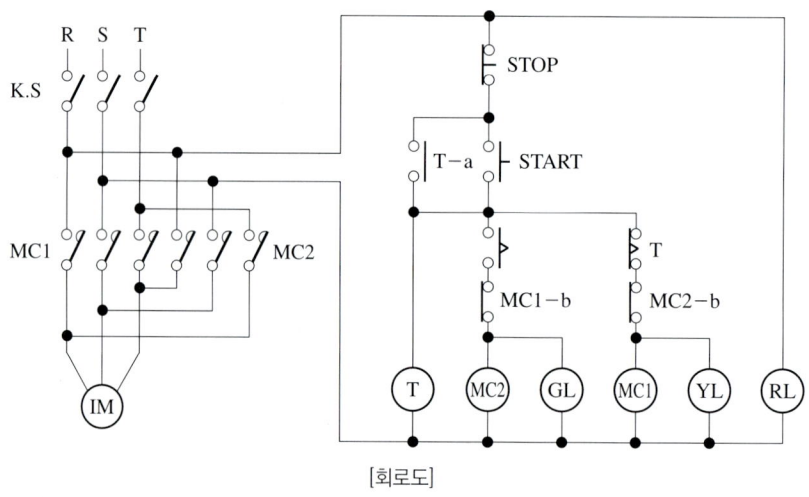

[회로도]

1) 동작 설명

(1) 전원을 투입하면 RL램프에 점등된다.
(2) START을 버튼을 누르면 T-a(타이머-a)접점에 의해 MC1이 여자(자기 유지)되어 전동기가 정회전하며, YL램프가 점등된다.
(3) T(타이머)의 한시 접점에 의한 설정 시간이 지나면 MC2가 여자(자기 유지)되어 전동기가 역회전하며 GL램프가 점등된다.
(4) STOP 버튼을 누르면 모든 전동기는 정지되며, RL램프는 점등된다.

4. 제어회로 도면 4

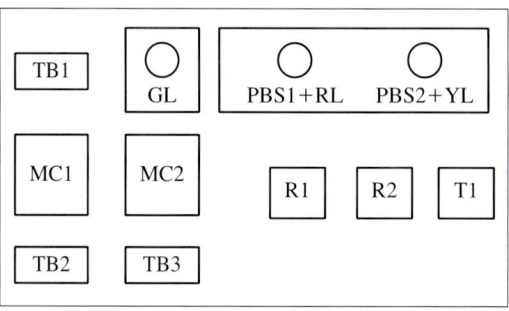

[기구 배치도]

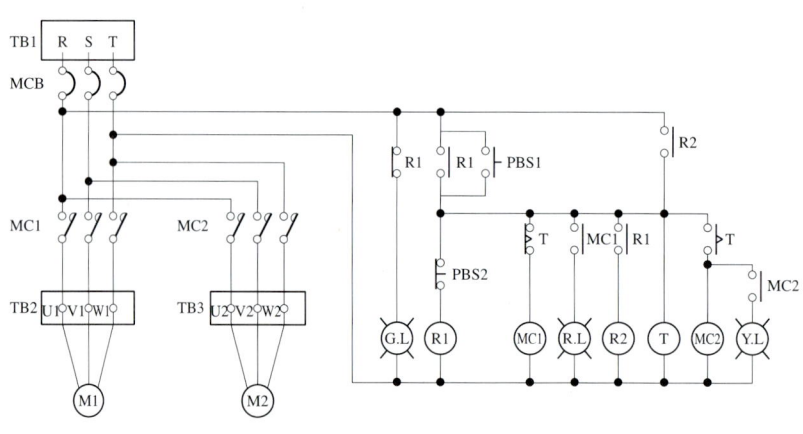

[회로도]

1) 동작 설명

(1) 전원을 투입하면 R1(릴레이1)의 b접점이 닫혀있어 GL램프가 점등된다.

(2) PBS1을 누르면

① R1(릴레이1)의 a접점이 여자(자기 유지)되고, R1(릴레이1)의 b접점이 소자(자기 유지해제)되며 GL램프가 소등된다.

② R1(릴레이1)의 a접점이 2개소가 여자(자기 유지)되면서 PBS1의 스위치를 떼어도 자기 유지되며, R2(릴레이2)의 a접점도 여자(자기 유지)되면서 T(타이머)에 의해 MC1 여자(자기 유지)되어 M1의 전동기가 운전된다. 이때 RL램프가 점등된다.

③ R2(릴레이2)의 a접점이 여자(자기 유지)되면서 T(타이머)에 전원이 공급되어 T(타이머) 한시접점 t초 후 MC1이 소자(자기 유지 해제)되어 M1의 전동기가 정지되며, MC2가 여자(자기 유지)되어 M2의 전동기는 운전 된다. 이때 YL램프는 점등되고, RL램프가 소등된다.

(3) PBS2을 누르면 M1, M2의 전동기는 운전이 정지되고, GL램프만 점등된다.

5. 제어회로 도면 5

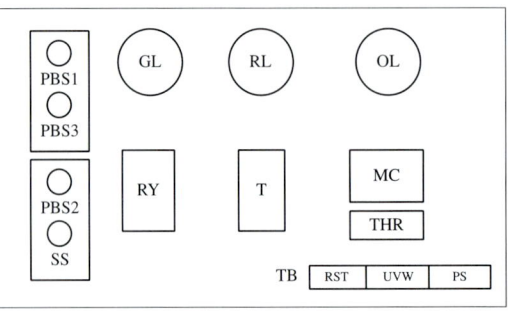

[기구 배치도]

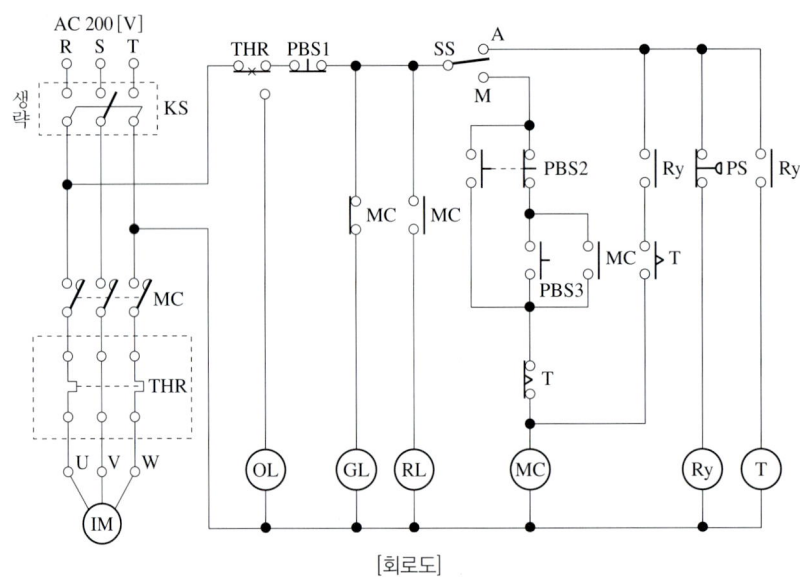

[회로도]

1) 동작 설명

(1) 전원을 투입하면 GL램프에 점등된다.
(2) PBS1을 누르면 모든 동작이 정지된다.
(3) S/S(셀렉터스위치)를 MAN(수동)으로 할 때
   ① PBS2(촌동 스위치)를 누르고 있는 동안만 T(타이머)가 여자(자기 유지)되어 MC가 여자(자기 유지)되며 전동기가 가동되며, GL램프가 소등되고, RL램프는 점등된다.
   ② PBS3을 누르면 MC-a접점에 의해 MC가 여자(자기 유지)되며 전동기가 가동되며, GL램프가 소등되고, RL램프는 점등된다.
(4) S/S(셀렉터 스위치)를 AUTO(자동)으로 할 때
   ① PS(압력 스위치)에 의해 R(릴레이)가 여자되고, R(릴레이)-a접점에 의해 T(타이머)도 여자되어 T(타이머) 한시 접점에 의해 MC가 여자(자기 유지)되어 전동기가 가동된다. 이때 GL램프가 소등되고, RL램프는 점등된다.
   ② 전동기가 가동되어 압력이 상승하면 PS(압력 스위치) b접점이 떨어져 전동기가 정지되고, 압력이 떨어지면 이전 작동상황이 계속 반복된다.
(5) THR(열동계전기)이 작동하면 모든 회로에 전원이 끊기며, OL램프가 점등된다.

6. 제어회로 도면 6

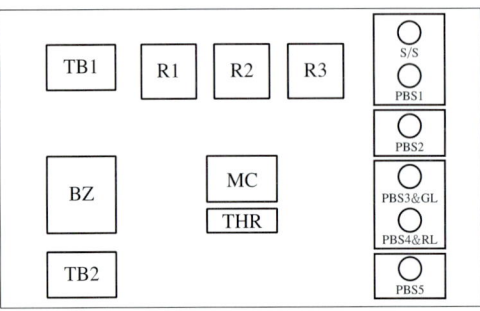

[기구 배치도]

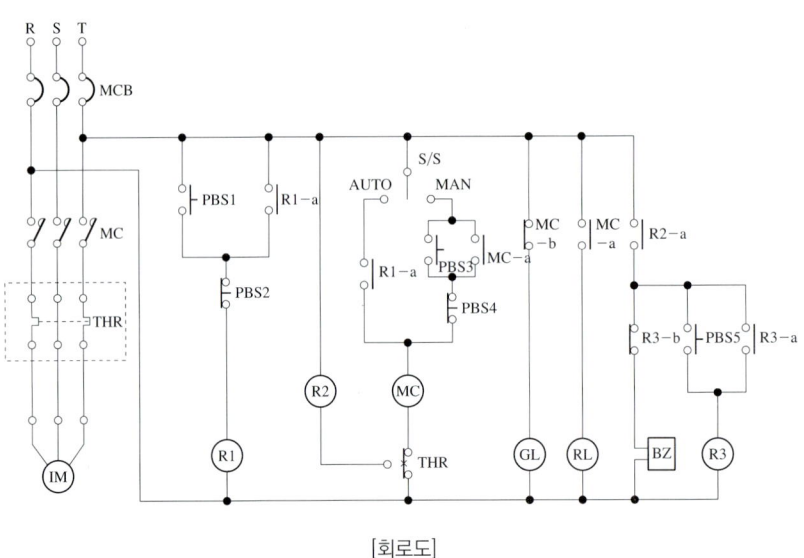

[회로도]

1) 동작 설명
    (1) 전원을 투입하면 GL램프에 점등된다.
    (2) S/S(셀렉터 스위치)를 AUTO(자동)으로 할 때
        ① PBS1을 누르면 R1(릴레이1)이 여자(자기 유지)되어, R1-a접점에 의해 MC가 여자(자기 유지)되어 전동기가 가동되며, 이때 GL램프가 소등되고, RL램프는 점등된다.
        ② PBS2을 누르면 R1(릴레이1)이 전원이 끊어져 자기 유지가 해제되고, 전동기가 멈춘다. 이때 RL램프가 소등되고, GL램프가 점등하여 처음상태가 된다.
    (4) S/S(셀렉터 스위치)를 MAN(수동)으로 할 때
        ① PBS3을 누르면 MC가 여자(자기 유지)되어 전동기가 가동되며, RL램프가 점등된다
        ② PBS4을 누르면 MC가 전원이 끊어져 자기 유지가 해제되고, 전동기가 멈춘다. 이때 RL램프가 소등되고, GL램프가 점등하여 처음 상태가 된다.
    (5) THR(열동계전기)이 작동하면, R2-a접점에 의해 R2(릴레이2)가 여자(자기 유지)되어 BZ(부져)에 경보음이 울린다.
    (6) PBS5을 누르면 R3-a접점에 의해, R3(릴레이3)가 여자(자기 유지)되고, R3-b접점이 소자하여 BZ(부져)가 정지한다.
    (7) THR(열동계전기)을 복귀하면 R3(릴레이3)가 전원이 끊어져 자기 유지가 해제된다.

공조냉동
기계 기능사
산업기사
실기 (영상필답)

PART 06 출제예상문제

이 장에서는 실기시험 유형에 맞게 풀어볼 수 있도록 예상문제를 수록하였습니다.

출제예상문제 01
출제예상문제 02
출제예상문제 03
출제예상문제 04
출제예상문제 05
출제예상문제(냉동) 06
출제예상문제(공조) 07
출제예상문제(배관) 08
출제예상문제(전기) 09

PART 06

출제예상 문제

 **출제예상문제**

01 개방형 압축기에 비해 밀폐형 압축기의 장점은 어떤 것이 있는지 4가지를 쓰시오.

> 풀이
>
> 밀폐형 압축기 장점
> ① 냉매누설 우려가 없다.
> ② 설치 면적이 적다.
> ③ 소음이 적다.
> ④ 대량생산시 개방형에 비해 가격이 싸다.

02 다음의 계통도는 2단압축 2단팽창식 냉동장치를 나타낸 것이다. 물음에 답하시오.

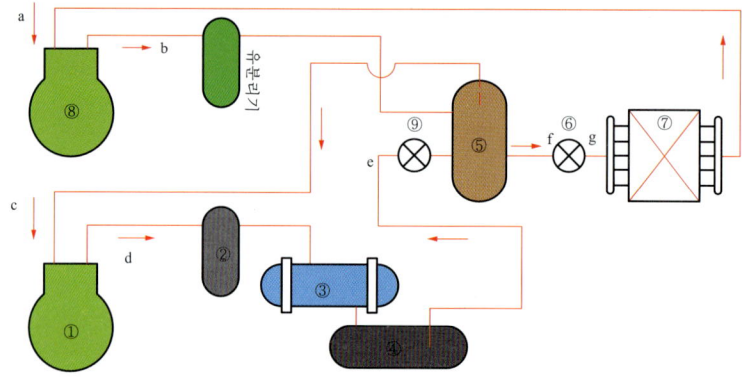

(1) ①~⑨의 기기 명칭을 보기에서 찾아 쓰시오.

━━━■보기■━━━
고단측압축기   저단측압축기   응축기   수액기   증발기
유분리기   제1팽창밸브   제2팽창밸브   중간냉각기

(2) 몰리엘선도를 작성하고 ⓐ~ⓖ점을 나타내시오.

> 풀이

(1) ① 고단측압축기
　② 유분리기
　③ 응축기
　④ 수액기
　⑤ 중간냉각기
　⑥ 제2팽창밸브
　⑦ 증발기
　⑧ 저단측압축기
　⑨ 제1팽창밸브

(2)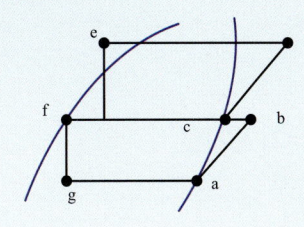

03 냉동기의 운전 중 다음과 같은 선도가 얻어졌다. 아래의 선도를 이용하여 성적계수를 구하시오.

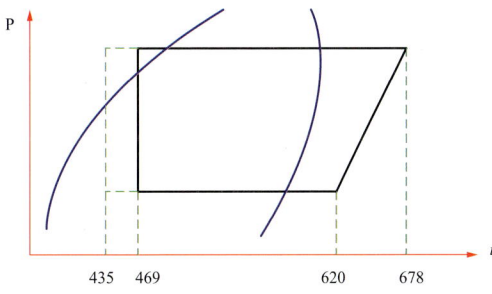

> 풀이

$$COP = \frac{q_2}{AW} = \frac{620-435}{678-620} = 3.19$$

04 현열 부하 10,400[kJ/h], 잠열 부하 2,000[kJ/h]일 때 현열비를 계산하시오.

풀이

$$SHF = \frac{10,400}{10,400 + 2,000} = 0.84$$

참고

* **현열비**
습공기 상태 변화를 알기 편리한 값으로 실내 전열부하(현열 + 잠열부하) 중 현열부하가 차지하는 비를 의미

$$SHF = \frac{현열부하}{현열부하 + 잠열부하}$$

05 취출구 주위가 검게 변화되는 현상을 무엇이라 하는지 쓰시오.

풀이

스머징(smudging) 현상

06 다음 압력계에서 표시하는 76cmHg 중 (1) Hg의 의미와 76cmHg를 (2) MPa로 환산한 압력을 쓰시오.

풀이

(1) 수은압력
(2) 0.1MPa

참고

* **표준대기압(atm)**
위도 45° 해저면에서 0℃의 수은주 760mmHg에 상당하는 압력
∴ 1atm = 760mmHg = 1.0332[kg/cm^{2}a] = 10.33[mmH$_2$O] = 30[inHg] = 14.7Psi[Lb/in^2]
     = 101.325MPa = 101325[Pa] = 0.1[MPa]

07 다음의 제어설명에 따른 회로의 명칭을 쓰시오.

(1) (　) 회로 : 계전기가 여자된 뒤에 동작기능이 계속 유지되는 회로

(2) (　) 회로 : 2개 이상의 계전기가 동시에 작동되는 것을 방지하기 위한 회로

(3) (　) 회로 : 시간적으로 변화하지 않는 일정한 입력신호를 단속 신호로 변환하여 일정 시간간격으로 점멸하는 회로

> **풀이**
>
> (1) 자기유지 회로
> (2) 인터록 회로
> (3) 플리커 회로

08 원심식 송풍기 풍량 제어방법을 3가지 쓰시오.

> **풀이**
>
> ① 흡입 및 토출 댐퍼 개도 조절법
> ② 흡입 베인(vane) 제어법
> ③ 회전수 제어법
> ④ 가변 피치(날개각도) 제어법

09 습공기 선도에 나타낸 열수분비, 건구온도, 절대습도 외에 표시되는 사항을 4가지 쓰시오.

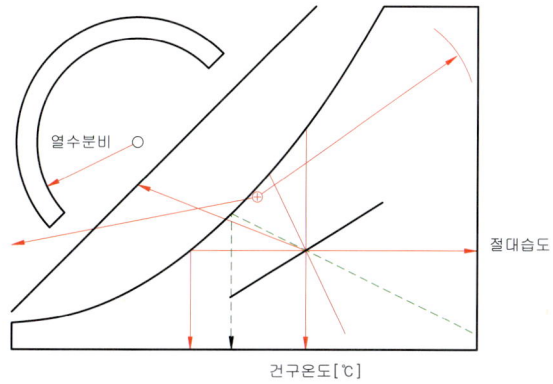

> **풀이**
>
> 습구온도, 노점온도, 상대습도, 엔탈피, 비체적, 현열비, 수증기 분압

10 덕트 내의 공기압력을 측정하는 방법이다. 가, 나, 다는 각각 어떤 압력을 측정하는 방법인지 쓰시오.

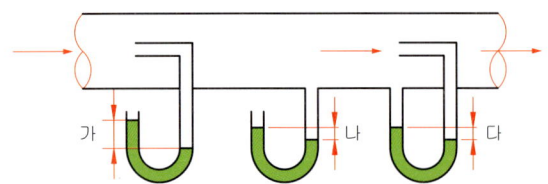

📘 **풀이**

가. 전압
나. 정압
다. 동압

📕 **참고**

1. 전압 = 동압 + 정압
2. 정압 = 전압 – 동압

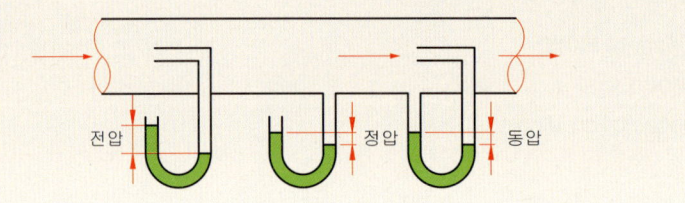

출제예상문제 02

01 다음 냉매에 해당하는 흡수제를 1가지씩 쓰시오.
   (1) NH_3
   (2) 물

> **풀이**
> (1) 물(H_2O)
> (2) LiBr(브롬화리튬) · H_2SO_4(황산) · NaOH(가성소오다) 중 택일

02 제빙장치에서 브라인의 온도 −10℃, 결빙시간 내에 결빙시킬 때 얼음의 두께는? (단, 결빙시간은 48시간이다.)

> **풀이**
> $$H = \frac{0.56 \times t^2}{-t_b}$$
> $$t = \sqrt{\frac{H \times (-t_b)}{0.56}} = \sqrt{\frac{48 \times 10}{0.56}} = 29.28 \text{cm}$$

03 자연급기와 강제 배기팬을 이용한 방법으로 조리실·화장실 등에 적용되는 환기 방식은 몇 종 환기 방식인가?

> **풀이**

3종 환기방식

> **참고**

1. 강제 환기방식 종류
   ① 제1종 환기(병용식) : 급기팬 + 배기팬(환기효과 가장 큼) : 보일러실, 병원 수술실 등
   ② 제2종 환기(압입식) : 급기팬 + 자연배기(실내압은 정압) : 반도체 무균실, 소규모 변전실, 창고 등
   ③ 제3종 환기(흡출식) : 자연급기 + 배기팬(실내압은 부압) : 화장실, 조리실, 탕비실, 차고 등
   ④ 제4종 환기(자연식) : 자연급기 + 자연배기(자연중력환기)
2. 실내 필요 환기량 결정조건
   실의 종류, 재실자의 수, 실내에서 발생하는 오염물질 정도

04 원심식 압축기의 설명이다. 다음 물음에 답하시오.
   (1) 장점 3가지를 쓰시오.
   (2) 써어징 현상을 설명하시오.
   (3) 임펠러에서 가스속도를 압력으로 바꾸어 주는 것은?

> **풀이**

(1) ① 동적인 밸런스를 잡기 쉽고 진동이 적다.
    ② 마찰 부분이 없어 마모가 적고 수명이 길다.
    ③ 단위 냉동톤당 설치면적이 적다.
    ④ 저압 냉매를 사용하므로 취급이 간단하다.
    ⑤ 용량제어가 간단하고 제어범위가 넓으며 정밀제어가 가능하다.
(2) 터보 냉동기가 어떤 한계치 이하의 가스유량으로 운전되면 운전이 불안정하게 되어 진동 및 소음이 발생되는 현상(흡입가이드베인을 너무 조이거나 응축압력이 이상 상승시)
(3) 디퓨져(diffuser)

05 다음 접점 도시기호이다. 도시기호를 보고 접점을 구분하여야 한다.

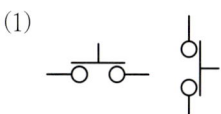

> **풀이**

(1) a접점(NO접점)
(2) b접점(NC접점)
(3) c접점

06 다음 그림은 만액식 증발기에서 액펌프식을 이용한 도면이다. 다음 물음에 답하시오.

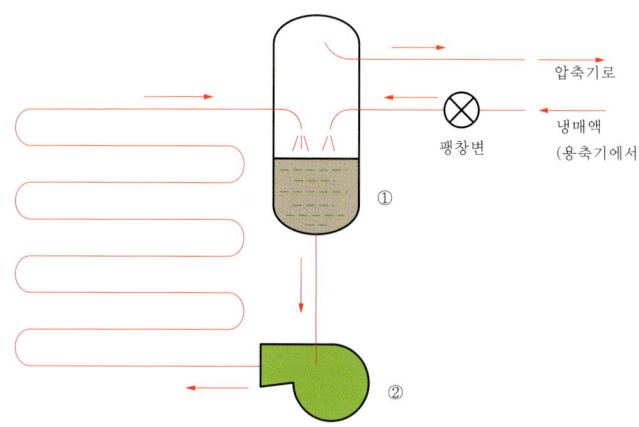

(1) ①, ②의 명칭은?
(2) ①, ②의 낙차를 두는 이유는?

> **풀이**

(1) ① 저압 수액기
   ② 액순환 펌프
(2) 액순환 펌프에서의 공동(캐비테이션)을 방지하기 위해(낙차는 약 1.2m 정도)

07 실내의 정압을 유지하고 실내·외 또는 인접실과의 차압을 제어하여 실외 오염 공기가 청정실, 클린룸 안으로 역류되는 것을 방지하는 댐퍼는?

> **풀이**
>
> 릴리프 댐퍼(Relief Damper)

08 다음은 공기조화기의 내부 구조도이다. ①~⑤까지의 명칭을 〈보기〉에서 찾아 쓰시오.

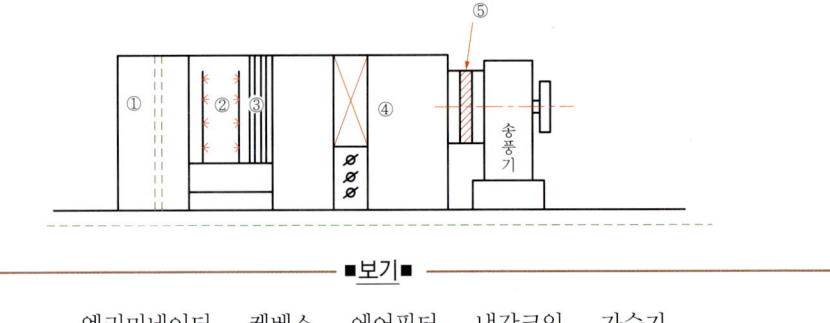

■보기■
엘리미네이터   켄베스   에어필터   냉각코일   가습기

> **풀이**
>
> ① 에어필터
> ② 가습기
> ③ 엘리미네이터
> ④ 냉각코일
> ⑤ 켄베스

09 다음 ( ) 안에 적당한 팽창밸브의 종류를 쓰시오.

스프링 압력을 이용한 것은 (①) 자동팽창밸브이고, 과열도를 측정하여 작용하는 것은 (②) 자동팽창밸브(T.E.V.)이다.

> **풀이**
>
> ① 정압식
> ② 온도식

10 어느 냉동기의 냉동능력이 52.33kW/h이고 전열면적이 20m²이고 브라인 입구온도가 −10℃, 출구온도가 −13℃이며 증발기 증발온도는 −16℃일 때 열통과율(kW/m²h°K)은 얼마인가?

> **풀이**
>
> $Q_2 = K \cdot F \cdot \triangle t_m$
>
> $\triangle t_m = \left(\dfrac{tb_1 + tb_2}{2} - t_e \right) = \left(\dfrac{-10-13}{16} + 16 \right) = 4.5℃$
>
> $K = \dfrac{Q_e}{F \cdot \triangle t_m} = \dfrac{52.33}{20 \times 4.5} = 0.58 \text{kW/m}^2\text{h}°\text{K}$

 **출제예상문제** 　　03

01 2단 압축기 냉동장치의 시동요령을 보기에서 골라 순서대로 나열하시오.

■보기■
① 저단 압축기의 모터를 기동, 회전이 정상에 도달하면 흡입지변을 서서히 연다.
② 저단 압축기의 토출지변을 서서히 연다.
③ 고단 압축기의 토출지변을 연다.
④ 전동기 기동, 정상회전이 되면 흡입지변을 서서히 연다.
⑤ 압축기(고·저단) 워터자켓에 급수한다.(응축기 포함)

풀이

⑤ - ③ - ④ - ② - ①

02 대기압보다 낮은 압력(진공압력)과 대기압보다 높은 압력 측정이 가능한 압력계 명칭을 쓰시오.

풀이

연성(복합) 압력계

참고

1. 일반압력계(pressure gauge)
   대기압 이상 측정용
2. 연성압력계(복합압력계)(compound pressure gauge)
   대기압보다 낮은 압력(진공압력)과 대기압보다 높은 압력 측정용
3. 진공압력계(vacuum gauge)
   대기압보다 낮은 진공압력 측정용

03 다음 몰리엘 선도를 보고 물음에 수치를 〈보기〉에서 골라 쓰시오.

30 40 -10 0 3 4

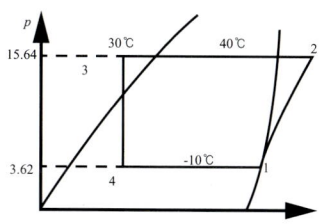

(1) 과열도는?
(2) 팽창변을 지나 증발기에 유입되는 증발기의 온도는?
(3) 압축비는?

풀이

(1) 0
(2) -10℃
(3) $P_r = \dfrac{15.64}{3.62} = 4.32 \fallingdotseq 4$

04 습공기 선도상 냉각 코일이 습 코일이며 전체 공기에 비해 코일과 접촉한 후의 공기 비율인 ②번 구역을 무엇이라 하는가?

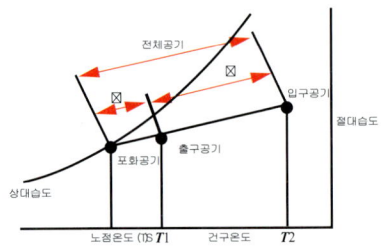

풀이

콘택트 팩터(contact factor)

참고

1. 콘택트 팩터(contact factor) : 코일과 접촉한 후의 공기비율

    $CF = 1 - BF$

    $BF = \dfrac{\text{바이패스한 공기량}}{\text{코일을 통과한 공기량}}$

2. 바이패스 팩터(by-pass factor)

    ①번 구역 : 공기가 코일을 통과해도 코일과 접촉하지 못하고 지나가는 공기의 비율

    바이패스 팩터 $= \dfrac{\text{코일 출구 공기 온도}(T_2) - \text{코일 표면 온도}(T_s)}{\text{혼합 공기 온도}(T_1) - \text{코일 표면 온도}(T_s)}$

3. 바이팩스 팩터가 작아지는(또는 커지는) 경우
   ① 코일 전열면적이 클(적을) 때
   ② 코일의 열수가 많(적)을 때
   ③ 송풍량이 작을(클) 경우
   ④ 코일(핀) 간격이 좁을(클) 때
   ⑤ 냉온수 순환량이 증가(감소)할 때
   ⑥ 송풍량이 감소(증가)할 때

05 2단 압축 냉동장치에서 중간 냉각기의 역할 3가지를 쓰시오.

> 풀이
>
> ① 저단 압축기의 출구에 설치하여 저단측 압축기 토출가스의 과열을 제거하여 고단압축기가 과열되는 것을 방지
> ② 증발기로 공급되는 냉매액을 과냉각시켜 냉동효과를 증대시킨다.
> ③ 고압측 압축기의 흡입가스 중 액을 분리하여 리퀴드백을 방지한다.

06 오일 포밍(Oil Foamming)에 대해 설명하고 방지책을 기술하시오.
　　(1) 오일 포밍
　　(2) 방지책

> 풀이
>
> (1) 프레온 냉동장치를 장기간 정지시켰을 때 압축기 크랭크 케이스 내의 압력이 상승하고 온도가 저하하여 오일에 냉매가스가 용해되어 있다가 압축기 운전시 크랭크 케이스 내의 압력이 저하하고 온도가 상승하여 오일 속의 냉매가스가 급격히 분리되면서 유면이 약동하고 거품이 일어나는 현상
> (2) 압축기 기동 전에 히터를 가동시켜 오일 속의 냉매가스를 미리 분리시켜 가동한다.

07 다음은 제어용 기기인 11핀 전자릴레이(relay)이다. 이 릴레이의 접점번호를 쓰시오.

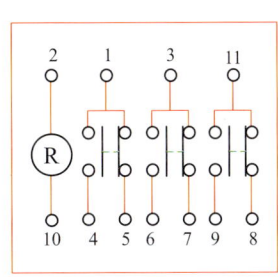 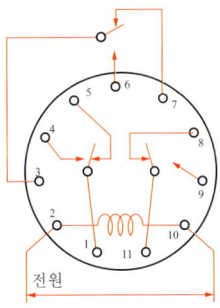

　　(1) 전원(코일) 접점은?
　　(2) a접점 3개의 접점은?
　　(3) b접점 3개의 접점은?

> 풀이
>
> (1) 2-10
> (2) 1-4, 3-6, 11-9
> (3) 1-5, 3-7, 11-8

08 다음 그림은 공기조화 설비의 계략도이다. 각 번호에 따른 기기의 명칭을 〈보기〉에서 찾아 그 번호를 쓰시오.

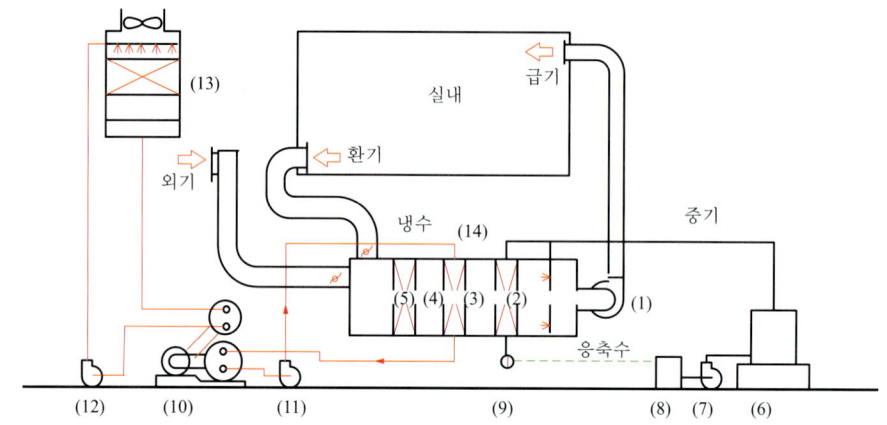

■보기■

냉각코일   압축기   응축기   에어필터   흡수기   냉각탑   절단기
공기조화기   냉동기   증발기   송풍기   가습기

번호	명칭	번호	명칭
(1)		(8)	응축수 탱크
(2)		(9)	증기 트랩
(3)	가열코일	(10)	
(4)		(11)	냉수 순환 펌프
(5)		(12)	냉각수 펌프
(6)	보일러	(13)	
(7)	급수펌프	(14)	

풀이

(1) 송풍기
(2) 가습기
(4) 냉각코일
(5) 에어필터
(10) 냉동기
(13) 냉각탑
(14) 공기조화기

09 온도식 자동 팽창밸브의 감온통 선정시 20mm 이하의 관에 설치시 설치방법을 쓰시오.

> **풀이**
>
> 증발기 출구 압축기 흡입배관 상부에 수평으로 설치

10 다음 ( ) 안에 적당한 말을 써 넣으시오.

한 대의 압축기로 유지온도가 서로 다른 두 대 이상의 증발기를 운전시 증발온도가 (①)쪽, 증발기 (②)에 (③)을 설치하고 흡입압력의 변동이 심해 압축기용 전동기의 과부하 방지를 위해 (④)을 설치한다.

> **풀이**
>
> ① 높은
> ② 출구
> ③ E.P.R
> ④ S.P.R

출제예상문제 04

01 자연적인 냉동방법의 단점 4가지를 쓰시오.

풀이

① 온도 조절이 어렵다.
② 초 저온을 얻기가 어렵다
③ 대량 냉동이 어렵다
④ 장기간 계속적인 냉동이 어렵다
⑤ 비 경제적이다.

02 다음은 냉각탑(쿨링타워)에 관한 문제이다. 다음 물음에 답하시오.

(1) 1냉각톤은 몇 kW/h인가?
(2) 냉각탑 설치장소 선정시 주의사항 3가지를 쓰시오.

풀이

(1) 4.53W/h
(2) ① 공기의 유통이 좋고 인접건물에 의한 영향을 받지 않을 장소에 설치할 것
② 고온의 배기(공기 가스)의 영향을 받지 않는 장소일 것
③ 휀이나 물의 낙차로 인한 소음으로 이웃에 폐가 되지 않는 장소를 선정
④ 먼지가 적은 장소일 것
⑤ 설치, 보수점검이 용이한 장소일 것

03 톱 크리어런스가 클 때 냉동장치에 미치는 영향 5가지를 쓰시오.

풀이

① 토출가스 온도 상승
② 윤활유 열화 및 탄화 우려
③ 체적효율 감소
④ 냉동능력 감소
⑤ RT당 소요동력 증대

04 다음은 펌프에 관한 내용이다. ( ) 안에 적당한 말을 채우시오.

펌프의 운전시 (①)을 크게 하려면 펌프를 직렬로 연결하며 (②)을 증대시키려면 펌프를 병렬로 연결하여 운전한다.

> **풀이**
>
> ① 양정
> ② 유량

05 다음 그림은 수냉식 팩케이지형 공기 조화기의 내부도이다. 그림 중 번호의 명칭을 쓰시오.

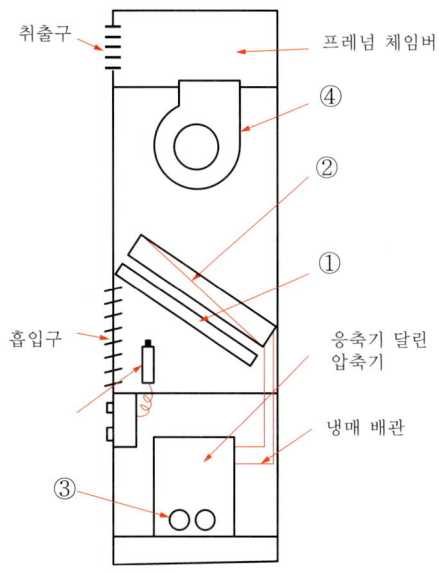

> **풀이**
>
> ① 에어필터
> ② 냉각코일
> ③ 냉각수배관
> ④ 휀

06 아래 몰리엘 선도의 번호에 알맞은 각선의 명칭을 써 넣으시오.

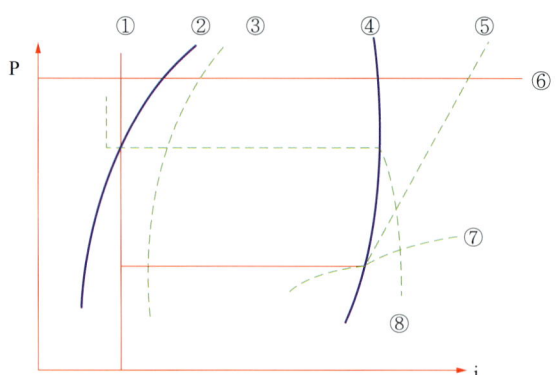

> 풀이

① 등엔탈피선
② 포화액선
③ 등건조도선
④ 건조포화증기선
⑤ 등엔트로피선
⑥ 등압선
⑦ 등비체적선
⑧ 등온선

07 방열계수 1.0, 응축온도와 냉각수 온도차 5℃, 응축기의 열 관류율 K = 1.05kW/m² · ℃일 때 1냉동톤당 응축면적 m²은?

> 풀이

$Q_c = K \cdot F \cdot \triangle t_m$
$Q_c \times C = K \cdot F \cdot \triangle t_m$
$F = \dfrac{Q_c \times C}{K \cdot \triangle t_m} = \dfrac{3.86 \times 1}{1.05 \times 5} = 0.74 m^2$

08 전양정이 30m, 유량이 1.5m³/min, 펌프의 효율이 72%인 경우 펌프의 소요동력은 몇 kW인가?

풀이

$$kW = \frac{\gamma \cdot Q \cdot H}{102 \cdot 60 \cdot \eta_p} = \frac{1000 \times 1.5 \times 30}{102 \times 60 \times 0.72} = \left(\frac{\frac{kg}{m^3} \times \frac{m^3}{min}}{\frac{kg \cdot m}{sec} \times \frac{sec}{min}} \right) = 10.21 kW$$

09 다음의 내용이 설명하는 용어를 쓰시오.

(1) 프레온 냉동기에서 수분과 프레온이 반응하여 산을 생성하고 나아가 침입한 공기 중의 산소와 화합하여 반응한 후 압축기의 고온부(실린더, 피스톤, 크랭크축, 축봉 등의 메탈부분)에 동이 도금되는 현상

(2) 서로 다른 두 가지의 물질을 용해할 때 농도가 짙을수록 동결온도는 낮아지지만 어느 일정 한계의 농도에서는 더 이상 동결온도가 낮아지지 않는다. 이때 얻을 수 있는 최저의 온도

풀이

(1) 동부착 현상
(2) 공정점

참고

(1)는 ① 장치내 수분이 다량 혼입된 경우
② Oil 중에 왁스분이 많은 경우
③ 수소 원자가 많은 냉매일수록 잘 나타난다.

10 전원을 인가한 후 PBS1을 누르면 MC1에 전원이 공급되고 MC1이 여자되어 동작한다. 이때 PBS2를 눌러도 MC1접점이 열려 있어 MC2는 여자되지 않는 회로의 명칭을 쓰시오.

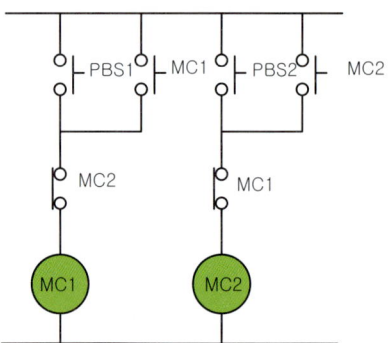

/ 풀이

인터록 회로(interlock circuit)

/ 참고

상호 관련된 기기의 동작을 구속하는 회로로 "선행동작 우선회로" 또는 "상대동작 금지회로"라고도 한다.

출제예상문제 05

01 다음 그림은 습공기선도의 설명도이다. 이에 대해 틀린 것을 다음 〈보기〉에서 고르시오.

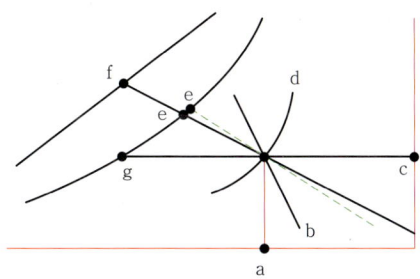

■보기■

① 그림에서 점 f에 의해 습공기의 습구온도를 읽을 수 있다.
② 그림에서 점 c에 의해 습공기의 노점온도를 읽을 수 있다.
③ 그림에서 점 a에 의해 습공기의 건구온도를 읽을 수 있다.
④ 그림에서 곡선 d에 의해 습공기의 절대습도를 읽을 수 있다.
⑤ 그림에서 직선 b에 의해 습공기의 비체적을 읽을 수 있다.

풀이

①, ②, ④

참고

a - 건구온도
b - 비체적
c - 절대습도
d - 상대습도
e - 습구온도
f - 엔탈피
g - 노점온도

02 통풍방식에는 자연통풍과 기계적 방법에 의한 압입통풍, 흡입통풍, 평형통풍이 있다. 통풍방식은 각각 어느 통풍방식의 특징을 설명하는지 쓰시오.

(1) 노앞과 연돌하부에 송풍기를 두어 노내압을 대기압보다 -3~-5mmAq 정도가 되도록 약간 낮게 조절한다.
(2) 연소용 공기를 송풍기로 노입구에서 대기압보다 높은 압력으로 밀어 넣고 굴뚝의 통풍작용과 같이 통풍을 유지하는 방법이다.
(3) 연돌의 끝이나 연돌하부에 송풍기를 설치하여 연소가스를 빨아내는 것으로 연소가스의 압력은 대기압 이하가 된다.
(4) 연돌 내의 연소가스와 외부공기의 밀도 차로 발생하는 20~30mmAq의 통풍력이 발생한다.

> **풀이**
>
> (1) 평형통풍
> (2) 압입통풍
> (3) 흡입통풍
> (4) 자연통풍

03 탱크 속에서 18℃의 공기 33m³와 25℃의 공기 252m³를 공기 혼합실에서 혼합하였을 때 평균온도는 몇 ℃인가?

> **풀이**
>
> $t_m = \dfrac{G_1 t_1 + G_2 t_2}{G_1 + G_2}$ 에서 $t_m = \dfrac{(18 \times 33) + (252 \times 25)}{33 + 252} = 24.18$

04 다음과 같은 공비 혼합냉매가 되기 위한 혼합물을 쓰시오.

(1) R-500
(2) R-501
(3) R-502
(4) R-503

> **풀이**
>
> (1) R-152와 R-12
> (2) R-12와 R-22
> (3) R-115와 R-22
> (4) R-23과 R-13

05 Turbo 냉동기(Centrifugal water chiller)에서 정상이고 냉각수 출입구 온도차가 증대할 때, 그 원인과 대책에 대해 설명하시오.

풀이

- 원인 : 증발부하 증대로 응축부하가 증대되었거나 냉각 수량이 감소되었을 때
- 대책 : 응축부에 대응하여 충분한 냉각수량을 확보할 것

06 압축기의 토출압력은 응축기의 능력, 냉각수 상태 등에 의하여 결정되는데 운전시 토출압력은 낮게 유지하고 능률적인 운전을 하기 위해서는 이들 응축기와 냉각수 등에 어떤 주의를 해야 하는지 3가지만 쓰시오.

풀이

① 냉각수량을 충분히 확보한다.
② 응축유효 전열면적을 증대시킨다.
③ 냉각관 청결을 유지한다.
④ 공기 등의 불응축가스가 고이지 않도록 한다.

07 다음 도면은 카스케이드식 증발기이다. 도면을 참고하여 물음에 답하시오.

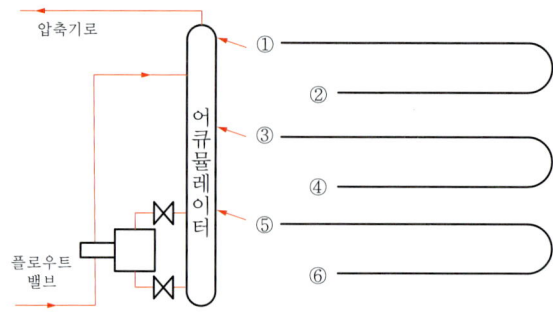

(1) 냉매가 정상적으로 통할 수 있도록 배관을 완성하시오.
(2) 코일 ①~⑥ 중 액관과 가스관을 구분하여 번호를 쓰시오.
(3) 플로우트 밸브의 역할을 쓰시오.

풀이

(1)
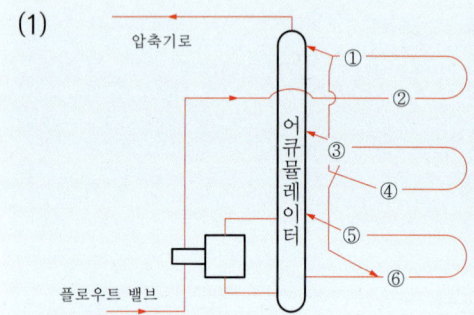

(2) • 액관 : ②, ④, ⑥
 • 가스관 : ①, ③, ⑤
(3) 어큐뮬레이터의 액면을 조절하는 밸브로써 액면하강시 열리게 되며 이상액면 상승시 밸브가 닫혀 액압축이 방지된다.

08 그림과 같은 공기조화 설비의 계통도가 있다. 아래 물음의 ( ) 내의 비어 있는 부분에 번호를 기입하시오.

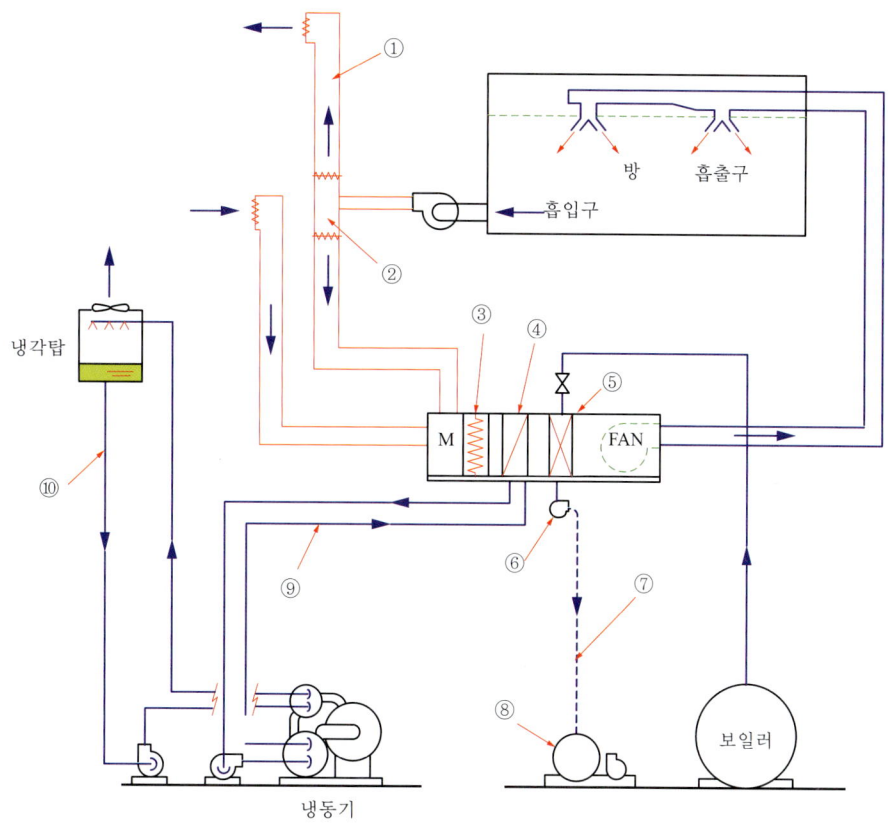

(1) 냉각코일 ( )   (2) 가열 코일 ( )
(3) 공기 필터 (③)   (4) 배출 공기 (①)
(5) 재순환 공기 ( )   (6) 트랩 (⑥)
(7) 응축수 관 (⑦)   (8) 응축기에 냉각수 공급 ( )
(9) 냉각코일에 냉각수 공급 (⑨)   (10) 응축 수조 ( )

풀이

(1) – ④
(2) – ⑤
(3) – ③
(5) – ②
(8) – ⑩
(10) – ⑧

09 압축기의 운전 및 정지상태를 효율적으로 감지하기 위하여 전자개폐기를 사용, 기동시는 운전표시등이 점등되고, 정지시는 정지 경보부자를 동작시키고자 한다. 다음 회로도의 A, B, C, D 단자는 각각 a, b, c, d, e의 어느 단자에 접속하면 되겠는가?

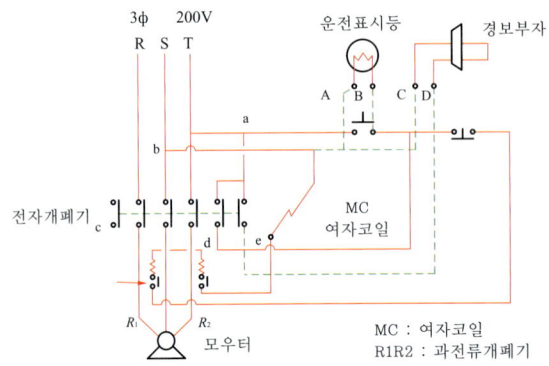

풀이

A → b
B → d
C → b
D → e(도면상의 점선 참조)

10 그림과 같이 벽의 좌측 고온 유체로부터 우측의 저온 유체로 열이 통과하고 있다. 다음 기호를 사용하여 열관류율(W/m² · K)을 구하는 공식을 쓰시오.

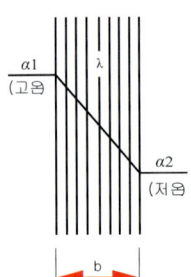

K : 열관류율(W/m² · K)
a_1 : 고온 유체와 벽과의 열전달률(W/m² · K)
a_2 : 저온 유체와 벽과의 열전달률(W/m² · K)
λ : 벽 내부의 열전도율(W/m · K)
b : 벽의 두께(m)

풀이

$$K = \cfrac{1}{\cfrac{1}{a_1} + \cfrac{b}{\lambda} + \cfrac{1}{a_2}}$$

출제예상문제(냉동) 06

01 다음 영상에서 나오는 장치의 명칭을 쓰시오.

> **풀이**
>
> 전자밸브(솔레로이드 밸브)

02 다음 영상에 나오는 설비의 이름을 쓰시오.

> **풀이**
>
> 냉각탑

03 다음 화면에 보여지는 부속장치의 명칭과 설치 위치를 쓰시오.

풀이

1) 명칭 : 사이트 글라스(투시경)
2) 설치 위치 : 응축기와 팽창밸브 사이

04 다음 영상은 냉각탑이다. 냉각탑에서 냉각수 입구온도와 냉각수 출구온도차를 무엇이라 하는지 쓰시오.

풀이

쿨링 레인지

> **참고**
>
> - 쿨링 레인지 : 냉각수 입구온도(℃)-냉각수 출구온도(℃)
> - 쿨링 어프로치 : 냉각수 출구온도(℃)-입구 공기의 습구온도(℃)
> - 쿨링 레인지가 클수록, 쿨링 어프로치가 작을수록 냉각탑 능력이 커진다
>   (1[RT]당 냉각탑능력 : 3900[kcal/RT])

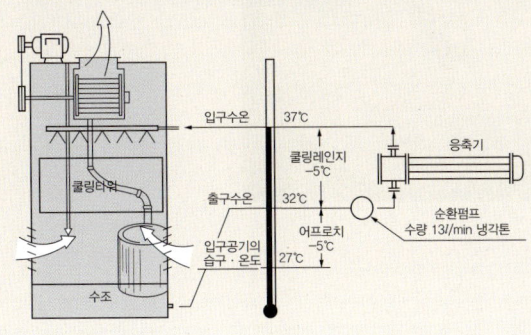

05 영상에 보여지는 압축기는 어떤 종류의 압축기인지 쓰시오.

> **풀이**
>
> 스크류 압축기

06 영상의 대기압력이 100KPa이고, 게이지 압력이 0.65MPa일 때 절대압력은 몇 MPa인가?

풀이

0.65MPa + 0.1MPa(100KPa) = 0.75MPa

참고

절대압력 = 게이지압력 + 대기압력

07 다음 압력계에서 표시하는 76cmHg 중 (가) Hg의 의미와 76cmHg를 (나) MPa로 환산한 압력을 쓰시오.

풀이

(가) Hg의 의미 : 수은압력

(나) 0.1[MPa]

표준대기압(atm) : 위도45° 해저면에서 0[℃]의 수은주 760[mmHg]에 상당하는 압력

∴ 1[atm] = 760[mmHg] = 1.0332[kg/cm²a] = 10.33[mH₂O] = 30[inHg] = 14.7PSi[Lb/in²]

= 101.325[KPa]

= 101325[Pa] = 0.1[MPa]

08 영상에서 보여주는 장치의 명칭을 쓰시오.

풀이

연성압력계(복합압력계)(compound pressure gauge)

참고

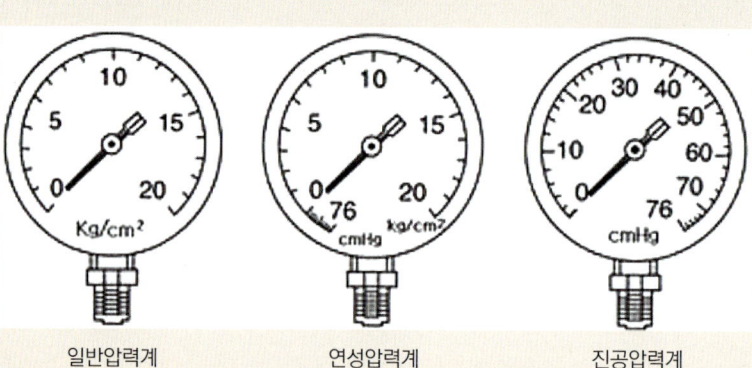

일반압력계   연성압력계   진공압력계

① 일반압력계(Pressure gauge) : 대기압 이상 측정용
② 연성압력계(복합압력계)(compound pressure gauge) : 대기압보다 낮은 압력(진공압력)과 대기압보다 높은 압력 측정용
③ 진공압력계(vacuum gauge) : 대기압보다 낮은 진공압력 측정용

09 다음 영상은 냉동장치이다. (가), (나)의 명칭을 쓰고, (다), (가)와 (나) 사이에 설치되는 부품의 명칭을 쓰시오.

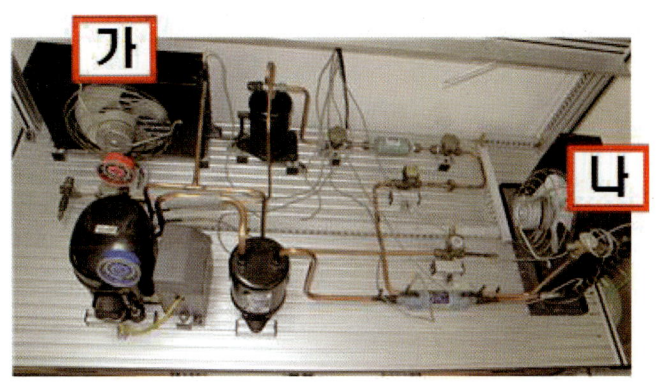

> **풀이**
>
> (가) 응축기　　(나) 증발기　　(다) 팽창밸브

10 다음 영상에서 보여주는 부품의 명칭을 쓰시오.

> **풀이**
>
> 오일 레귤레이터 (Oil Regulator)

> **참고**
>
> 압축기 내 오일(윤활유) 압력을 균일하게 유지하기 위함

11 다음 영상에서 보여주는 장치의 설치목적을 쓰시오.

> **풀이**
>
> 설치목적 : 추기회수장치는 응축기 상부에 모여진 불응축 가스를 추출하여 불응축가스와 냉매를 분리하며, 증발기 내부를 진공으로 만들어 증발이 잘되게하여 냉동효과를 높이기 위함

> **참고**
>
> 명칭 : 추기회수장치

12 영상의 냉매용기를 거꾸로 충전하는 이유를 쓰시오.

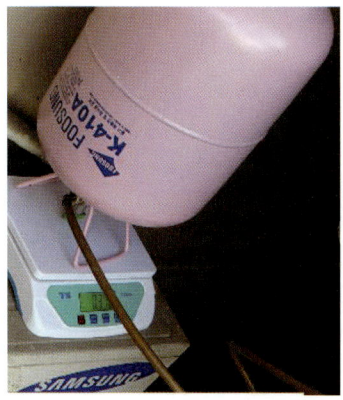

> 풀이

혼합냉매를 액체상태로 충전하여, 냉매 조성비가 변하는 것을 막기 위함

> 참고

- 공비혼합냉매
① 2종류 이상의 성분으로 이루어진 냉매를 혼합냉매라 하며, 공비혼합냉매와 비공비혼합냉매가 있다.
② 공비(共沸)혼합냉매는 단일냉매와 같이 기상과 액상의 조성이 변하지 않으면서 상변화 하는 냉매로, (각 성분이 같은 비율로 증발) R-500, R-501, R-502(R-22→48.8%, R-115→51.2%) 등이 있으며, 증발온도가 증발기 입구~출구사이에서 항상 일정하다.

- 비공비혼합냉매
① 비공비(非共沸)혼합냉매는 비점이 낮은 냉매가 먼저 증발하고, 비점이 높은 냉매가 나중에 증발하므로, 기상과 액상의 조성이 다르며, 증발온도가 증발기 입구에서는 낮고, 증발기 출구에서는 높다.
② 냉매의 누설이 있을 경우, 저비점의 냉매가 누설되므로, 냉매의 조성이 변해간다.(고비점의 냉매 비율이 점점 많아짐)

13 영상의 사각으로된 장치의 (가) 명칭과 (나) 사용목적을 쓰시오.

> 📖 **풀이**

(가) 명칭 : 액 분리기
(나) 역할 : 증발기와 압축기 흡입배관 사이에 설치하여, 흡입가스 중의 액 냉매를 분리시켜 압축기 리퀴드백 (Liquid back)(액압축)을 방지하여 압축기를 보호하기 위함

> 📑 **참고**

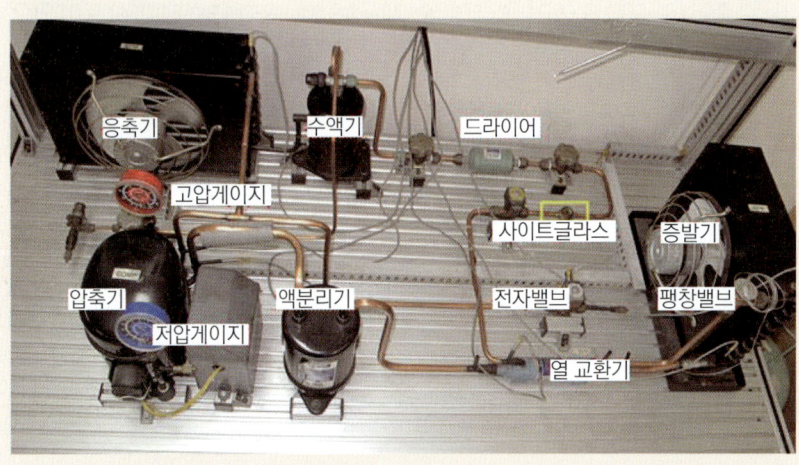

※ 이 장비는 교육 장비이므로 보온을 하지않았습니다.

- 액분리기는 저압측에 설치되므로 보온을 한다.
- 리퀴드백(Liquid back) : 액이 압축기로 넘어가는 현상

14 영상을 보고 (가) 장치의 (1) 명칭과 (2) 기능을 쓰시오.

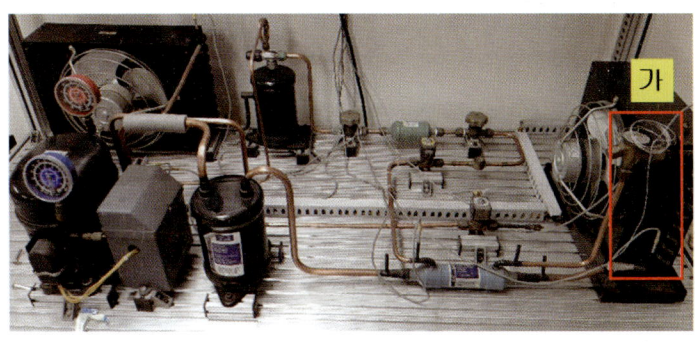 

> 풀이

(1) 명칭 : 온도식자동팽창밸브
(2) 기능 : 증발기 출구온도를 감지하여 냉매 유량을 조절하며 증발기 내 온도를 일정하게 유지한다.

> 참고

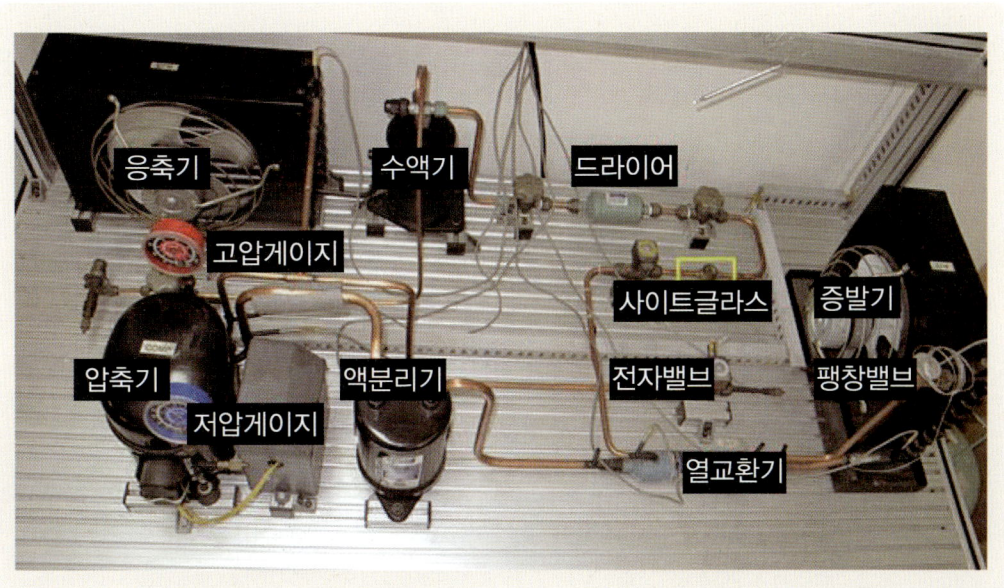

15 영상에서 보여준 장치의 명칭을 쓰시오.

> 풀이

공랭식 왕복동 압축기

16 영상에서 보여주는 흡수식 냉동기의 원리를 고려한 화살표 부품의 (가) 명칭과 (나) 기능을 쓰시오.

> 풀이

(가) 명칭 : 버너
(나) 기능 : 발생기(재생기)를 가열하여 냉매와 흡수제를 분리한다.

17 영상에서 보여주는 (가), (나)의 명칭을 쓰시오.

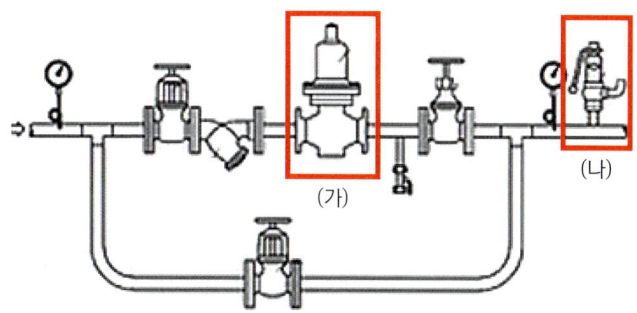

풀이

(가) 감압밸브   (나) 안전밸브(스프링식 안전밸브)

참고

(1) 흡수식 냉동기 : 흡수제와 냉매를 사용한 온도가 낮아진 냉매를 냉동목적에 사용
(2) 흡수식 냉동기 구성요소 : 발생기(재생기) → 응축기 → 증발기 → 흡수기
(3) 흡수제와 냉매(비등점)

흡수제	냉매
H_2O(물)(100℃)	NH_3(암모니아)(−33.34℃)
LiBr(리튬브로마이드)(1,265℃)	H_2O(물)(100℃)

> 참고

(4) 동작설명

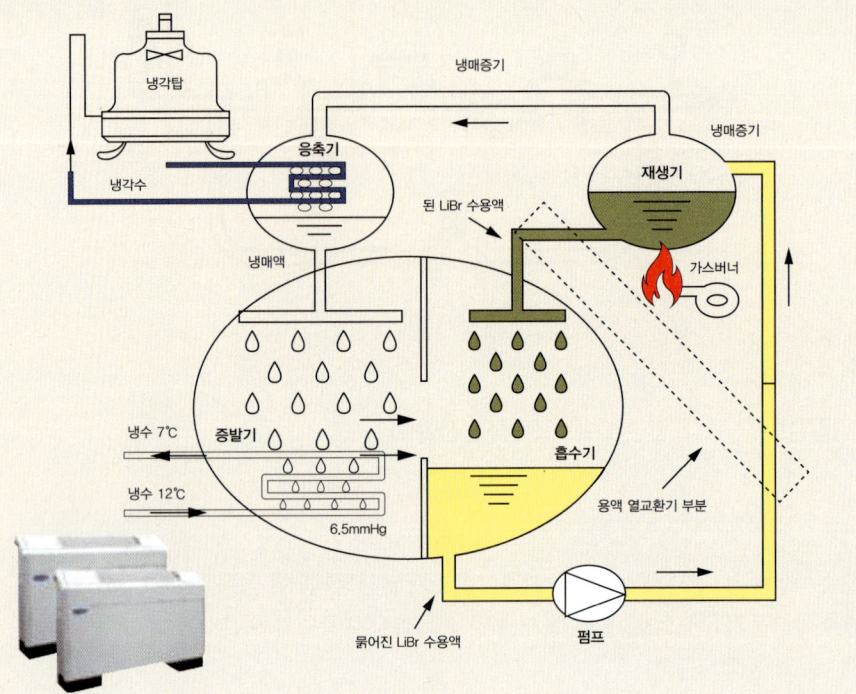

① 발생기(재생기) : 희용액(냉매와 흡수제의 혼합)을 가열하기위해 가스버너를 사용하며 냉매(물 :100℃)와 흡수제(LiBr :1,265℃)의 비등점차를 이용하여 물이 증발하여 응축기로 가고 리튬브로마이드(LiBr)는 흡수기로 보내진다.
② 응축기 : 재생기(발생기)에서 넘어온 냉매증기(물)를 액체의 냉매로 만들기위해 냉각탑을 이용하고 액상태로 만들어진 액냉매(물)를 증발기로 보낸다.
③ 증발기 : 응축기에서 만들어진 액냉매(물)를 증발기 상부에서 팽창밸브의 원리(교축작용)를 이용한 액냉매를 뿌려주면, 증발기 내부압력이 6.5mmHg의 진공압력 상태에서 액냉매는 쉽게 증발하여 −5℃ 정도의 냉매온도를 얻어 냉동작용에 사용한다.
④ 흡수기 : 증발기에서 증발된 냉매증기는 흡수기에 보내져, 재생기에서 넘어온 흡수제(LiBr)와 혼합되어 희용액(냉매와 흡수제)되고, 이 희용액을 펌프로 재생기에 공급하여 싸이클을 반복한다.

18 영상에서 보여주는 사각 안의 부품의 (가) 명칭과 (나) 역할을 쓰시오.

풀이

(가) 명칭 : 필터드라이어(코어쉘 필터드라이어)

(나) 역할 : 응축기와 팽창밸브 사이 액관에 설치하여 냉매 중 수분을 제거한다.

참고

필터드라이어 종류
(1) 밀폐형 필터드라이어 (2) 개방형 필터드라이어 (3) 코어쉘 필터드라이어

19 영상에서 보여주는 장치의 명칭을 쓰시오.

> **풀이**
>
> ※ 유니트쿨러(Unit Cooler) : 송풍팬과 강제통풍형의 냉각코일을 하나로 구성한 장치. 냉각 코일에서 냉각한 공기를 송풍팬으로 실내에 순환시킨다. 필요에 따라 가습이나 가열의 설비, 에어휠터를 붙인다. 통상은 직접 팽창식이지만, 대규모인 설비에서는 브라인 순환의 간접식을 사용하는 수가 있다.
>
> ① 기능 : 증발기 자체만을 말하기보다는 증발기, 팽창밸브, 팬, 제상장치, 드레인장치 등이 하나의 유니트로 구성되어 냉동, 냉장 장치의 창고에 사용 (강제대류식 핀타입 증발기)
> ② 사용냉매의종류 : 후레온 계열 냉매(R-22, R-404A, R-407C 등)
> ③ 용도 : 공기조화용, 냉각,냉장용
> ④ 형식 : 바닥형, 천장형

20 영상은 냉동장치이다. (1) (가), (나)의 명칭을 각각쓰고, (2) (가)장치를 지날 때 냉매의 엔탈피 변화를 쓰시오(작업자가 실내온도 측정(23℃), (가), (나) 온도 측정하는 영상보여줌).

풀이

(1) (가) 응축기 (나) 증발기
(2) 냉매의 엔탈피 변화 : 감소한다.

참고

냉동장치 상태

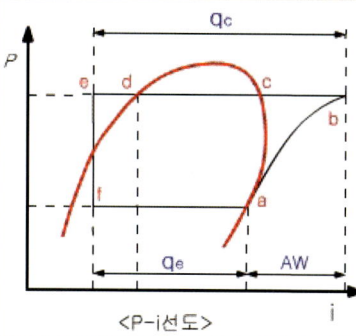

<P-i선도>

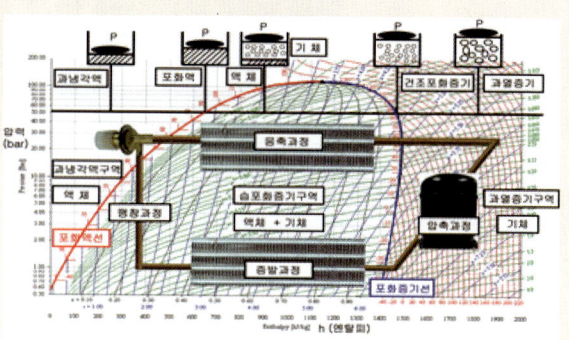

$P \to i$ 선도	냉동사이클	변화과정
$a \to b$	압축과정	압력상승, 온도상승, 비체적감소, 엔트로피불변, 엔탈피증가
$b \to c$	과열제거과정	압력불변, 온도강하, 비체적감소, 엔탈피감소
$c \to d$	응축과정	압력불변, 온도일정, 엔탈피감소, 건조도감소
$d \to e$	과냉각과정	압력불변, 온도강하, 엔탈피감소
$e \to f$	팽창과정	압력강하, 온도강하, 엔탈피불변, 비체적증대
$f \to a$	증발과정	압력불변, 온도일정, 엔탈피증가

구성기기	역할	상태변화	온도	압력	엔탈피	엔트로피
압축기	압력증대	단열	상승	상승	증가	일정
응축기	열제거	등온	일정	일정	저하	감소
팽창밸브	압력감소및유량조절	단열	저하	저하	불변	상승(小)
증발기	열흡수	등온	일정	일정	상승	증가

21 영상에서 보여주는 열교환기의 (가) 명칭과 (나) 용도를 쓰시오.

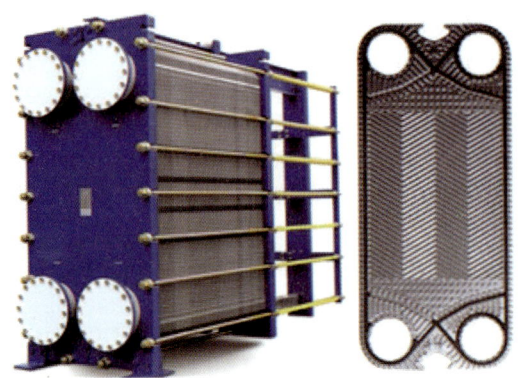

> **풀이**
>
> (가) 명칭 : 판형 열교환기(Plate Heat Exchanger)
> (나) 용도 : 고온 유체와 저온 유체를 열교환하여 저온 유체의 온도를 높이거나, 고온 유체의 온도를 낮추어 냉동장치의 열효율을 좋게 한다.

22 영상의 부품 중 빨간색 원 안에 있는 (가) (A)의 명칭을 쓰고, (나) 설치목적을 쓰시오.

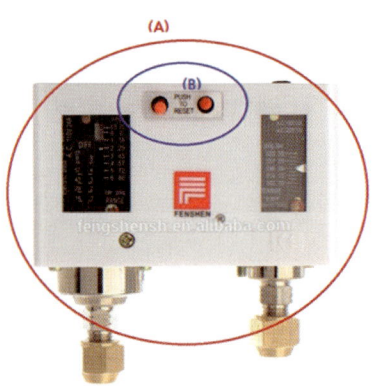

> **풀이**
>
> (가) (A)의 명칭 : 고·저압력 스위치(고·저압력 차단스위치 : DPS)
> (나) 설치목적 : 냉동장치에 이상 고압이나, 이상 저압 시 설정된 차압에 의해 압축기를 정지시켜 냉동기를 보호하기 위함

> 참고
>
> (B) 명칭 : 복귀 버튼(리셋 버튼)

23 다음 영상에서 어떤 작업을 하는지 쓰시오(영상에서 냉매병을 보여주는데 조작하는 부분은 없고, 드라이어 연결 후 메니폴더게이지를 조작하면서 진공 펌프를 가동하는 장면)

> 풀이
>
> 진공작업

24 영상의 화살표가 가리키는 장치의 (가) 명칭과 (나) 역할을 쓰시오.

> 풀이
>
> (가) 명칭 : 냉매회수장치
> (나) 역할 : 냉동장치 내 냉매를 회수한다.

출제예상문제(공조) 07

01 다음 영상에서 나오는 취출구의 명칭과 특징을 쓰시오.

> **풀이**
> 1) 명칭 : 사각 취출구(아네모스텟형)
> 2) 특징 : ① 공기 풍량 조절이 쉽다. ② 공기 분포 및 확산이 양호하다.

02 다음 영상을 보고 아래 질문에 알맞은 답을 쓰시오.

　(가) 취출구 명칭을 쓰시오

　(나) 취출구 주위가 검게 변화되는 현상을 무엇이라 하는지 쓰시오.

풀이

(가) 아네모스텟형(사각취출구)　　(나) 스머징(smudging)현상

참고

- 기류형식에 따른 분류 : 확산형, 축류형
- 디퓨저(취출구) 종류

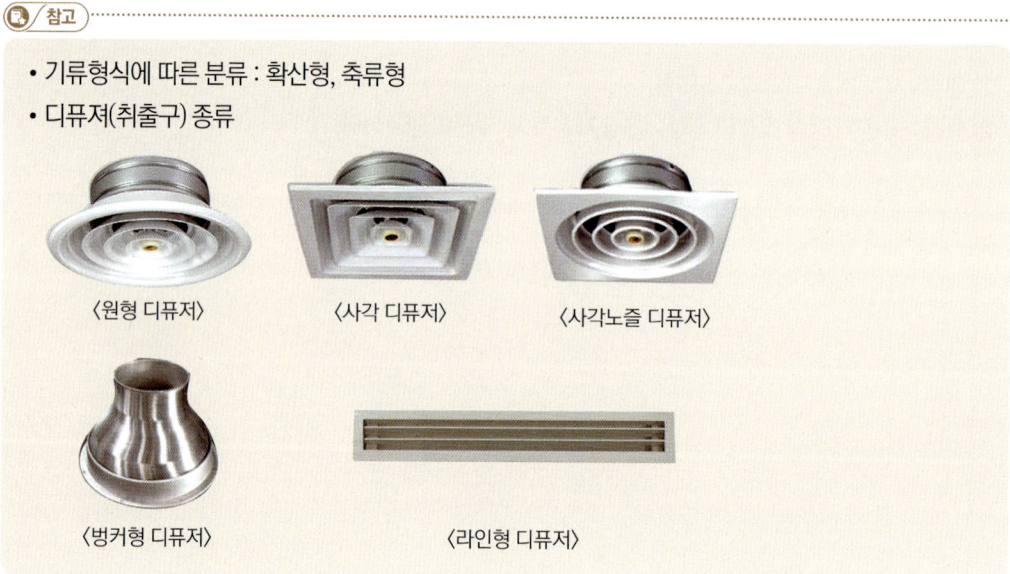

〈원형 디퓨저〉　　〈사각 디퓨저〉　　〈사각노즐 디퓨저〉

〈벙커형 디퓨저〉　　〈라인형 디퓨저〉

03 영상에서 보여주는 장치는 취출구이다. (가) 기류형식에 따른 명칭과 (나) 그 종류를 쓰고, (다) 특징 2가지를 쓰시오.

📖 **풀이**

(가) 기류형식에 따른 명칭 : 축류형
(나) 종류 : 노즐형 취출구
(다) 특징 ① 구조가 간단하다. ② 소음이 적다 ③ 도달거리가 길다.

📖 **참고**

- 기류형식에 따른 분류 : 확산형, 축류형
- 디퓨져(취출구) 종류

〈원형 디퓨져〉

〈사각 디퓨져〉

〈사각노즐 디퓨져〉

〈벙커형 디퓨져〉

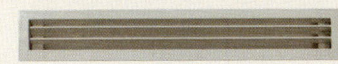
〈라인형 디퓨져〉

04 화면에 보여지는 장치의 이음방법과 용도를 간단히 쓰시오.

📘 **풀이**

1) 명칭 : 캔버스 이음
2) 용도 : 송풍기에서 발생된 진동이 덕트로 전달되지 않도록 하기 위함

📗 **참고**

캔버스 이음은 부재(部材) 사이에 물리적인 진동이 전달되지 않도록 천으로 만든 이음. 송풍기와 덕트의 이음 따위에 사용된다.

출제예상문제(배관) 08

01 다음 영상에서 보여주는 공구의 명칭과 그 사용목적을 쓰시오.

> **풀이**
> 1) 명칭 : 리머
> 2) 용도 : 거스러미 제거

02 다음 영상에 나오는 이음쇠의 명칭을 쓰시오

> **풀이**
> 플레어 이음

03 화면에 보이는 배관 조립의 정면도를 바르게 도시한 것은 (가), (나) 중 어느 것인지 고르시오.(유사문제입니다. 배관도면에서 오는 엘보우와 가는 엘보우의 기호를 숙지하시기 바랍니다.)

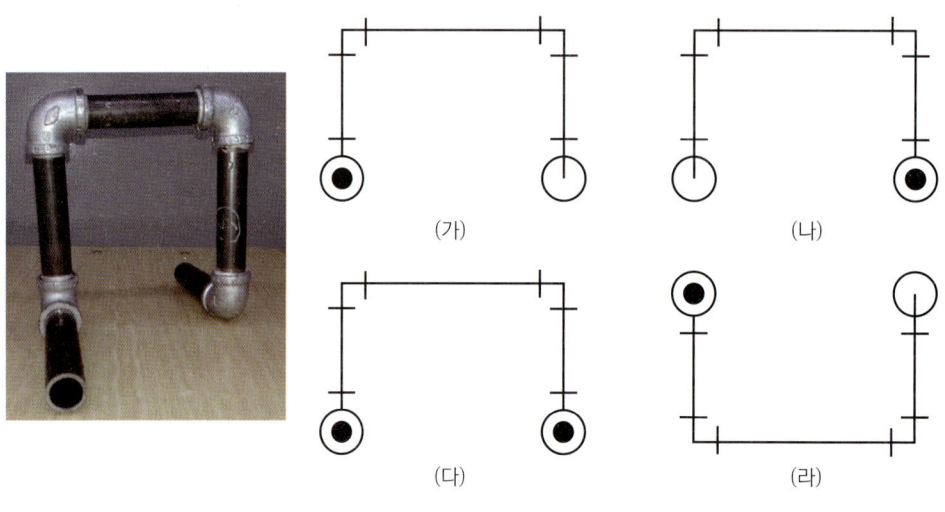

🅟 **풀이**

(가)

04 다음 영상에서 보여주는 부품의 명칭과 작동원리를 쓰시오.

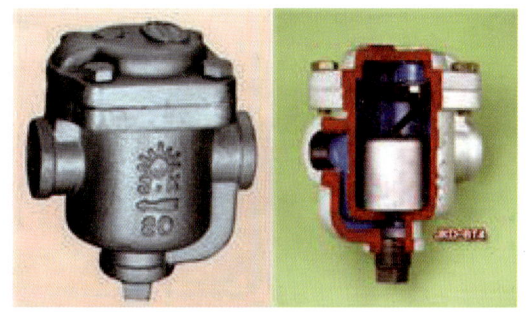

🅟 **풀이**

1) 명칭 : 버킷식 증기트랩
2) 작동원리 : 포화수와 증기간의 비중차를 이용하여 응축수를 배출한다.

05 영상에서 보여주는 (가) 장치의 명칭을 쓰고, (나) 원리로 맞는 것을 보기에서 골라 쓰시오.

  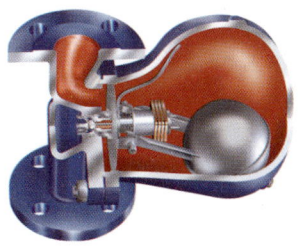

[보기]
- 증기와 물의 밀도차를 이용한 응축수 제거
- 증기와 물의 온도차를 이용한 응축수 제거
- 증기와 물의 열역학적 특성차를 이용한 응축수 제거

풀이

(가) 명칭 : 플로우트식 증기트랩(다량트랩)
(나) 증기와 물의 밀도차를 이용한 응축수제거

참고

 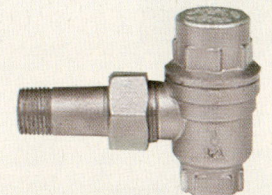 

〈플로우트식 (다량트랩)〉   〈벨로즈식〉   〈디스크식〉

트랩 역할
증기관 내의 응축수를 제거하여 수격 작용 및 부식방지

트랩의 종류
① 기계적 트랩 : 포화수와 포화증기간의 밀도(비중)차를 이용한 형식(즉, 부력이용) [플로우트식(다량), 바켓식]
② 온도조절 트랩 : 포화수와 포화증기간의 온도차를 이용한 형식.(바이메탈식, 벨로우즈식)
③ 열역학적 트랩 : 포화수와 포화증기간의 열역학적 특성차를 이용한 형식(오리피스식, 디스크식)

06 영상에서 보여주는 부품의 명칭과 역할을 쓰시오.

 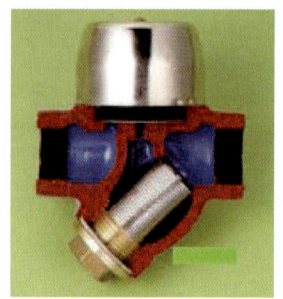

풀이

1) 명칭 : 디스크식 증기트랩
2) 역할 : 증기관 내의 응축수를 제거하여 수격 작용 및 부식방지

참고

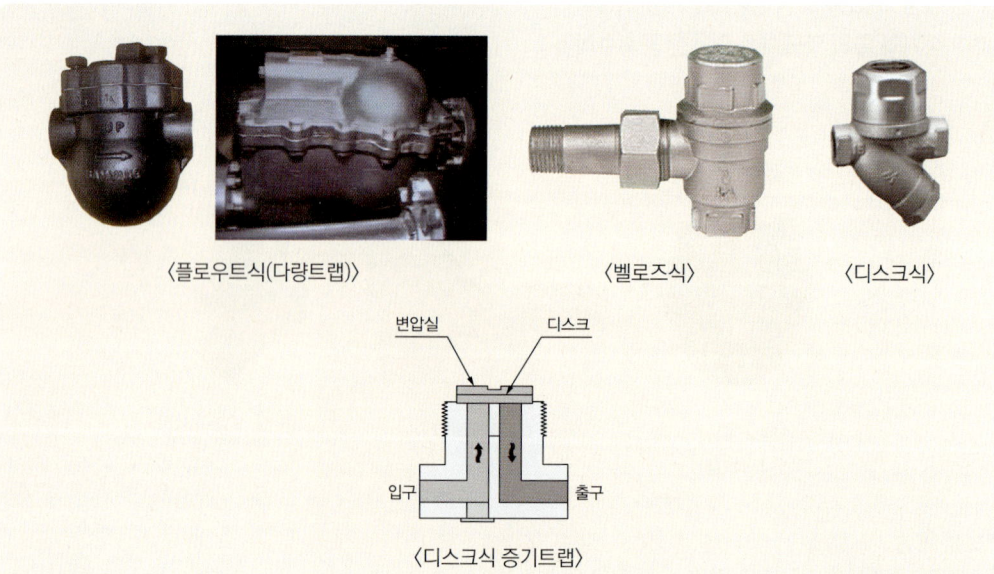

〈플로우트식(다량트랩)〉 〈벨로즈식〉 〈디스크식〉

〈디스크식 증기트랩〉

- 밸브 열림 : 입구에서 유입된 응축수가 변압실의 온도와 내압을 낮춤에 따라 디스크를 밀어올려 밸브를 열어 응축수로 배출
- 밸브 닫힘 : 입구에서 증기가 유입면 디스크 밑면을 통과하는 유속이 빨라짐으로써, 디스크가 아래쪽으로 빨려드는 형태로 밸브를 닫는다. 변압실의 온도와 내압을 낮춤에 따라 증기는 응축수로 변하여 배출

07 다음 영상을 보고 배관이음 도시기호 중 평면도를 고르시오.

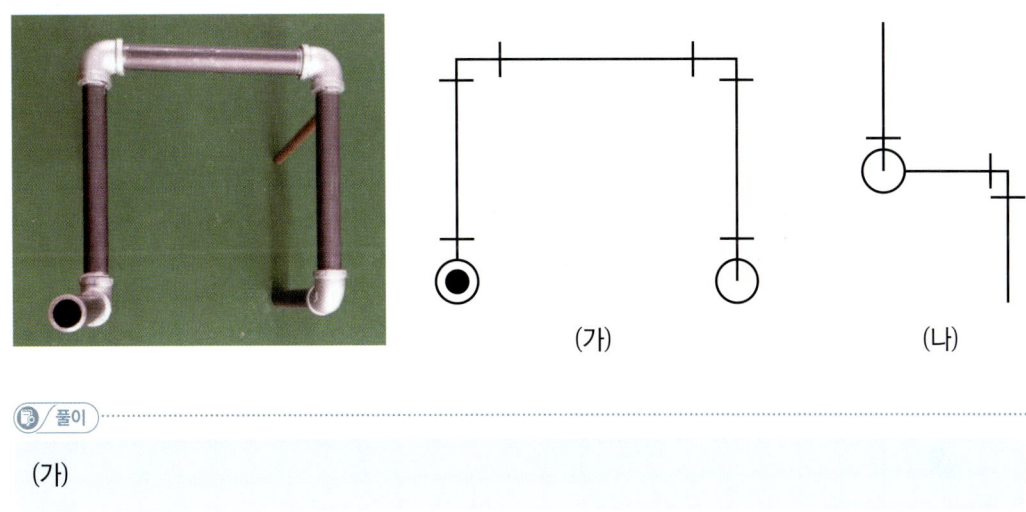

> **풀이**
>
> (가)

08 다음 영상을 보고 (가) 배관이음의 정면도를 그리시오.

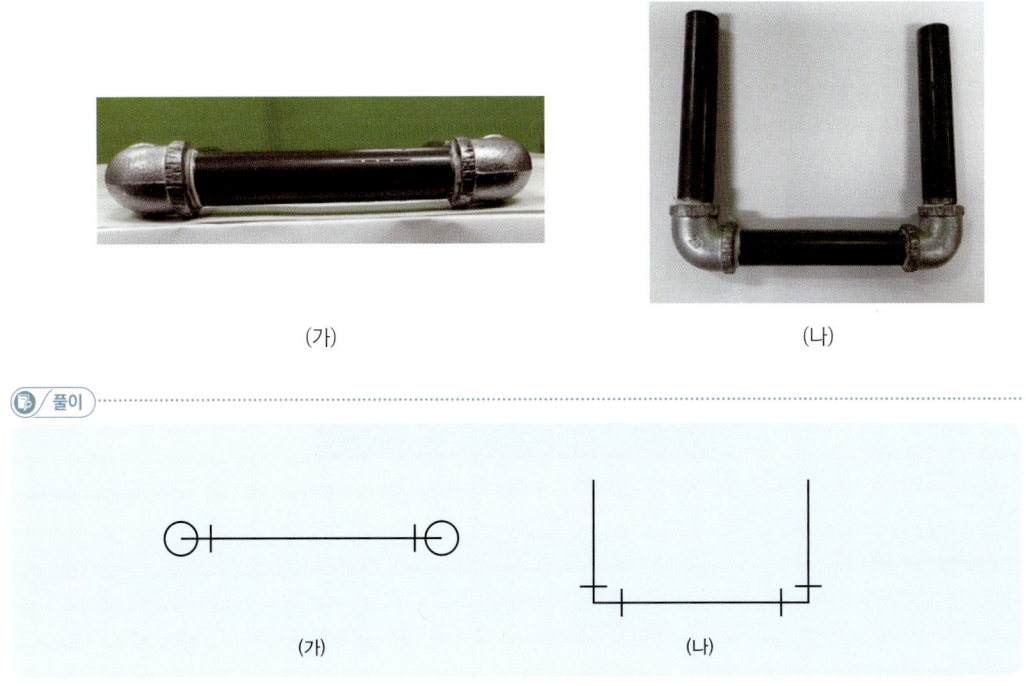

09 영상을 보고 배관이음의 정면도를 도시기호로 그리시오.

👉 풀이

10 영상에서 보여주는 신축 이음쇠의 명칭을 쓰시오.

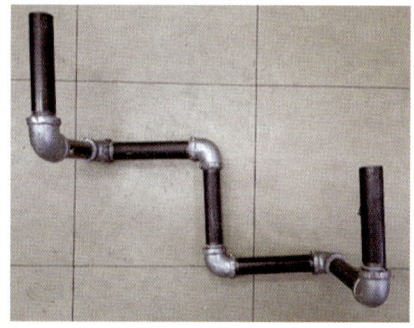

👉 풀이

스위블형 신축이음

11 영상에 보여지는 (가), (나), (다), (라) 공구 명칭을 쓰시오.

풀이

(가) 플라이어   (나) 롱로즈 플라이어   (다) 니퍼   (라) 파이프렌치

12 영상을 보고 산소용접시 중성 불꽃을 점화하는 순서를 쓰시오.

> **풀이**

B인 아세틸렌 밸브를 열어 점화하고, A인 산소밸브를 열어 불꽃을 조절한다.

> **참고**

① A : 산소조절밸브 B : 가연성가스(아세틸렌, 프로판, 수소 등) 조절밸브
② 소화순서 : A인 산소밸브를 잠그고, B인 아세틸렌 밸브를 잠가 소화한다.

13 영상을 보고 역화 발생원인 3가지를 쓰시오(역화방지기 수리작업하는 영상 보여줌).

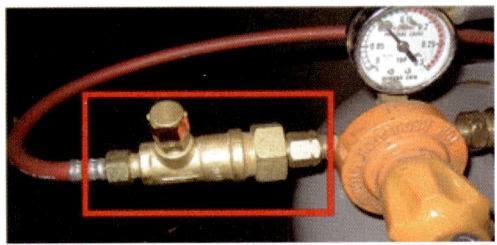

> **풀이**

① 용접팁이 막힌 경우   ② 용접팁이 과열된 경우   ③ 가스 공급압력이 낮을 경우

> 📝 **참고**
>
> 그 외
> ④ 점화 시 산소밸브를 먼저 열어 과잉산소가 공급될 경우
> ⑤ 소화시 가연성밸브를 먼저 잠글 경우
>
> **역화방지기 기능**
> 가연성가스(수소, 아세틸렌, LPG 등) 사용시설의 역화로 인한 폭발사고를 방지하는 기능

14 영상의 화살표가 가리키는 가루의 (가) 명칭과 (나) 그 용도를 쓰시오.

 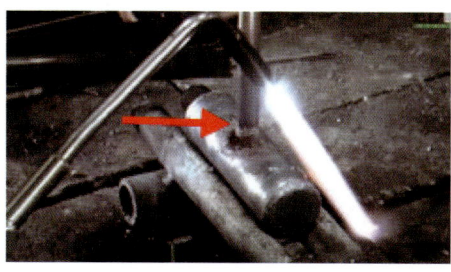

> 💡 **풀이**
>
> (가) 명칭 : 붕사가루
> (나) 용도 : 강관과 동관의 용접부에 산화피막을 제거하여 용접성을 좋게 한다.

15 영상에서 보여주는 공구의 (가) 명칭과 (나) 사용용도를 쓰시오.

> 풀이

(가) 명칭 : 냉동라쳇렌치

(나) 용도 : 냉동기계(압축기나 냉매배관 밸브)의 볼트, 너트를 연속적으로 조이거나 푸는 공구로 좁은 공간에서 쉽게 열고 닫을수 있도록 라쳇렌치의 양쪽에 사각형 구멍이 있다.

16 영상에서 보여주는 공구의 명칭을 쓰시오.

> 풀이

롱로즈 플라이어

17 영상에서 보여주는 장치의 설치목적을 쓰시오.

🔖 **/풀이**

설치목적 : 펌프나 압축기 등의 진동 충격을 완화시켜 장치 및 배관의 파손 방지 목적

📖 **/참고**

명칭 : 플렉시블 이음

18 영상에서 보여지는 장치의 명칭을 쓰시오.

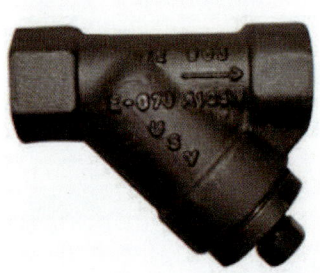

🔖 **/풀이**

명칭 : 여과기(스트레이너)

📖 **/참고**

용도 : 배관 내 설치하여 관내 불순물을 제거함

19 영상의 부품 명칭을 쓰시오.(단, 재질이나 규격은 상관하지 않는다)

(가)　　　　　　(나)　　　　　　(다)　　　　　　(라)

풀이

(가) 니플　　　(나) 소켓　　　(다) 티　　　(라) 90° 엘보

20 영상에서 보여주는 장치의 명칭을 쓰시오.

풀이

급탕(온수)탱크

참고

급탕(온수)탱크 : 증기나 온수, 전기를 이용하여 물을 열교환 및 가열하여 사용하고자 하는 온도의 온수를 만들어 저장하고 탕비실의 온수를 공급하기위해 온수를 저장하는 탱크

출제예상문제(전기) 09

01 다음 영상에서 보여주는 장치 명칭을 쓰시오.

> **풀이**
>
> 셀렉터 스위치(선택 스위치)

02 다음 회로의 빈칸(물음표 부분)에 들어갈 기호를 [보기]에서 골라 쓰시오.

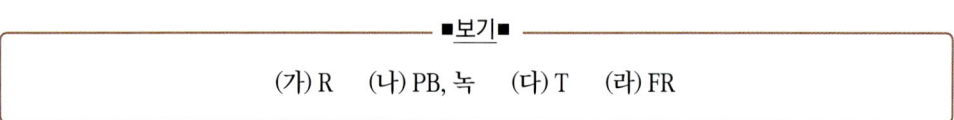

(가) R   (나) PB, 녹   (다) T   (라) FR

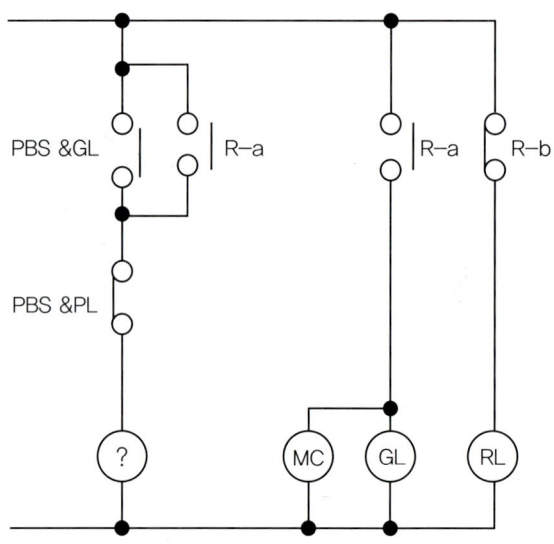

> 풀이

(가)

> 참고

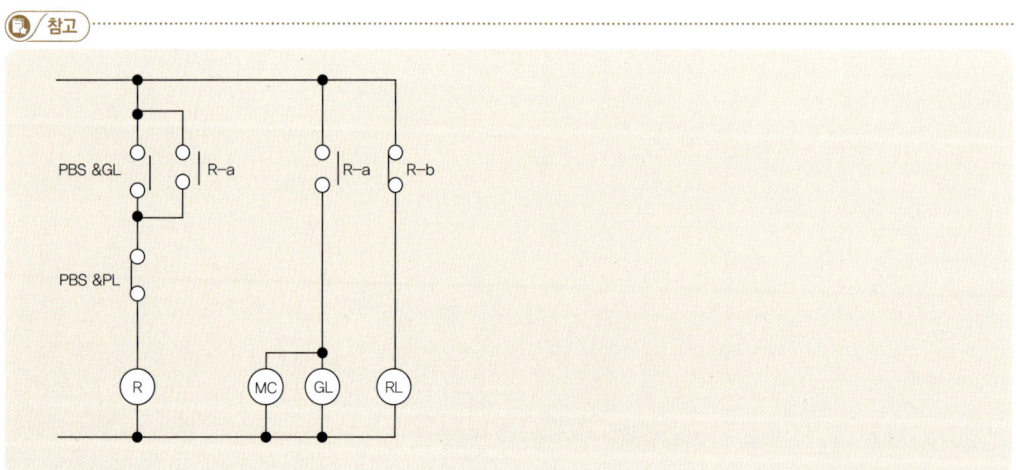

03 영상을 보고 주어진 회로의 빈칸에 들어갈 기호를 (가), (나), (다), (라) 중에서 찾으시오.

(가) R   (나) MC   (다) T   (라) FR

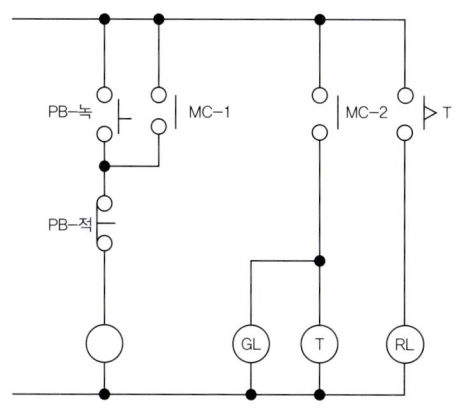

풀이

(나)

참고

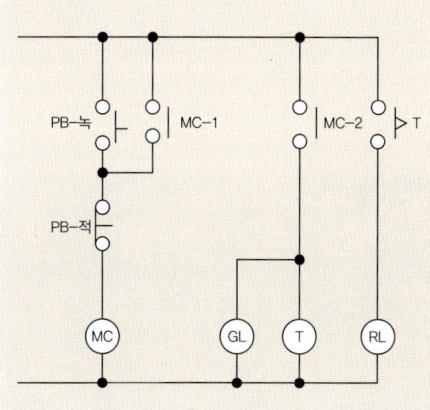

- 동작상태(숙지 하시기 바랍니다.)
① 녹색버튼(PB-녹)을 누르면 전자접촉기(MC)가 전원이 공급(인가)되어 자기유지되며 녹색램프(GL)가 점등되고, 타이머(T)에 전원이 공급된다.
② 타이머(T)에 전원이 공급 후 t초 후(타이머에 설정된 시간)에 적색램프(RL)가 점등된다.
③ 적색버튼(PB-적색)을 누르면 초기(복귀)상태가 된다.

04 다음 회로도와 알맞은 영상을 찾으시오.

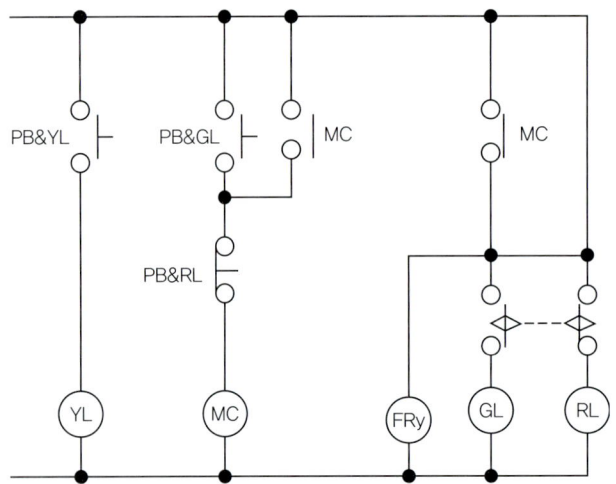

(가)

(나)

풀이

(가)(동영상에서 RL과 GL이 설정시간에 맞춰 점등과 소등이 반복된다.)

참고

- 동작상태(숙지 하시기 바랍니다.)
① 전원을 공급(인가)하면 적색램프(RL)이 점등 된다.
② 황색버튼(PB&YL)을 누를 때만 황색램프(YL)는 점등되고, 버튼에서 손을 떼면 소등된다. 적색램프(RL)는 점등되어 있다. 즉, PB&YL 버튼을 누르면 YL과 RL이 점등된다.
③ 녹색버튼(PB&GL)을 누르면 자기유지되고, 적색램프(RL)와 녹색램프(GL)가 점등과 소등이 설정된 시간에 맞춰 반복한다.
④ 적색버튼(PB&RL)을 누르면 초기(복귀)상태가 된다.

05 다음 영상에 나오는 전기부품의 명칭을 쓰시오.

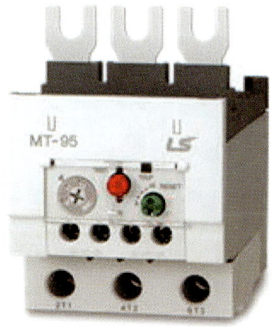

> 풀이

열동형 과부하 계전기(THR)

06 영상에서 보여주는 장치의 명칭을 쓰시오.

> 풀이

배선용 차단기

07 다음 시퀀스 회로도를 참고하여 PB_백 스위치를 눌렀을 때 동작하는 모든 부품의 명칭을 기호로 쓰시오. (회로도만으로도 요구하는 답이 충족되므로 시뮬레이션은 생략되었음)

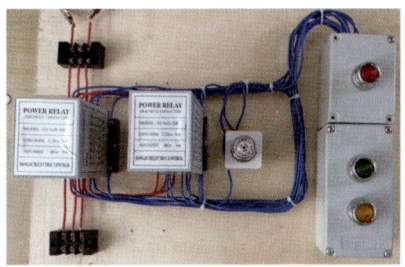
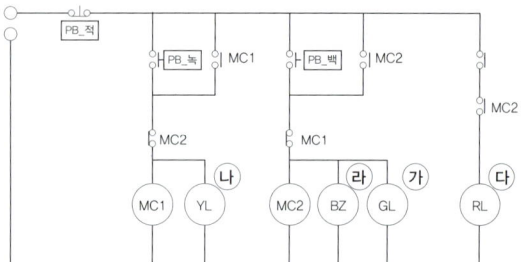

풀이

(가), (라)

참고

• 동작상태(숙지하시기 바랍니다.)

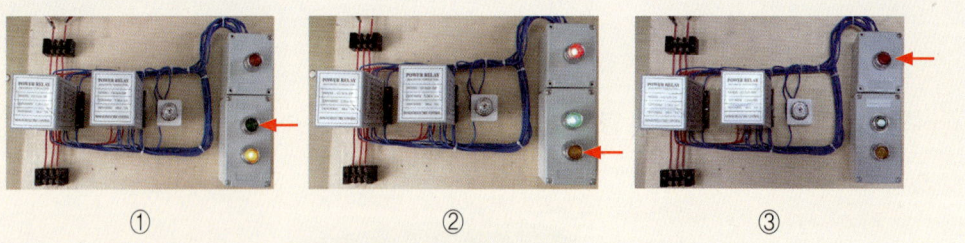

① ② ③

① PB_녹색 스위치를 누르면 자기유지되어 YL 점등된다.
② PB_백색 스위치를 누르면 GL이 점등되고, BZ가 울린다.
③ PB_적색 스위치를 누르면 모두 정지(초기화)된다.

08 다음 회로 중 1, 2, 3 버튼의 색깔을 찾아 쓰시오. (회로도만으로도 요구하는 답이 충족되므로 시뮬레이션은 생략되었음)

■보기■

PB_적, PB_녹, PB_백

■동작상태■

- 초기(전원 공급) : 적색 램프 점등
- 백색 스위치 누름(ON) : RL 과 GL이 점등되고, BZ가 울림
- 녹색 스위치 누름(ON) : RL 과 YL이 점등
- 적색 스위치 누름(ON) : 모두 정지되고, 버튼을 복귀하면 RL 점등

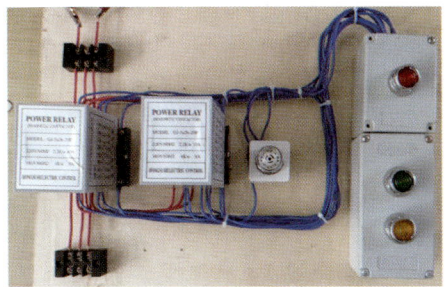 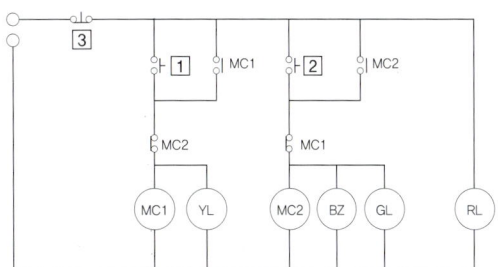

풀이

1 : 녹색 2 : 백색 3 : 적색

09 다음 영상을 보고 알맞은 회로를 찾으시오. (S1버튼을 누르면 녹, 적램프가 점등되고, S2램프를 누르면 녹색 램프가 소등되고, 적색램프만 점등되어 있다.)

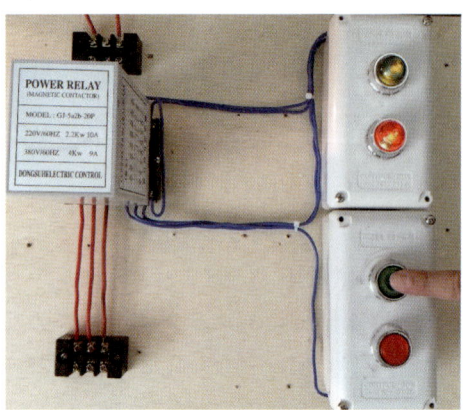

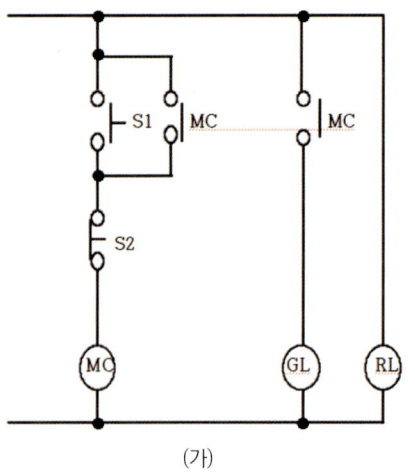

(가)

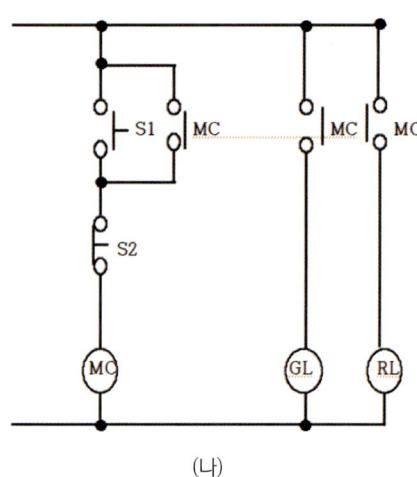

(나)

◎ 풀이

(가)

10 영상을 보고 회로도 (가), (나)의 빈칸에 알맞은 기호를 그리시오.

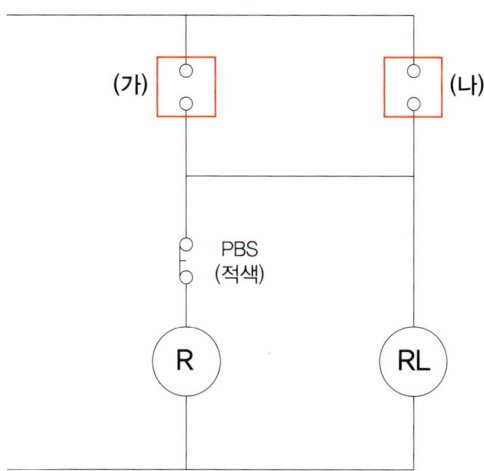

풀이

(가) PBS (녹색)   (나) R-a

11 다음 영상에서 보여주는 부품의 명칭과 작동원리를 쓰시오.

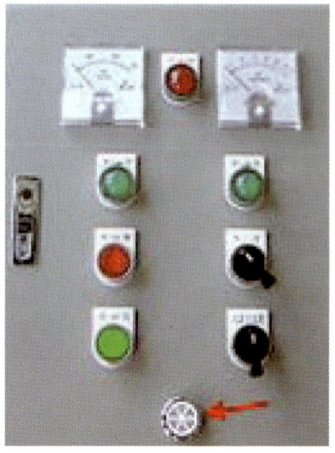

풀이

명칭 : 부저
작동원리 : 회로의 동작 상태나 경고를 소리로 알려주는 기구로 a또는 b 접점을 활용한다.

10 다음 영상에서 하는 것은 무슨 작업인지 쓰시오.

풀이

도통 테스트(시험)

12 영상에서 보여주는 공구의 명칭을 쓰시오.

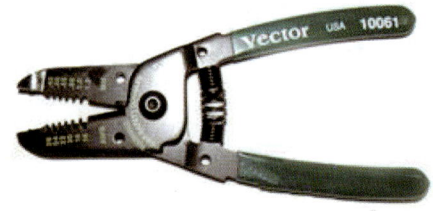

> **풀이**
>
> 명칭 : 와이어 스트리퍼

> **참고**
>
> 사용용도 : 전선의 피복을 제거하거나 절단할 때 사용하는 공구

13 다음 영상의 (가), (나)의 부품 명칭을 쓰시오.

(가)

(나)

> **풀이**
>
> (가) 11핀 릴레이소켓   (나) 열동형 과부하 계전기(THR)

14 영상을 보고 (가), (나), (다), (라), (마) 장치 중 열동형 계전기를 찾아 쓰시오.

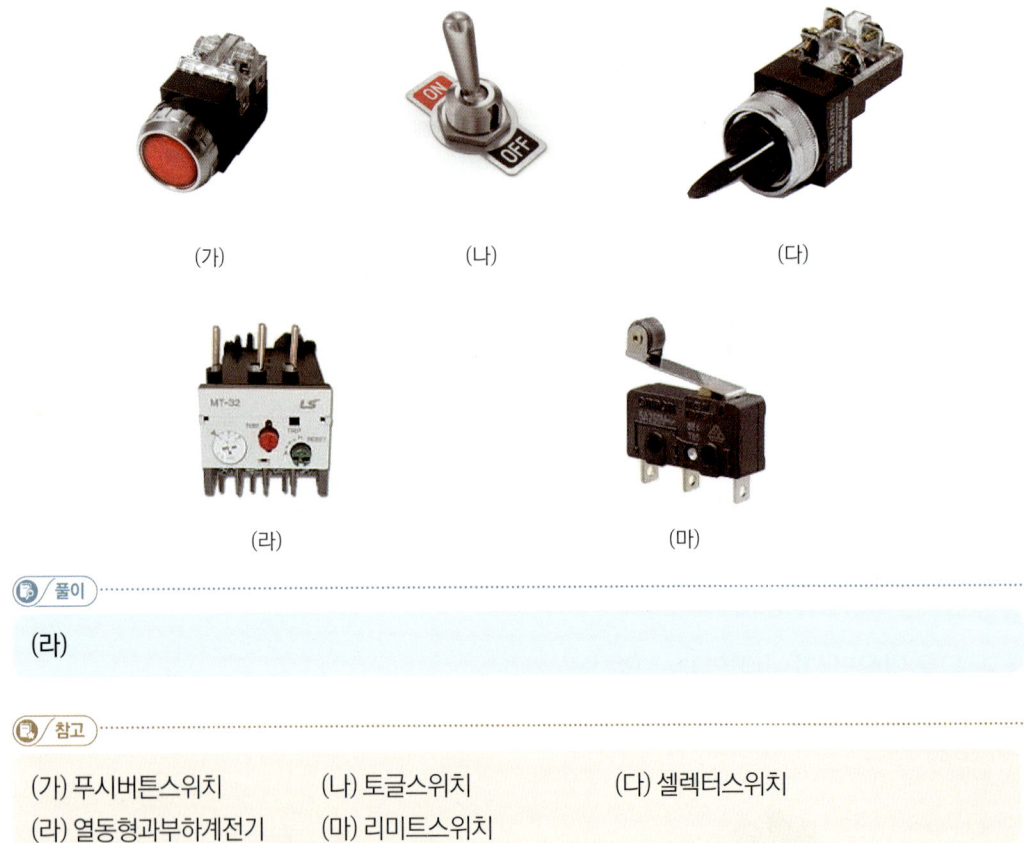

(가)　　　　　　　(나)　　　　　　　(다)

(라)　　　　　　　(마)

풀이
(라)

참고
(가) 푸시버튼스위치　　(나) 토글스위치　　(다) 셀렉터스위치
(라) 열동형과부하계전기　(마) 리미트스위치

15 영상을 보고(전원을 ON하면 RL램프(적색)가 점등되고, PBS1을 누르면 GL램프(녹색)이 점등된다. PBS2를 누르면 GL램프(녹색)가 소등되고, RL램프(적색)가 점등되는 상태) 알맞은 회로를 찾으시오.

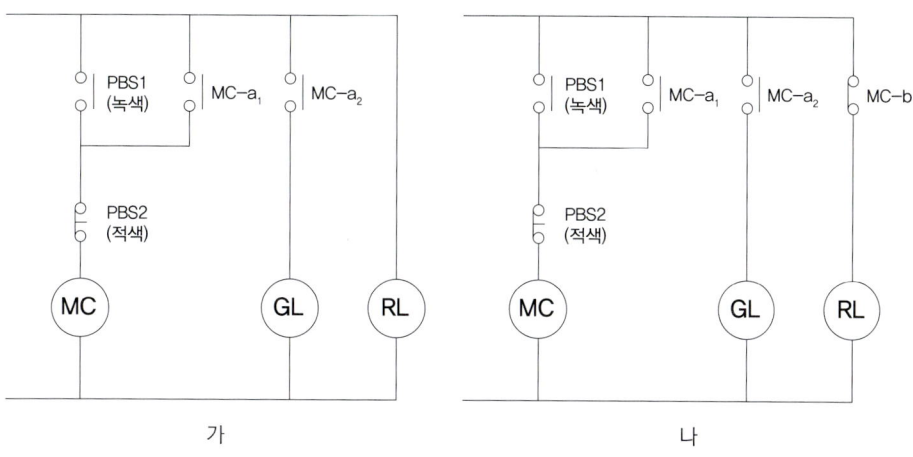

가   나

> **풀이**

나

> **참고**

가. 동작상태
① 전원을 인가하면 RL이 점등되고, PBS1을 누르면 MC-a_2 가 닫혀 GL이 점등되고, MC-a_1 이 닫혀, MC가 자기유지된다.
② PBS2를 누르면 MC가 소자되어 GL이 소등되고, RL은 그대로 점등상태

나. 동작상태
① 전원을 인가하면 RL이 점등되고, PBS1을 누르면 MC-a_1 , MC-a_2 이 닫혀 GL이 점등되고, MC가 자기유지된다. RL은 소등된다.
② PBS2를 누르면 MC가 소자되어 GL이 소등되고, RL은 점등된다.

16 영상을 보고 PBS(녹색)을 누르면 동작하는 장치를 (가), (나), (다), (라) 중 찾으시오.

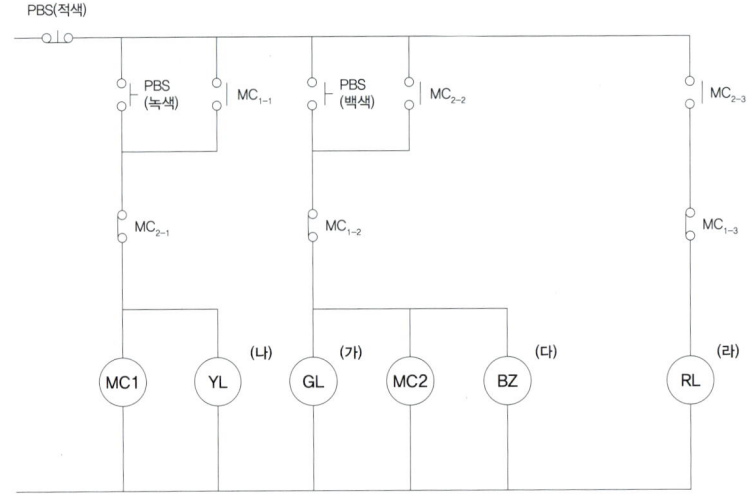

풀이

나

참고

동작상태
① PBS(녹색) 스위치를 누르면 MC1-1이 닫히고, MC1 이 자기유지되어 YL이 점등된다.
② PBS(백색) 스위치를 눌러도 PBS(녹색)이 동작하고 있는동안, MC1-2 및 MC1-3의 전원이 인가되지 않아 GL , MC2 , BZ , RL이 동작하지 않는 인터록 회로
③ PBS(적색) 스위치를 누르면 모두 정지된다.
④ 모두 정지된 상태 ③에서 PBS(백색) 스위치를 누르면 MC2-2 가 닫히고, MC2가 자기유지되어 GL 이 점등되고 , BZ가 울린다 , MC2-1은 열려 Off 되고, MC2-3은 닫혀 RL이 점등된다.

17 영상을 보고 회로도에서 PBS(백색)을 누르면 동작하는 장치를 (가), (나), (다), (라) 중 찾으시오.

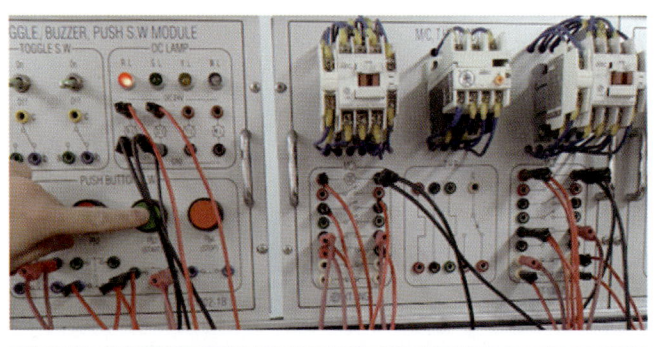

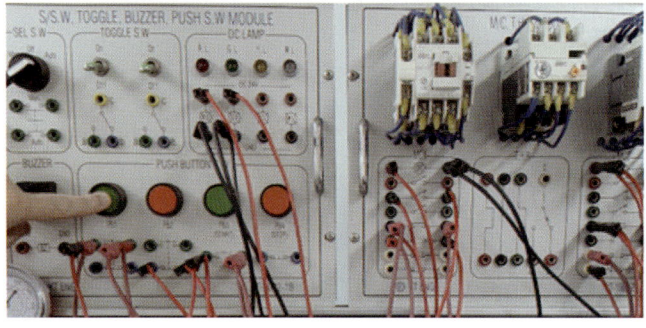

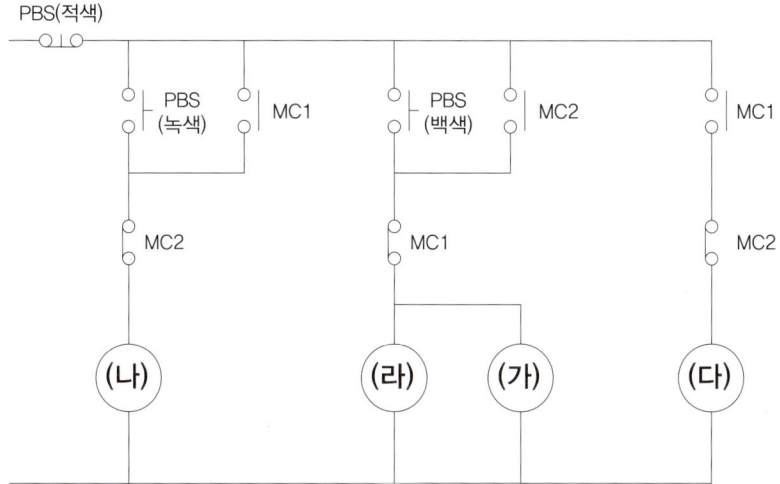

> **풀이**
>
> (라), (가)

> 참고

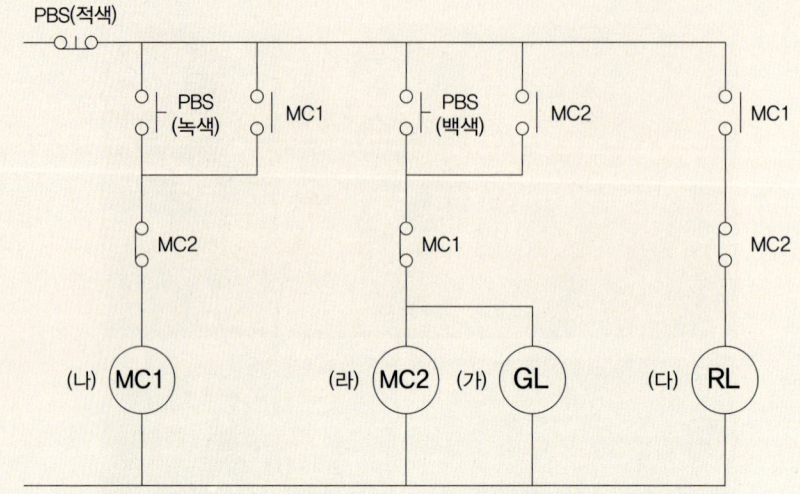

동작상태
① PBS(녹색) 스위치를 누르면 MC1-a접점이 닫히고, MC1 이 자기유지되며. MC1-a접점이 닫혀 RL 이 점등된다.
② PBS(백색) 스위치를 눌러도 PBS(녹색)이 동작하고 있는동안은 MC1-b접점이 열려 전원이 인가되지 않아 MC2 및 GL이 동작하지 않는 인터록 회로.
③ PBS(적색) 스위치를 누르면 모두 정지된다.
④ 모두 정지된 상태 ③에서 PBS(백색) 스위치를 누르면 MC2-a 접점이 닫히고, MC2가 자기유지되어 GL이 점등된다 , 이때 MC2-b 접점이 열려 RL은 소등된다.

18 영상을 보고(전원을 ON하면 RL램프(적색)는 상시 점등되고, PBS1을 누르면 GL램프(녹색)이 점등되고, PBS2를 누르면 GL램프(녹색)가 소등되는 알맞은 회로를 찾으시오.

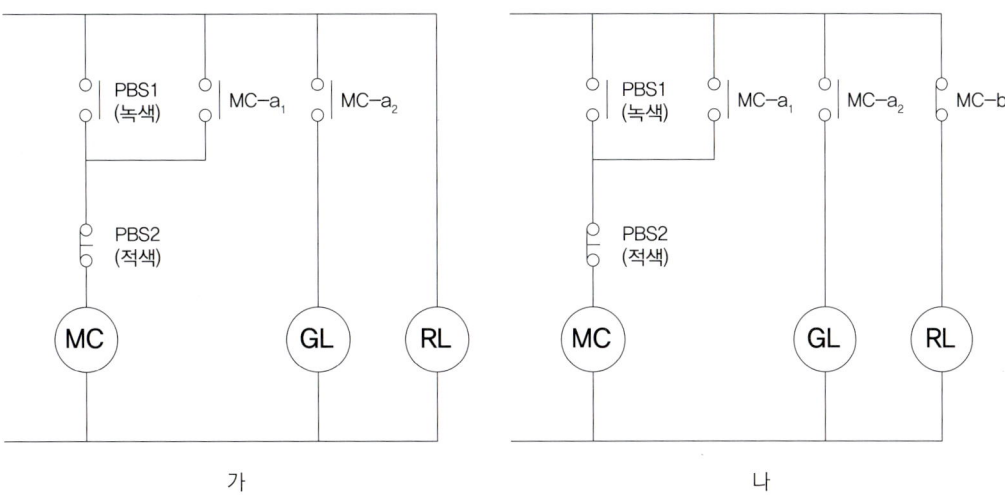

가   나

> **풀이**
>
> 가

> **참고**
>
> **가. 동작상태**
> ① 전원을 인가하면 RL이 점등되고, PBS1을 누르면 MC-a2가 닫혀 GL이 점등되고, MC-a1이 닫혀, MC가 자기유지된다.
> ② PBS2를 누르면 MC가 소자되어 GL이 소등되고, RL은 그대로 점등상태.
>
> **나. 동작상태**
> ① 전원을 인가하면 RL이 점등되고, PBS1을 누르면 MC-a1, MC-a2이 닫혀 GL이 점등되고, MC가 자기유지된다. RL은 소등된다.
> ② PBS2를 누르면 MC가 소자되어 GL이 소등되고, RL은 점등된다.

19 영상을 보고 PBS(백색)을 누르면 동작하는 장치를 (가), (나), (다), (라) 중 찾으시오.

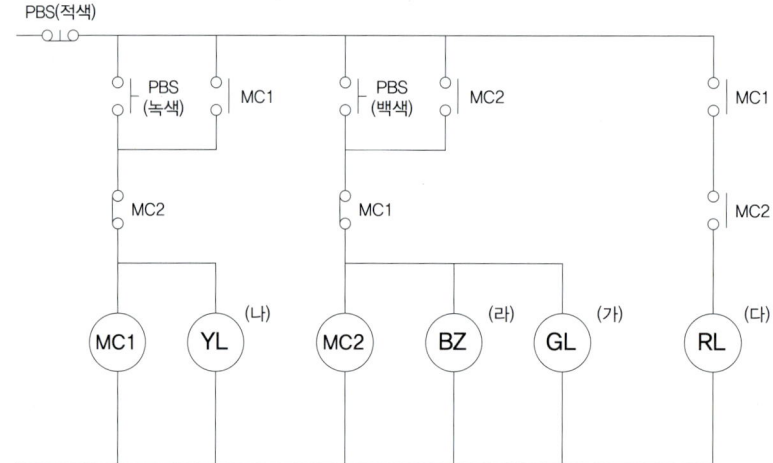

풀이

(라), (가)

참고

동작상태
① PBS(녹색) 스위치를 누르면 MC1이 닫히고, MC1이 자기유지되어 YL이 점등된다.
② PBS(백색) 스위치를 눌러도 PBS(녹색)이 동작하고 있는동안, MC1 및 MC1의 전원이 인가되지 않아 GL, MC2, BZ, RL이 동작하지 않는 인터록 회로
③ PBS(적색) 스위치를 누르면 모두 정지된다.
④ 모두 정지된 상태 ③ 에서 PBS(백색) 스위치를 누르면 MC2가 닫히고, MC2가 자기유지되어 GL이 점등되고, BZ가 울린다. 마지막으로 MC1은 열려 Off 되고, MC2가 닫혀도, MC1은 열려 RL은 소등 상태임

20 영상을 보고 회로의 A, B, C에 들어갈 도시기호를 [보기]에서 골라 기호로 쓰시오.

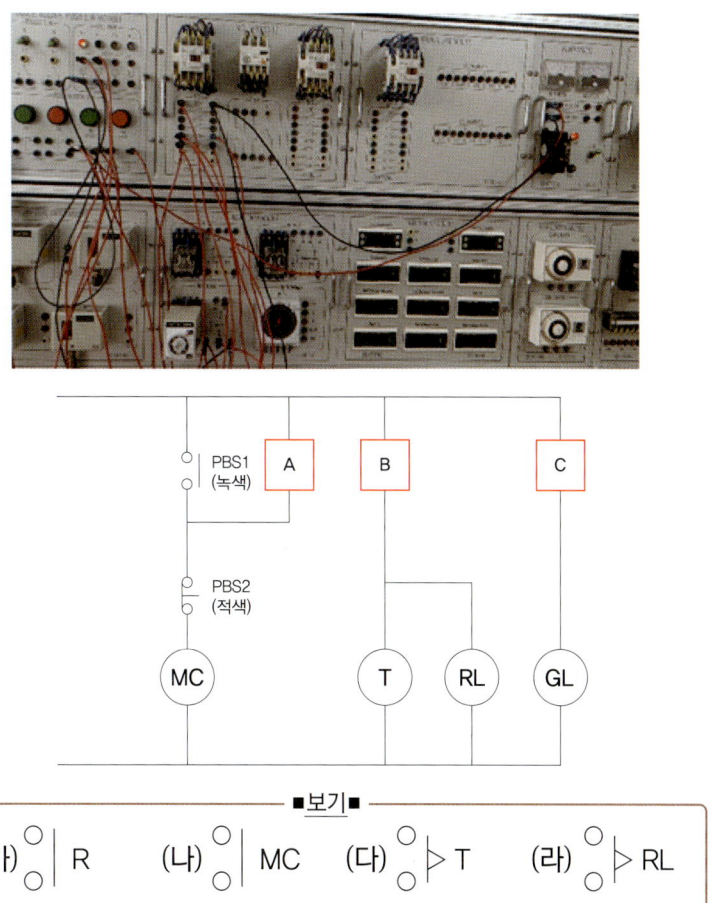

■보기■
(가) R   (나) MC   (다) ▷T   (라) ▷RL

💡 **풀이**

A : 나   B : 나   C : 다

> **참고**

동작상태
① 전원을 인가해도 RL, GL이 점등되지 않고, PBS1(녹색)을 누르면 MC-a 접점이 닫혀 자기유지되며, T(타이머)에 전원이 인가되어 GL이 점등되고, 타이머 설정 t초 후에 RL이 점등된다.
② PBS2(적색)를 누르면 처음상태로 전원이 소자되어 RL 및 GL이 소등된다.

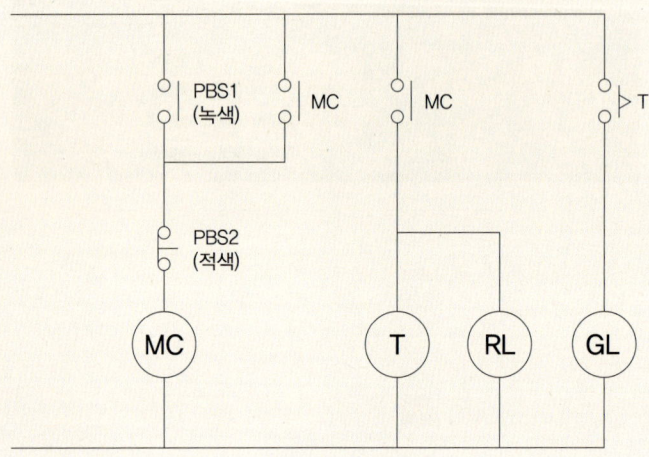

MEMO

공조냉동
기계 기능사
산업기사
실기 (필답)

PART 07 과년도 출제문제

이 장에서는 실기시험 유형에 맞게 풀어볼 수 있도록 과년도 출제문제를 수록하였습니다.

23년 공조냉동기계기능사 필답문제　01
23년 공조냉동기계기능사 필답문제　02
23년 공조냉동기계산업기사 필답문제　03
23년 공조냉동기계산업기사 필답문제　04

24년 공조냉동기계기능사 필답문제　01
24년 공조냉동기계기능사 필답문제　02
24년 공조냉동기계기능사 필답문제　03
24년 공조냉동기계산업기사 필답문제　03
24년 공조냉동기계산업기사 필답문제　04

PART 07

과년도 출제문제

23년 공조냉동기계기능사 과년도 출제문제

01 개방형 압축기에 비해 밀폐형 압축기의 장점은 어떤 것이 있는지 네 가지를 쓰시오.

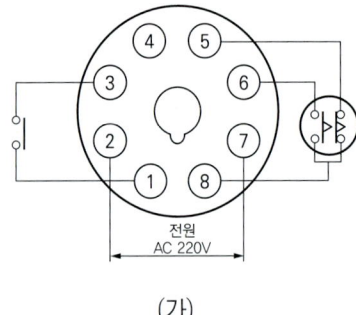

(가)

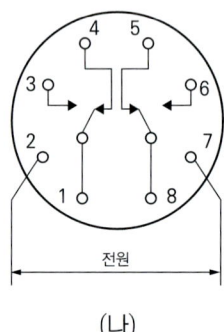

(나)

풀이

가 : 8핀 타이머   나 : 8핀 릴레이(8핀 전자계전기)

참고

타이머 (Timer) : 입력신호가 주어지고 일정 시간 경과후에 접점을 개폐시키는 것
릴레이(Relay), 전자 계전기 : 전자 코일에 전원을 주어 형성된 자력을 이용하여 접점을 개폐시키는 기능으로 8핀(2a, 2b), 11핀(3a, 3b), 14핀(4a, 4b)이 있다.

02 아래 도시기호를 보고 장치의 명칭을 쓰시오.

> **풀이**
>
> 전자밸브

> **참고**
>
> 전자밸브(solenoid valve : S.V) : 전기적 조작에 의해 밸브가 자동으로 개폐되어 용량, 액면조정, 온도 제어, 리퀴드 백 방지, 냉매나 브라인, 냉각수 흐름제어에 사용 (불연속 동작의 ON/OFF 제어)
> ※ 동작방법 : 상부의 전자코일에 전기가 인가(통전)되면 밸브 내부의 플런저를 들어올려 밸브를 열고, 전기가 소자되면 밸브를 닫는다

03 다음은 송풍기와 덕트 사이에 설치하는 장치이다. 이 장치의 명칭과 설치목적을 쓰시오.

> **풀이**
>
> 명칭 : 캔버스이음
> 설치목적 : 송풍기에서 발생된 진동이 덕트에 전달되지 않도록 하기 위함

04 영상에서 보여주는 창치의 명칭과 설치목적을 쓰시오.

풀이

명 칭 : 필터드라이어
설치목적 : 응축기와 팽창 밸브 사이에 설치하여 냉동장치 내 수분을 제거한다.

05 강관(동경관)을 직선 이음할 때 사용되는 부속의 명칭을 두 가지 쓰시오.

풀이

유이언, 플랜지, 소켓, 니플

06 다음조건을 이용하여 송풍량(m^3/h)를 구하시오.(단, 공기의 비열은 1.01[kJ/kg·℃]이고 공기의 비중량은 1.2[kg/m^3]이다.)

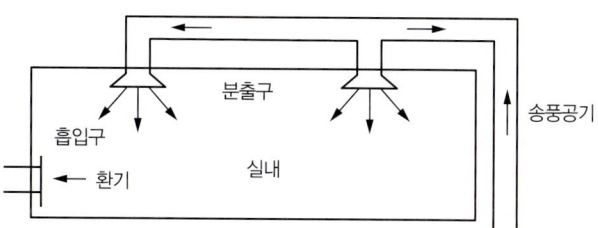

> 풀이

$$\frac{80kw \times 3600[kj/kw.h]}{1.2[kg/m^3] \times 1.01[kj/kg.℃] \times (25-10)℃} = 15841.58[m^3/h]$$

> 참고

취득열량(Q)[KJ/h]=송풍량(q)[m^3/h]×1.2[kg/m^3]×1.01[KJ/kg·℃]×△t [℃]

07 다음 장치는 전류의 흐름에 따른 열발생 효과에 의해 동작하는 계전기로 전동기 등에서 과전류가 흐르면 내부 히터가 가열되어 바이메탈에 열이 전달되고 바이메탈이 휘어져 변형되면 접점이 열려(수동복귀 b접점)회로를 차단하여 기기가 과부하되는 것을 방지하는 기기로 MC(계전기)와 조합하여 사용된다. 해당기기의 명칭을 쓰시오.

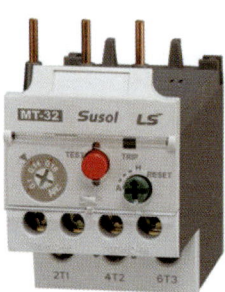

> 풀이

열동형과부하계전기 (THR)

08 냉동장치의 고압측 압력이 10kgf/cm²이다. 이 압력을 (가)bar와 (나)MPa로 변환한 값은 얼마인가?

풀이

(가) bar : 1.0332kgf/cm² = 1.01325bar

$\qquad$ 10kgf/cm² = χ

$\therefore \chi = \dfrac{10 kgf/cm^2}{1.0332 kgf/cm^2} \times 1.0332$ bar = 9.806 = 9.81bar

(나) MPa : 1.0332kgf/cm² = 0.101325MPa

$\qquad$ 10kgf/cm² =

$\therefore \chi = \dfrac{10 kgf/cm^2}{1.0332 kgf/cm^2} \times 0.10325$ MPa = 0.9806 = 0.98MPa

참고

1[atm] = 760 [mmHg] = 1.0332 [kg/cm²a] = 10.332 [mH$_2$O] = 10332[mmH$_2$O] = 30[inHg] = 14.7[Lb/in² = 1.01325[bar] = 101.325[N/m²] = 101.325 KPa = 0.101325 KPa

※ 1Pa = N/m² ▶ 0.1MPa = 101.325KPa = 101325Pa

09 다음은 몰리에르선도이다. 아래 표시된 가, 나, 다 는 어떤 구역인지 쓰시오.

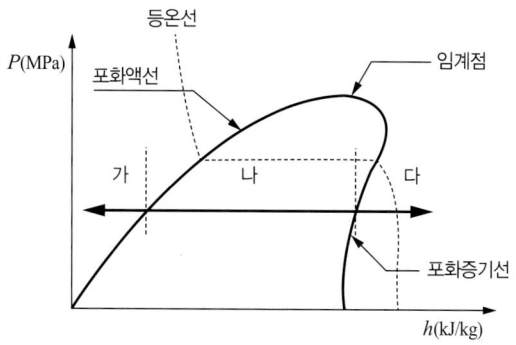

풀이

가 : 과냉각구역   나 : 습증기구역   다 : 과열증기구역

참고

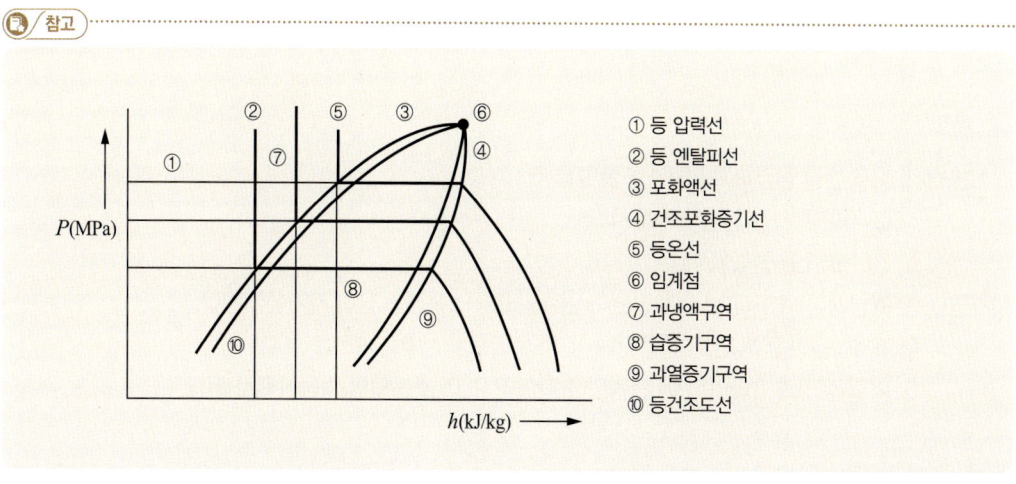

① 등 압력선
② 등 엔탈피선
③ 포화액선
④ 건조포화증기선
⑤ 등온선
⑥ 임계점
⑦ 과냉액구역
⑧ 습증기구역
⑨ 과열증기구역
⑩ 등건조도선

10 아래 회로도와 작동원리를 보고 ① ② ③의 내용을 서술하시오.

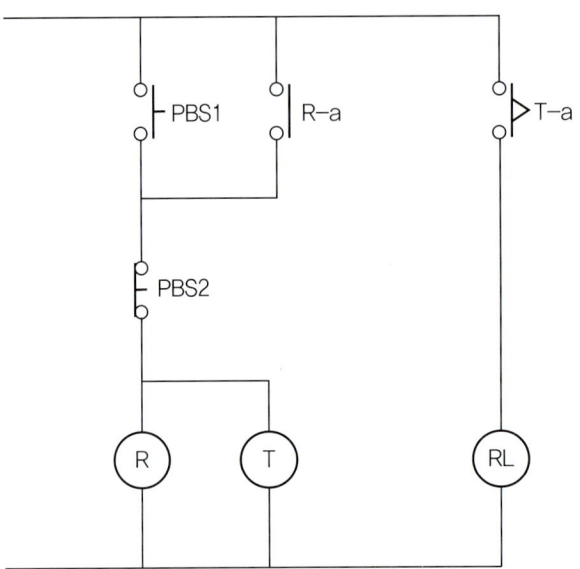

> **풀이**

[작동원리] ① 전원을 공급하고 PBS1을 눌렀을 때 :
② 타이머 시간 설정후 작동시 :
③ PBS2를 눌렀을 때 :

[해답] ① R(릴레이)와 T(타이머)에 전원이 인가되고 R-a접점이 닫혀 자기유지된다.
② T-a접점이 닫혀 RL이 점등된다.
③ R(릴레이)와 T(타이머)에 전원이 소자되어 RL이 소등되어 처음상태로 된다.

23년 공조냉동기계기능사 과년도 출제문제 02

01 아래 회로도의 동작 조건을 보고 아래질문에 알맞은 기구명칭과 기호를 써넣으시오.

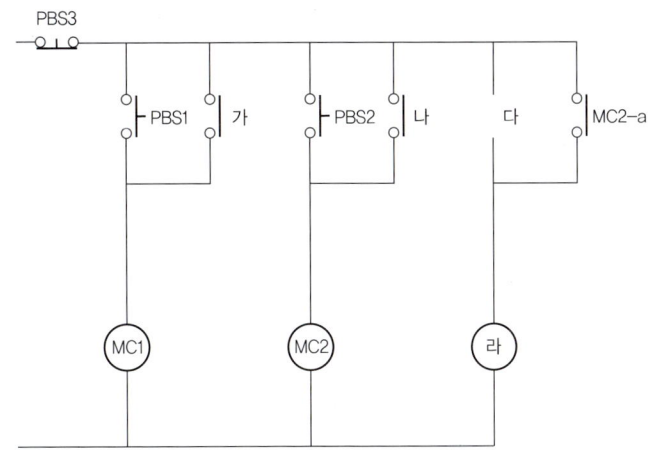

풀이

[동작조건]

가. PBS1을 누르면 MC1의 코일 전원이 작동하며 자기 유지된다.(명칭을 쓰시오)
  답 : 명칭 : MC1-a 접점

나. PBS2을 누르면 MC2의 코일 전원이 작동하며 자기 유지된다.(명칭을 쓰시오)
  답 : 명칭 : MC2-a 접점

다. PBS1 또는 PBS2 둘중 하나만 눌러도 RL이 작동한다. (접점기호를 그리고 명칭을 쓰시오)
  답 : ⁰╱₀ MC1-a

라. 라에 알맞은 기구를 쓰시오
  답 : RL

참고

① 전원을 투입해도 모든 회로가 작동하지 않는다.
② PBS1을 누르면 MC1의 코일 전원이 작동하며 모든 MC1-a가 자기 유지된다.
③ PBS2을 누르면 MC2의 코일 전원이 작동하며 모든 MC2-a가 자기 유지되며 RL이 점등된다.
④ PBS3을 누르면 초기 ①번 상태로 된다.

02 아래 그림을 보고 감온통의 설치위치와 역할을 쓰시오.

풀이

가. 설치위치 : 증발기 출구

나. 역할 : 증발기 출구의 과열도를 감지하여 냉매 유량을 조절한다.

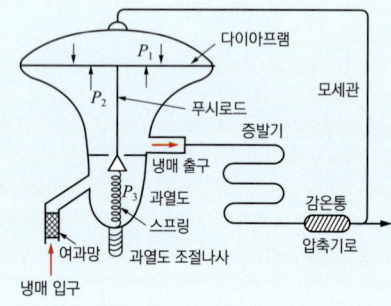

참고

① 부하 증가시 → 증발기 출구 냉매가스 온도 상승(과열도 상승) → 감온통내 포화 압력 상승 → 팽창밸브 열림(냉매유량) 증가 → 과열도 상승 방지

② 부하 감소시 → 증발기 출구 냉매가스 온도 저하(과열도 저하) → 감온통내 포화 압력 저하 → 팽창밸브 닫힘(냉매유량) 감소 → 과열도 저하 방지

감온통 : 증발기 출구측에 설치하여 냉매유량을 조절하며, 냉매량이 적으면 온도가 높아지고, 냉매량이 많아지면 온도가 낮아짐

03 아래 보기의 냉동톤 RT에 대한 설명중 빈칸에 알맞은 말을 써 넣으시오.

■보기■

냉동톤 (RT) : (가) 시간 동안 (나)℃의 물 1ton을 (다)℃ 얼음으로 만들 때 제거해야 할 열량을 말한다.

풀이

(가) 24   (나) 0   (다) 0

참고

1냉동톤(RT) : 1,000[kg] × 79.68[kcal/kg] = 79680[kcal/24시간] = 3320[kcal/h]
또는 1,000[kg/h] × 335[kJ/kg] = 13958.33[kJ/h] × 1h/3,600s = 3.88[kw]

04 아래 그림에서 보여주는 장치의 명칭과 역할을 쓰시오.

풀이

명칭 : 동관 확관기(동관용 익스펜더)
역할 : 동관 끝을 확관하는 공구

05 아래 그림은 덕트에 설치하는 부속품으로 덕트내부의 와류로 인한 통풍저항을 줄이기 위해 설치하는 부속품이다. 화살표의 명칭을 쓰시오.

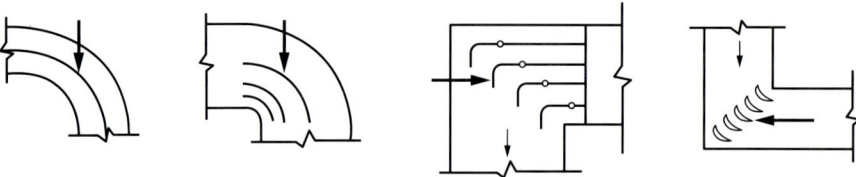

🅟 **풀이**

명칭 : 가이드베인(안내날개)

🅟 **참고**

가이드베인 : 기류를 회전시켜 덕트 내 압력을 줄일 수 있고, 싸이클론 효과로 인한 압력강하로 배기효율을 향상시키고, 기류의 역류현상도 줄일수 있다.

06 1,000kg/h의 공기를 10℃에서 30℃로 가열하려고 한다. 이 때 필요한 가열량(kw)은 얼마인가? (단, 습공기의 절대습도는 0.006kg/kg, 비열은 1.01kJ/kg·℃이다.)

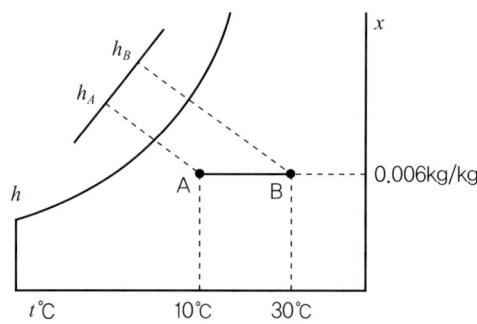

🅟 **풀이**

Q = G.C.△T에서 1,000kg/h × 1.01kJ/kg·℃ × (30-10)℃ = 20,200kJ/h

$$\therefore \frac{20,200 kJ/h}{3600 kJ/h} = 5.61 Kw$$

🅟 **참고**

1kw = 1kJ/s = 3,600kJ/h

07 응축기의 열량은 K : 열관류율, F : 전열면적, △T : 온도차를 이용해 구할 수 있다. 여기서 △T는 냉매의 응축온도와 냉각수 입출구의 온도차로 높은 매체의 온도를 Th 혹은 T_1, 낮은 매체의 온도를 TL 혹은 T_2로 표시하는데 이때 LMTD를 무엇이라고 하는지 쓰시오.

$$\text{LMTD} = \frac{\triangle T_1 - \triangle T_2}{\ln \dfrac{\triangle T_1}{\triangle T_2}}$$

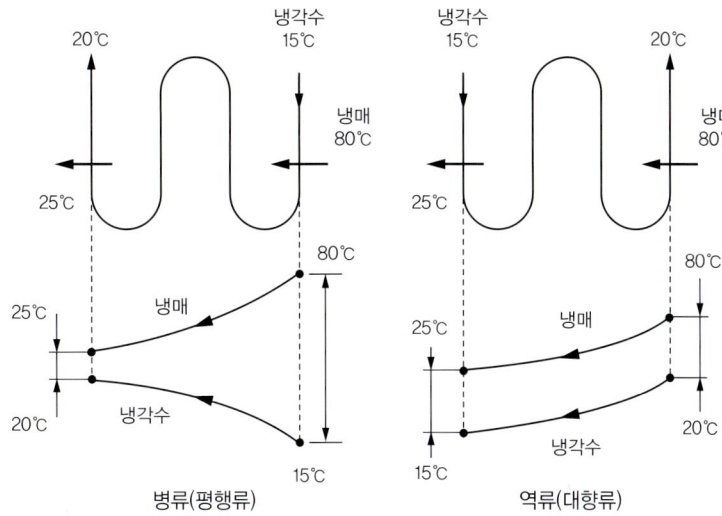

병류(평행류)   역류(대향류)

> **풀이**
>
> LMTD : 대수평균온도차

> **참고**
>
> $$\text{대수평균온도차(LMTD)} = \frac{\triangle T_1 - \triangle T_2}{\ln \dfrac{\triangle T_1}{\triangle T_2}}$$
>
> ① 병류(평행류) (LMTD)
> $$= \frac{65-5}{\ln \dfrac{65}{5}} = 23.39\,℃$$
>
> ② 역류(대향류) (LMTD)
> $$= \frac{60-10}{\ln \dfrac{60}{10}} = 27.91\,℃$$

08 다음 그림에서 보여주는 장치의 명칭과 설치목적을 쓰시오.

풀이

명칭 : 사이트글라스

설치목적 : 응축기와 팽창밸브 사이 액관에 설치하여, 냉매량 확인 및 기포, 수분, 플래쉬가 스등 냉매 상태를 알수 있다.

09 다음 그림에서 보여주는 장치의 명칭을 쓰시오.

풀이

명칭 : 전자접촉기(MC : 마그네틱 컨텍터)

10 다음 전열교환기를 이용한 공기 조화장치의 냉방시 ① ~ ⑤의 상태점을 습공기 선도에 알맞게 써 넣으시오.

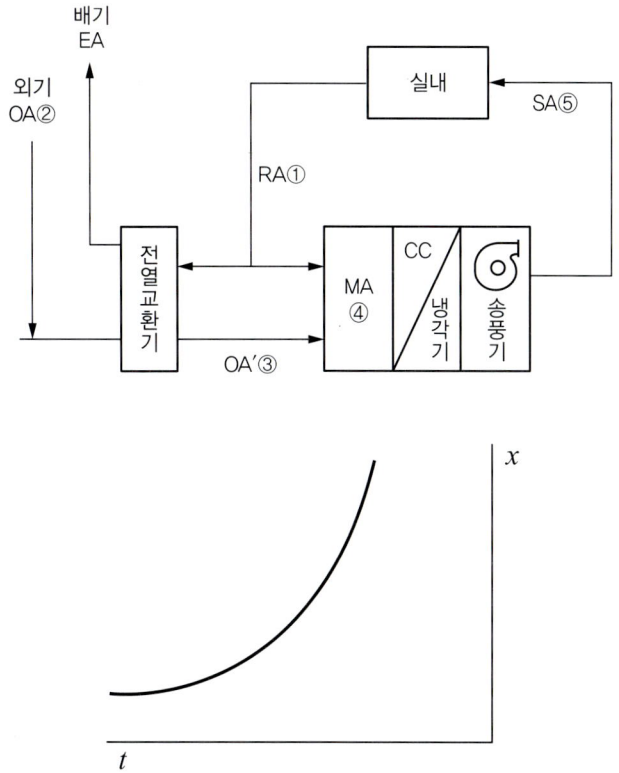

풀이

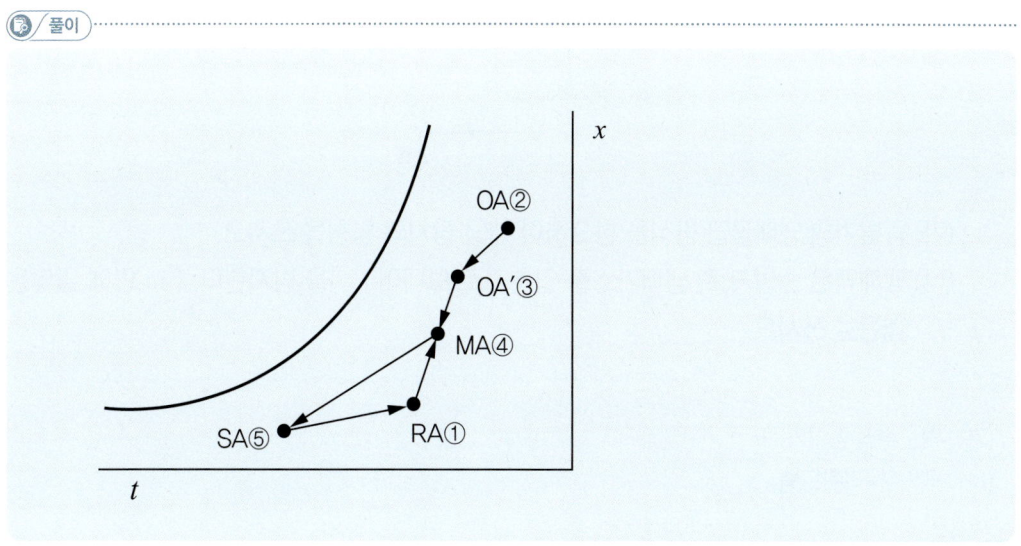

23년 공조냉동기계산업기사 과년도 출제문제 03

01 그림에서 보여주는 부품의 명칭과 도시 기호를 그리시오.

> **풀이**
>
> 명칭 : CM어댑터
> 도시기호 : ─●╫─

02 아래 그림을 보고 질문에 답하시오.

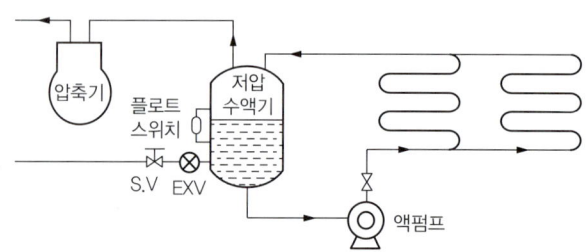

(가) 증발기의 냉매공급 방식을 참고하여 해당 장치의 명칭을 쓰시오.
(나) 냉매액은 증발기로, 냉매가스를 압축기로 보내어 (   )을 방지한다. (   ) 안에 알맞은 내용을 쓰시오.

> **풀이**
>
> (가) : 액순환식 증발기
> (나) : 액압축 (리퀴드백)

03 그림에서 보여주는 이음쇠의 명칭과 역할을 쓰시오.

> **풀이**
>
> 명칭 : 유니언
> 역할 : 동경 배관을 연결할 때 사용하는 이음쇠로 배관을 분해, 보수, 점검을 위해 50A이하의 관에 사용한다.

04 다음 장치의 명칭과 역할을 쓰시오.

> **풀이**
>
> 명칭 : 배선용 차단기
> 역할 : 과전류를 차단하여 전기기구를 보호한다.

05 다음은 냉동장치의 냉난방 전환시 사용되는 4방 밸브 (4 way valve)이다. 압축기의 흡입배관과 토출배관을 연결할 때 A, B, C, D중 어느 부분에 연결되는지 쓰시오.

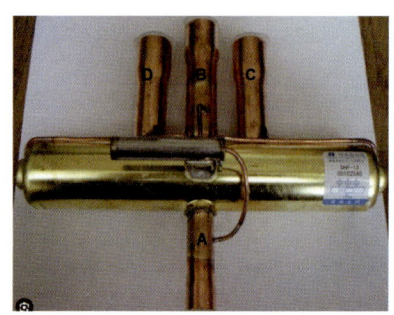

풀이

흡입배관 : B
토출배관 : A

참고

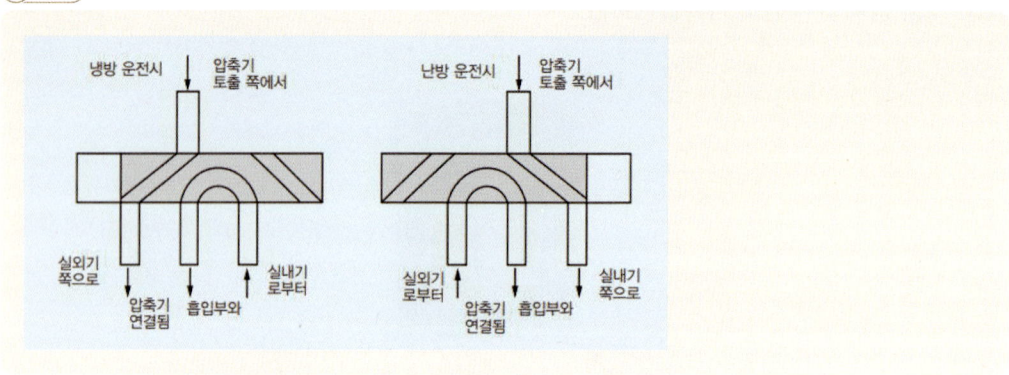

06 다음 송풍기의 명칭과 유체진행방향에 따른 작동원리를 쓰시오.

풀이

명칭 : 축류(프로펠러)식 송풍기

작동원리 : 모터에 의해 구동되는 회전축에 블레이드가 회전하며 한 쪽 끝에서 공기를 흡입 후 다른 쪽 끝으로 병렬(축방향)로 배출한다.

참고

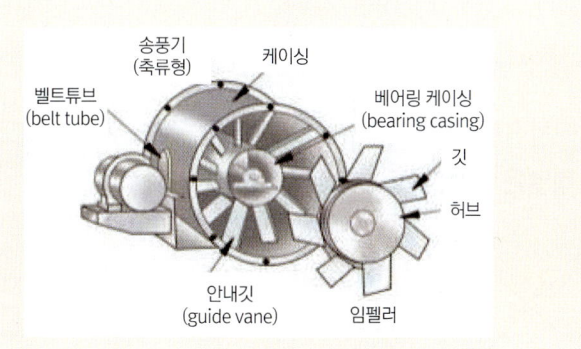

07 다음은 모터를 회전함으로써 냉매를 압축하는 방식으로 대용량 냉동장치에 적합하며 소음이 크다는 단점이 있다. 이 장치에 사용되는 압축기의 명칭을 쓰시오.

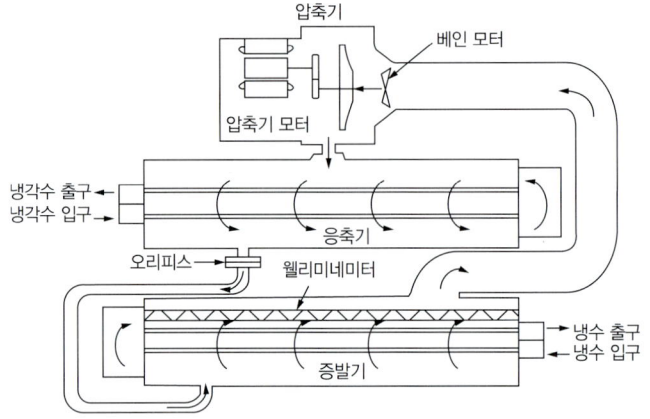

> **풀이**

원심식 압축기

08 아래 습공기선도와 같이 공기를 A에서 B로 가열할 때 필요한 가열량(KW)을 계산하시오. (단, 습공기량은 0.6kg/s, 공기의 비열은 1.0KJ/kg·℃이다.)

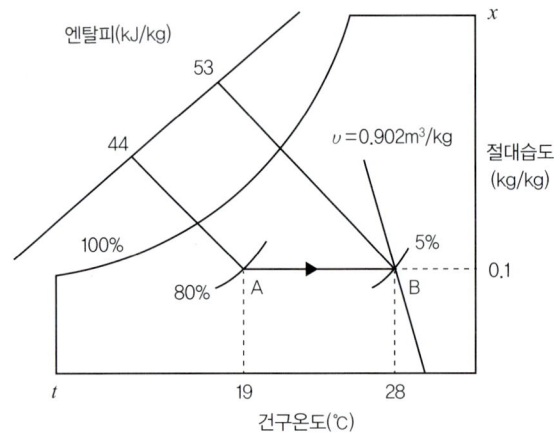

> **풀이**

계산과정 : Q = G · C · △t에서
　　　　　0.6kg/s × 1.0 KJ/kg·℃ × (28−19)℃
　　　　　= 5.4KJ/s = 5.4KW
답 : 5.4(KW)

09 냉동장치의 운전시 과전류 또는 단락전류가 발생하였을 때 엘리멘트가 단선되어 계기를 보호하는 퓨즈의 색깔이(녹색, 적색, 청색, 회색 등) 의미하는 것은?

> **풀이**
>
> 퓨즈의 용량 (퓨즈의 정격전류)

10 다음과 같은 조건을 보고 물음에 답하시오.

> ■조건■
> - 급탕량이 3,000[L/h], 급수온도 10[℃], 급탕온도 60[℃], 물의 비열 4.18[KJ/kg K]
> - 상당증발 [1,000[kg/h](100[℃] 물의 증발잠열 h=2256[KJ/kg])
> - 배관손실 부하는 0.2 예열부하는 0.15 이다.
> - 보일러의 연료 소비량은 130[㎥/h]이고, 연료의 저위발열량은 40,000[KJ/㎥]이다.

(가) 급탕부하[KJ/h]를 구하시오.
(나) 상용출력[KJ/h]를 구하시오.
(다) 정격출력[KW]를 구하시오.
(라) 보일러의 효율[%]을 구하시오.

> **풀이**
>
> (가) 계산과정 : $Q = G \cdot C \cdot \triangle t$에서 3,000 × 4.18× (60-10)   답 : 627,000[KJ/h]
>
> (나) 계산과정 : 상용출력 = 난방부하 + 급탕부하 + 배관부하에서 [(1,000×2,256) + 627,000]× 1.2
>   답 : 3,459,600[KJ/h]
>
> (다) 계산과정 : 정격출력 = 난방부하 + 급탕부하 + 배관부하 + 예열부하에서
>
> $$3{,}459{,}600 \times 1.15 = 3{,}978{,}540[KJ/h] = \frac{3{,}978{,}540}{3{,}600}$$
>
>   답 : 1105.15[KW]
>
> (라) 보일러 효율 = $\dfrac{\text{급탕부하}}{\text{연료사용량} \times \text{저위발열량}} \times 100(\%) = \dfrac{3{,}978{,}540}{130 \times 40{,}000} \times 100(\%)$
>
>   답 : 76.51[%]
>
> ※ 참고) 1[kW] = 3,600[kJ/h]= 1[kJ/s]

11 공기조화방식은 열운반 매체에 따라 전공기방식, 전수방식, 수·공기방식, 냉매방식으로 분류 할수 있다. 아래 그림을 보고 각각 알맞은 열운반 방식을 보기에서 골라 쓰시오.

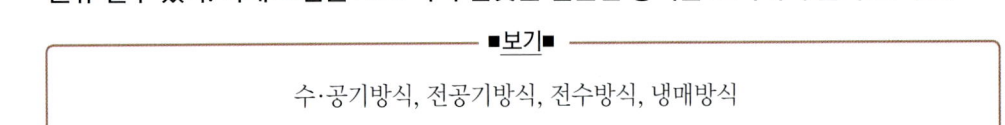

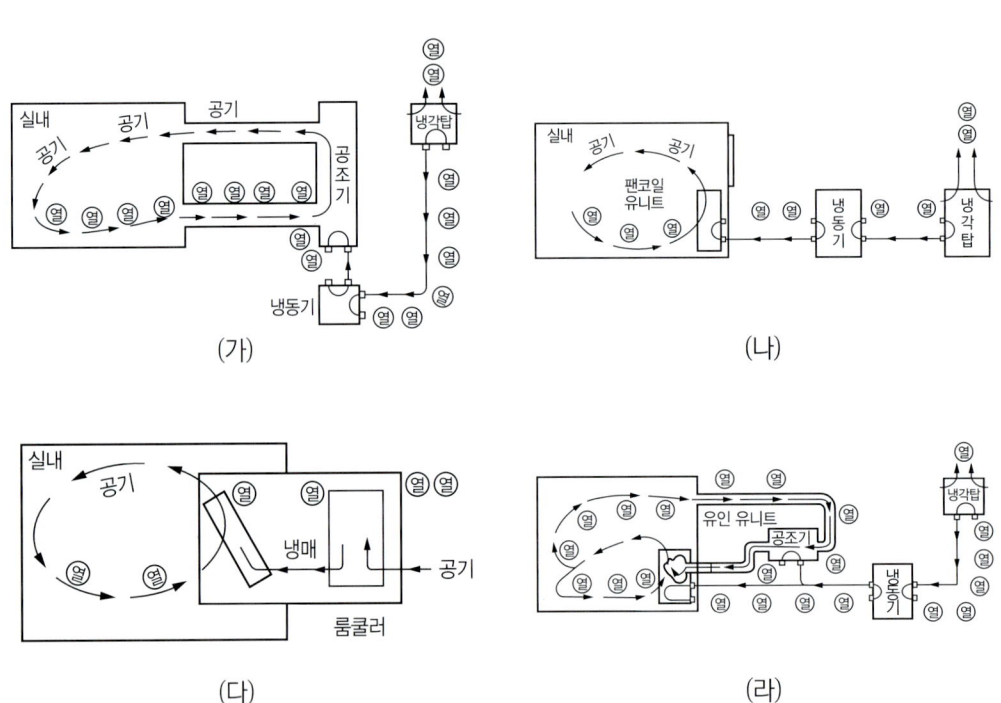

풀이

(가) 전공기방식   (나) 전수방식   (다) 냉매방식   (라) 수·공기방식

12 다음 회로도를 보고 PB1과 PB2를 눌렀을 때 어떻게 동작 하는지 아래 물음에 답하시오.
(MC1, MC2, MC3, L1, L2 위주로 설명할 것)

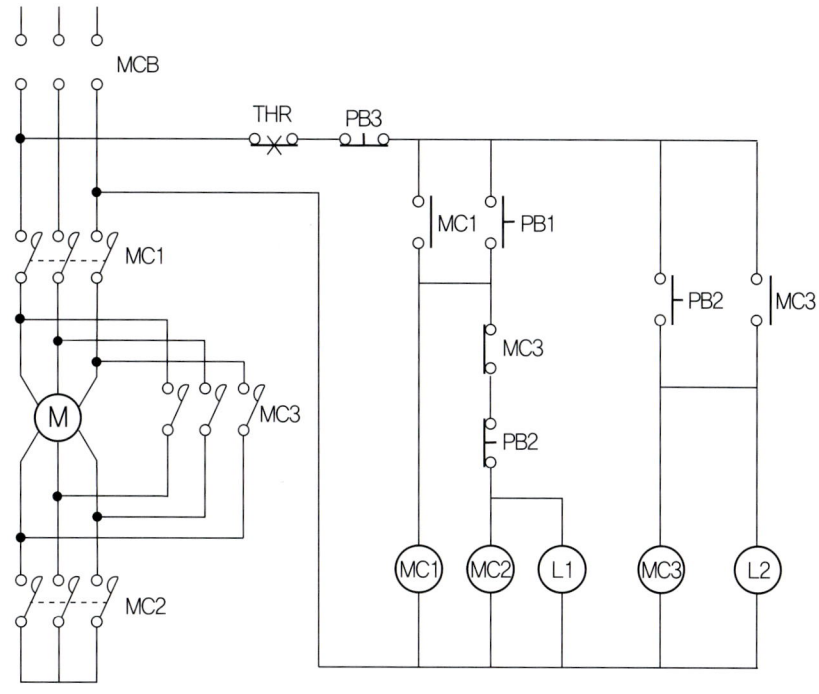

> **풀이**

(가) PB1을 눌렀을 때 동작 설명
: PB1을 누르면 MC1-a 접점이 닫혀 자기유지되어 MC1, MC2 전원이 인가되고 L1 램프가 점등된다.

(나) PB2을 눌렀을 때 동작 설명
: PB2을 누르면 PB2-b 접점이 열려 MC2 전원이 소자되고, PB2-a 접점이 닫혀 자기유지되어 MC3 전원이 인가되고 L2 램프가 점등된다. 또한 MC3-b 접점이 열려 MC2 전원이 소자되고 L1 램프도 소등된다.

 ## 23년 공조냉동기계산업기사 과년도 출제문제

01 그림에서 보여주는 부품의 명칭을 쓰시오.

> **풀이**
>
> 90도 동관엘보 (C×C형)

02 -10℃ 의 얼음 1Kg을 100℃의 증기로 만드는데 필요한 열량(KJ)은? (얼음의 비열은 2.1KJ/ kg℃, 얼음의 융해잠열은 335KJ/kg , 물의 비열은 4.2 KJ/kg℃, 물의 증발잠열은 2256KJ/kg 이다.)

> **풀이**
>
> ① $Q_S = 1kg \times 2.1kJ/kg℃ \times 10℃ = 21kJ$
> ② $Q_L = 1kg \times 335kJ/kg = 335kJ$
> ③ $Q_S = 1kg \times 4.2kJ/kg℃ \times 100℃ = 420kJ$
> ④ $Q_L = 1kg \times 2256kJ/kg = 2256kJ$
>
> ∴ ① + ② + ③ + ④ = 3032 kJ

03 그림에서 보여주는 부품의 (가) 명칭과 (나) 기능을 쓰시오.

> **풀이**

(가) 명칭 : 고 · 저압력 스위치
(나) 기능 : 냉동장치에 이상 고·저압이 발생할때 냉동기를 보호하기 위한 안전장치로 복귀시 원인을 찾아 조치하고 수동복귀를 목적으로 한다.

04 그림에서 보여주는 체크밸브의 기능을 쓰시오.

> **풀이**

유체 흐름의 역류를 방지한다.

05 관이음 도시 기호에 맞는 명칭을 쓰시오.

가 : ( )	─╂╂─
나 : ( )	─╂╂╂─
다 : (용접(땜)이음)	─●─
라 : ( )	─⊂─

풀이

가 : 플랜지이음   나 : 유니언이음   라 : 소켓이음 (턱걸이형)

06 실내의 현열부하 8.3KW, 잠열부하가 2.8KW일 때 현열비(KW)는?

풀이

$$SHF = \frac{현열부하}{현열부하 + 잠열부하}$$

$$\frac{8.3}{8.3 + 2.8} = 0.7477 \quad \therefore \ 0.75$$

07 그림에서 보여주는 냉동기의 응축기와 팽창밸브 사이에 설치하는 부품의 (가) 명칭과 (나) 기능을 쓰시오.

풀이

(가) 명칭 : 전자밸브(solenoid valve)
(나) 기능 : 전기적 조작에 의해 밸브가 자동으로 개폐되어 냉매나 브라인, 냉각수 흐름 제어를 한다.

> **참고**
>
> 동작방법 : 상부의 전자코일에 전기가 인가(통전)되면 밸브 내부의 플런저를 들어올려 밸브를 열고, 전기가 소자되면 밸브를 닫는다.

08 그림은 습공기 선도이다. 습공기 선도 구성요소를 5가지를 쓰시오.

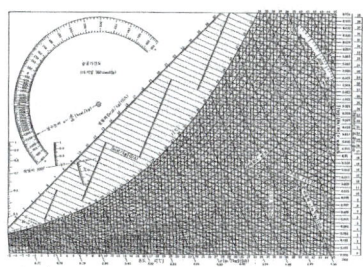

> **풀이**
>
> 건구온도, 습구온도, 엔탈피, 상대습도, 절대 습도, 비체적, 현열비, 열수분비, 수증기분압, 노점온도

> **참고**
>
> 1. 습공기선도 구성
> ① h-x선도 : 엔탈피 h를 경사측에, 절대습도 x를 종축으로 구성
> ② t-x선도 : 건구온도 t를 횡측에, 절대습도 x를 종축으로 구성
>
> 2. 습공기 선도구성 요소
>
>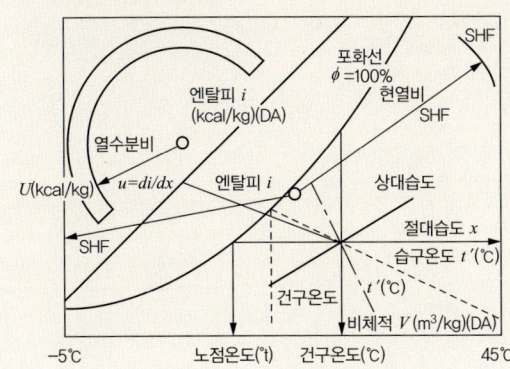

09 다음과 같은 장치로 환기할 때 실내의 열을 외기에 열교환 하여 급기하고 현열 및 잠열까지 열교환하는 것으로 현열 교환기보다 우수한 열교환기는?

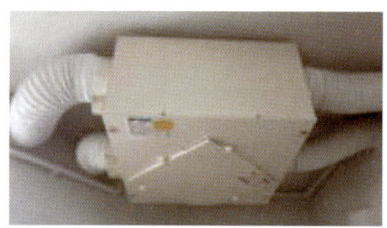

풀이

전열교환기

참고

전열교환기 : 열교환기 형식의 하나로 공기 조화에서 환기를 할 때 실내의 열을 외부공기의 급기로 열교환하는 장치

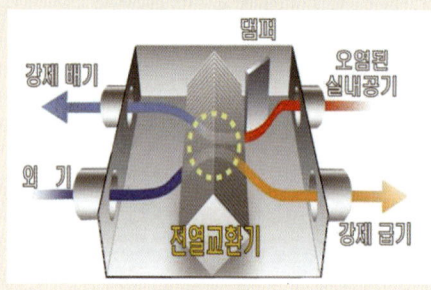

10 다음 시퀀스 회로도를 보고 (가) PB1 (녹색) 을 눌렀을때 동작 설명과 (나) PB2 (적색) 을 눌렀을 때 동작 설명을 쓰시오.

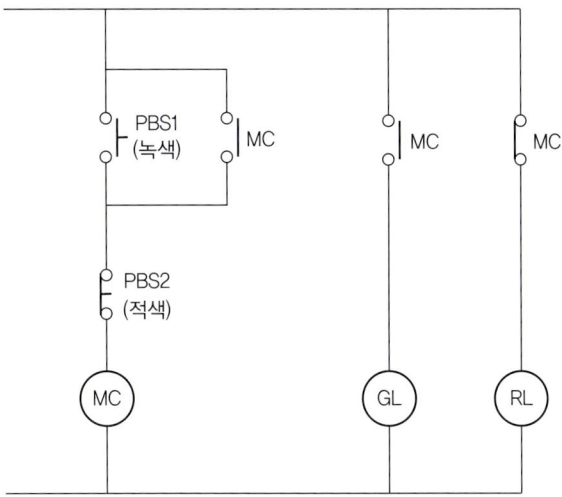

> **풀이**
>
> (가) PB1(녹색)을 눌렀을때 동작 설명
> : PBS1(녹색)을 누르면 MC가 자기유지되어 MC-a접점이 닫혀 GL램프가 점등되고, MC-b접점은 열려 RL램프는 소등된다.
> (나) PB2(적색)을 눌렀을 때 동작 설명
> : MC가 소자되고, MC-a 접점이 열려 초기상태인 RL램프만 점등된다.

> **참고**
>
> ■ 동작상태 ■
> ① 전원을 인가하면 RL램프가 점등되고, PBS1(녹색)을 누르면 MC가 자기유지되어 GL램프가 점등되고, RL램프는 소등된다.
> ② PBS2(적색)을 누르면 초기상태인 RL램프만 점등된다.

11 다음은 시퀀스 제어의 신호 흐름이다. 빈칸에 알맞은 것은?

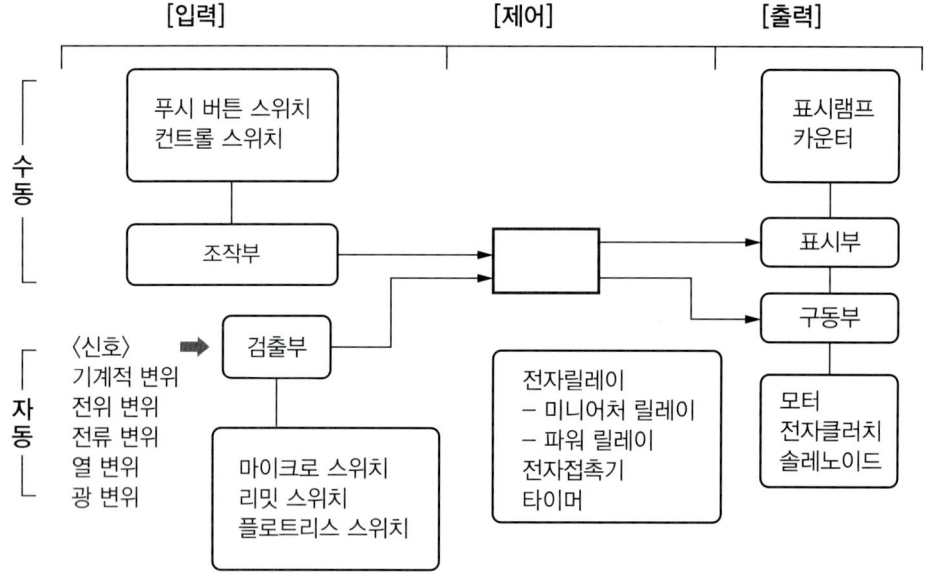

> 풀이

제어부

12 다음과 같은 팽창밸브 작동원리에 의한 알맞은 번호를 고르시오.

(1) P1 > P2 + P3
(2) P1 < P2 + P3
(3) P1 = P2 + P3
(P1 : 과열도에 의해 다이아프램에 전해지는 압력, P2 : 증발기 내 냉매의 증발압력 P3 : 조절나사에 의한 스프링 압력)

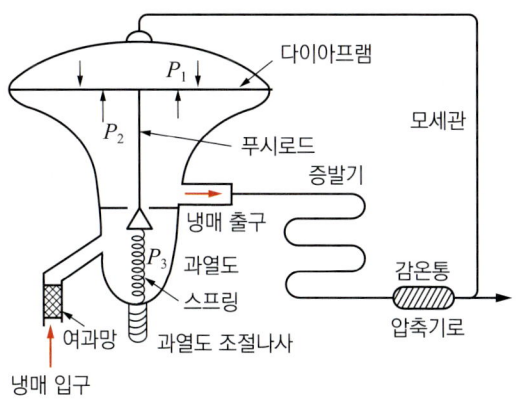

(가) 냉동부하 증가 → 과열도 상승 → 팽창밸브 열림
(나) 냉동부하 감소 → 과열도 저하 → 팽창밸브 닫힘
(다) 균형을 유지하고 있는 상태

풀이

(가) : (1)   (나) : (2)   (다) : (3)

참고

■ 동작상태 ■
① 부하 증가시 → 증발기 출구 냉매가스 온도 상승(과열도 상승) → 감온통 내 포화 압력 상승 → 팽창밸브 열림(냉매유량) 증가 → 과열도 상승 방지
② 부하 감소시 → 증발기 출구 냉매가스 온도 저하(과열도 저하) → 감온통 내 포화 압력 저하 → 팽창밸브 단힘(냉매유량) 감소 → 과열도 저하 방지

 **24년 공조냉동기계기능사** 과년도 출제문제

01 아래그림은 강관의 나사이음 시 사용되는 배관도이다. 실제 절단길이 [l]을 구하는 식을 쓰시오.

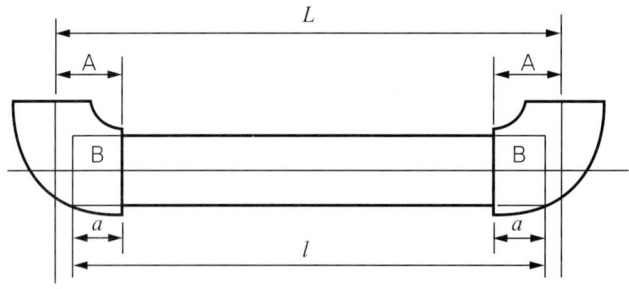

> 풀이

실제 절단길이 [l] = L − 2(A−a) 또는 L − {(A−a) + (A−a)}

02 아래그림은 액·가스 열교환기를 삽입하여 구성한 냉동장치이다. 이 때 냉동장치에 난방시 : ①, ②구간과 ③, ④구간을 몰리에르선도상 알파벳으로 표시하면 어느 구간인지 쓰시오.

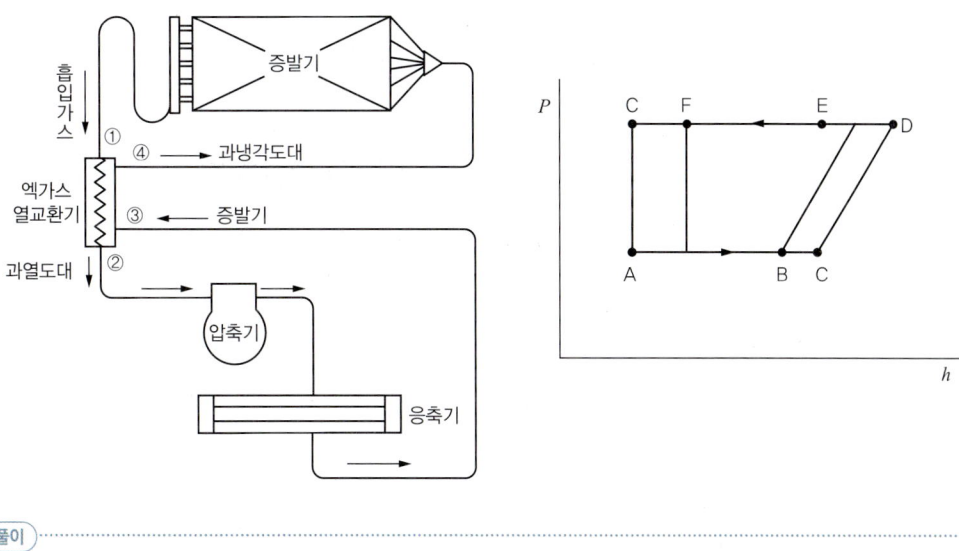

풀이

①, ② : B, C   ③, ④ : F, G

03 다음 사진에 나오는 공구의 명칭을 쓰시오.

풀이

와이어스트리퍼

참고

스트리퍼는 전선의 피복을 제거하고 절단할 때 사용되는 공구

04 다음 냉동선도를 보고 냉매순환량이(G) 0.04 kg/s일 때 압축기 일량[Kw]을 구하시오.

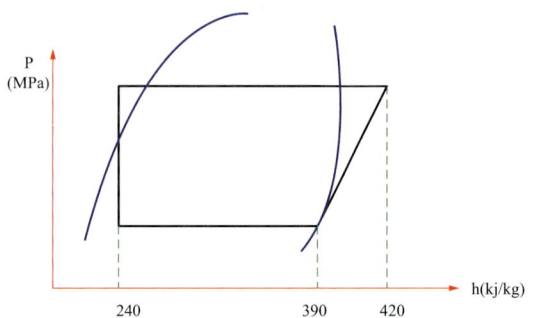

> 풀이

Aw(압축일량) = G(냉매순환량)×△h(압축열량)에서
= 0.04[kg/s] × (420−390)[kj/kg] = 1.2[Kj/s] = 1.2[Kw]

> 참고

1Kw = 1Kj/s = 3600[kj/h]

05 다음 그림을 보고 아래 빈칸 (가), (나) 에 알맞은 명칭의 온도계를 써 넣으시오.

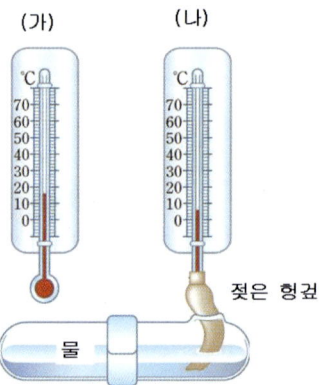

> 풀이

(가) 건구온도   (나) 습구온도

06 다음 사진을 보고 (가)의 명칭과 역할을 쓰시오.

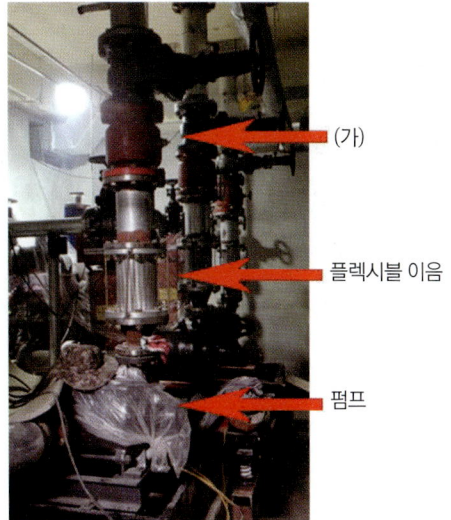

풀이

명칭 : 체크밸브
역할 : 유체의 역류를 방지하여 펌프가 반전하는 것을 방지한다.

참고

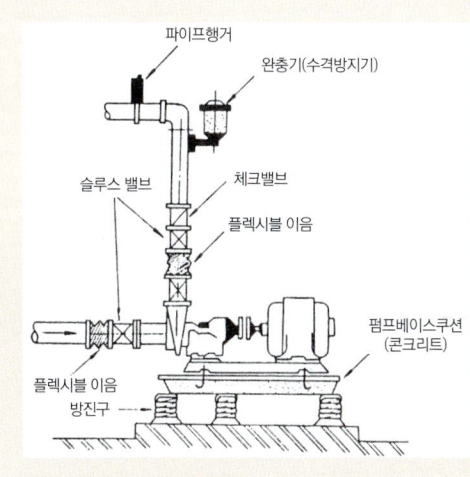

07 다음 사진에서 보여주는 장치의 (가) 명칭과 (나) 역할을 쓰시오.

> **풀이**
>
> (가) 명칭 : 수액기
> (나) 역할 : 응축기와 팽창밸브사이에 설치하여 냉매를 일시 저장하고, 불응축가스를 제거하며 냉동부하에 따라 액냉매를 팽창밸브에 공급하는 역할

08 아래그림은 사방밸브(4way)를 이용한 히트펌프 냉.난방 방식이다. 해당 그림을 보고 실내가 냉방과 난방상태일 때 각각 구분하여 해당 번호를 모두 쓰시오.

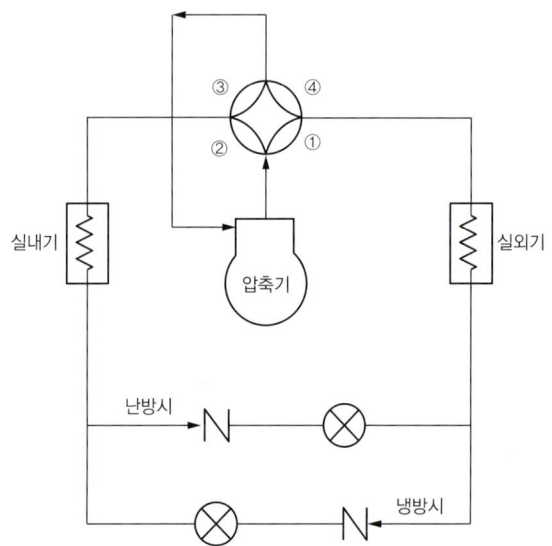

> **풀이**
>
> 냉방시 : ①, ③   난방시 : ②, ④

09 다음 동작조건에 맞는 회로를 빈칸에 기호로 그려 넣으시오.

[동작조건]
1. PBS1을 누르면 타이머에 전원이 인가되어 자기유지되고, GL이 점등후 일정시간이 흐르면 GL이 소등되며 RL램프가 점등된다.
2. PBS2를 누르면 타이머 전원이 차단되어 처음 상태가 된다.

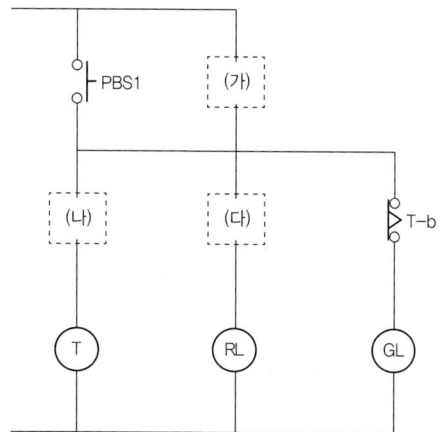

> **풀이**
>
> (가) T-a   (나) PBS2   (다) T-a

> **참고**
>
> 타이머(Timer) : 입력신호가 주어지고 일정 시간 경과 후에 접점을 개폐시키는 것
> ① 한시 동작 순시 복귀 : 설정 시간 경과 후 접점이 동작하며, 신호 차단 시 순간적으로 복귀되는 동작
> ② 순시 동작 한시 복귀 : 순간적으로 접점이 동작하며, 입력신호가 소자하면 접점이 설정 시간 후 복귀되는 동작
> ③ 한시 동작 한시 복귀 : 설정 시간 경과한 후 접점이 동작하며, 설정 시간 경과한 후 접점이 복귀되는 동작
>
> ※순시 a, b접점기호 : ⊶ T-a   ⊷ T-b   ※한시 a, b접점 기호 : ⊶ T-a   ⊷ T-b

10 아래 회로도를 보고 PBS1을 눌렀을때 전원부 ①, ②, ③, ④, ⑤의 상태를 ON, OFF로 쓰시오.

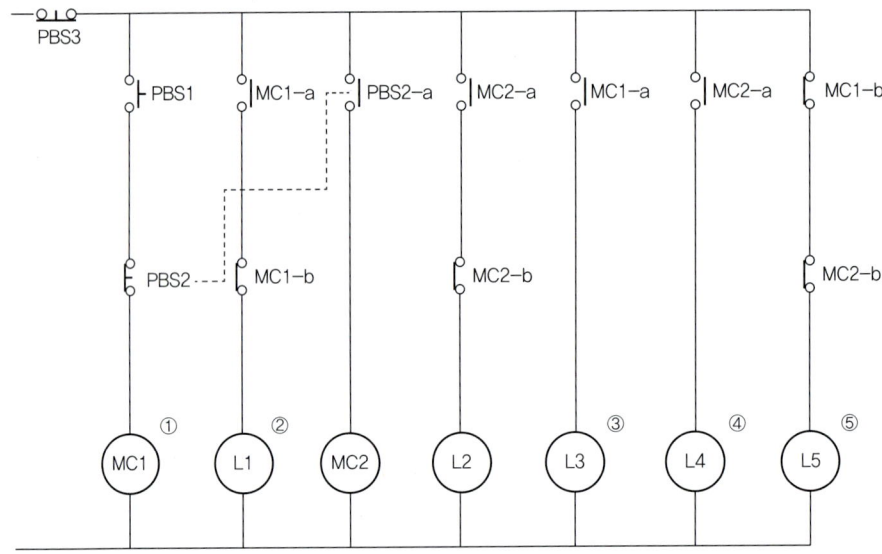

> **풀이**
>
> ① : OFF   ② : OFF   ③ : OFF   ④ : ON   ⑤ : OFF

> 참고

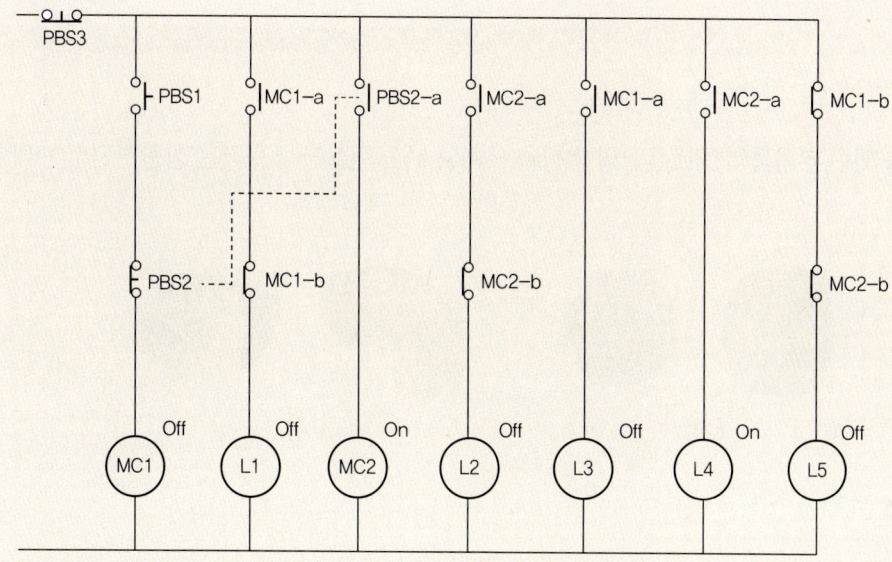

[동작설명]
① 전원을 공급하면 L5만 점등(On)된다.
② PBS1을 누르면 MC1에 전원이 공급되며 MC1-a 접점에 의해 자기 유지되고, MC1-b 접점은 열려 L1은 소자(Off)된다. 그 외 MC1-a 접점이 닫힌 L3도 인가(On)되고, MC1-b 접점인 L5는 소자(Off)된다. 그때 MC2, L2, L4는 소자(Off)상태임.
③ PBS2-a나 PBS2-b를 누르면 MC1은 전원이 소자(Off)되고, MC2-a 접점이 닫혀 MC2에 전원이 인가(On)되며, L2는 MC2-b접점이 열려 소자(Off)상태, MC1-a접점이 열려 L1, L3가 소자(Off)상태. L5는 MC2-b접점이 열려 소자(Off)된다.
④ L1,L2는 PBS1, PBS2 눌러도 전원이 소자(Off)상태임. (전원 비상상태에서만 작동하는 회로임)

24년 공조냉동기계기능사 과년도 출제문제 02

01 다음 배관 부속품의 (가), (나)의 명칭을 쓰시오. (단, 재질이나 규격은 상관하지 않는다.)

(가) (나)

> 풀이

(가) 캡   (나) 90도 엘보

02 다음 보여주는 장치의 명칭을 쓰시오.

> 풀이

메니폴드게이지

> **참고**
>
> 역할 : 냉매 충전, 오일충전, 진공작업, 운전 중 압력측정을 한다.
>   ① 청색호스 : 저압부 ② 적색호스 : 고압부
>   ③ 황색호스 : 진공펌프, 냉매용기에 연결하는 써비스호스

03 다음은 전기와 관련된 기기의 기호이다. 해당 장치의 명칭과 특징을 쓰시오.

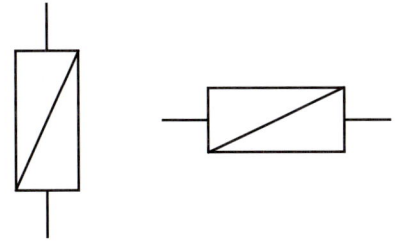

> **풀이**
>
> (가) 명칭 : 퓨즈
> (나) 특징 : 회로에 흐르는 전류가 과전류일때 퓨즈가 끊겨 회로를 보호한다.

> **참고**
>
> 퓨즈의 재질 : 아연, 구리, 은, 알루미늄 합금 등으로 제작
> (납-안티몬합금, 알루미늄 안티몬합금 등)

04 다음 그림과 같이 냉각 코일을 거치지 않고 지나가는 공기의 비율 (가)를 무엇이라 하는가?

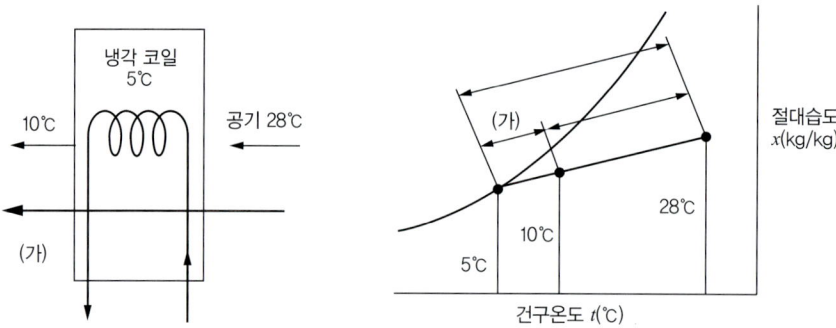

풀이

(가) 바이패스팩터(BF)

참고

· 바이패스팩터(BF) : 코일과 접촉하지 않은 공기

$$= \frac{\text{바이패스한 공기량}}{\text{코일을 통과한 공기량}} = \frac{10-5}{28-5} = 0.22$$

· 콘택트 팩터(CF) : 코일과 접촉한 공기 (1−BF) = 0.78

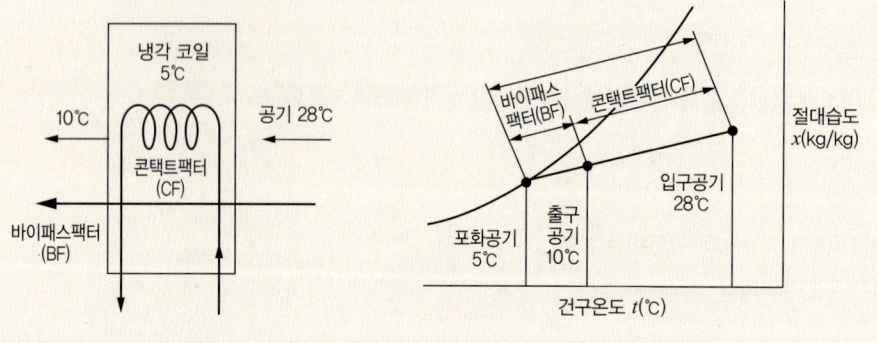

05 다음 사진에서 보여주는 응축기의 명칭과 화살표가 가리키는 장치인 엘리미네이터의 역할을 쓰시오.

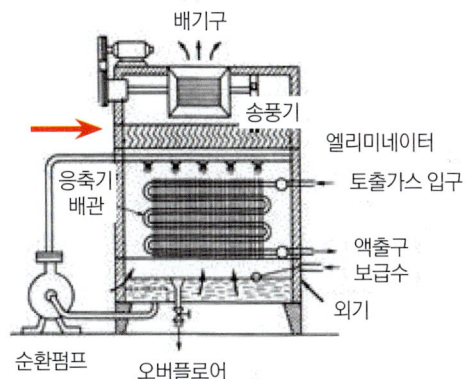

> **풀이**
>
> 명칭 : 증발식 응축기
> · 엘리미네이터의 역할 : 냉각관에 분무되는 냉각수의 일부가 공기와 함께 외부로 비산되는 것을 방지하기위해 응축기 상부에 설치하는 장치

06 20℃물 100kg을 10분간 0℃로 만드는데 필요한 냉동톤(RT)는 얼마인가? (단, 물의비열 4.2 $[kj/kg\,°k]$, 1RT는 3.86 $[kw]$이다)

> **풀이**
>
> Q = G·C·△T에서
>
> $$= \frac{100kg}{10\min \times \frac{60s}{\min}} \times \frac{4.2kj\,°k}{kg\,°k} \times [(273+20)-(273+0)]\,°k$$
>
> =14[kJ/S] = 14[KW] ∴ $\frac{14kw}{3.86kw}$ = 3.626 = 3.63RT
>
> ※ 참고 1 $[kw]$ = 1 $[kj/s]$ = 3600 $[kj/h]$

07 지구 온난화 정도를 상대적으로 나타내는 지표를 GWP라 한다. 아래의 식에서 (A) 안에 들어갈 물질이 무엇인지 쓰시오.(예 : 프로판)

$$GWP = \frac{\text{어떤 물질 } 1kg \text{이 기여하는 지구 온난화 정도}}{(A) \, 1kg \text{이 기여하는 지구 온난화 정도}}$$

풀이

(A) 이산화탄소

지구온난화지수(GWP : global warming potential) : 이산화탄소가 지구온난화에 미치는 영향을 기준으로 다른 온실가스가 지구온난화에 기여하는 정도를 나타낸 것. 즉, 개별 온실가스 1kg의 태양에너지 흡수량을 이산화탄소 1kg이 가지는 태양에너지 흡수량으로 나눈값. 단위 질량당 온난화 효과를 지수화 한 것.
  예) 이산화탄소(CO_2)를 1로 볼때 메탄(CH_4)은 21, 아산화(일산화)질소(N_2O)는 310, 수소불화탄소(HFCs)는 1,300, 육불화황(SF_6)은 23,900이다.

08 면적이 20[m^2]인 벽체의 외부온도가 −5[℃]이고, 내부온도가 20[℃] 일 때, 벽체를 통해 전달되는 열량 [W]는 얼마인가?(단, 열관류율은 1.5[$W/m^2 \cdot °K$]이다)

풀이

$Q = K \cdot F \cdot \triangle T$에서 $1.5W/m^2 \cdot °K \times 20m^2 \times \{(20+273)-(-5+273)\}°K$
  ∴ 750W

09 다음 회로도를 보고 아래 물음에 답하시오.
　　[T(타이머), R(릴레이), RL(적색등) 부품 위주로 설명할 것]

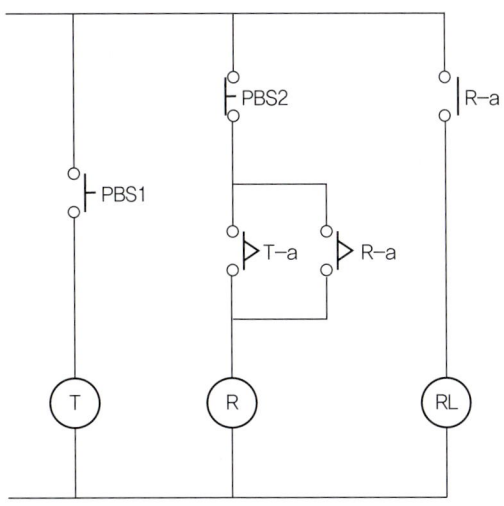

(가) PBS1을 눌렀을 때 :

(나) 타이머(T)의 설정시간이 지났을 때 :

(다) PBS2를 눌렀을 때 :

> **풀이**
>
> (가) PBS1을 눌렀을 때
> 　: PBS1을 누르고 있으면 타이머에 전원이 인가되고, 타이머 설정시간이 지난 이후는 자기유지 된다.
> (나) 타이머(T)의 설정시간이 지났을 때
> 　: 타이머 설정시간이 지난후 T-a 접점이 닫혀, R(릴레이)에 전원이 인가되고, R-a접점도 닫혀 자기 유지되며, RL램프도 R-a접점이 닫혀 점등된다.
> (다) PBS2를 눌렀을 때
> 　: PBS2를 누르면 R(릴레이)에 전원이 소자되어, T-a 접점, R-a접점이 열려 초기 상태가 된다.
>
> ※ 보충 : 위와 같은 회로를 촌동(인칭) 자기유지 회로라 함

10 아래 회로도에서 동작순서에 따라 MC1과 MC2가 순차적으로 작동하고, RL램프가 점등된다면, (가), (나)의 빈칸에 알맞은 명칭과 도시기호를 그리시오.(동작순서 : ① PBS1을 누른다. ② PBS2를 누른다.)

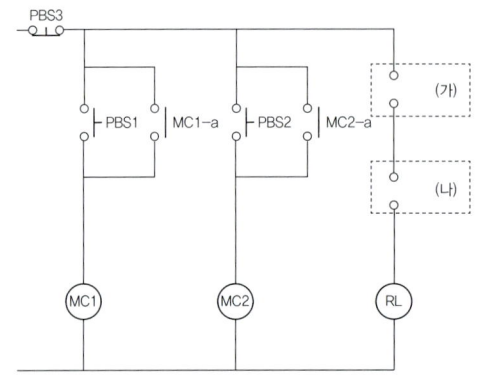

(가) PBS1을 눌렀을 때 :

(나) 타이머(T)의 설정시간이 지났을 때 :

(다) PBS2를 눌렀을 때 :

풀이

(가) ┤├ MC1-a   (나) ┤├ MC1-a

[동작설명]
1. 전원을 인가해도 a접점이라 아무런 동작을 하지 않는다.
2. PBS1을 누르면 MC1 전원이 인가되며, MC1-a 접점과 (가)의 MC1-a 접점이 닫혀 자기유지된다. 단, (나)의 MC2-a 접점은 열려있는상태로 RL램프는 소등 상태임
3. PBS2를 누르면 MC2 전원이 인가되며, MC2-a 접점과 (나)의 MC2-a 접점이 닫혀 자기 유지되어 RL램프가 점등된다.

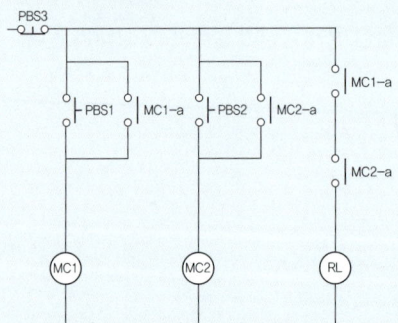

24년 공조냉동기계기능사 과년도 출제문제 03

01 다음 냉동장치의 구성도를 보고 (나) 장치의 명칭과 역할을 쓰시오.

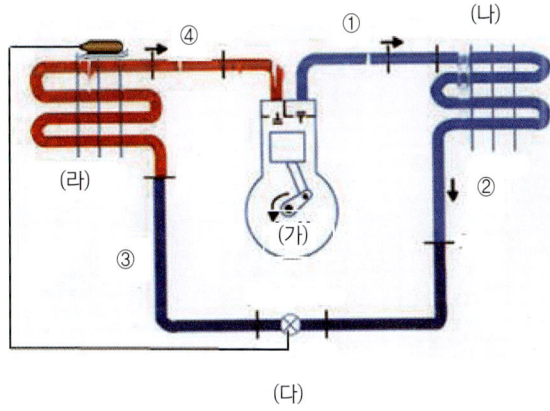

풀이

- 명칭 : 응축기
- 역할 : 압축기에서 토출된 고온.고압의 냉매 가스를 외부에서 공기나 냉각수를 이용하여 열을 제거하여 응축 및 액화시키는 역할

02 아래 그림을 보고 배관의 신축이음 중 어떤 이음 방식인지 쓰시오.

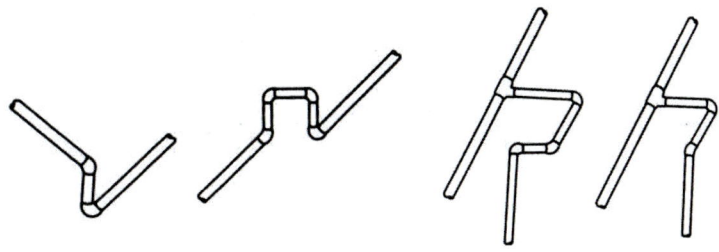

풀이

스위블이음(지웰이음)

> 참고
>
> • 스위블 신축이음 : 2-3개의 엘보를 사용하여 관의 신축을 조절하며, 방열기 인입관이나 저압 온수관에 사용한다.

03 다음은 -25℃얼음을 가열할 때 상태변화를 나타낸 것이다. B점과 D점의 명칭을 쓰시오.

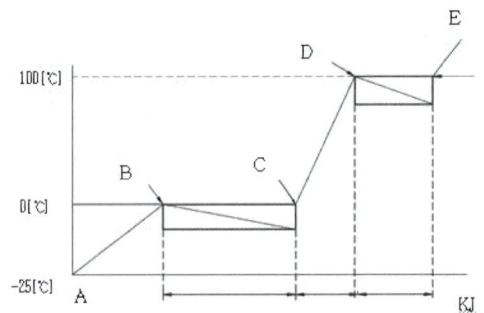

> 풀이
>
> B명칭 : 융해점 , D명칭 : 비등점

> 참고

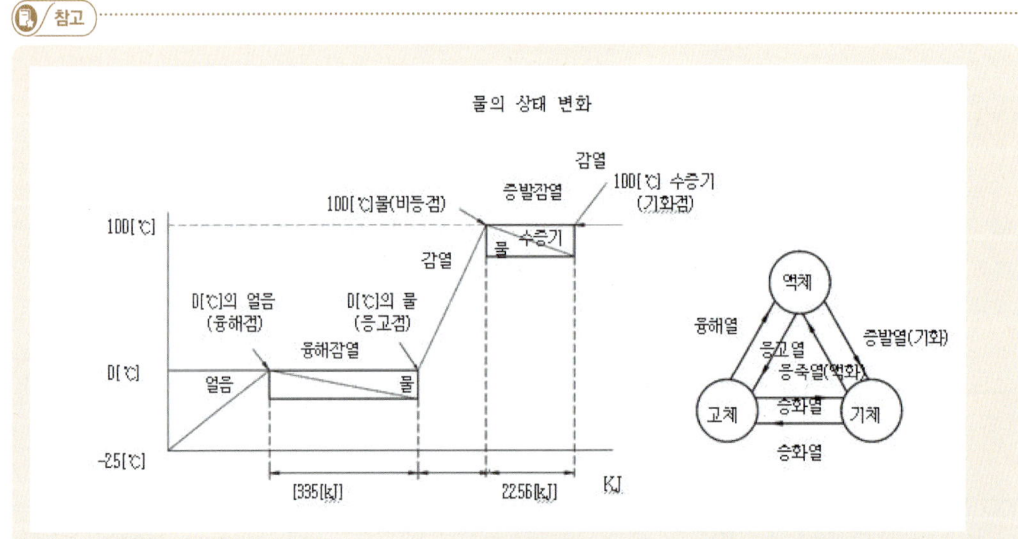

물의 상태 변화

04 아래 표는 스크류 압축기의 냉동 능력과 소비전력을 나타낸 것이다. 압축기 모델이 K2일 때, 응축온도가 40℃이고 증발온도가 –10℃일 때, 냉동능력은 얼마인지 아래표를 보고 찾아 쓰시오.

압축기 모델명	응축 온도[℃]	냉동능력[KW]				소비전력[KW]			
		증발온도[℃]							
		–30℃	–20℃	–10℃	–0℃	–30℃	–20℃	–10℃	–0℃
K1	30	5.45	6.48	9.28	11.62	3.81	3.21	3.12	3.11
	40	4.51	5.81	8.74	9.88	4.52	3.68	3.82	4.71
	50	–	–	5.87	7.84	–	–	6.56	7.73
K2	30	2.21	3.18	3.94	5.84	2.23	2.32	2.30	2.12
	40	1.84	2.45	3.95	5.26	2.84	2.58	2.65	2.35
	50	–	–	3.45	4.15	–	–	2.24	2.14

 풀이

3.95[KW]

05 아래 그림을 참고하여 정압비열(CP)[KJ/kg℃], 증발잠열(r)[KJ/kg]이라고 할 때 주어진 기호를 이용하여 현열(qs)[KJ/kg]과 잠열 (qL)[KJ/kg]의 계산식을 쓰시오.

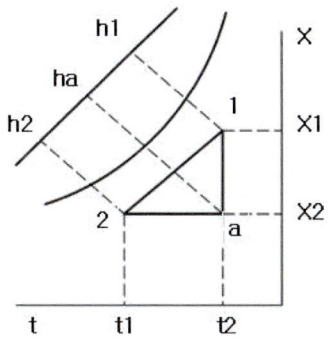

풀이

현열(qs)[KJ/kg] = CP[KJ/kg℃] · (t1–t2)[℃]
잠열(qL)[KJ/kg] = r [KJ/kg] · (x1–x2)[Kg/kg]

> **참고**
>
> 현열(qs)[KJ] = G[kg] · CP[KJ/kg℃] · △T[℃]
> 잠열(qL)[KJ] = G[kg] · r[KJ/kg] · △X[Kg/kg]

06 20℃물 100kg을 10분간 0℃로 만드는데 필요한 냉동톤(RT)는 얼마인가? (단, 물의 비열 4.2[kj/kg°k], 1RT는 3.86[kw]이다.)

> **풀이**
>
> Q = G · C · △T에서
>
> $= \dfrac{100kg}{10\min \times \dfrac{60\,s}{\min}} \times \dfrac{4.2kj\,°k}{kg\,°k} \times [(273+20)-(273+0)]\,°k$
>
> = 14[kJ/S] = 14[KW] ∴ $\dfrac{14kw}{3.86kw} = 3.626 = 3.63 RT$

> **참고**
>
> 1 [kw] = 1[kj/s] = 3600[kj/h]

07 아래 그림을 보고 공기조화기기의 (가) ~ (라)의 명칭을 보기에서 골라 쓰시오.

■보기■
급기, 환기, 외기, 배기, 증기

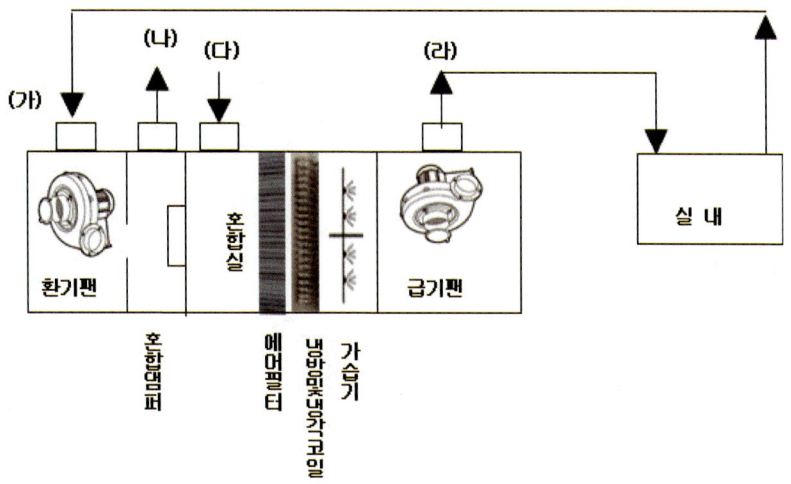

풀이
(가) : 환기   (나) : 배기   (다) : 외기   (라) : 급기

참고
공기조화기기 구성요소

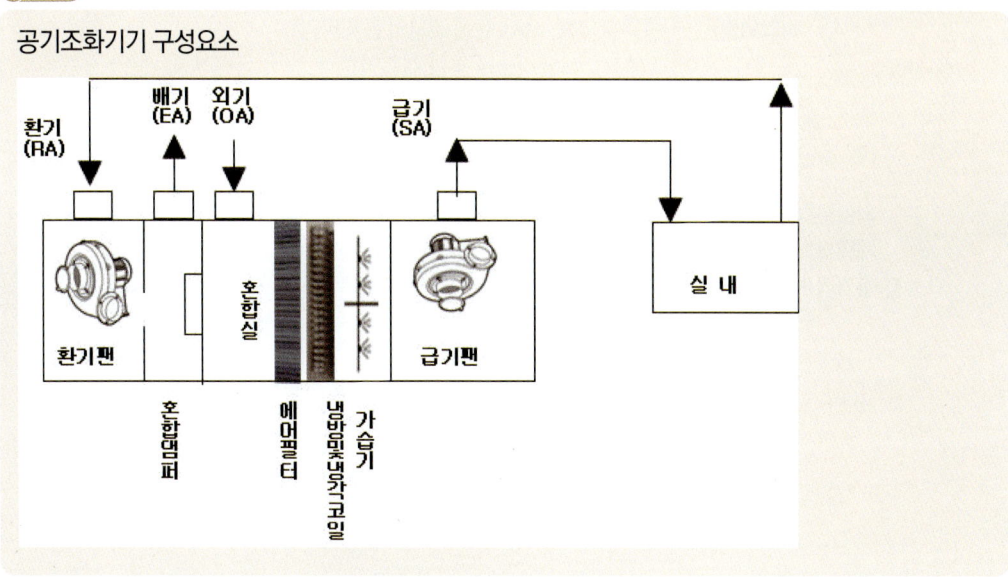

08 아래 표는 여름철 냉방부하요소이다. (가) ~ (아)에 알맞은 내용을 쓰시오.

구분		내용	열의 종류
실내부하	(다)	벽체, 간벽, 바닥, 천장을 통한 취득열량	현열
		(마)	현열, 잠열
		유리창을 통한 취득열량	현열
	(라)	조명의 발생열량	(사)
		(바)	현열, 잠열
		실내기구의 발생열량	현열, 잠열
(가)		외기의 도입에 의한 취득 열량	(아)
재열부하		재열기로부터의 취득열량	현열
(나)		덕트, 및 송풍기로부터의 취득 열량	현열

풀이

- (가) : 외기부하
- (나) : 장치(기기)부하
- (다) : 외부부하(외부침입열량)
- (라) : 내부부하(실내발생열량)
- (마) : 극간풍(틈새바람)에의한 취득열량
- (바) : 인체의 발생열량
- (사) : 현열
- (아) : 현열, 잠열

참고

구분		내용	열의 종류
실내부하	외부부하(외부침입열량)	벽체, 간벽, 바닥, 천장을 통한 취득열량	현열
		극간풍(틈새바람)에의한 취득열량 (외창, 섀시, 문틈에서의 틈새바람)	현열, 잠열
		유리창을 통한 취득열량	현열
	내부부하(실내발생열량)	조명의 발생열량	현열
		인체의 발생열량	현열, 잠열
		실내기구의 발생열량	현열, 잠열
외기부하		외기의 도입에 의한 취득 열량	현열, 잠열
재열부하		재열기로부터의 취득열량	현열
장치(기기)부하		덕트, 및 송풍기로부터의 취득 열량	현열

09 다음 회로도는 유도전동기의 3상중 2상을 바꾸는 회로도이다. 이 회로도의 (가) 명칭과 (나) 3상중 2상을 변환하는 이유를 쓰시오.

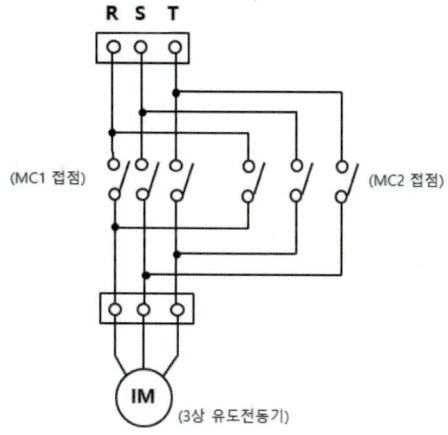

> **풀이**
>
> (가) 명칭 : 정·역회로 (정·역운전회로)
> (나) 3상중 2상을 변환하는 이유 : 유도 전동기의 회전 방향을 변환하여 정방향, 역방향 운전을 할 수 있다.

> **참고**
>
> MC1에 전원이 공급될때 정방향 회전 하고, MC2에 전원이 공급될 때 역방향 회전을 한다.

10 아래 회로도와 동작조건을 보고 물음에 답하시오.(단, MC, 타이머, YL, RL, GL 위주로 설명할 것)

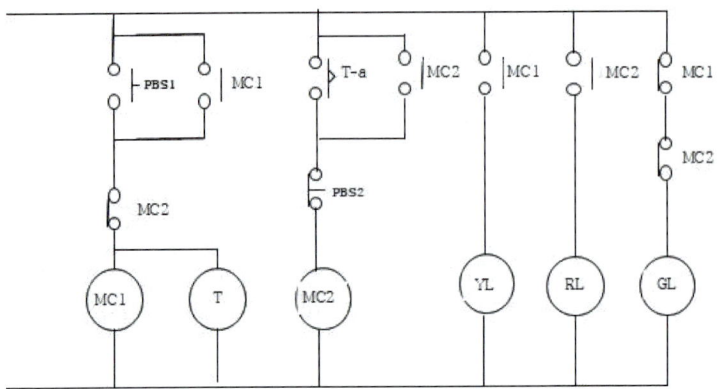

[동작조건] 전원을 공급하면 GL이 점등된다.
① PBS1을 눌렀을 때
② 타이머(T)의 시간(t초) 설정 후
③ PBS2를 눌렀을 때

풀이

① PBS1을 눌렀을 때 : PBS1을 누르면 MC1과 T(타이머)의 전원이 인가되며, MC1-a 접점이 닫혀 자기유지된다. 또한 MC1-a 접점이 닫혀 YL램프가 점등되고, MC1-b 접점이 열려 GL램프는 소등된다.
② 타이머 시간(t초) 설정 후 : ①번 동작 후 타이머에 설정시간(t초)이 경과하면 T-a 한시 접점이 닫히고 MC2-a 접점이 닫혀 MC2에 전원이 인가되며 자기유지된다. 이때, RL램프는 점등되고, MC2-b 접점이 열려 MC1과 T(타이머)의 전원은 소자되어 YL램프가 소등된다.(GL램프도 ①번 동작 및 ②번 동작에 의해 계속 소등 상태)
③ PBS2를 눌렀을 때 : MC2에 전원이 소자되며 처음 상태인 GL 램프는 점등되고, YL램프, RL램프는 소등된다.

24년 공조냉동기계산업기사 과년도 출제문제 03

01 다음 공기조화장치는 혼합, 가열, 순환수, 분무가습 싸이클이다. 아래 구성도를 참고하여 습공기 선도 t-x 에 각 상태점을 완성하시오.

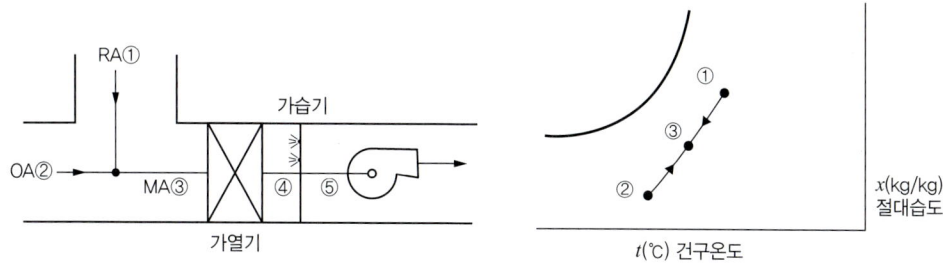

풀이

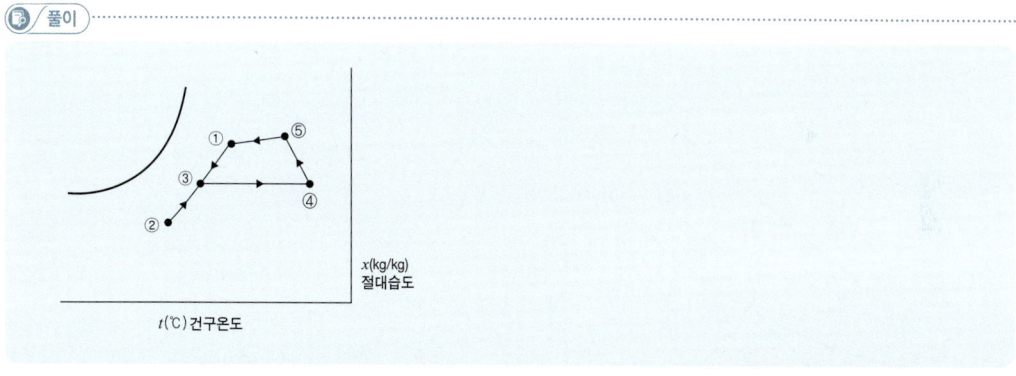

참고

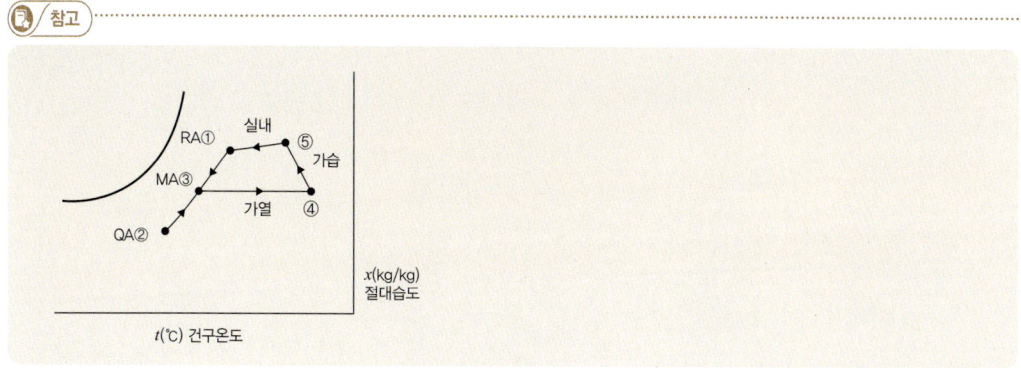

02 아래 습공기선도의 (가), (나), (다), (라) 각 상태의 알맞은 단어를 보기에서 골라 쓰시오.

■보기■
냉각, 가열, 가습, 감습, 가열가습, 냉각가습, 냉각감습, 가열감습

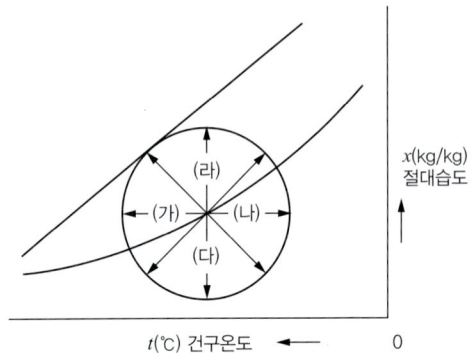

> 풀이

(가) : 냉각   (나) : 가열   (다) : 감습   (라) : 가습

> 참고

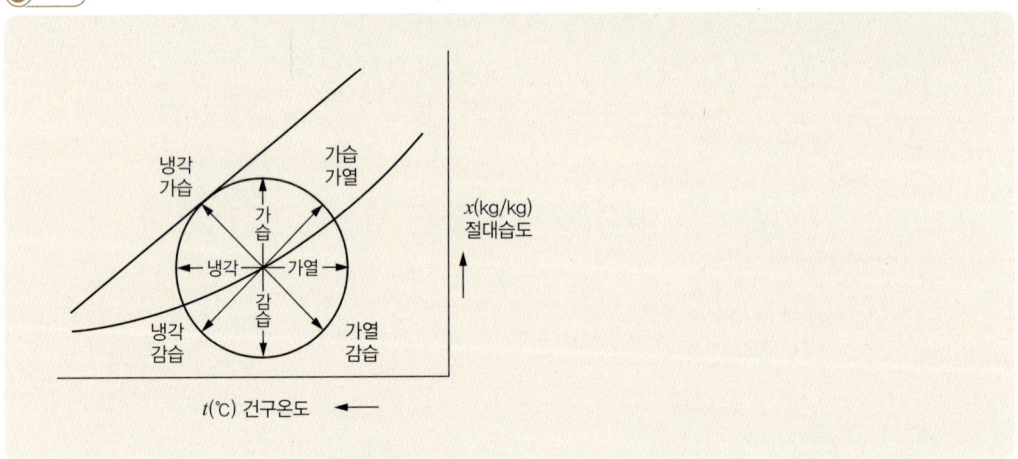

03 아래 그림은 내부균압형 온도자동식 팽창밸브이다. 외부균압형 온도자동식 팽창밸브와 어떤 차이점이 있는지 서술하시오.

풀이

내부균압형은 증발기 입구측 압력을 팽창밸브의 다이아프램(diaphragm) 차압으로 유량을 조절하여 과열도를 조절하는 형식이고, 외부균압형은 증발기 출구 측 압력을 외부관(튜브)를 통해 팽창밸브에 연결하여 과열도를 조절하는 형식이다.

참고

- 내부균압형 : 증발기 입구와 출구의 차압으로 유량을 같게하여 과열도(3~8[℃]) 조절(감온통 내는 그 시스템에 사용하는 동일한 냉매사용)

 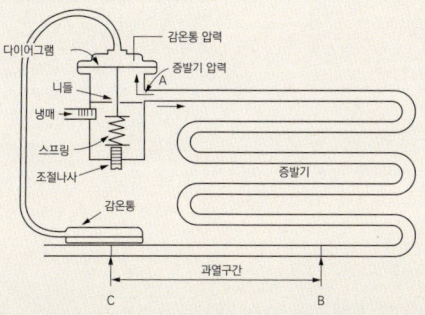

- 외부균압형 : 증발기 출구 압력을 튜브를 통해 팽창밸브에 연결하여 과열도 조절(증발기 내 압력 강하가 클 때 (0.14kg/cm²이상) 사용)

 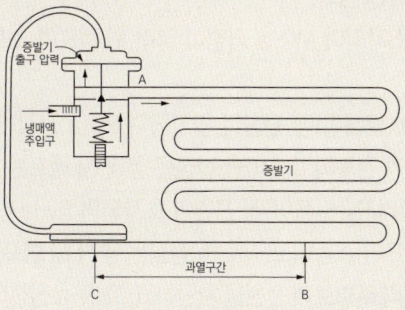

04 아래 회로도와 동작조건을 보고 ① ~ ⑤ 지문에 알맞은 답을 쓰시오.

■ 동작조건 ■

(가) 전원을 공급하면 GL이 점등된다.
(나) S/S(셀렉터스위치)를 MAN(수동)으로하고 동작시킬 때 아래 질문에 답하시오. ①, ②
(다) S/S(셀렉터스위치)를 AUTO(자동)으로 전환 하였을 때 아래 질문에 답하시오.(LS를 누를 때, 타이머(T) t초후, THR 동작시)

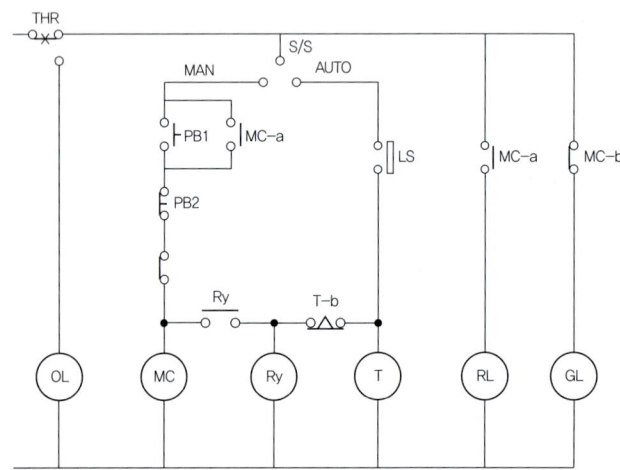

① PB1을 누를 때 :
② PB2를 누를 때 :
③ LS를 누를 때 :
④ 타이머 T 초후 :
⑤ THR동작시 :

풀이

① PB1을 누를 때 : MC에 전원이 공급되며 MC-a 접점에 의해 자기유지되고, RL램프가 점등되고, MC-b 접점은 열려 GL램프는 소등된다.
② PB2를 누를 때 : MC 전원이 소자되며 MC-a 접점이 열려 RL램프가 소등 되고, MC-b 접점은 닫혀 GL램프는 점등된다.
③ LS를 누를 때 : T(타이머)와 Ry(릴레이)에 전원이 인가되며 Ry-a 접점이 닫혀 MC에 전원이 공급되며 MC-a 접점이 닫혀 RL램프가 점등되고, MC-b접점은 열려 GL램프는 소등된다.
④ 타이머 T 초후 : T-b 접점은 열려 Ry(릴레이)에 전원이 소자되며 Ry-a 접점은 열려 MC 전원이 소자되며 MC-a 접점이 열려 RL램프가 소등되고, MC-b 접점은 닫혀 GL램프는 점등된다.
⑤ THR동작시 : THR-b 접점이 열려 주회로에 전원을 차단하고, THR-a 접점이 닫혀 OL램프가 점등된다.

> **참고**
>
> [동작설명]
> ① 전원을 공급하면 GL이 점등된다.
> ② S/S(셀렉터스위치)를 MAN(수동)으로하고 PB1을 누르면 MC에 전원이 공급되며 MC-a 접점에 의해 자기 유지되고, RL램프가 점등되고, MC-b 접점은 열려 GL램프는 소등된다. PB2를 누르면 MC 전원이 소자되며 MC-a 접점이 열려 RL램프가 소등되고, MC-b 접점은 닫혀 GL램프는 점등된다.
> ③ S/S(셀렉터스위치)를 AUTO(자동)으로 전환하여, LS를 누르면 T(타이머)와 Ry(릴레이)에 전원이 인가되며 Ry-a 접점이 닫혀 MC에 전원이 공급되며 MC-a 접점이 닫혀 RL램프가 점등되고, MC-b접점은 열려 GL램프는 소등된다.
> ④ 타이머(T) t 초후 T-b 접점은 열려 Ry(릴레이)에 전원이 소자되며 Ry-a 접점은 열려 MC 전원이 소자되며 MC-a 접점이 열려 RL램프가 소등되고, MC-b 접점은 닫혀 GL램프는 점등된다.
> ⑤ THR이 동작시 THR-b 접점이 열려 주회로에 전원을 차단하고, THR-a 접점이 닫혀 OL램프가 점등된다.

05 다음 그림에서 보여주는 장치의 (가) 명칭과 (나) 역할을 쓰시오.

> **풀이**
>
> (가) 명칭 : 여과기
> (나) 역할 : 관내 불순물을 제거한다.

> **참고**
>
> • 여과기 종류 : Y형, U형, V형, 복식형
> • 여과기 스크린 종류 : 다공패널, 금속망형
> • 여과기 설치할 곳 : 유량계전, 수량계전, 오일펌프 흡입측, 감압밸브전, 오일프리히터 전후등

06 다음 보여주는 장치의 (가) 명칭과 (나) 사용목적을 쓰시오.

> **풀이**
>
> (가) 명칭 : 메니폴드게이지
> (나) 목적 : 냉매 충전, 오일충전, 진공작업, 운전중 압력측정을 한다.

> **참고**
>
> ① 청색호스 : 저압부 ② 적색호스 : 고압부 ③ 황색호스 : 진공펌프, 냉매용기에 연결하는 서비스 호스

07 아래 그림을 참고하여 열관류율이 0.5[W/m²℃]이고 내부온도 20[℃], 높이가 3m인 지하실 바닥의 손실열량은 몇 [W]인지 구하시오. (단, 지중열은 8.2[℃]이다.)

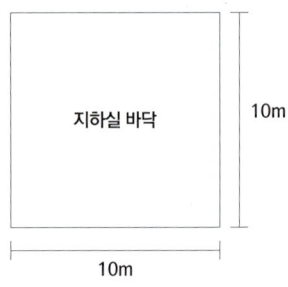

> **풀이**
>
> Q = K·F·Δt에서
>
> ∴ $0.5\,W/m^2℃ \times 10m \times 10m \times (20-8.2)℃ = 590\,W$

> **참고**
>
> 열관류율(열통과율) ∴ Q = K·F·Δt
>   (K : 열관류율 W/m²°C), F : 단면적(m²), Δt : 온도차°C)
>   K = $\frac{1}{R}$ R은 열저항 (R : 열저항 m²°C /W)

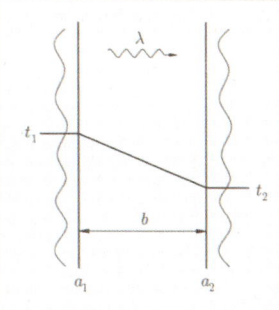

08 아래 계전기의 내부회로도를 보고 해당 계전기의 명칭을 쓰시오.

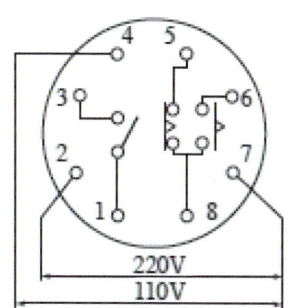

> **풀이**
>
> 타이머

09 다음 그림을 보고 배관 이음재료의 (가) 명칭과 (나) 사용 목적을 쓰시오.

> **풀이**

(가) 명칭 : 플랜지이음
(나) 목적 : 배관의 직선 이음에 사용하며, 배관의 보수, 점검을 위해 분해, 조립이 용이하다.

10 다음 표를 기준하여 해당 냉동장치의 냉동톤 [RT]를 구하시오.(단, 냉동톤 1[RT]는 3.86[KW]이다.)

구분	냉방부하[KW]		난방부하[KW]	
	현열	잠열	현열	잠열
벽체 취득 및 손실열량	5		9	
유리창 취득 및 손실열량	6		10	
극간풍 취득 및 손실열량	0.5	1.3	1.5	2.5
인체 취득열량	1	1.5		
형광등 취득열량	3			
외기 취득 및 손실열량	1.5	2.3	2.3	3.2

> **풀이**

냉방부하[KW] = 5 + 6 + 0.5 + 1.3 + 1 + 1.5 + 3 + 1.5 + 2.3 = 22.1[KW]에서

냉동톤[RT] = $\dfrac{22.1[KW]}{3.86[KW]} = 5.73 RT$

11 다음 그림을 보고 해당 증발기의 명칭을 쓰시오.

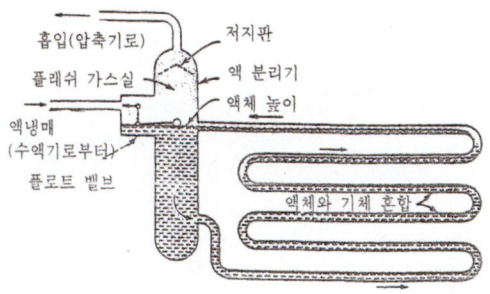

 풀이

명칭 : 만액식 증발기

참고

- 만액식 증발기의 특징
  ① 냉매액(75%), 냉매가스(25%)로 증발기 하부에서 상부로 열교환
  ② 증발기내 액이 충만되어 전열작용이 양호하여 액체 냉각용
  ③ 리퀴드백 방지하기 위해 액분리기(accumulator) 설치
  ④ 팽창 밸브 형식은 저압식 플로트 팽창밸브(증발기와 통해있는 플로트 실내의 부자의 위치에 의해 만액식 증발기 또는 수액기 내의 냉매 액면을 검지하여 부하에 알맞은 공급 냉매의 유량 제어)

12 아래 회로도와 작동원리의 조건을 보고 ① ~ ③ 지문에 알맞은 내용을 서술하시오. (단, MC, GL, RL 위주로 설명할 것)

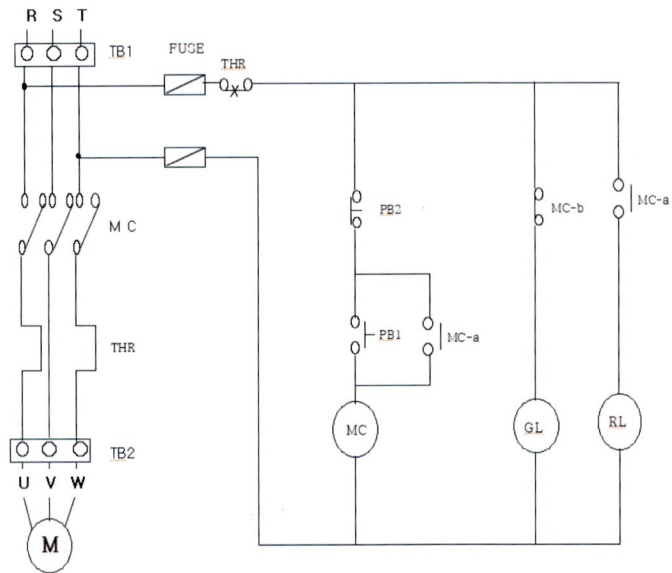

① 전원 공급 시 :
② PB1을 누를 때 :
③ PB2를 누를 때 :

풀이

① 전원 공급 시 : GL램프가 점등된다.
② PB1을 누를 때 : MC에 전원이 공급되며 MC-a 접점에 의해 자기 유지되고, RL램프가 점등되고, MC-b 접점은 열려 GL램프는 소등된다.
③ PB2를 누를 때 : MC 전원이 소자되며 MC-a 접점이 열려 RL램프가 소등되고, MC-b 접점은 닫혀 GL램프는 점등된다.

13 다음 표의 빈칸에 각각의 계전기 a, b 접점을 알맞게 그리시오.

구분		a접점	b접점
릴레이	수동복귀	—o o—	—o o—
	자동복귀	—o o—	—o o—
타이머	한시동작	—o o—	—o o—
	한시복귀	—o o—	—o o—

풀이

구분		a접점	b접점
릴레이	수동복귀	—o⁎o—	—o⚹o—
	자동복귀	—o o—	—o o—
타이머	한시동작	—o^o—	—o▲o—
	한시복귀	—o˅o—	—o▽o—

14 다음 그림의 장치는 냉각코일을 분무수에 적신상태로 송풍을 하여 그로 인해 발생되는 현열과 잠열을 동시에 이용해 냉각코일 속의 기체를 응축 액화시키는 장치이다. 해당 장치의 명칭을 쓰시오.

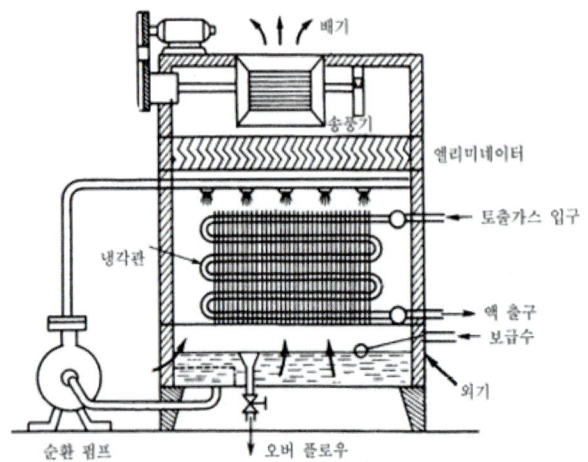

풀이

명칭 : 증발식 응축기

참고

엘리미네이터의 역할 : 냉각관에 분무되는 냉각수의 일부가 공기와 함께 외부로 비산되는 것을 방지하기 위해 응축기 상부에 설치하는 장치

24년 공조냉동기계산업기사 과년도 출제문제 04

01 다음 그림의 환기법의 명칭과 특징을 설명하시오.

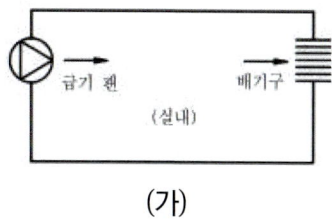

(가)

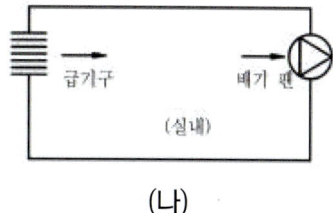

(나)

풀이

(가) 명칭 : 제2종환기법(압입식)
  특징 : 급기팬과 자연배기의 조합으로 실내압은 정압이다, 반도체 무균실, 소규모 변전실, 창고 등에 사용한다.
(나) 명칭 : 제3종환기법(흡출식)
  특징 : 자연급기와 배기팬의 조합으로 실내압은 부압이다, 화장실, 조리실, 탕비실, 차고 등에 사용한다.

참고

강제 환기방식 종류
① 제1종환기(병용식) : 급기팬과 배기팬의 조합으로 환기효과가 가장 크다, 보일러실, 병원수술실 등에 사용
② 제2종환기(압입식) : 급기팬과 자연배기의 조합으로 실내압은 정압이다, 반도체 무균실, 소규모변전실, 창고 등에 사용
③ 제3종환기(흡출식) : 자연급기와 배기팬의 조합으로 실내압은 부압이다, 화장실, 조리실, 탕비실, 차고 등에 사용
④ 제4종환기(자연식) : 자연급기와자연배기로 자연중력환기 방법

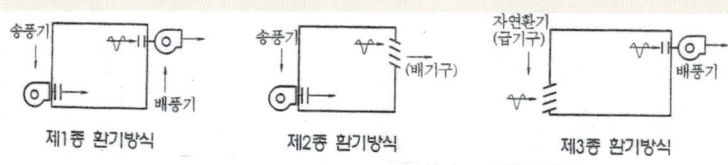

02 아래 그림에서 보여주는 공구의 명칭과 역할을 쓰시오.

 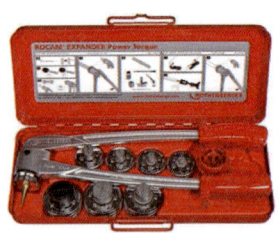

> 풀이

명칭 : 동관 확관기(동관용 익스펜더)
역할 : 동관 끝을 확관하는 공구

03 아래 그림은 강관의 나사이음시 사용되는 배관도이다. 실제 절단길이 [l]을 구하는 식을 쓰시오.

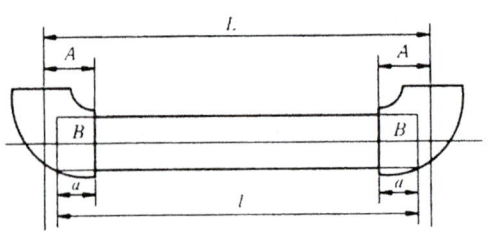

> 풀이

실제 절단길이 [l] = L − 2(A−a) 또는 L − {(A−a) + (A−a)}

04 암모니아 냉매 (NH₃)가 수분 혼입시 장치에 미치는 영향 3가지를 쓰시오.

풀이

① 유탁액 현상 (emulsion : 에멀존)이 일어나 오일이 변질된다.
② 증발압력이 낮아지고, 증발온도를 상승 시킨다.
③ 금속에 대한 부식성이 커진다.

참고

암모니아 냉매(NH₃)의 수분에 대한 영향
① 물은 상온에서 약 800배의 암모니아를 흡수한다.
   (NH₃ + H₂O → NH₄OH 발생)
② 수분이 전냉매의 1[%] 함유될 경우 증발온도는 1/2[℃] 상승한다.
   (수분혼입 시 증발압력 저하, 증발온도 상승)
③ 물에 암모니아가 용해되면 비등점이 높아지고 증발압력이 낮아진다.
④ 장치 내에 수분이 존재하면 금속에 대한 부식성이 커진다.

05 다음 배관 부속품의 (가) 명칭과 (나) 사용용도를 쓰시오.

풀이

(가) 명칭 : 레듀셔
(나) 용도 : 관경이 서로 다른관의 직선연결할 때 사용

06 다음 그림의 증발기의 명칭을 쓰시오.

> **풀이**
>
> 명칭 : 핀코일 증발기

07 다음 그림의 취출구 명칭을 각각 쓰시오.

(가)   (나)   (다)

> **풀이**
>
> (가) 원(팬)형
> (나) 사각취출구(아네모스텟형)
> (다) 라인형취출구

> **참고**
>
> 기류형식에 따른 분류
> ① 축류형(베인격자형, 노즐형, 벙커루버형, 다공판형 등)
> ② 확산형(아네모스탯형, 팬형 등)
>   1) 축류(노즐)형 특징
>   ① 구조가 간단하다.   ② 소음이 적다.   ③ 도달거리가 길다.

2) 확산형 특징
   ① 확산반경이 크다.   ② 도달거리가 짧기 때문에 천장 토출구로 많이 사용
   ③ 토출기류 또는 유인실내공기 중 먼지에 의한 얼룩(smudging)의 우려가 있다.

〈원형 디퓨저〉

〈사각 디퓨저〉

〈사각노즐 디퓨저〉

〈벙커형 디퓨저〉

〈그릴형 취출구〉

08 다음 사각 안에 표시된 장치의 (가) 명칭과 (나) 설치목적을 쓰시오.

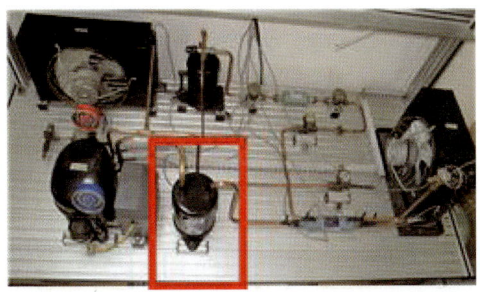

> **풀이**
>
> (가) 명칭 : 액분리기(accumulator : 냉매액분리기)
> (나) 설치목적 : 압축기로 흡입되는 냉매액을 분리하여 액압축을 방지한다.

> 참고

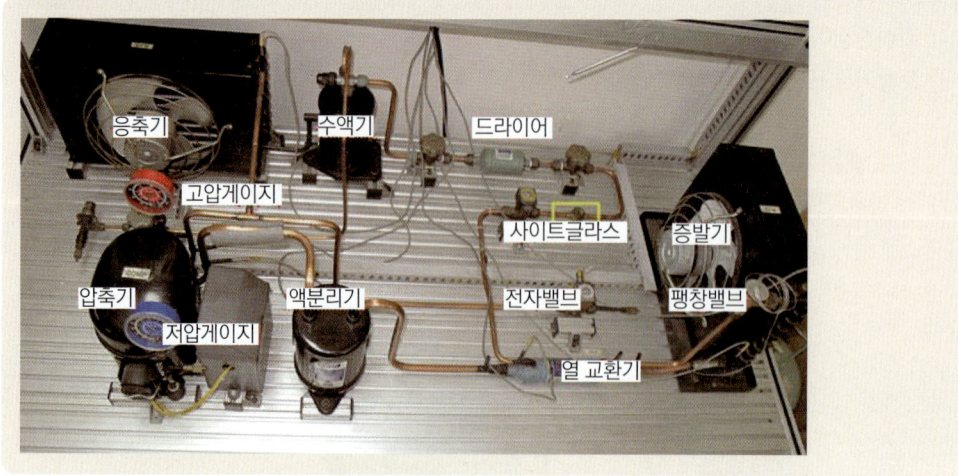

09 펠티어 효과의 역으로 두 접합부를 서로 다른 온도로 유지하면 회로에 전류가 흐른다. 금속선의 조합에 의해서는 전류의 방향이 변하는 열전 현상은?

> 풀이

제백효과

10 아래 주어진 조건에 따라 외기와 실내공기를 1:4 비율로 혼합 하였을 때 혼합공기의 (가) 건구온도(℃)와 (나) 절대습도(kg/kg)를 구하시오.

구분	실내	외기
절대습도(kg/kg)	0.005	0.001
건구온도(℃)	20	-5

> 풀이

(가) 건구온도(℃) = $\dfrac{(1 \times -5) + (4 \times 20)}{1+4} = 15(℃)$

(나) 절대습도(kg/kg) = $\dfrac{(1 \times 0.001) + (4 \times 0.005)}{1+4} = 0.0042(kg/kg)$

11 다음 회로도의 (가), (나)의 부품 명칭을 쓰시오.

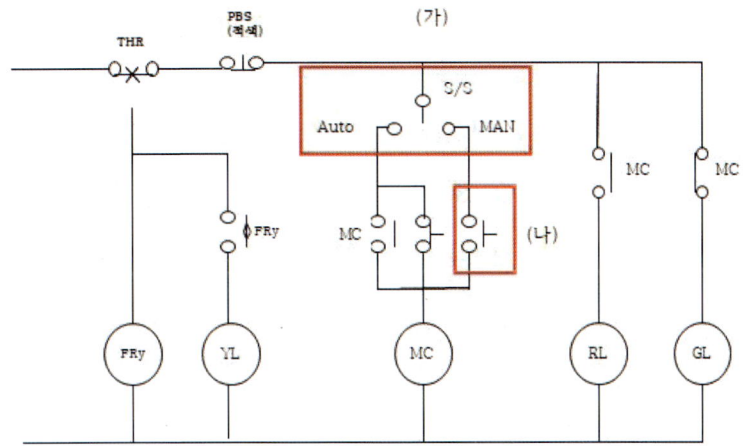

풀이

(가) 명칭 : 선택스위치 (셀렉터 스위치 : selector switch)
(나) 명칭 : 조광형 누름 버튼 스위치

참고

(가) 셀렉터 스위치 : 왼쪽, 오른쪽으로 조작하여 수동(MAN) 및 자동(Auto)으로 전환하는 기능
(나) 조광형 누름 버튼 스위치 : 버튼을 눌러 접점을 개폐하는 스위치로 램프에 접점 개폐에 따라 점등 또는 소등된다. (스위치 기능과 램프의 기능을 가지고 있는 스위치)

■ 동작상태 ■

① 전원을 인가하면 GL램프가 점등되고, 셀렉터 스위치를 MAN으로 전환하여 PBS(백색)을 누르고 있으면 MC 전원이 인가되어 GL램프가 소등되고, RL램프는 점등된다.(손을 떼면 처음상태로 자기유지 기능이 없다.)
② 셀렉터 스위치를 Auto로 전환하면, GL램프가 점등되고, RL램프는 소등되며, PBS(녹색)을 누르면 MC에 전원이 인가되어 자기유지되어 RL램프가 점등되고, GL램프는 소등된다.
③ PBS(적색)을 누르면 RL램프와 GL램프가 모두 소등된다.
④ 과전류가 흐를 때 THR(열동형과부하계전기)이 작동하게되어 FRy(플리커릴레이)에 전원이 인가되며 YL램프가 점멸신호가 된다.(평상시 Off)

12 다음 회로도를 보고 아래 빈칸에 알맞은 접점 기호를 쓰시오.

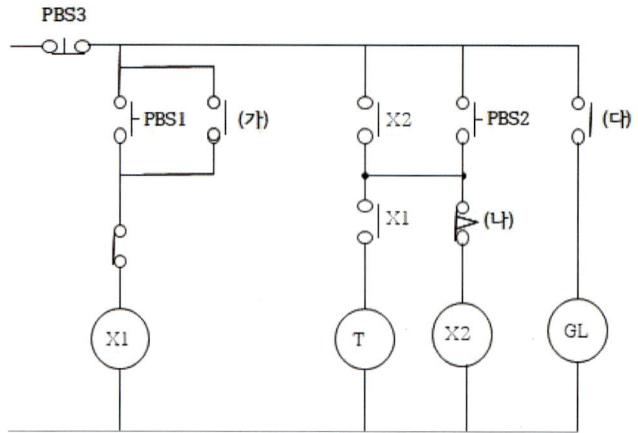

풀이

(가) : X1   (나) : T-b   (다) : X2

참고

■ 동작상태 ■
① 전원을 인가해도 GL램프는 아무 변화가 없다.
② PBS1을 누르면 X1에 전원이 여자되고 X1-a 접점이 닫혀 자기유지 된다.
③ PBS2를 누르면 X2와 T가 여자되고 X2-a 접점이 모두 닫혀 GL이 점등된다. T-b(한시접점)의 설정 시간(t초) 경과후 GL이 소등된다.
④ PBS3를 누르면 모든 전원이 소자되어 처음상태로 된다.

공조냉동기계기능사 · 산업기사 실기

초판 인쇄 | 2018년 10월 25일
초판 4쇄 발행 | 2019년 4월 5일
개정1판 3쇄 발행 | 2022년 1월 5일
개정2판 발행 | 2024년 1월 10일
개정3판 발행 | 2025년 1월 20일

저 자 | 안동칠 · 장영오 · 오기성
발행인 | 조규백
발행처 | 도서출판 구민사 (07293) 서울특별시 영등포구 문래북로 116, 604호(문래동3가, 트리플렉스)
전화 | (02) 701-7421   팩스 | (02) 3273-9642   홈페이지 | www.kuhminsa.co.kr
신고번호 | 제2012-000055호(1980년 2월4일)
I S B N | 979-11-6875-447-8[13500]

값 28,000원

※ 낙장 및 파본은 구입하신 서점에서 바꿔드립니다.
※ 본서를 허락없이 부분 또는 전부를 무단복제, 게재행위는 저작권법에 저촉됩니다.